内容简介

作为生命的时间胶囊，种子包含着宝贵的希望和承诺。它们是植物所产生的最复杂的器官，呈现出多种多样的形状、大小和颜色，例如仿佛两枚椰子并在一起的巨大海椰子（*coco de mer*）、在显微镜下才能看清的兰花种子，还有旅人蕉（Traveller's Palm）鲜艳的钴蓝色假种皮。结种子的植物遍布世界各地，包括开花植物（被子植物）和松柏、苏铁、银杏和买麻藤（裸子植物）。

除了将基因"打包"传递给下一代这个重要使命之外，自从昆虫、鸟类和动物出现在地球上，种子一直在帮助它们维持生活。处于脱水或休眠状态的种子很容易运输，让人类能够在地球上某些最不适宜居住的气候区或者偏远地带生存下来。一些种子是几十亿人的主食，例如水稻、小麦和玉米的谷粒。数不胜数的其他种子——坚果、豆类和香料——为人类提供了愉悦以及重要的营养和医疗价值。

种子受到的关注常常不如它们长成的成熟植株——尤其是那些高大挺拔的树木或者繁花似锦的开花植物——但本书展示了600粒种子，每一粒种子都配以实际尺寸的插图和细节插图。这些种子有的常见，有的稀有，有的硕大，有的微小，有的精致绝伦，有的超凡脱俗。对于每一粒种子，本书都详细介绍了它们在经济上和生态上的重要性，以及它们对于整个生物圈的遗传价值。这本植物学必备参考书按照分类学组织内容，以前所未有的程度揭示了种子的种类、重要性和美。

世界顶尖植物保育学家联手巨献

600幅地理分布图，再现全世界具有代表性的600种植物的种子及该种植物的近似种

详解分布范围、生境、传播机制、濒危指标、形态特征、经济价值和生态意义

以及对于整个生物圈的遗传价值

1800余幅高清插图真实再现各种种子美丽的艺术形态

科学性与艺术性、学术性与普及性、工具性与收藏性完美结合

保罗·史密斯博士（Dr. Paul Smith），是在植物园中推进植物保护工作的非营利组织国际植物园保育协会（Botanic Gardens Conservation International，简称BGCI）的秘书长。他是英国皇家植物园邱园的千年种子库（Millennium Seed Bank，简称MSB）的前主任，该种子库是全世界规模最大、种类最多样化的种子库。他接受了植物生态学的训练，如今是研究非洲南部植物和植被的专家。保罗是两本非洲中南部植物野外指南的作者，是《赞比亚生态学观察》（*Ecological Survey of Zambia*）的编辑，以及《马达加斯加植被地图集》（*Atlas of the Vegetation of Madagascar*）的共同作者。保罗是林奈学会以及英国皇家生物学学会的会员。

保罗·史密斯博士（Dr. Paul Smith）不仅是本书主编，也是本书撰稿人之一。

梅根·巴斯托（Megan Barstow）是一名植物保育学家。她目前在国际植物园保育协会工作，并且是国际自然保护联盟物种生存委员会（IUCN/SSC）全球树木专家组（Global Tree Specialist Group，GTSG）的成员。她参与了 IUCN 红色名录受威胁物种的全球树木保育评估，并为"威胁搜索"（ThreatSearch）和"全球树木搜索"（GlobalTreeSearch）两个数据库作出了贡献。在攻读一个生物学学位时，梅根曾在皇家植物园邱园的千年种子库工作，职务是藏品部的种子萌发助手。

埃米莉·比奇（Emily Beech）是在国际植物园保育协会工作的一名植物保育学家，工作重点是该协会发起的全球树木保护运动（Global Trees Campaign）。她最近的工作成果包括"全球树木搜索"，全球树木物种及其分布国家的第一张全面清单。她是国际自然保护联盟物种生存委员会全球树木专家组的成员，目前正在着手全球树木评估（Global Tree Assessment），这个项目提出要评估所有树木物种的保护现状。

凯瑟琳·奥唐纳尔（Katherine O'Donnell）是国际植物园保育协会的工作人员。她与世界各地的植物园携手合作，通过收集和储存种子以保护受威胁的植物物种。

莉蒂亚·墨菲（Lydia Murphy）拥有保育科学硕士学位，她最初在全球树木保护运动这个项目中从事植物相关工作——一开始是在国际植物园保育协会，后来又去了国际野生动植物保护组织（Fauna & Flora International，FFI）。该项目如今由这两个组织共同运营，致力于拯救在全球范围内受到威胁的树木物种及其生境。莉蒂亚如今在国际野生动植物保护组织工作，监控保育项目产生的影响。

萨拉·奥德菲尔德（Sara Oldfield）是植物学家、植物保育专家，还是一位热爱用种子种植植物的小块菜地的持有人。她是国际自然保护联盟物种生存委员会全球树木专家组的联合组长，负责推广和实施致力于鉴定和保护全球范围内列入红色名录的树木物种的项目。她曾发表和主编关于生物多样性保护、濒危物种和生态系统的多种图书、报道和论文。在2015年2月卸任时，萨拉已经在国际植物园保育协会秘书长的职位上工作了10年。加入国际植物园保育协会之前，她还为许多其他环保组织工作过。从1998年到2004年，她是野生动植物保护国际的全球项目主任，负责管理和开发全球范围内的项目，包括全球树木保护运动。由于在全球树木物种保育和保护工作上作出了贡献，她曾获得一枚官佐勋章（OBE）。

The Book of Seeds
种子博物馆

博物文库

总策划： 周雁翎

博物学经典丛书　　　　　策划：陈　静

博物人生丛书　　　　　　策划：郭　莉

博物之旅丛书　　　　　　策划：郭　莉

自然博物馆丛书　　　　　策划：唐知涵

生态与文明丛书　　　　　策划：周志刚

自然教育丛书　　　　　　策划：周志刚

博物画临摹与创作丛书　　策划：焦　育

博物文库·自然博物馆丛书

The Book of Seeds
种子博物馆

〔英〕保罗·史密斯（Paul Smith）　主编

王　晨　译

北京大学出版社
PEKING UNIVERSITY PRESS

著作权合同登记号 图字：01-2016-1066

图书在版编目（CIP）数据

种子博物馆 /（英）保罗·史密斯主编；王晨译 . — 北京：北京大学出版社，2023.11
（博物文库·自然博物馆丛书）
ISBN 978-7-301-34551-1

Ⅰ . ①种… Ⅱ . ①保… ②王… Ⅲ . ①种子 – 介绍 Ⅳ . ① Q944.59

中国国家版本馆 CIP 数据核字 (2023) 第 192920 号

Copyright © 2018 Quarto Publishing plc
THE BOOK OF SEEDS: A Life-Size Guide to Six Hundred Species from
around the World by Paul Smith
THE BOOK OF SEEDS First published in the UK in 2018 by Ivy Press,
an imprint of The Quarto Group
Simplified Chinese Edition © 2023 Peking University Press
All Rights Reserved
本书简体中文版专有翻译出版权由The Ivy Press授予北京大学出版社

书　　　名	种子博物馆
	ZHONGZI BOWUGUAN
著作责任者	〔英〕保罗·史密斯（Paul Smith） 主编
	王　晨 译
丛 书 主 持	唐知涵
责 任 编 辑	周志刚
标 准 书 号	ISBN 978-7-301-34551-1
出 版 发 行	北京大学出版社
地　　　址	北京市海淀区成府路 205 号　100871
网　　　址	http://www.pup.cn　　　新浪微博：@ 北京大学出版社
微信公众号	通识书苑（微信号：sartspku）　科学元典（微信号：kexueyuandian）
电 子 邮 箱	编辑部 jyzx@pup.cn　　　总编室 zpup@pup.cn
电　　　话	邮购部 010-62752015　发行部 010-62750672　编辑部 010-62753056
印 刷 者	北京华联印刷有限公司
经 销 者	新华书店
	889 毫米 ×1092 毫米　16 开本　41 印张　450 千字
	2023 年 11 月第 1 版　2023 年 11 月第 1 次印刷
定　　　价	680.00 元

目 录

Contents

右图 紫萼路边青
（Water Aven）形成了
一簇带钩的聚合果，很
容易钩住皮毛或衣服，
从而有利于将种子传播
到很远的地方。

引 言

种子令人惊叹。它们可以旅行万里，跨越大陆和海洋，还能生存数百年之久。一粒不比针头大的种子，可以长成这颗星球上最高大的生物。最小的种子几乎无法用肉眼看到；最大的种子像人的头颅一样大。在超过 3 亿年的时间里，种子进化出了人类想象力所及的每一种大小、形状和颜色。

结种子的植物

据植物学家估计，结种子的植物物种超过 37 万个，分布在全球各地。而且随着每年有大约 2000 个新物种得到发现和描述，这个数字还在继续增长。相反地，随着大片原始植被为了供人类利用 —— 特别是为了农业生产 —— 而遭到清理，许多植物物种正在不为人知地渐渐消失。科学家目前的估计是，全世界每五个植物物种中就有一个遭受灭绝的威胁。然而正如所有生物类群的多样性一样，科学家、园艺学家、林务员、生态学家以及自然资源管理员的数量太少，不足以足够准确地描述全世界植物多样性的状况。这种精确描述很重要，因为植物是地球生态的基础，因此也是我们生存的基础。它们将来自太阳的能量转化为食物、饲料、建筑材料、药物和其他供我们使用的产品。而且同样重要的是，它们还是生态系统服务的关键构成要素，生态系统服务包括水循环、碳循环和氮循环，它们对地球上的生命至关重要。

下图 森林和天然林地属于地球上物种最丰富的地方之列。从地面到最高乔木的树冠高度，可以观察到明显的垂直分层结构。

地球上的植物经历了长达 6 亿年的进化历程，这些早期植物的许多祖先至今仍然存在：苔藓、石松、木贼，还有蕨类。这些植物并不开花结种，而是通过孢子繁殖。直到大约 2.4 亿年之后，第一批结种子的原始植物才开始出现，这种适应性特征赋予了植物众多生存优势，包括在没有水的情况下进行有性生殖的能力、长距离扩散的能力，以及长时间处于休眠状态直到环境条件适宜时再开始生长的能力。如今，绝大多数植物物种（超过 80%）生活在热带，但即使是南极洲和撒哈拉沙漠这样条件严酷的地方，也能支持结种子的植物的生存。

上图 北极柳（Arctic Willow）是一种分布在北极和亚北极地区的小型植物。它不像其他柳树那样高大，而是在地面上匍匐生长，形成垫状植被，以这种方式适应苔原的恶劣条件。

植物的名字和分类

在过去的 3.6 亿年里，结种子的植物物种进化出了庞大的数量，植物学家的工作就是采集这些物种，找出它们的特征，描述它们的外貌并进行分类 。我们给野生和栽培物种都起了一些俗名，对于熟悉这些俗名的园丁而言，科学界使用的那些常常不知该如何发音的拉丁学名可能会令人困惑。不幸的是，同一个俗名经常被不同的人用来称呼不同种类的植物，而同一个植物物种拥有多个俗名的情况也屡见不鲜。

上图 向日葵的种子富含油脂、矿物质和维生素，是众多野生鸟类和动物如松鼠的宝贵食物。

因此，对植物的研究需要一种稳定的"分类"——每种植物都得拥有唯一且被普遍接受的名字，而且这个名字与该植物的全部信息（它的描述、用途、繁殖等）有关。通常而言，某种植物的科学名称由属名和种加词组成，属名指的是由该植物与其亲缘关系最近的近亲构成的类群（例如 *Quercus*［栎属］，指的是一群栎树），而种加词是该植物所特有的名字（例如 *robur*，即夏栎［英文通用名 Pedunculate Oak］；343 页）。一些植物的名字还有其他后缀，例如亚种和品种的名字，更加详细地将它们与它们的近亲区分开。园丁们最熟悉的是植物品种的概念——植物育种者创造出的杂种，但在自然杂交的作用下，自然界也会出现杂种。结种子的植物拥有不可思议的多样性，《种子博物馆》通过对 600 个植物物种的概述，带领读者大致领略这种多样性的丰富程度，并且本书的写作框架以这些物种的进化关系为基础。入选本书的物种分成四个主要部分，代表植物界结种子的五个门：苏铁门（Cycadophyta；32—49 页），银杏门（Ginkgophyta）和买麻藤门（Gnetophyta；50—59 页），松柏门（Pinophyta；60—89 页），以及木兰门（Magnoliophyta；90—639 页）。每一个主要部分内的植物按照分类学进行排列，分为不同的科和亚科，然后每个亚科内的物种按照其拉丁学名（属名加上种加词）的字母表顺序进行排列。

选择标准

《种子博物馆》中的物种是根据几项标准选择的，让读者能够领略种子在形态、功能和用途方面的特征。

颜色和形态的多样化

绝大多数种子很小，而且呈不起眼的棕色，所以完全按照分类学选择物种的话，在视觉上不会有趣。因此，本书选择了拥有特别颜色或形状的种子，颜色单调的小种子被压缩了比例。

全球分布范围

这本书包括来自全世界的物种，尤其是那些独特、著名或无所不在的物种。不过本书着重强调了北美和欧洲物种，因为本书的大部分读者最熟悉这些植物。

人类的使用

本书选择了许多最著名的（和有毒的）物种，以及很多用在传统医药、艺术等领域的物种。

重要的科学意义

书中的物种包括重点科研对象、医药植物，以及为仿生学和技术革新提供灵感的植物。

有趣的博物学

本书尽可能挑选一些拥有特殊适应性特征的植物，例如能够在极端环境下生存的植物，或者拥有有趣的共生关系或自然习性的植物。

植物保护

本书选择了珍稀的和受到威胁的植物，尤其是在造成它们消失的原因（常常是人类的过度开发利用）已知的情况下。

简而言之，《种子博物馆》囊括了这颗星球上最有用、最美味、最有营养、毒性最强、最多彩、最平常、最罕见、最受威胁、最超凡脱俗、最妙趣横生的种子。它们都配以绚丽的彩色照片，实际尺寸和细节详图各配一张，此外还有一幅它们长成的成年植株的素描版画。每颗种子的档案都包括一张分布图、一张基本信息表，以及一段描述性文字，后者揭示其重要特征和相关物种，并对该物种在分类学、珍稀程度、行为和用途方面的重要性作出结论。

上图 作为一种重要的自然资源，橡胶树被插上管子提取乳胶 ——一种天然橡胶。

下图 马铃薯是许多国家的主食，并且是全世界第四大食用作物。

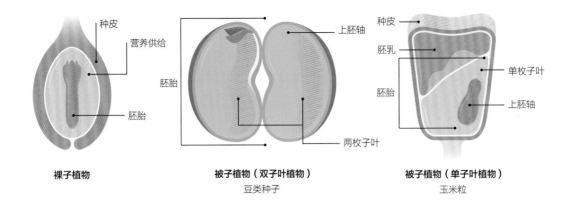

种皮
营养供给
胚胎
胚胎

裸子植物

上胚轴
两枚子叶

被子植物（双子叶植物）
豆类种子

种皮
胚乳
胚胎
单枚子叶
上胚轴

被子植物（单子叶植物）
玉米粒

什么是种子？

种子是时空旅行者 —— 小小的身躯包裹着 DNA、蛋白质和淀粉，可以长途移动并在数百年的岁月中保持活力。这些小包裹含有的东西让它们不但能够存活下来，而且遇到适合的条件时还能长成一棵植物。

种子的解剖构造

种子是由胚珠（通常是在受精后）发育形成的繁殖单元。胚珠是被子植物（开花植物）和裸子植物（松柏和苏铁）都拥有的构造。在被子植物中，胚珠被完全包裹在子房内，而在裸子植物中，胚珠是裸露的，通常着生在雌孢子叶球①每一枚鳞片的基部附近。除了授粉和之后种子脱落的阶段，雌孢子叶球上的这些鳞片平时都是紧闭的，所以"裸露"是个相对的概念。

所有种子都拥有共同的三大基本构造：种皮，营养来源（胚乳），胚胎。随着胚胎的发育，它会分化出子叶（种子的叶片）、上胚轴（胚轴与子叶相连的部分）、胚芽（芽）、下胚轴（茎）和胚根（根）。某些种子有附器，如吸引鸟类和其他动物的假种皮（见下页右上）。假种皮常常颜色鲜艳且富含营养，而且就算它们被摄入、消化，也不会损伤种子本身。

① 译注：孢子叶球是裸子植物的繁殖器官，由产生生殖细胞的变态叶构成，其结构和功能与被子植物的花序类似，但孢子叶球全部是单性的。雌孢子叶球在结种子之前又称雌球花，结种子之后称为球果；雄孢子叶球又称雄球花。

种子的形态

种子发展出多种多样的形状和大小，尤其是为了应对其发育过程中两个最重要的阶段——传播和萌发——而发展出适应性特征，以使自己的生存机会最大化。

例如，风力传播的种子可能会非常小而且轻（例如兰花的种子；134—135页），或者可能会发育出翅或其他附属结构，让它们能够乘着气流飞翔或漂浮很远的距离（例如桦树［*Betula* spp.；352—355页］和欧亚槭［*Acer pseudoplatanus*；426页］的种子）。水力传播的种子（例如椰子）拥有厚实不透水的种皮，让它们能够漂浮在水上。由鸟类等动物传播的种子拥有一系列让它们搭上便车的适应性特征。这些特征包括种皮上的抓钩，可以紧紧地粘在皮毛或羽毛上（例如黄花钩刺麻［*Uncarina grandidieri*；585页］的种子）；附着在种子上的美味的且常常颜色鲜艳的假种皮，诱使种子被带到别的地方，然后假种皮被吃掉，留下种子的可育部分萌发生长（例如鹤望兰［*Strelitzia reginae*；178页］的种子）；以及包裹在甜美多汁果实中的坚硬结实的种皮，让种子在穿过鸟类等动物肠道的过程中保持完整并做好萌发准备（例如葡萄［*Vitis vinifera*；257页］的种子。）

就某种植物的萌发策略来看，种子的大小、形状和成分也是至关重要的。通常而言，植物演化出大种子（橡子大小或更大的种子）就是为了快速萌发。这些种子不能保持很久的活力，也无法休眠。在种子库中，这样的种子被称为"顽拗型"（recalcitrant）种子，因为它们不耐储存。它们通常对干燥环境敏感，而且由于相对较高的含水量，它们也不能冷冻储藏。

上图 种子鲜艳美味，长有翅膀，身披尖刺。这是种子萌发前脱离母体植株传播到其他地方去所使用的一些手段。

下图 虽然硕大且沉重，但椰子种子的构造令它可以漂浮在水面上，伴随洋流从岸边棕榈遍布的岛屿漂到另一座岛屿。

上图 原产阿拉伯半岛的芦荟非常适应干旱环境。它肥厚的肉质叶可以最大程度地减少蒸腾，并起到储存水分的作用。

在结种子的植物中，大约20%—25%的物种产生的是顽拗型种子，但是在比较潮湿的环境如雨林中，这个比例高得多，因为在这种环境条件下，种子最好迅速萌发，尽快长出根和芽以获取植物所需要的水、矿物质和光照，在与周围其他种子的竞争中领先一步。要做到这一点，种子在开始光合作用之前需要有相对较大的营养储存库。正是因为这个原因，顽拗型种子的尺寸大于"正常型"种子。对于生活在水资源有限的生境中的植物而言，如果种子立刻萌发但却没有下雨，它们很快就会死掉。对这些物种而言，以休眠状态存活直到环境条件变得适宜再萌发才是明智的选择。在这里，小且耐干燥是一种优势。如果光照不是限制性条件，储存大量营养对种子也是没有必要的，因为它萌发出的芽不会和竞争者争夺光照。

对于很多植物来说，种子的传播策略和萌发策略之间存在权衡取舍。例如，如果某个物种的传播策略是风力传播，那么这种植物就不能结出能储存大量营养的沉重种子。这种权衡取舍可能会导致物种的消亡，一个特别极端的例子是海椰子（*Lodoicea maldivica*；171页，图片跨页），它结出全世界最大的种子。它又叫复椰子（double coconut），拥有巨大的营养储存器官，可以依靠种子的营养储备生存数月之久，让它能够在恶劣的环境条件下发育完全。然而，由于它的大小和重量，这个局限在海岛上的物种不能漂浮，严重制约了它的传播能力，这一点不像它的近亲物种椰子（*Cocos nucifera*；167页）。

下图 这些例子表明了种子在大小、形状和形态方面的非凡多样性——这些特征都体现了种子的传播和萌发策略。

种子的休眠和寿命

如上文所述，种子可以大致分为两类：顽拗型种子，对干燥环境敏感，设定为快速萌发；以及正常型种子，可在干燥环境下存活，而且在萌发之前可以在植株上或者土壤中存活很长时间。和自然界的大多数事物一样，种子的行为是在一定范围之内连续分布的，并没有严格的分类界限。某些物种的种子是中间型的。它们可以在一定程度的干燥环境下生存，也可以存活数月或数年，但是不能在完全干燥的情况下生存，或者不能在干燥环境中长期存活。

种子的休眠可以大致分为三种主要机制：机械休眠、生理休眠和形态休眠。当然，这些机制常常同时出现。

下图 种子的大小影响其生活力；种子越大，在休眠状态下存活的能力就越小。海椰子拥有全世界最大的种子，但种子的重量让它受到威胁，因为这意味着种子不易传播。

13

机械休眠的形式通常是坚硬不透水的种皮，阻止种子吸入其萌发所必需的水分。种皮坚硬的种子如豆科植物（Fabaceae；261—309页）的种子表现出机械休眠，只有种皮随着时间逐渐破损或者穿过动物消化道后发生破损，才能让水分进入继而令种子萌发。

生理休眠指的是种子被阻止萌发，直到发生某种特定的化学变化。例如，许多温带植物表现为温度休眠，在萌发之前需要经过春化处理（有时称为低温层积处理）。这些种子需要用低温降解种子中的抑制性化学成分才能萌发。这种适应性特征确保种子不会在散播后的那个冬天之前萌发，而是要等到寒冷天气过去之后的春天再萌发。采用这种休眠方式的植物包括蓝铃花（*Hyacinthoides non-scripta*；160页）。其他物种需要较高的温度才会萌发（例如老鸦谷［*Amaranthus cruentus*］；495页）。生理休眠还包括光休眠，指的是种子响应白昼长度而触发萌发过程，这也是为了确保萌发时机与最适合生长发育的季节重合。生理休眠还可以通过外部化学因素打破。例如，生活在热带稀树草原或其他火灾主导生境的某些植物物种的种子只有暴露在烟雾中才会萌发，像生长在南非高山硬叶灌木群落地区（fynbos）的帝王花（*Protea cynaroides*；249页）就是如此。

14

下图 蓝铃花在春天成片开放，是漫长寒冷的冬季过去之后气温回暖的喜人迹象。

最后，形态休眠指的是传播或脱落时尚未充分发育的种子。它们的胚胎是不成熟或未分化的，在种子萌发之前胚胎需要进一步发育。表现为形态休眠的物种包括苏铁（32—49 页）。

种子休眠让种子可以存活很长时间。这种"寿命"可以让农民、林务员和植物保护工作者将种子储存在低温低湿条件下达数十年之久（见 22页）。有明确记录的最古老的有生活力的种子属于海枣（*Phoenix dactylifera*；见 172页）：在以色列希律王宫发现的一粒种子在两千年后萌发了。这样的寿命是非凡的，不过还有其他古老的种子在千百年后仍然保持生活力的案例，特别是如果它们一直储存在凉爽、干燥处的话。如果你想将种子储存一段时间，了解种子的寿命都是至关重要的。最近种子库中的一些研究表明，即使某些正常型的种子，其寿命也比较短，短短几十年之后就失去了生活力。那些来自温带生态系统中的植物，如果其种子的胚胎微小，那么该种子似乎寿命较短（其中包括轮叶欧石南［*Erica verticillata*；529页］和黄花九轮草［*Primula veris*；526页］）。

上图 希律王宫矗立在以色列南部马察达的一片岩石高地上，在叛乱时期是一座防御充分的避难所。在 20 世纪 60年代发掘该遗址时人们发现了一颗两千年前的海枣种子，它后来成功萌发，长成了一棵海枣树。

种子植物是如何进化的？

我们今天所认识的植物是在许多个百万年的岁月中从蓝藻细菌进化而来的。第一批结种子的植物（种子植物）直到大约 3.6 亿年前的泥盆纪末期才出现。第一批植物是海洋生物，它们要么是小型单细胞生物，要么是丝状分叉生物，可追溯至寒武纪（5.41 亿年前—4.854 亿年前）。然而，石化过程让这些植物很难与其他身体柔软的生命形式区分开来。化石记录显示，第一批陆地生物出现在大约 4.5 亿年前的奥陶纪期间。它们和今天的苔类植物很像，产生孢子而不是种子。这些早期陆地植物没有运输养分和水分的组织，因此植株大小和生境都很受限制。输水能力的缺乏意味着它们只能生活在潮湿环境中。

为了长得更大并在更干燥的环境中生存，植物需要进化出在体内运输水和养分的手段。这种运输系统称为维管组织，而第一批拥有维管组织的陆生植物的证据发现于志留纪（4.44 亿年前—4.19 亿年前）。这些植物名为库克逊蕨，它们个头很小，有分叉的茎，顶端生长着孢子囊——扁平的把手状结构。直到大约 4.1 亿年前的泥盆纪期间，这些植物才开始发展出更复杂、多样的结构。茎开始生长像单叶的鳞片状结构，而且一些化石拥有长满刺的茎。随着泥盆纪的进展，植物长得更高，可达 18 米。然而，所有这些都是产生孢子的物种，直到泥盆纪中期至末期，种子植物才开始出现在化石记录中。

有记录的最早的结种子的植物拥有简单、分叉的茎，种子生长在沿着分枝排列的那种零散、杯状结构中，该结构称为壳斗。壳斗被认为是由融合、退化的叶形成的。这些种子很原始，而且缺少今天种子的许多特征，例如坚硬的种皮。在壳斗内部，珠被（这种结构在今天的植物中形成了种皮）包裹着种子。随着种子的进化，珠被更加紧密地包裹种子，在一端留出一个开口，称为珠孔，以便花粉和精子进入，为胚珠前体中的卵细胞授精。到泥盆纪结束的时候，已经出现了很多结种子的植物。其中一些像蕨类，但是有种子和壳斗。在石炭纪期间（3.589 亿年前—2.989 亿年前），地球上的优势植物是木贼、石松和蕨类。在石炭纪晚期和接下来的二叠纪，结种子的植物开始了进化。它们包括松柏门（60—89 页）、银杏门和买麻藤门（50—59 页）的裸子植物。苏铁门（32—49 页）出现于大约 2.5 亿年前的中生代初期。

　　木兰门或者说开花植物（90—639 页）最早出现在 1.3 亿年前—1.25 亿年前的三叠纪化石记录中，它们在这段时间从裸子植物进化出来。人们至今都不清楚，这是如何发生的，以及它们是从哪些裸子植物进化而来的；如今开花植物的裸子植物祖先现在可能已经灭绝了。开花植物的种类在白垩纪大大增加，代替裸子植物成为 1 亿年前至 6 千万年前的优势物种。它们也是今天的优势物种——据估计，一共有 35 万个开花植物物种得到描述，而相比之下，裸子植物物种只有大约一千个。

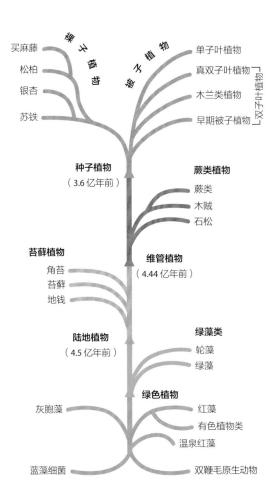

左图 植物从单细胞的细菌和藻类进化成今天结种子的植物，即裸子植物和被子植物（开花植物）。

种子和人类

早期人类通过采集果实、根茎和种子来补充他们以肉类为主的食物，而直到今天仍然能看出种子在狩猎－采集者食物中的重要性。例如，曼杰提树（*Schinziophyton rautanenii*；395页）大量结出富含营养、类似扁桃仁的种子，至今仍然是卡拉哈里沙漠丛林地带居民食物中必不可少的一部分。然而，狩猎和采集是不稳定的生存方式，需要大片土地养活相对较少的人。

人类从采集谷物和种子到种植和收获它们的适应性飞跃几乎是在几个不同的地方平行发生的。公元前9500年左右，小麦（*Triticum aestivum*；222页）、大麦（*Hordeum vulgare*；207页）、豌豆（*Pisum sativum*；298页）和兵豆（*Lens culinaris*；286页）在新月沃土——今天的伊朗和伊拉克等国——受到驯化。大约同一时代，水稻（*Oryza sativa*；210页）在中国首次驯化，紧接着是大豆（*Glycine max*；278页）。在安第斯山脉，马铃薯（*Solanum tuberosum*；568页）驯化于大约公元前8000年，和它一起被驯化的还有各种豆类。在新几内亚，甘蔗（*Saccharum officinarum*）和参薯（*Dioscorea alata*）出现在公元前7000年的考古记录中。在非洲，高粱（*Sorghum bicolor*；218页）驯化于公元前5000年左右，而在中美洲，玉米（*Zea mays*；223页）于公

上图 来自埃及底比斯的一幅古代壁画，描绘的是耕地以种植作物的场景，从中可以看出海枣的重要性。

元前4000年左右首次得到栽培。牲畜的驯化是在大致相同的时期进行的。通过人工选择和育种将野生植物改造成作物，这让人类能够在村庄、小镇和城市中生活，创造出繁荣的文明。此外，农业提供的充足食物意味着不再需要所有人负责采集食物，这让人类可以进化出更复杂的社会。毫不夸张地说，种子是人类文明的基础。时至今日，我们50%的热量摄入来自仅仅三种谷物——小麦、水稻和玉米。

上图　印度尼西亚的水稻梯田。千百年来，这种朴素的谷物一直是亿万人的主食。

　　自从农业出现以来，作物生产已经取得了各种技术进步。早期农民有选择地培育产量更高的作物，并在试错的基础上进行各种原始形态的轮作。紧接着出现的是灌溉，然后是使用牛和其他牲畜犁地。等到工业革命出现时，农业已经是一种专门化的复杂产业了。在16和17世纪期间，由于欧洲农业革命带来的作物选择、轮作和机械化的技术飞跃，农业产量提高了一倍。19世纪中期，科学家开始了解施肥，第一批化肥厂拔地而起。20世纪初，名为哈伯－博施法（Haber-Bosch）的制造工艺的发明令硝酸铵的大规模生产成为可能。尽管出现了这些技术进步，但饥荒在20世纪仍然常见。第二次世界大战的结束为全球化农业的新时代揭开了序幕，这个新时代如今被称为绿色革命。

上图 美国中西部是一片专门种植谷物的辽阔地区。在 21 世纪初，四个州 —— 艾奥瓦州、伊利诺伊州、印第安纳州和俄亥俄州 —— 的玉米产量几乎占美国玉米总产量的一半。

由美国作物科学家诺曼·博劳格（Norman Borlaug）引领，绿色革命发生在 20 世纪 40 年代至 70 年代，包括一系列研究、开发和技术转移。作物育种领域取得了重大突破，特别是在高产杂种的开发上。此外，灌溉系统的扩张、农业耕地面积的增长、现代管理技术的引入，以及化肥和杀虫剂的广泛使用共同作用，导致了食物产量的巨大增长。

虽然这些技术进步无疑拯救了许多生命 —— 博劳格得到了拯救十亿人免遭饥荒的赞誉，但环境代价是高昂的。化肥和杀虫剂污染了水和土壤，而且杀虫剂还进入食物链，造成人和动物的健康问题。

此外，农业的工业化创造了大型农场，代价是牺牲了自然生境和野生动植物。据估计，人类改造了陆地面积的 40%，用于生产作物和养殖牲畜。农业工业化的另一个后果是，大多数广泛使用的种子品种如今由少数几个大型跨国公司生产，由此导致许多传统作物品种的丢失和种植面积的降低。

　　最令人担忧的或许是种子的供应由这少数几家公司控制，这进而引发人们对种子垄断和价格上涨的恐惧。特别是转基因种子的发展加剧了农业的两极分化。经过基因改造的玉米和大豆广泛种植于美洲和亚洲。它们在欧洲遭到冷遇，主要是出于人体健康和环境方面的担忧。作为如今工业化的且使用生物技术的农业的一剂解药，有机农业在过去的二十年里吸引了一批拥趸，他们推广不使用杀虫剂的作物生产方法，并强调传统方法和作物品种而不是现代杂种和高产。在英国，花园有机组织（Garden Organic；前身为亨利·道布尔迪研究协会［Henry Doubleday Research Association］）推广传统种子品种的使用，而在美国，存种交易所（Seed Savers Exchange）发挥了类似的作用。

下图 像大豆这样的单一作物，要想在产业规模上维持产量，就必须依赖化肥和杀虫剂的使用。

种子的保存

人类储存种子已经有几千年的历史了，这样做是为了在第二年将它们种植在花园或田野里。然而，保存种子的科学直到20世纪才真正获得了长足发展。国际农业研究磋商组织（Consultative Group for International Agricultural Research，简称CGIAR）旗下的大型多边种子库，例如位于秘鲁的国际马铃薯中心（International Potato Center，简称CIP）和位于菲律宾的国际水稻研究所（International Rice Research Institute，简称IRRI），匀属世界上最大的作物种子库之一，也是种子研究的前沿阵地。此外，大多数国家拥有国家作物种子库，例如位于科罗拉多州柯林斯堡的美国农业部设施，以及位于俄罗斯圣彼得堡的瓦维洛夫种植业研究所（Vavilov Institute of Plant Industry）。后者大概是全世界最有名的国家种子库，因为这里拥有一项著名事迹：在第二次世界大战期间的列宁格勒保卫战中，保护这些种子的研究者宁愿饿死也不吃它们。

虽然种子保存的科学曾是由农业研究共同体引领的，但像邱园这样的植物园从20世纪60年代就开始发展自己的种子库和研究工作了。2000年，邱园在它位于英国苏塞克斯郡的卫星植物园韦克赫斯特庄园（Wakehurst Place）设立了千年种子库（Millennium Seed Bank）。它是当时全世界最大的种子库，用于储存种类多样的植物的种子，而不只是作物种子。从那以后，注重野生物种的其他大型种子库在中国、巴西、韩国和澳大利亚纷纷成立。2008年，全球种子库（Global Seed Vault）设立在北极圈内的斯瓦尔巴。这座种子库是无人值守的，旨在用作全世界所有作物品种的"备份"。斯瓦尔巴种子库的不同寻常之处在于它只是一个储藏之所。

大多数种子库拥有多种功能，包括种子采集、种子储藏和种子供应，而且它们会开展与所有这些活动相关的研究。关于种子保存的科学，更多详细信息见下文。

种子的采集

要想恰当地采集种子，最困难的事情是把握时机。当你在花园里或者田野中采集种子时，知道何时采摘种子至关重要。如果种子采摘得过早，它们可能无法萌发而且不耐储藏。如果采摘得过晚，它们可能滋生出虫子或者腐烂。采集的最佳时间是种子开始传播时。如果它们在荚果中，那么荚果应该刚刚开裂。如果它们在水果中，那么水果应该是成熟的。对于拥有爆炸性传播机制的物种（例如喜马拉雅凤仙花［*Impatiens glandulifera*；510 页］），在恰到好处的传播时间点采集种子特别有挑战性，因为荚果会在你手中炸开，将种子弹射得到处都是。避免这种情况的一个方法是在荚果爆开之前用纸袋套住它，令种子被采集到纸袋里。在有些情况下，在荚果末端轻轻涂一点胶水可以阻止它开裂。

种子应该从尽可能多样的个体中采集。这样做可以确保你采集到的种子在遗传上是多样化的。在果期的不同时间进行采集也是个好主意——这样做的话，你采集的种子来自花期或果期较早、居中和较晚的植株，确保你种下这些种子后得到恢复能力强的种群。在野外采集种子时，注意不要采集太多种子，因为这会危及野生植物的下一代。根据简单的经验性规则，种子的采集数量不应超过采集当天可采种子的 20%。

种子的采集方法取决于相应的植物。高大乔木的果实可以使用伸缩剪刀剪下来，在有些情况下还可使用梯子或绳子爬到树上。对于较小的乔木和灌木，常常可以摇晃树枝，让果实落在防水布上，或者直接用手采摘。对于禾草，可以用手从种穗上捋下种子，如果需要大面积采集的话，可以使用梳刷式收获机。一定要非常小心，所采集的种子只能来自同一个物种。为了避免同时采集多个物种，种子采集团队的所有成员应该事先得到一份被采集植物的样本。种子应该放置在纸袋或棉布袋中（不能用塑料袋），让它们能够呼吸。如果你对某特定个体的性状或特征感兴趣，那么来自这棵植株的种子应该单独包装和标记。

除了采集种子本身，记录关于这次采集的尽可能多的信息也很重要。在最低限度下，这应该包括物种和采集者的名字、日期和地点。专业种子采集者会记录关于生境、伴生物种、地形、土地用途、地质学、土壤、坡度、朝向、种群状态、威胁、植物描述、可采种子数量、采样植物数量、用途等方面的信息。

种子采集完毕，必须保持它们的凉爽和干燥。在理想状况下，它们应该平铺在报纸上，放在远离阳光且通风良好的地方。如果种子位于肉质果实中，那么应该尽快去除果肉。回到种子库之后，种子会被放在干燥室里，通常处于空气温度为15℃、湿度为15%的标准状态下。它们将在这里干燥，直至达到含水量为6%—7%的动态平衡。家庭园丁的小规模处理可以使用硅胶、大米或其他干燥剂以获得类似的效果。干燥敏感的顽拗性种子（见11页）不应该干燥处理。相反，它们应该在室温条件下保持凉爽，并尽快播种。

24

种子的储藏

在专门建造的种子库中，种子经过干燥和清洁（即去除种子外面的果实部分）并清点数量之后再储藏起来。在有些情况下，种子会被 X 光照射，找出空的或者滋生虫子的种子批。大多数种子库用吹风机或风扬机将空种子从饱满可育的种子中分离出来，这些机器会将重量较轻的空种子壳吹走。

下图 在秋天采集干燥种荚能够确保未来年份有稳定的种子供应。

种子一旦干燥、清洁和清点数量，就被放入密封容器——它们可以是密封铝箔袋、塑料袋或玻璃容器（玻璃密封罐是非常棒的种子容器）。关键在于这种容器是不透气的。种子一旦密封在容器中，通常可以在 −20℃ 的条件下冷冻保存。在这样的条件下，种子的生活力将保持数十年。很多物种的种子可以保存数百年之久。

在专业种子库中，已知的正常型种子和疑似寿命较短的种子（见15页）可以保存在超低温（−196℃）的液氮中以延长寿命。

种子的萌发

　　令种子萌发常常比储藏种子更具挑战性。如上文所述，大多数正常型种子表现出某种形式的休眠机制，需要打破休眠才能萌发。对于几乎所有物种，重要的是适宜的光照和温度条件。如果你知道你的种子来自什么地方，以及它大概什么时候在自然环境下萌发，那这些就是你应该复制的条件。那些规模最大的种子库都配备了一系列培养箱，它们设定为不同的温度和光照 / 黑暗持续时长，以模仿全世界的自然条件。具有机械休眠特性的种子（例如绣球小冠花［*Coronilla varia*］的种子），需要在种皮上刻出切口或者用砂纸打磨，让水分进入才会萌发。至于那些具有生理休眠特性的物种，可能需要低温层积，例如将种子在冰箱里存放数周。其他物种可能需要化学或激素处理。例如，曼杰提树（395 页）的种子在发芽之前需要烟雾处理，因为这个物种在热带稀树草原上适应当地生境，只在火灾后萌发。邱园种子信息数据库（Kew's Seed Information）是关于萌发处理的一个优质信息源，可以免费在线使用（详情见相关资源部分）。除了适当地处理种子之外，在萌发期间和之后选择合适的土壤、播种深度、温度和浇水程序同样至关重要。知道你的种子来自哪里和适宜母株生长的条件是什么极为有用。

上图 只要得到水、足够的热量和适当的生长基质，种子就会萌发。发育中的幼苗依赖其内部储存的营养进行生长，直到第一批真叶发育出来并开始光合作用。

植物的多样性以及它为什么重要

象鸟、袋狼（*Thylacinus cynocephalus*）以及曾经极为常见的旅鸽（*Ectopistes migratorius*）等物种的灭绝几乎没有产生什么影响，但是更有魅力的物种，例如大熊猫（*Ailuropoda melanoleuca*）、大猩猩和虎（*Panthera tigris*）目前正岌岌可危。如果我们因为自身的疏忽而损失了这些物种中的任何一个，我们无疑将哀悼它们的逝去。然而，这对人类的影响将会是很小的——部分原因在于，就像我们一样，它们位于食物链的顶端。至于植物，情况正好相反。在大多数人眼中，植物没有什么魅力，然而对于维持地球上的生命而言，无数令人难以区分的植物发挥着重要作用。它们位于营养金字塔的底部，通过食物链将营养传送给位于顶部的我们。它们提供调节气候和预防洪水等功能。它们参与土壤形成和营养循环，而且它们为我们提供了栖身之所、药物和燃料。尽管如此，如今有6万至10万个植物物种正面临灭绝的威胁——相当于已知植物物种总数的大约五分之一。植物面临的主要威胁是土地用途的变化和过度开发，而气候变化加剧了这些过程。我们为什么应该关心这些植物呢？原因有很多。

第一个原因是，这些植物可能拥有我们目前未知的用途。1949年，美国博物学家奥尔多·利奥波德（Aldo Leopold）写道："如果动植物在漫长的岁月中积累了一些我们喜欢但不了解的东西，那么除了傻瓜，还有谁会丢弃这些暂时看上去没用的物种？在修理东西时，保存好每个零件和齿轮是谨慎的做法。"自利奥波德写下这些话以来，生态科学界一次又一次地证明，所有高产生态系统都立基于互相关联的网络。这体现在我们的农业生态系统中的植物、授粉者、害虫与捕食者之间的简单关系上，但所有生态系统都是如此，包括作为一个整体的地球。我们人类也概莫能外。我们是地球生态的核心，而且正在变得越来越强势。某种看上去无足轻重的植物可能对某种授粉者的生活史至关重要。它可能是某种有用真菌的共生生物，也可能是某种控制作物害虫的昆虫或鸟类的家园。几十年前，我们还不知道来自马达加斯加的长春花（*Catharanthus roseus*；543 页）含有抗癌化合物长春新碱和长春碱，也不知道雪花莲（*Galanthus* spp.；152 页）可以提供对阿尔兹海默症有疗效的加兰他敏。我们让植物横遭灭绝，是在令我们自己陷入危险的境地。

我们应该关心的第二个原因是，我们已经从生态学中了解到，生态系统的恢复能力取决于多样性。与种植多种多样且对环境的要求和敏感程度不一的作物的农民相比，只种植一种作物的农民显然更容易受到气候异常或病害的影响。问题在于，作为一个物种，我们已经忘记了这一点。我们越来越依赖更简单的生态系统和迅速降低的植物多样性。我们的植物性食物摄入有 80% 来自仅仅 12 个植物物种——8 种谷物和 4 种根茎类作物——尽管可以食用的植物物种数量至少有 7000 个。林业大全数据库（Forestry Compendium）提供了大约全世界商业林中种植的乔木物种的详细信息，但是目前可用的乔木物种的数量据估计是 60000 个，很显然还有很大的增长空间。在西药中，我们只能看到 20% 的全球植物物种参与制药，尽管 80% 的发展中国家居民使用野生植物（其中很多是有效的）进行初级医疗保健。

当世界正在努力克服我们如今面临的巨大环境挑战——食品安全、水短缺、陆地减少、气候变化、森林砍伐、人口过度、能源，我们必须问问自己，为了满足我们未来的需求，我们是否能够继续依赖世界植物多样性中如此微小的一部分。合乎逻辑的回答是：我们不

下图 来自英国皇家植物园邱园的报告《世界植物现状》（*State of the World's Plants*）是对地球植物的第一次全球性评估。每五个已知物种（将近 390000 个）中就有一个面临灭绝，而且它们中的许多物种有明确记载的人类用途。

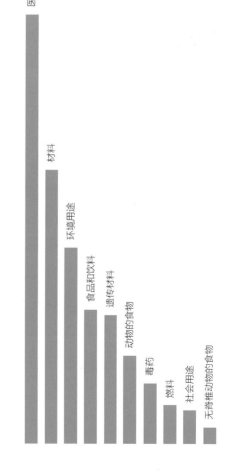

上图 生境的毁灭是植物多样性所面临的最大威胁之一，因为单一栽培作物——例如用于获取食物或燃料的油棕——取代了自然物种。

能。我们将需要用水量更少或者更适应气候变化的新食用作物。我们将需要树种复杂多样、不容易感染病虫害的森林集水区。我们还需要发展不用取代食用作物的新一代生物燃料。

最后，我们应该拯救植物物种令它们免于灭绝，因为我们可以。我们拥有一系列可用的技术手段，任何植物物种都不应该因为技术限制而灭绝。在可能做到的地方，我们应该在现场——野外——保护和管理植物种群。虽然我们在增加全球保护区面积上取得了一些进展，但我们继续令我们占据的土地退化，而且很显然，为某个区域提供法律保护并不能阻止它免遭气候变化、极端天气事件、外来入侵物种以及其他需要积极行动的负面因素的影响。在我们不能现场保护和管理植物多样性的地方，我们应该使用从种子库到生境恢复等一系列场外手段。新千年生态系统评估（Millennium Ecosystem Assessment）将这种干预称为"技术园艺"。这不是抽象概念——它已经是现实了。在大多数情况下，生活在西欧和美国的人类居住在完全由人类控制的地貌中，这里的物种组成是我们的影响和需求的直接结果。用更积极的态度看待这一点，我们都在某种程度上参与了植物保护，无论是在我们的后园里栽培植物，还是进行农耕，或者管理受保护的区域。

很显然，未来会有很多挑战，但我们应该对我们自己的创新和适应能力保持乐观。然而，这种适应需要我们能够利用所有植物物种和它们含有的基因。我们的动机很清晰。为我们的子孙后代留下每一种机会，这是我们的责任——我们这一代的责任，而这意味着保护我们的生物遗产，并将其完整地传承下去。

关于照片的说明

科学界的传统做法是按照重量测量种子，但在接下来的内容里，我们用种子有多大或者多小来认识种子的尺寸。每个物种都有真实尺寸的照片，而且大部分物种还配有放大图，以揭示其复杂精致的细节。在可能的情况下，照片上都是物种本身的真实外表，而没有保护性的外壳、纸质表皮或包含它的肉质果实。对于大部分物种而言，种子是以干燥状态呈现的，在这种状态下，这些珍贵的小包裹最能保持活力。

下图 即使是某一小块不起眼的城市用地，也能为保持植物多样性作出贡献，尤其是如果选择"传统种子"（heirloom seeds）的话。

29

结种子的植物

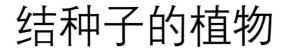

苏铁门
Cycadophyta

苏铁门包括大约 350 个不同的物种。苏铁类植物曾经广泛分布并占据优势，然后在过去的一亿年里，它们就像所有裸子植物一样，在与被子植物的竞争中败下阵来。苏铁类植物有多种大小，全都拥有类似的形态，特点是一根通常不分叉的树干，从树干向四周抽生出大型羽状复叶。它们是雌雄异株的，也就是说雄花和雌花生长在不同植株上。雌株生成的雌孢子叶球通常由特化昆虫——主要是甲虫——来授粉。对特异授粉者的依赖让苏铁更容易灭绝——这是它们被视为全世界受威胁最大的植物类群之一的一个原因。然而，它们曾在三叠纪和侏罗纪的大规模灭绝事件中幸存下来，这个事实足以证明它们的生存能力。苏铁类植物生长缓慢，可以活一千年以上，这么长的寿命大概是它们生存下来的一个因素，另一个因素是它们具有在相对干燥的环境下生长的能力。

如今，苏铁类植物主要生活在热带，还有少数物种出现在非洲和澳大利亚南部的温带生态系统。物种多样性最高的地方是中美洲和南美洲。苏铁类现存三个科：蕨铁科（Stangeriaceae）、苏铁科（Cycadaceae）和泽米铁科（Zamiaceae）。蕨铁科包括两个属（蕨铁属［*Stangeria*］和波温铁属［*Bowenia*］）和三个物种，分布于南非和澳大利亚昆士兰州。苏铁科只有一个苏铁属（*Cycas*），以及 113 个受到承认的物种。苏铁属的多样性中心是中国和澳大利亚，其他物种广泛分布在旧世界。最后，泽米铁科包括两个亚科、八个属，大约 150 个物种，分布在非洲、澳大利亚和美洲。

科	苏铁科
分布范围	印度南部西高止山脉
生境	灌丛林地和岩石区域
传播机制	重力
备注	这个物种的天然生境在过去的 60 年里损失了 50%
濒危指标	濒危

种子尺寸

长 1¹³⁄₁₆–2 in
(46–50 mm)①

34

拳叶苏铁
Cycas circinalis
Queen Sago
L.

拳叶苏铁是生物多样性热点地区印度西高止山脉的特有灌木。因为生境损失，它目前受到很大的威胁：在过去的 60 年里，它的生境被清理掉了超过一半的面积。它还作为观赏植物遭到人类的采集，这是该物种面临的另一个威胁。和其他苏铁类植物一样，拳叶苏铁的叶片从树干顶端长出，形成树冠。这些叶片会在旱季脱落。

相似物种

近缘物种台东苏铁（*Cycas taitungensis*，英文通用名 Emperor Sago）原产中国台湾。这个物种高达 5 米，生长在多岩石的陡峭山坡上。它在国际自然保护联盟（IUCN）红色名录上归入濒危类别，面临着一种入侵性苏铁蚧壳虫以及人类对植株和种子的过度采集的双重威胁。

实际尺寸

拳叶苏铁的植株含有一种神经毒素，若被牲畜摄入，会导致其麻痹或死亡。球形红色或黄色种子也有毒，需要在水中浸泡数次才能去除毒素。充分浸泡之后，它们可以晒干并磨粉食用。种子在三个月内萌发。

---

① 译注：in 即英寸（inch）的简写，1 英寸 =2.54 厘米。mm 即毫米（millimeter）的简写。

科	苏铁科
分布范围	中国广西和云南
生境	亚热带常绿林
传播机制	动物[1]，包括鸟类
备注	这个物种直到 20 世纪 90 年代末才被发现
濒危指标	极危

种子尺寸

长 ⅞–1 in
(23–25 mm)

35

德保苏铁
Cycas Debaoensis
Debao Fern Cycad

Y. C. Zhong & C. J. Chen

这个物种在 IUCN 红色名录上归入极危类别，它的中文和英文通用名来自该物种的自然分布地，中国广西西部的德保县（Debao）。德保苏铁正在以惊人的速度减少，主要原因是生境破坏和过度采集。植株雌雄异体，意味着一株德保苏铁要么是雄性，要么是雌性。雄株生成的孢子叶球在鳞片上生产花粉，而雌株生产种子。每棵植株生产的种子数量相对较少，进一步加深了这个物种的危机。

相似物种

苏铁科只有一个属——苏铁属，而这个属本身包含大约一百个物种。另外两个现存的科蕨铁科和泽米铁科也属于苏铁目（Cycadales）。作为一个古老的植物类群，苏铁类植物常常被称为"活化石"。最受欢迎的苏铁类植物是苏铁（*C. revoluta*；39 页），它被认为是新园丁容易上手的一个物种，而且是一种流行的室内植物。

实际尺寸

德保苏铁的种子有一层肉质外表皮，会吸引啮齿类动物，这是它们的主要传播者。种子大而重，所以不太可能被这些动物传播到很远的地方。由此引发的子代和母本植株的相对毗邻会导致近亲交配和强烈的竞争。

---

① 译注：本书中的"动物"，除非强调"包括人类"（如第 117 页），均指"人类之外的其他动物"。特此说明。

科	苏铁科
分布范围	泰国
生境	干旱落叶林地和悬崖
传播机制	重力
备注	这个物种直到 2003 年才被发现
濒危指标	濒危

种子尺寸

长 1–1⅛ in
(26–28 mm)

象脚苏铁
Cycas elephantipes
Elephant Foot Sago

A. Lindstr. & K. D. Hill

这种中等大小的苏铁类植物拥有膨大的树干且树皮有深裂纹，像大象的脚，这正是它通用名的由来。根据目前已知的记录，全世界只有三个地点生长着象脚苏铁，它们在 IUCN 红色名录上归入濒危类别，因为园艺贸易对这种植物的开发导致种群数量迅速下降。叶片灰绿色，可以长到 1.5 米长。这个物种是最近才被植物学家发现的，并在 2003 年得到 A. J. 林斯特龙（A. J. Lindstrom）和 K. D. 希尔（K. D. Hill）的描述和命名。

相似物种

超过 50% 的苏铁类植物面临野外灭绝的威胁，主要原因是生境破坏和用于贸易的过度采集。在过去的二十年里，有记录的出口苏铁类植物是 3000 万株，但只有 1% 标记为野外来源。这意味着许多来自野外的物种没有得到记录，是非法贸易的对象。

象脚苏铁的雄株上生长着负责产生花粉的雄孢子叶球。雄孢子叶球的形状是卵形，颜色介于橙色和棕色之间。种子有毒，形状扁平，有一层黄色的种皮包衣。它们很容易萌发。

实际尺寸

科	苏铁科
分布范围	中国四川和云南
生境	森林和灌木地
传播机制	动物，包括鸟类
备注	这个物种在全球范围内只有 6 个已知分布地
濒危指标	易危

种子尺寸

长 1 in
(25 mm)

攀枝花苏铁
Cycas panzhihuaensis
Dukou Sago Palm
L. Zhou & S. Y. Yang

攀枝花苏铁是一种漂亮的植物，拥有低矮粗壮的树干和由羽状绿色或灰蓝色复叶组成的树冠。这个物种的发现时间相对较晚，而它的名字来自它的发现地点，中国云南省攀枝花市[①]附近。由于生境破坏和人口增长，这个古老的物种现在面临威胁。植株也被采集和贩卖，用于观赏性装饰以及制作医药和食物。据信，不同攀枝花苏铁种群之间的基因流受到限制性花粉和种子传播方式的阻碍，进而导致遗传隔离。

相似物种

攀枝花苏铁被认为是现存最古老的苏铁类植物之一。在亚洲，这个古老的植物类群如今因为人类的影响和人口压力而面临威胁。由于叶片的形态，苏铁类植物常常被误认为棕榈或蕨类，不过它们与这两个植物类群只有遥远的亲缘关系。

攀枝花苏铁的种子在成熟时拥有鲜艳的橙色至红色外表皮。这种外表皮名为浆果皮（sarcotesta），负责吸引该植物的主要传播媒介——啮齿动物。这些动物通常会吃掉富含淀粉的浆果皮，但不会吃种子的剩余部分，所以传播效果取决于这些动物在吃掉浆果皮之前携带种子走了多远。

实际尺寸

①译注：攀枝花市原本由云南省管辖，由于行政区划调整，今属四川省。

科	苏铁科
分布范围	孟加拉国、中国东南部，以及东南亚
生境	热带森林
传播机制	动物，包括鸟类
备注	篦齿苏铁是全世界最高的苏铁类植物
濒危指标	易危

种子尺寸

长 1½–1¾ in
(38–45 mm)

38

篦齿苏铁
Cycas pectinata
Assam Cycas

Buch.-Ham.

尽管是分类最广泛的苏铁类物种之一，篦齿苏铁的数量还是因为生境破坏和商业过度采集而减少。在印度阿萨姆邦的传统文化中，这种植物的叶片被用来装饰神龛，而在婚礼上，它们被用在花束中。种子生食有毒，但按照传统习俗烤熟后作为淀粉来源食用。幼嫩叶片作为蔬菜食用，而小孢子叶用来治疗肠胃问题，用法是咀嚼生吃。

相似物种

篦齿苏铁属于古老的苏铁属，这个属的物种数量在侏罗纪和白垩纪大大增加，当时它的分布范围几乎遍及全世界——苏铁类植物化石甚至出现在今天的南极洲。人们认为，在这个所谓的"苏铁时代"，这些有趣的植物在全世界所有植物中的比例高达20%。

篦齿苏铁的种子在成熟时是红色、黄色、深棕色或橙色的。它们覆盖着厚且富含纤维的肉质层，这个肉质层被认为旨在吸引作为传播者的动物和鸟类。种子通常是光滑的，呈卵形。

实际尺寸

科	苏铁科
分布范围	日本
生境	山区
传播机制	重力
备注	这种植物可以存活数百年
濒危指标	无危

苏铁
Cycas revoluta
Sago Palm
Thunb.

种子尺寸

长 1⅜ in
(35 mm)

39

苏铁的英文通用名是 Sago palm（意为"西米棕榈"），但它实际上并不是棕榈，而是苏铁类植物。"Sago"（西米）指的是这种植物茎干中富含淀粉的髓。拉丁语种加词 *revoluta* 的意思是"反卷"，形容的是这种植物的叶片。这个物种面临的主要威胁包括在野外采集种子和叶片，后者是用作装饰的出口商品。这种植物可以长到 3 米高，而且可以存活数个世纪之久。苏铁主要生长在陡峭多岩石的地方，而且毒性极强，尤其是对动物。

相似物种

苏铁属属于苏铁科。这些裸子植物被认为是"活化石"，由如今已经灭绝的种子蕨类[①]的一个类群进化而来。苏铁属的成员没有雌孢子叶球，只有变态叶——裸露的胚珠着生在变态叶上，受精后发育成种子。

苏铁可以播种繁殖，也可以用从母株上长出的萌蘖繁殖。种子在夏天发育并长到核桃大小。种子的颜色在冬季从黄色变成亮橙色。种子的萌发过程很慢，需要几个月的时间。

实际尺寸

---
① 种子蕨类（seed ferns）是已灭绝的裸子植物。植物具蕨形叶，叶上着生小孢子囊和种子。生存于晚泥盆世至中生代末期。

科	苏铁科
分布范围	泰国、越南、缅甸，可能还有老挝[①]
生境	季雨林
传播机制	动物
备注	苏铁类植物是古老的种子植物，它们在恐龙时代构成了地球上的优势植被
濒危指标	易危

种子尺寸

长 1⁹⁄₁₆ in
(40 mm)

40

云南苏铁
Cycas siamensis
Thai Sago
Miq.

云南苏铁是一种漂亮的苏铁类植物，树干基部膨大，树冠由扁平的深绿色叶片构成。在野外，这个物种受到开垦毁林的威胁，它还被过度采集用于园艺。幸运的是，这种苏铁的大型野生种群仍然存在，而且它并不面临任何直接的灭绝威胁。云南苏铁的野生植株在国际贸易中是受保护的，因为它和所有其他苏铁类植物都加入了濒危物种国际贸易公约（Convention on International Trade in Endangered Species，简称 CITES）。它在植物园的收藏中相当常见。

相似物种

苏铁属是一个生长孢子叶球的属，包含大约一百个物种。苏铁（39 页）作为栽培植物在全球销售和栽培。凯恩斯苏铁（*C. cairnsiana*，英文通用名 Mt. Surprise Cycad）拥有蓝绿色叶片，被认为是一种出色的园林植物。

实际尺寸

云南苏铁拥有大而圆的种子，新鲜时为黄色或橙色，萌发速度慢。它们有毒，但精心处理之后可以制作可食用的西米淀粉（通常提取自西谷椰子 [*Metroxylon sagu*，英文通用名 True Sago Palm]）。种子还用于医药。

---

① 该物种在中国云南、广西、广东等地也有分布。1902 年，W. T. Thiselton-Dyer 明确将中国列为 *Cycas siamensis* 的原产地。陈嵘于 1937 年首次称 *Cycas siamensis* 为"云南苏铁"，认为其产自云南省。这也正是后来《中国植物志》与《中国树木志》相继采用陈嵘"云南苏铁"一名的原因。

科	泽米铁科
分布范围	澳大利亚昆士兰州
生境	雨林和沿海地区
传播机制	动物,包括鸟类
备注	根茎被当地原住民用作食物来源
濒危指标	无危

种子尺寸

长 1–1⅛ in
(26–28 mm)

波温铁
Bowenia spectabilis
Zamia Fern

Hook.

41

尽管波温铁的英文通用名是 Zamia Fern(意为"泽米蕨"),但它实际上并不是一种蕨类,而是叶片像蕨类的一种苏铁类植物。这个物种原产昆士兰州北部的雨林和沿海地区,名列 CITES 附录一,属于禁止贸易的种类。园艺产业对这个物种的野外采集和贸易是它面临的主要威胁。

波温铁有彼此独立的雄株和雌株。雄孢子叶球和雌孢子叶球都是从植株基部的土壤里长出来的。和在所有苏铁类植物中一样,种子产于雌孢子叶球。波温铁的每个雌孢子叶球可以容纳一百多枚种子,这些种子是有毒的。随着种子的成熟,种皮从白色变成淡紫色。

相似物种

波温铁是波温铁属(*Bowenia*)仅存的两个物种之一,这个属是泽米铁科的一部分。另一个物种是齿叶波温铁(*B. serrulata*,英文通用名 Byfield Fern),仅分布于昆士兰州中部的拜菲尔德(Byfield)。这两种植物外表相似,但齿叶波温铁的叶片呈锯齿状,而波温铁的叶片是平滑的。波温铁属的另外两个物种仅存化石记录。

实际尺寸

科	泽米铁科
分布范围	墨西哥
生境	落叶林
传播机制	动物
备注	这个物种的叶片被用于装饰教堂祭坛
濒危指标	近危

种子尺寸

长 ¹¹⁄₁₆ in
(18 mm)

42

双子铁
Dioon edulea
Chestnut Dioon
Lindl.

双子铁是一种裸子植物，所以没有真正的花；未受精的胚珠是裸露的，着生在暴露于空气中的孢子叶球中。花粉通过空气传播，附着在胚珠周围的黏性物质上，从而完成受精。

双子铁是生活在墨西哥的一种苏铁类植物，它的种子在玉米（*Zea mays*；223 页）歉收时充当淀粉来源。种子一旦收获，立即浸泡以去除其中含有的毒素。然后它们被碾成粉末，用于制作薄烙饼。它的叶片在宗教仪式上用于装饰祭坛。这个物种面临的主要威胁是观赏植物贸易行业的过度采集，这导致它被 IUCN 红色名录归入近危类别。

相似物种

双子铁属（*Dioon*）属于一个名为苏铁类的植物类群。它们是最古老的种子植物 —— 有些苏铁类化石可追溯至 2.8 亿年前的二叠纪。它们是极为长寿的物种，一些个体可以存活一千年左右。

实际尺寸

科	泽米铁科
分布范围	南非
生境	灌木地和开阔的岩石山坡
传播机制	动物，包括鸟类
备注	非洲铁属的属名 *Encephalartos* 来自希腊语，意思是"头颅里的面包"——它的髓被当作食物来源
濒危指标	易危

种子尺寸

长 up to 1⅝ in
(40 mm)

面包非洲铁
Encephalartos altensteinii
Bread Tree

Lehm.

43

这种长寿的苏铁类植物是南非特产，常常作为观赏植物种植。由于生境破坏和园艺贸易行业的过度采集，它被 IUCN 红色名录归入易危类别。这个物种的贸易如今只有在例外情况下才会被允许。这种苏铁类植物树干的髓可以用来制作面包，该物种的英文通用名正来自这一事实。由于髓有很强的毒性，它必须先埋藏两个月等待毒素降解，然后才能用作无毒的食物原料。

相似物种

非洲铁属（*Encephalartos*）的所有物种都是非洲特有植物，而且全部列入 CITES 附录一，意味着任何物种的贸易都是受到禁止的。和面包非洲铁一样，该属的许多物种也可以用来制作面包，并因此俗称为 bread trees（意为"面包树"）、bread palms（"面包棕榈"）或 breadfruits（"面包果"）。

面包非洲铁的植株可以在每根树干上长出多达五个绿黄色孢子叶球。这种鲜艳的颜色会吸引噪犀鸟（*Bycanistes bucinator*），这种鸟将肉质外种皮吃掉，再通过反胃过程将有毒的种子吐出来，这种行为有助于种子的传播。在这一页展示的种子仍然连接在果实上。

实际尺寸

科	泽米铁科
分布范围	南非夸祖鲁 – 纳塔尔省，以及莫桑比克
生境	沙丘
传播机制	动物，包括鸟类
备注	这种植物在 1839 年首次从莫桑比克运往欧洲
濒危指标	近危

种子尺寸

长 1³⁄₁₆—1⁵⁄₁₆ in
(40–50 mm)

44

锐刺非洲铁
Encephalartos ferox
Zululand Cycad
G. Bertol.

俗称 Zululand Cycad（意为"祖鲁地苏铁"），因为它广泛分布在南非的夸祖鲁 – 纳塔尔省。该物种目前作为观赏植物种植。然而，过度采集加上沿海生境 —— 也正是发现该物种的地方 —— 的破坏导致它在 IUCN 红色名录上归入近危类别。拉丁语种加词 *ferox* 的意思是"凶猛的"，指的是形状像冬青叶且极为多刺的叶片。这种苏铁是个尺寸较小的物种，高约 1—1.5 米。

相似物种

苏铁类植物的英文名称 cycad 来自希腊语单词 *kykas*，意思是"似棕榈的"。非洲铁属的许多成员被叫做"面包树"，因为它们茎干中的髓可以用来制作面包。它们的髓是有毒的，必须经过处理才能食用。

实际尺寸

锐刺非洲铁的球果呈醒目的橙红色至鲜红色。种子的颜色类似，呈长条形，覆盖着一层肉质外种皮。种子有毒，但外种皮无毒。狒狒和猴子会摘下整个球果，吃掉肉质外种皮，而将种子吐出来。

科	泽米铁科
分布范围	南非东开普省
生境	矮灌木丛
传播机制	动物，包括鸟类
备注	种加词 *horridus* 的意思是"粗糙的"或"有刚毛的"，形容的是尖刺状的叶片
濒危指标	濒危

种子尺寸

长 1⅛ in
(27 mm)

蓝非洲铁
Encephalartos horridus
Eastern Cape Blue Cycad

(Jacq.) Lehm.

45

蓝非洲铁原产南非的东开普省，生活在那里比较干旱的肥沃地区。由于从前的过度采集，它在 IUCN 红色名录上归入濒危类别，但最近在园艺苗圃中的栽培正在减少对野生种群的压力。该物种面临的另一个重大威胁是城市开发，这个过程消灭了它的许多自然生境。它在自然界存在两种形态，一种是矮生形态，另一种是较大的正常形态。这种植物的叶片呈现一种漂亮的银蓝色，随着年龄逐渐变成绿色。

相似物种

非洲铁属由德国植物学家约翰·莱曼（Johann Lehmann）在 1834 年首次描述。该属的所有成员都名列 CITES 附录一，以阻止采集者的进一步开发。尽管如此，80% 的非洲铁属物种仍然面临着灭绝的威胁。

蓝非洲铁的植株可以用从成年个体上切下的根出条繁殖，也可以播种种植。种子包裹着颜色鲜艳的红色外种皮，略呈三角形，有三个较为平整的面。只有数量极少的种子能够在自然界表现出生活力，但它们在栽培条件下很容易萌发。

实际尺寸

科	泽米铁科
分布范围	澳大利亚新南威尔士州
生境	潮湿林及干燥林
传播机制	动物，包括鸟类
备注	普通澳洲铁的种子有很强的毒性
濒危指标	无危

种子尺寸

长 1⅜–1⁹⁄₁₆ in
（35–40 mm）

46

普通澳洲铁
Macrozamia communis
Burrawang

L. A. S. Johnson

普通澳洲铁的种子较大，并覆盖有红色、黄色或橙色肉质层（红色最常见）。这种颜色鲜艳的肉质部分吸引传播媒介，例如啮齿类动物和负鼠。种子包含在雌株的桶形球果中，球果在成熟时裂开并释放种子。

普通澳洲铁的英文通用名 Burrawang 来自在这种苏铁类植物的分布区生活的原住民部落的语言达鲁克语（Daruk）。这种植物的拉丁语种加词来自它聚集成大型群落的生长习性，这种群落常见于新南威尔士州沿海。种子有很强的毒性，所以当地人发明了各种处理它们的方法，处理后用作食物。然而有人认为，即便经过处理，它们的毒素水平对于人类摄入而言仍然是不安全的。这些种子含有充足的淀粉，是一些原住民社群世世代代以来的主食。

相似物种

澳洲铁属（*Macrozamia*）是泽米铁科苏铁类植物的一个属，大部分物种生活在澳洲东部。Burrawang 这个名字现在可以指澳洲铁属的大部分物种，但它最初仅指普通澳洲铁。某些澳洲铁属物种生长蓝色叶片，是广受欢迎的观赏植物，例如北部澳洲铁（*M. macdonnellii*，英文通用名 MacDonnell Ranges Cycad）和粉叶澳洲铁（*M. glaucophylla*）。

实际尺寸

科	泽米铁科
分布范围	澳大利亚西部
生境	林地和石南灌丛
传播机制	动物，包括鸟类
备注	这种苏铁类植物的叶片用于盖茅草屋顶
濒危指标	无危

种子尺寸

长 1⅜–1¾ in
(35–45 mm)

西部澳洲铁
Macrozamia riedlei
Zamia Palm

(Gaudich.) C. A. Gardner

47

西部澳洲铁是一种中型苏铁类植物，粗壮的树干形状像水桶，常见于澳大利亚西部的边缘桉（*Eucalyptus marginata*，英文通用名 Jarrah）森林中。这个物种的种子有毒。有报道的最早中毒案例发生在 1697 年，当时有欧洲探险家生吃了它的种子。虽然种子有毒性，但澳大利亚原住民仍然将它们当作食物来源，食用之前先放在余烬上处理。烤熟后的种仁可以用来制作蛋糕。

相似物种

澳洲铁属有 40 个物种，全部是澳大利亚的本土植物。原产新南威尔士州的双羽澳洲铁（*Macrozamia diplomera*）有一个不同寻常的特征：长达 1 米的鞭状主根从植株基部笔直地向下插入沙质土壤。这最有可能是为了从土壤中获取更多水而进化出的适应性特征。

西部澳洲铁的孢子叶球较短，九、十月间开放。雌株通常生长 1—3 个孢子叶球，雄株生长 1—5 个孢子叶球。孢子叶球一开始是直立的，成熟时下垂。种子呈椭圆形，有鲜艳的红色肉质外种皮。鸸鹋（*Dromaius novaehollandiae*）被认为是西部澳洲铁的主要传播者。

实际尺寸

科	泽米铁科
分布范围	加勒比海地区和美国南部
生境	沿海地区、沙丘和林地
传播机制	鸟类和重力
备注	这种植物的叶柄从地下储藏根状茎直接长出地面
濒危指标	近危

种子尺寸

长 ¼ in
(20 mm)

48

佛罗里达泽米铁
Zamia floridana
Wild Sago
(A. DC.)

实际尺寸

佛罗里达泽米铁是一种正在遭受生境破坏的苏铁类植物，而在佛罗里达州，这种破坏的表现形式是清理土地以用于房屋建造和农业生产。在 20 世纪，大量野生植株曾作为商业化淀粉产业的原材料被人类采收。这个物种由一种以其花粉为食的甲虫授粉，而它的种子是嘲鸫、冠蓝鸦和其他小型鸟类的食物。

相似物种

所有苏铁类植物都可以分割成几段，然后种下每一段形成新的植株。泽米铁属（*Zamia*）的所有物种都能以这种方式繁殖。可以用根状茎的任何一部分繁殖出新的植株，将分割下来的每一段种在土壤里，等到它长出新的根系之后再浇水。

佛罗里达泽米铁的种子一旦成熟就会掉落到地面上。种子带有棱角，呈鲜红色，每个球果平均结 40 粒种子。萌发可能需要很长时间。外种皮肉质化，能保持种子湿润，直到外界环境温暖到适宜萌发。在这里展示的种子没有其肉质外种皮。

科	泽米铁科
分布范围	委内瑞拉和墨西哥
生境	矮灌木丛、沙质土壤以及海边悬崖
传播机制	重力
备注	该物种由名为 *Rhopalotria mollis* 的象鼻虫授粉
濒危指标	濒危

种子尺寸

长 %₆–⅝ in
(15–16 mm)

鳞粃泽米铁
Zamia furfuracea
Cardboard Palm

L. f. ex Aiton

49

虽然这个物种的英文通用名是 Cardboard Palm（意为"纸板棕榈"），但它其实是一种苏铁类植物，尽管它的确长得像棕榈。它原产墨西哥，生长在荆棘矮灌木丛和沙质土壤中，以及海边悬崖上。种加词 *furfuracea* 源自拉丁语单词，意思是"细鳞的"，形容的是树干表面触感粗糙、又薄又干的鳞片。鳞粃泽米铁全株有毒。由于几十年前的过度收获，这个物种在 IUCN 红色名录上归为濒危类别，但由于现在的大规模栽培，人类对这种植物的野外采集的需求已经减少了。

相似物种

Zamia 是拉丁语，意思是"松果"，在这里形容的是该属成员所结出的球果。巴拿马特有物种假寄生泽米铁（*Zamia pseudoparasitica*）是唯一真正的附生苏铁类植物，也就是说它生长在树木的分枝上。它的根是气生根，不锚定在土壤中，而是从周围的空气里获取水分。

鳞粃泽米铁拥有颜色鲜艳的深红色肉质种子。这些种子的萌发速度很慢，需要大约一个月，而且在栽培条件下难以萌发。象鼻虫为鳞粃泽米铁授粉：它们吃雄株的组织，在这个过程中沾染雄株所产的花粉，然后将花粉转移到雌孢子叶球上。这里展示的种子没有它的肉质外种皮。

实际尺寸

银杏门和买麻藤门

Ginkgophyta & Gnetophyta

银杏门只有一个物种，被称为活化石的银杏（*Ginkgo biloba*）。和如今这个物种相似的最古老的化石可追溯至 2.7 亿年前的二叠纪，而银杏属（*Ginkgo*）出现在侏罗纪早期。在它的进化历程中，银杏属似乎曾经拥有相似的形态特征，以及强大的恢复能力和极为广泛的分布范围。它的恢复能力可能与长寿、繁殖缓慢以及能够在受到扰动的生境中生存等特点有关。然而，与它现存的亲缘关系最近的类群苏铁类植物一样，银杏属在白垩纪基本上被被子植物取而代之。现在的银杏种群很难说哪些起源于野生，哪些是人工种植的，因为它作为观赏植物以及食物和药物来源已经被人类种植了上千年。它已经在中国、朝鲜半岛和日本归化并/或广泛栽培。它喜酸性土壤，并且相当耐污染和耐扰动。

买麻藤门于二叠纪首次出现在化石记录中。此后它开始了物种数量的多样化，并一直兴盛到白垩纪，直到它被被子植物取代。如今，买麻藤门拥有大约 110 个物种，归入三个属：买麻藤属（*Gnetum*）、麻黄属（*Ephedra*）和百岁兰属（*Welwitschia*）。买麻藤属包括大约 40 个常绿乔木和藤本植物物种，主要分布在南美洲热带地区、非洲西部和东南亚。麻黄属包括大约 70 个灌木物种，几乎全部分布在温带地区。百岁兰属只有一个物种，名为百岁兰（*W. mirabilis*），它是纳米比亚和安哥拉境内的纳米布沙漠中的特有物种。它极为长寿，一些植株可以存活 2000 年之久。

科	银杏科
分布范围	中国浙江
生境	阔叶林
传播机制	鸟类和其他动物
备注	银杏是一种广为使用的药用植物，栽培植株的叶片用于制造改善记忆力和治疗阿尔兹海默症的药物
濒危指标	濒危

种子尺寸

长 $^{11}/_{16}$ in
(17 mm)

银杏
Ginkgo biloba
Maidenhair Tree
L.

实际尺寸

银杏的种子包裹在较大的金黄色"果实"中。味道难闻的果肉（外果皮）在植物学上称为外种皮。在它里面，带硬壳的种子有一层薄薄的膜状结构包裹着胚胎（种仁）。银杏的种仁呈浅绿色。

银杏可能是现存所有乔木中最古老的物种，其地质纪录可追溯至侏罗纪。在野外，银杏如今只分布在中国的一座山上。这种美丽的乔木已经在中国和日本栽培了数千年之久，一些三千年树龄的银杏种植在寺庙附近。银杏是一种广泛种植的观赏植物，常用于城市街道和公园。漂亮的二裂扇形叶片在秋天变成黄色。在中国、日本和朝鲜半岛，雌树在秋天生产的新鲜种仁被认为是珍馐美味，常烤熟晒干食用，或者用在汤羹和其他菜肴中。

相似物种

银杏没有近亲，是银杏科及银杏属的唯一现存物种。它是一种裸子植物，像松柏和苏铁类植物一样拥有裸露的种子。

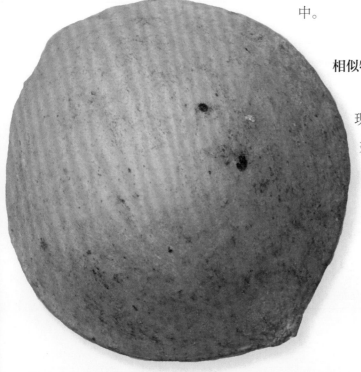

科	百岁兰科
分布范围	纳米比亚和安哥拉境内的纳米布沙漠[①]
生境	干旱和半干旱沙漠,稀树草原
传播机制	风力
备注	这种植物的属名和英文通用名都来自奥地利植物学家和探险家弗雷德里希·韦尔维茨(Friedrich Welwitsch),他在 19 世纪中期发现了这个物种
濒危指标	未予评估

种子尺寸

长 ¹⁄₁₆ in (17 mm)
1⁵⁄₁₆ in (30 mm) including
papery wings

百岁兰
Welwitschia mirabilis
Welwitschia

Hook. f.

53

百岁兰的植株只有三个部分 —— 一根长长的主根,一个短短的茎基,以及一对叶片。植株的平均年龄是 500 至 600 岁。由于叶片随着年龄增长而撕裂,一棵植株看上去可能不止两片叶,但外表并非真实。实际上,这两枚叶片从不脱落,而且每一年都长得更长,令植株的宽度大大超过高度。这种植物可以为自己浇水:沙漠中的雾气在这些不同寻常的叶片上冷凝成水珠,然后顺着叶片滑落到沙漠的地面上。

实际尺寸

百岁兰种子在新鲜时呈棕色至橙色,周围有一圈颜色较浅的卵形纸质翅。百岁兰有雄花和雌花,种子着生在雌球花上,后者会解体以传播种子。该种子如今面临一种真菌病害的威胁,这种病害正在降低它们的萌发率。

相似物种

百岁兰科(Welwitschiaceae)的物种被归入裸子植物。该科物种属于买麻藤目(Gnetales),这个目还有另外两个科:麻黄科(Ephedraceae)和买麻藤科(Gnetaceae),它们也有非常独特的生长型。买麻藤目被认为是现代被子植物的祖先,后者起源于三叠纪。

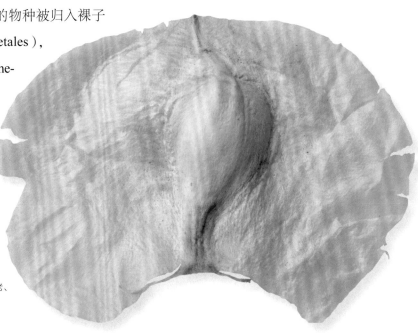

[①] 译注:纳米布沙漠位于非洲西南部,是世界上最古老、最干燥的沙漠之一。

科	买麻藤科
分布范围	亚洲温带和热带部分地区，太平洋群岛部分地区
生境	热带雨林
传播机制	动物
备注	在印度尼西亚，这个物种的种子可经过煮熟、捣碎、晾干等工序后煎炸，制作成一种名为恩饼（emping）的小吃
濒危指标	无危

种子尺寸

长 ⅞ in
(23 mm)

54

显轴买麻藤
Gnetum gnemon
Paddy Oats
L.

实际尺寸

显轴买麻藤是一种形态细长的常绿乔木，可以长到15米高。它的树枝呈轮状排列，而且它树干的下半部分生长着有规律的膨大圆环，标记着之前树枝的位置。显轴买麻藤的叶片对生，深绿色，有光泽，布满网状叶脉，花形成类似柔荑花序的结构。显轴买麻藤得到广泛栽培，用途多样。它的叶片、嫩花和种子被用作食物。树叶的汁液用于治疗眼疾。木头被当作柴火和木材，而植物纤维用于制造渔线和渔网，以及网兜。

相似物种

买麻藤属是它所属的科的唯一一个属，拥有大约40个物种。其中，有两个物种生活在非洲，都是以其可食用的叶片受到重视的藤本植物。麻黄属（55—59页）和百岁兰属（53页）是与买麻藤属亲缘关系最近的两个属，它们都属于各自的科，共同构成一大类原始的裸子植物。

显轴买麻藤在每个"果实"中生产一粒黄色或粉色种子，种子会逐渐变成棕色。种子呈椭球形，表面有肋，质感柔软光滑。显轴买麻藤的种子是一种很受欢迎的食物，可生吃、煮熟或烤熟。它们被归为正常型种子，也就是说它们可以在干燥处理后放入种子库冷冻保存。

科	麻黄科
分布范围	欧洲（含俄罗斯的欧洲区域），俄罗斯的亚洲区域，以及中亚
生境	草原、岩石山坡、干草原，以及沙丘和其他沿海生境
传播机制	重力和风力
备注	除了被称为 Sea Grape，双穗麻黄在英语中还被称为 European Shrubby Horsetail 或 Jointfir（不要与 59 页的绿麻黄［*Ephedra viridis*］弄混，后者的英文通用名之一也是 Jointfir）
濒危指标	无危

双穗麻黄
Ephedra distachya
Sea Grape
L.

种子尺寸

长 ³⁄₁₆ in
(4–5 mm)

实际尺寸

双穗麻黄是一种坚韧的矮生常绿灌木，拥有可进行光合作用的灰绿色树枝和细小的鳞片状对生叶，叶鞘发达。它利用地下根状茎扩散，形成一片低矮、多分枝的灌木丛。雄性和雌性孢子叶球彼此独立。双穗麻黄拥有多种医药用途，自 16 世纪以来就在南欧和东欧人工栽培。例如，它曾用于治疗流感和哮喘，而且曾被认为是减肥制剂中的有效成分。存在于部分麻黄属物种中的活性成分麻黄碱是在许多体育赛事中被禁止使用的兴奋剂。双穗麻黄耐干旱，有时作为花园植物种植以提供地被。

相似物种

从植物学的角度来看，麻黄属这个古老的属非常有趣，它在松柏类植物和开花植物之间提供了一条纽带。它包含大约 70 个物种，其中的 21 个分布在欧洲和亚洲。草麻黄（*E. sinica*，英文通用名 Chinese Ephedra）是中国最早且最著名的药用植物之一。该属在北美洲有 12 个物种，包括长叶茶麻黄（*E. trifurca*，英文通用名 Longleaf Jointfir）。

双穗麻黄的种子呈深棕色，有光泽，卵圆形。每个圆形的红色"果实"（雌球果）中通常有两粒种子。种子从植株上脱落，然后被风力传播到更远的沙质土壤裸露生境中，长出新的双穗麻黄。

科	麻黄科
分布范围	美国西部
生境	沙漠和干旱灌木地
传播机制	动物，包括鸟类
备注	是传统的药用植物
濒危指标	无危

种子尺寸

长 ³⁄₁₆ in
(5 mm)

56

内华达麻黄
Ephedra nevadensis
Nevada Ephedra
S. Watson

实际尺寸

内华达麻黄原产美国，是一种蔓延生长的灌木，拥有鳞片状的叶。叶片的结构大大降低了水分损失——这是该植物针对干旱生活环境而进化出的适应性特征。这个物种被内华达州的美洲原住民称为 Tu Tupe，他们用它的细枝和分枝煮一种用来治疗性病的草药茶。这种茶有涩味，但据说有提神的功效，而且因为不含咖啡因，也被称为 Mormon tea（"摩门教的茶"）（又见绿麻黄［59页］）。

相似物种

博物学家查尔斯·达尔文（Charles Darwin）将开花植物的进化称为"可恶的奥秘"，因为它们在化石记录中出现得如此突然。麻黄属令植物学家很感兴趣，因为它连接着松柏类植物和开花植物之间的空隙。这个类群的物种将同样的生殖结构保持了至少一亿年之久。

内华达麻黄拥有彼此独立的雄株和雌株，各自生长雄孢子叶球和雌孢子叶球。其中，雌孢子叶球结出鲜红色的"果"。要想结出种子，必须借助风力将雄株所产的花粉转移到雌株所产的孢子叶球上。球果内成熟一对种子，卵圆形，棕色。植株不会每年都开花，但它们在大多数年份都会结出大量种子。

科	麻黄科
分布范围	蒙古、俄罗斯以及中国
生境	干旱地区和高地
传播机制	鸟类和其他动物
备注	草麻黄是中国传统医药中的 50 种基本草药之一
濒危指标	无危

种子尺寸

长 ¼ in
(6 mm)

草麻黄
Ephedra sinica
Ma Huang
Stapf

57

草麻黄生活在高海拔地区，是一种原产蒙古、俄罗斯和中国的帚状常绿灌木。该物种的树皮和茎有医药价值，常用于中国传统医药。除了作为解充血药①之外，草麻黄还被认为能够有效治疗注意力缺陷多动障碍和辅助减肥。它含有麻黄碱，后者是一种兴奋剂。由于包括心律失常在内的副作用，草麻黄制剂在许多国家都受到管控。

相似物种

麻黄属是麻黄科的唯一一个属。它包含大约70个物种，分布在北美洲、南欧、北非、中亚和南美洲。按照传统，这个属的植物被很多人用作医药，治疗哮喘和花粉热。

实际尺寸

草麻黄在秋天结圆形红色球果。需要雄株和雌株同时存在才能结出种子。球果中包含小而光滑的棕色种子，种子易于萌发。种子应该播在沙质土壤上，然后轻轻按压进去，而不是用土壤覆盖。

---

① 译注：解充血药，又称减充血剂。可以收缩血管，减少血流量，从而减轻充血现象。

科	麻黄科
分布范围	美国加利福尼亚州、内华达州、新墨西哥州和得克萨斯州，以及墨西哥
生境	荒漠草原和灌木地
传播机制	风力和鸟类
备注	长叶茶麻黄含有的麻黄碱是一种作用类似肾上腺素的药物
濒危指标	无危

种子尺寸

长 ½ in
(12 mm)

58

长叶茶麻黄
Ephedra trifurca
Longleaf Jointfir
Torr. ex S.Wats.

实际尺寸

长叶茶麻黄是一种常绿灌木，灰色树皮有裂纹，小枝末端锐尖，鳞状叶片轮生。雄株在茎节处生长能产花粉的孢子叶球，而雌株则生长尺寸稍大、外形似花的红棕色孢子叶球，负责结出种子。长叶茶麻黄有多种医药用途。茎含有麻黄碱（但浓度不如该属其他物种高）和咖啡因，烘干碾碎后用作利尿剂。可用小枝制作提神茶饮，球果可食。

相似物种

麻黄属一共有大约 70 个物种。其中 12 个物种分布在北美，包括绿麻黄（59 页）。

长叶茶麻黄的种子呈椭球形，末端细长。它们呈浅棕色，表面光滑，而且每粒种子都包含在纸质囊膜中，如图所示。在它们的自然生境中，种子会被鹌鹑和其他鸟类吃掉。

科	麻黄科
分布范围	美国西部
生境	沙漠和干旱灌木地
传播机制	风力、鸟类和其他动物
备注	该物种用于制造药物麻黄碱，一种抗抑郁药和解充血药
濒危指标	无危

种子尺寸

长 ⅜ in
(8 mm)

绿麻黄
Ephedra viridis
Green Mormon Tea

Coville

绿麻黄是一种多年生灌木，株高 1.5 米。它分布在灌木丛林地和沙漠生境，绿色小枝直立簇生。这个物种是雌雄异株的，意味着它既有雄株也有雌株。花粉在雄株的簇生孢子叶球中产生，而雌株拥有结种子的球果，每个球果包括两粒种子。种子被美洲原住民用来制作面粉和一种类似咖啡的饮料。小枝可以用来做茶。

相似物种

绿麻黄属于麻黄科，该科只有一个属，即麻黄属。麻黄属包括大约 70 个成员，部分成员用于制造药品麻黄碱 —— 一种抗抑郁药和解充血药。原住民使用麻黄属的植物治疗多种病症，包括哮喘、普通感冒和花粉热。

实际尺寸

绿麻黄在春天产生孢子叶球。雄株长出大量释放花粉的孢子叶球，雌株长出较小的结种子的孢子叶球。每个雌球果包含两粒船形种子。风或路过的动物将成熟种子从球果中摇晃出来。

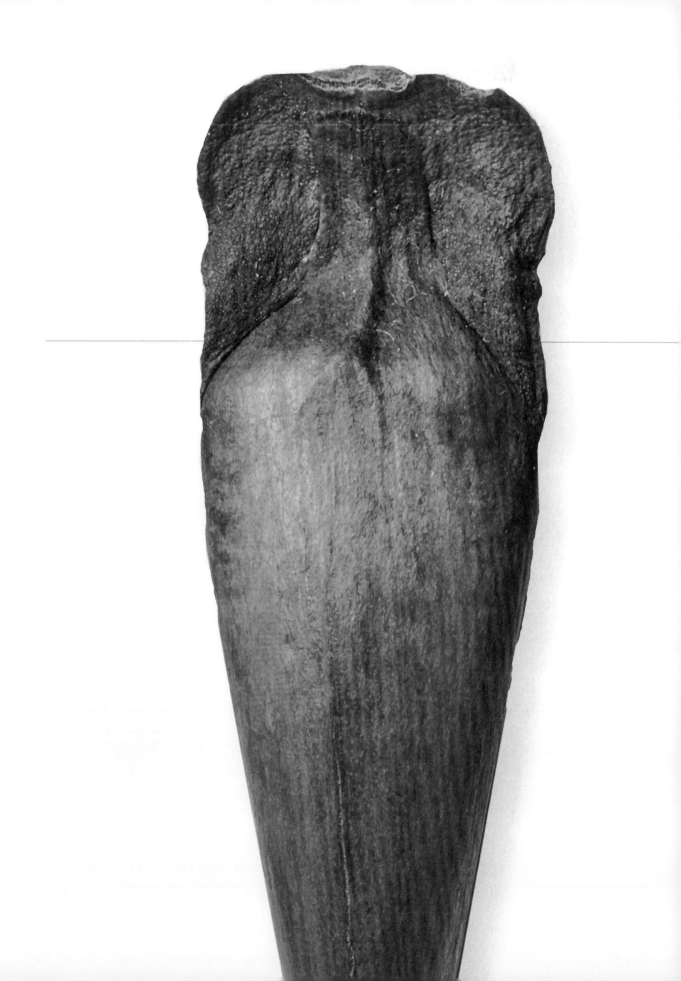

松柏门

Pinophyta

松柏门包含如今最广泛分布、最成功的裸子植物。它们一共有六百多个物种，包含在68个属和6至8个科中（取决于所使用的分类系统）。虽然与开花植物相比，松柏类植物的物种数量相对较少，但它们在生态方面的重要性与物种数量很不成比例。松柏类植物覆盖着北半球面积辽阔的北方森林，是全世界最大的碳汇。它们的经济价值也非常重要，是用于建筑、造纸和纤维制造的大部分软木材的来源。松柏门最重要的科是松科（Pinaceae，英文通用名pines）、南洋杉科（Araucariaceae，英文通用名monkey puzzles）、罗汉松科（Podocarpaceae，英文通用名yellow woods）、柏科（Cupressaceae，英文通用名cypresses）和红豆杉科（Taxaceae，英文通用名yews）。

松科是松柏类植物中最大的科，拥有大约250个物种和11个属，包括松属（*Pinus*，英文通用名pines）、冷杉属（*Abies*，英文通用名firs）、云杉属（*Picea*，英文通用名spruces）、落叶松属（*Larix*，英文通用名larches）、雪松属（*Cedrus*，英文通用名cedars）和铁杉属（*Tsuga*，英文通用名hemlocks）。除了落叶松属和金钱松属（*Pseudolarix*，英文通用名Golden Larch），松科都是常绿乔木和灌木，分布在北半球的北方森林、沿海森林和山地森林的大片区域。南洋杉科包括41个物种，归入南洋杉属（*Araucaria*）、贝壳杉属（*Agathis*）和风尾杉属（*Wollemia*）。曾经广泛分布的南洋杉科如今是主要分布在南半球温带地区的常绿乔木，尤其是在南美洲、新喀里多尼亚和新西兰。柏科包括大约30个属和140个物种，包括红杉（redwoods）和刺柏（junipers）。柏科是松柏类植物中地理分布最广泛的科，南极洲除外的所有大陆都有分布。

科	松科
分布范围	从西班牙边境向东横跨欧洲，至北边的波兰和南边的保加利亚
生境	山地森林
传播机制	风力
备注	当阿尔伯特亲王在 19 世纪引入圣诞树风俗时，该物种被用作圣诞树
濒危指标	无危

种子尺寸

长 ⅜ in
(10 mm)

62

欧洲冷杉
Abies alba
Silver Fir

Mill.

作为一种欧洲特产且广泛分布的冷杉，欧洲冷杉可以长到 60 米高，寿命长达 600 年。它一直因为其木材而遭到人类砍伐利用，并在 17 世纪用于制作船舶桅杆。如今它用于饰面木板和木雕。这种树的树皮可以加工成一种面粉，用在鸡汤里。树叶被认为有药效，并用于治疗咳嗽和感冒。割伤欧洲冷杉可收获树脂，将其蒸馏后可用作消毒剂，或者用来治疗疼痛。

相似物种

冷杉属拥有 48 个物种。只有另外两个物种也是欧洲特产。希腊冷杉（*A. cephalonica*，英文通用名 Greek Fir）同样在 IUCN 红色名录上列为无危类别，尽管种群数量由于森林火灾的增加而出现了下降。西西里冷杉（*A. nebrodensis*，英文通用名 Sicilian Fir）只生长在西西里，并被归入极危类别：如今只剩下 30 棵成年树木。

实际尺寸

欧洲冷杉的种子生长在长达 17 厘米的棕色球果中。球果在成熟时解体并释放出种子。种子有翅，这有助于它们利用风力传播。

科	松科
分布范围	美国北卡罗来纳州、田纳西州和弗吉尼亚州
生境	山地森林
传播机制	风力
备注	这个物种有天然的圣诞树形状，而且砍伐之后能保持针叶不脱落。它常常为了在圣诞节期间销售而栽培
濒危指标	濒危

南香脂冷杉
Abies fraseri
Fraser Fir

(Pursh) Poir.

种子尺寸

长 ³⁄₁₆–⁹⁄₁₆ in
(5–15 mm)

63

南香脂冷杉是一种只分布在美国东部阿巴拉契亚山脉的常绿松柏。由于入侵性昆虫冷杉球蚜（*Adelges piceae*）的影响，它在自然生境中的数量大大下降。南香脂冷杉呈窄金字塔形，可以长到 24 米高。深绿色叶片扁平有光泽，背面呈银色，并有吸引人的香味。彼此独立的雄花和雌花长在同一棵树上。南香脂冷杉常作为观赏植物种植在大型花园中。在野外，可以在美国大烟山国家公园见到它的身影。

相似物种

在冷杉属的 48 个物种中，11 个是北美特有种。南香脂冷杉的外表与香脂冷杉（*A. balsamea*，英文通用名 Balsam Fir）相似，区别之处在于球果鳞片的苞片。

实际尺寸

南香脂冷杉拥有向上直立的圆柱形紫色球果，球果上生长着向外突出的醒目苞片。种子为棕色，每一枚种子都有长度约等于自身的紫色翅。树长到 15 岁左右时开始结出种子。种子会被松鼠吃掉。

科	松科
分布范围	北美洲西部
生境	森林
传播机制	风力和动物
备注	大冷杉在美国是一种很受欢迎的圣诞树
濒危指标	无危

64

种子尺寸

长 ³⁄₁₆ in
(4–5 mm)

大冷杉
Abies grandis
Grand Fir
(Douglas ex D. Don) Lindl.

实际尺寸

顾名思义，大冷杉当然体型庞大，而且它生长迅速，可以长到 70 米高。木材柔软，用于造纸和建筑。这种树有医疗功效，来自树皮的树胶可以用在伤口上疗伤，用作泻药，以及舒缓受到感染的眼睛。叶片可以用作防蛀剂和熏香，而且被美洲原住民碾碎以制作婴儿爽身粉。独木舟的表面用大冷杉的树皮覆盖进行防水。如今，大冷杉是很受欢迎的观赏植物。

相似植物

大冷杉经常与其他冷杉属物种生长在一起，包括白冷杉（*Abies concolor*，英文通用名 White Fir）、落基山冷杉（*A. lasiocarpa*，英文通用名 Subalpine Fir）、壮丽冷杉（*A. procera*，英文通用名 Noble Fir），这些物种全都分布广泛，并在 IUCN 红色名录上属于无危类别。在美国，唯一受威胁的冷杉是南香脂冷杉（63 页），由于入侵性昆虫冷杉球蚜所导致的数量下降，该物种被归入濒危类别。

大冷杉的种子大而扁平，有两片翅，着生在向上直立的球果中。随着球果在授粉六个月后解体，种子被释放到风中，不过它们有时也被啮齿动物传播。种子在森林地面上度过一个冬天之后，在春天萌发。

科	松科
分布范围	朝鲜半岛南部的朝国[①]
生境	山地森林
传播机制	风力
备注	受气候变化的威胁
濒危指标	濒危

种子尺寸
长 ¼ in
(6 mm)

朝鲜冷杉
Abies koreana
Korean Fir

E. H. Wilson

65

实际尺寸

朝鲜冷杉的种子生长在球果内，有纸质翅以利于风力传播。这种树的授粉也依靠风力，雄孢子叶球释放的大量花粉必须着陆在雌孢子叶球上才能实现受精。种子萌发所需的冷处理时间较短。

朝鲜冷杉是一种原产韩国的小至中型乔木，而且是一个很受欢迎的观赏物种。它的生长速度不是很快，但即使呈尺寸较小的灌木形态时，也会结出大量孢子叶球。这个物种在 IUCN 红色名录上归入濒危类别，并且只分布在极为有限的区域。自 20 世纪 80 年代以来，它的种群规模一直在显著下降，而气候变化被认为是它面临的主要威胁。此外，在 20 世纪 80 年代末，由于一座滑雪场的建造，这种乔木在野外仍有存活的四个地点之一损失了大约 10% 的土地面积。

相似物种

冷杉属一共有 48 个物种，其特征是树枝上的直立球果。还有其他 13 个物种在 IUCN 红色名录上被评估为受到威胁。其中一个物种南香脂冷杉（63 页）长期以来是颇受青睐的白宫圣诞树，但它在 IUCN 红色名录上归入濒危类别。

①译注：具体而言，分布在四个零散的位置：朝鲜半岛的伽倻山、知里山和东急山，以及遥远的济州岛的汉拿山。每个位置之间的距离在 40—250 千米之间，因而无法进行有效的基因流动。

科	松科
分布范围	整个高加索地区
生境	山地森林
传播机制	风力
备注	该物种以针叶保持能力著称
濒危指标	无危

种子尺寸

长 ½ in
(12 mm)

66

高加索冷杉
Abies nordmanniana
Nordmann Fir
(Steven) Spach

高加索冷杉是一种很受欢迎的圣诞树，在 12 月份装饰众多欧洲家庭的客厅。它的自然分布范围位于高加索地区，从土耳其跨越黑海沿岸直到俄罗斯境内。这个物种的木材非常珍贵，因为它有笔直的纹理，可用作建筑材料和饰面木板。虽然就其全部分布范围而言，高加索冷杉并未遭受灭绝的威胁，但是生活在卡兹达吉国家公园（Kazdagi National Park）的种群因为游客数量的增加和雨水酸度的上升而面临困境。

相似物种

冷杉属包括 48 个物种，统称冷杉（firs）。还有其他一些物种也是著名的圣诞用树。南香脂冷杉（63 页）如今受到一种外来害虫的威胁，后者摧毁了它的多个种群；从生态保护的角度看，香脂冷杉是更好的选择，因为它在美国广泛分布并被归为无危类别。

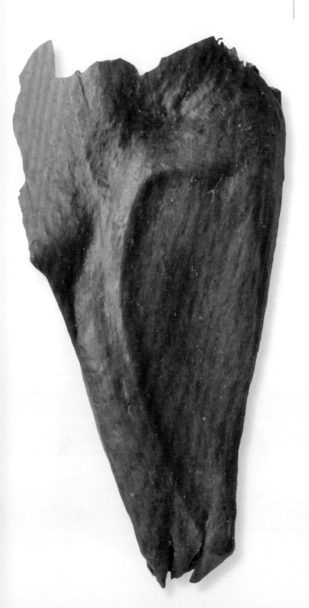

实际尺寸

高加索冷杉的种子呈浅棕色；有两片翅，这有利于它们利用风力传播。种子储存在球果中，球果成熟时打开并释放种子。在那些圣诞节后负责清理工作的人看来，高加索冷杉的叶片很眼熟；它们是扁平的深绿色针叶。

科	松科
分布范围	原产土耳其、叙利亚、黎巴嫩和塞浦路斯的地中海沿岸地区
生境	山地森林
传播机制	风力
备注	这种树出现在黎巴嫩的国旗上
濒危指标	易危

黎巴嫩雪松
Cedrus libani
Cedar of Lebanon
A. Rich.

种子尺寸

长 ⅜ in
(9 mm)

67

实际尺寸

由它的英文通用名可以看出，黎巴嫩雪松在黎巴嫩有重要的文化意义：黎巴嫩的国旗上就有它的身影。这种乔木如今在 IUCN 红色名录上列为易危类别，因为它曾经生长的大部分古老森林已经被摧毁。事实上，这个物种在古罗马时代就引发过人类的保护意识，当皇帝哈德良在公元 2 世纪将黎巴嫩的雪松森林宣布为自己的领地之后，毁林活动随之减少。这片上帝雪松森林（Cedars of God Forest）如今是联合国教科文组织认定的世界遗产地，为该物种提供了一定程度的保护。

黎巴嫩雪松的种子生长在球果内（下图展示了一个完整的球果），球果会裂开，将种子掉落在森林地面上。然而它们也会借助风力传播，因此有了翅膀。该物种由风授粉，雌雄同株（雄孢子叶球和雌孢子叶球生长在同一株树上）。该种子的储藏习性表现为中间型。

相似物种

雪松属（*Cedrus*）只有三个物种，而它们的分布范围遍布地中海地区和西喜马拉雅。北非雪松（*C. atlantica*，英文通用名 Altas Cedar）在 IUCN 红色名录上归入濒危类别，因为在位于摩洛哥和阿尔及利亚的自然分布区内，它正在因为人类过度开发其木材以及过度放牧而遭受威胁。另一个物种雪松（*C. deodara*，英文通用名 Deodar Cedar）原产喜马拉雅地区，如今被归入无危类别。

球果

科	松科
分布范围	日本本州岛中部
生境	熔岩流和亚高山森林
传播机制	风力
备注	有时与红皮云杉（Picea koraiensis）混淆
濒危指标	极危

种子尺寸

长 ⅛ in
（4 mm）

小山云杉
Picea koyamae
Koyama's Spruce

Shiras.

实际尺寸

小山云杉是一种可以长到 25 米高的常绿乔木。人们认为该物种在其自然生境 —— 日本中部亚高山森林 —— 中的个体数量已经不足一千株。在过去的一百年里，小山云杉遭到大面积砍伐并被日本落叶松（*Larix kaempferi*，英文通用名 Japanese Larch）人工林取代，导致种群孤立和缺乏基因流。很多树以最多包括 35 株个体的小群体形式存在。该物种的一些自然生境如今被指定为保护区。

相似物种

云杉属（*Picea*）有 40 个物种，其中 15 个面临灭绝威胁。一些物种受到大规模伐木的威胁，例如大果青扦（*P. neoveitchii*，英文通用名 Veitch's Spruce），而另一些物种受到火灾的威胁，例如塞尔维亚云杉（*P. omorika*，英文通用名 Serbian Spruce）。这些威胁已经造成了个体数量的大量下降。其他一些物种分布得极为广泛，目前被视为无危，例如巨云杉（69 页）。

小山云杉的种子储存在这种乔木的直立紫红色球果中。这些球果打开后将带翅的小种子释放到风中传播；这里展示的种子已经丢失了自己的翅。叶片呈针状。花粉由风力传播，这个特点造成该物种的孤立种群只有较低的遗传多样性。

68

科	松科
分布范围	北美洲西海岸，从阿拉斯加贯穿加拿大延伸至加利福尼亚
生境	沿海森林和温带雨林
传播机制	风力
备注	巨云杉的寿命长达 700 年
濒危指标	无危

巨云杉
Picea sitchensis
Sitka Spruce

(Bong.) Carrière

种子尺寸

长 ⅛ in
(3 mm)

实际尺寸

69

巨云杉是云杉属最大的乔木，可以长到几乎 100 米高。它也是云杉属树木中生长速度最快的之一。由于对这个物种的砍伐，北美洲云杉森林的面积已经出现了巨大的下降。它的木材用于建筑业，还可以用来制造小型飞行器、船舶桅杆和纸。尽管砍伐规模巨大，但这个物种的更新速度很快，所以目前尚未被认为受到威胁。这种树在全世界作为观赏植物种植，而且还是一种木材来源。

相似物种

除了巨云杉，在云杉属的 40 个物种中，还有其他一些物种受到商业利用，但并没有灭绝的危险。例如，生活在北欧的欧洲云杉（*P. abies*，英文通用名 Norway Spruce）被大量使用，但大部分木材来自人工林场而不是野外种群。欧洲云杉是一种很受欢迎的圣诞树物种，并被用来制作斯特拉迪瓦里小提琴。

巨云杉的种子是黑色的，有翅，借助风力传播。树叶是尖锐的针叶。这个物种的红色"花"常常隐藏在树冠高处，并由风力授粉。们成熟后发育成为长球果，有坚硬的鳞片保护里面的种子。这里展示的种子已经丢失了自己的翅。

球果

科	松科
分布范围	中国东部
生境	常绿森林
传播机制	风力
备注	金钱松常用作盆栽
濒危指标	易危

种子尺寸

长 ⅜ in
(10 mm)

70

金钱松
Pseudolarix amabilis
Golden Larch

(J. Nelson) Rehder

金钱松是一种落叶性松柏类植物，秋季落叶。金钱松的树叶在脱落之前变成金色，这正是其英文通用名的来源（英文通用名的意思是"金落叶松"）。这种乔木可以长到 40 米高，正受到生境丧失的威胁，因为其自然分布范围紧邻人口密集区。因为金钱松生长速度慢，所以它没有因为木材而得到商业栽培，尽管它在当地也用于造船和家具。该物种是中国草药学中的 50 种基本草药之一，还被用来治疗皮肤癣。

相似物种

金钱松是金钱松属（*Pseudolarix*）的唯一一个物种；金钱松的英文名 Golden Larch 的字面意思是"金色落叶松"，但真正的落叶松属（larch genus）的拉丁学名是 *Larix*（落叶松属）。在 14 个落叶松属物种中，只有一个被认为受到威胁：四川红杉（*L. mastersiana*）。由于对其木材的过度开发，该物种被归入濒危类别；它的木材没有节瘤，因此是备受追捧的造船材料。

实际尺寸

金钱松的种子是白色的，有长长的棕色翅（未见于本页照片），因而可以被风力传播。这些种子直到红棕色球果解体时才会被释放出来。风媒授粉。由于在秋天展现出迷人的色彩，这个物种有很高的观赏价值。

科	松科
分布范围	北美洲西海岸；已在欧洲归化
生境	温带雨林和林地
传播机制	风力
备注	这种树的寿命常常超过五百年，偶尔能超过一千年
濒危指标	无危

种子尺寸

长 ¼ in
(7 mm)

花旗松
Pseudotsuga menziesii
Douglas Fir
(Mirb.) Franco

71

实际尺寸

花旗松的英文通用名来自苏格兰植物学家大卫·道格拉斯（David Douglas），他在 19 世纪记录了这个物种的潜力，并将其引入苏格兰。这种乔木可以长到 120 米高，其高度在所有松柏类植物中名列第二，仅次于北美红杉（*Sequoia sempervirens*，英文通用名 Coast Redwood）。虽然英文通用名是 Douglas Fir（"道格拉斯冷杉"），但它并不是真正的冷杉（冷杉属［*Abies*］成员）。它的木材非常受欢迎，广泛用作锯制板和栅栏材料，还用来制作家具。这个物种还是圣诞树的人气之选。

相似物种

黄杉属（*Pseudotsuga*）有四个物种，两个原产亚洲，另外两个分布在美国。大果黄杉（*P. macrocarpa*，英文通用名 Big-cone Douglas Fir）原产加利福尼亚，由于其有限的分布范围而在 IUCN 红色名录上列为近危类别。这种乔布不常因为其木材而遭到开发，但在一定程度上受到森林火灾的威胁。

花旗松的种子储存在下垂的球果中，球果在成熟后打开，将种子释放到风中。种子长 5—7 毫米，有长 12—15 毫米的翅（在这张照片中去除了大部分）。雄球花比雌球花小，释放黄色花粉，花粉借助风力传播到雌球花上。

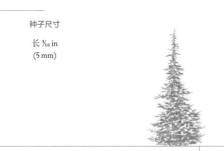

科	松科
分布范围	北美洲西北部
生境	亚高山森林
传播机制	风力
备注	这种树可以在厚达 4 米的雪层中存活
濒危指标	无危

种子尺寸

长 ³⁄₁₆ in
(5 mm)

72

长果铁杉
Tsuga mertensiana
Mountain Hemlock

(Bong.) Carrière

长果铁杉是一种生长缓慢的亚高山常绿乔木，某些种群中的个体已经活了八百多年。它们分布在北美太平洋沿海地区，与其他松柏类植物的不同之处在于其轮廓较窄，且针叶更扁平。其针叶的另一个不同之处在于，它们的正面和背面都有气孔，这些气孔呈蓝白色，与针叶的蓝绿色形成鲜明的对比。这些差异导致某些分类学家将长果铁杉列入另一个属——长果铁杉属（*Hesperopeuce*）。

相似物种

虽然长果铁杉不是濒危物种，但北美洲的其他铁杉属物种常常遭受虫害的威胁。加拿大铁杉（*Tsuga canadensis*，英文通用名 Eastern Hemlock）和卡罗来纳铁杉（*T. caroliniana*，英文通用名 Carolina Hemlock）受到一个蚜虫类亚洲物种铁杉球蚜（*Adelges tsugae*）的威胁，而其他铁杉属物种受到本土蝴蝶和蛾类幼虫的威胁。这些虫害可能导致大树倒塌，而这反过来会摧毁周围的大片植被，因为铁杉属树木的根系深且庞大。

实际尺寸

长果铁杉的种子呈棕色，小而细长，颜色较浅的纸质翅（在这张照片中看不到）纵向伸展。和所有松柏类植物一样，其种子形成在球果中，但这些球果比传统的松柏类球果更长更窄，并呈独特的紫色。种子萌发后长出橙棕色的芽。

科	南洋杉科
分布范围	新西兰北岛
生境	贝壳杉森林
传播机制	风力
备注	有记录的最大的贝壳杉名为"大幽灵"（Great Ghost），19 世纪末毁于火灾
濒危指标	未予评估

种子尺寸

宽 %₁₆–1 in
（15—25 mm）

73

新西兰贝壳杉
Agathis australis
Kauri

(D. Don) Lindl.

新西兰贝壳杉是全世界最大的乔木之一，可以长到 50 米高，一些个体已经生活了一千年之久。这种树木拥有光滑的树皮和小而窄的革质叶片。在过去，这个宏伟物种的木材在建筑业和造船业很受欢迎。贝壳杉的树胶（又称柯巴脂）有许多宝贵的传统用途：它被作为杀虫剂焚烧，用来制作火炬，还被用作口香糖。此外，它还与油脂混合在一起，制作面部刺青所使用的墨水。欧洲殖民者提取树胶制作颜料和清漆。新西兰的贝壳杉森林如今受到保护，禁止砍伐。

实际尺寸

相似物种

南洋杉科包括三个属：南洋杉属（*Araucaria*），有 19 个物种，包括智利南洋杉（74 页）；凤尾杉属（*Wollemia*），只有 1 个物种——凤尾杉（75 页）；以及贝壳杉属（*Agathis*），有 21 个物种，分布在东南亚至西太平洋的森林中。

新西兰贝壳杉的种子生长在圆形球果里，球果直径 50—75 厘米。球果的每一枚鳞片都有一粒种子。种子呈卵形，扁平状，边缘有翅。每个球果可以释放多达 100 粒种子，但只有大约一半的种子能够萌发。新西兰贝壳杉的种子会在数月之内失去生活力。

科	南洋杉科
分布范围	阿根廷和智利
生境	温带森林
传播机制	动物
备注	拉丁学名 *Araucaria araucana* 来自生活在智利和阿根廷的原住民族群阿劳干人（Araucanos），他们将智利南洋杉视为神树
濒危指标	濒危

种子尺寸

长 2³⁄₁₆ in
(55 mm)

74

智利南洋杉
Araucaria araucana
Monkey Puzzle

(Molina) K. Koch

智利南洋杉是一种长寿的常绿松柏类乔木，原产智利和阿根廷温带森林。这个物种在其自然分布范围内非常重要，它的种子（称为 *piñones*）被阿劳干人烘干后制成面粉食用。1795 年，智利南洋杉被植物收藏家兼外科医生阿奇博尔德·孟席斯（Archibald Menzies）引入英国。它在维多利亚时代成了很流行的栽培植物。智利南洋杉的木材因为经久耐用而备受珍视。然而，伐木和火灾已经导致该物种数量的减少。

相似物种

南洋杉属有 19 个物种，其中 13 个在 IUCN 红色名录上列为遭受灭绝威胁的类别。最大规模的物种集群位于西南太平洋的法国海外领新喀里多尼亚岛。这座岛屿上生活着 13 个特有种，其中 11 个遭受灭绝威胁。

智利南洋杉的每个球果结出 120—200 粒种子。种子很大，呈鲜艳的棕色至泛橙色，三角形。每一粒种子都有又长又窄的坚果部分，顶端有两片小而均匀的翅。尖端边缘有细锯齿。种子富含淀粉，会被啮齿类动物吃掉。

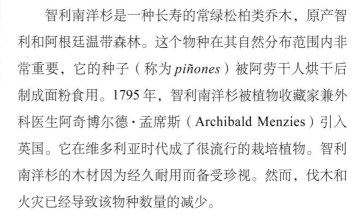

实际尺寸

科	南洋杉科
分布范围	澳大利亚新南威尔士州
生境	温带森林
传播机制	风力
备注	凤尾杉属的花粉和生活在 9000 万年前的化石植物 *Dilwynites* 属的花粉非常相似
濒危指标	极危

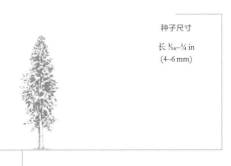

凤尾杉
Wollemia nobilis
Wollemi Pine

W. G. Jones, K. D. Hill & J. M. Allen

种子尺寸

长 ³⁄₁₆–¼ in
(4–6 mm)

实际尺寸

1995 年，凤尾杉在一条距离悉尼 130 千米的偏僻澳大利亚峡谷中被人发现并首次得到描述。这种松柏类植物是一种高大的乔木，拥有细而长的树冠。成熟个体常常从基部长出尺寸不一的树干。漂亮的蜡质叶片按照四枚一排的方式生长，雄球花和雌球花生长在同一株树上，雌球花生长在更高的分枝上。凤尾杉在野外受到严格保护，并作为保育计划的一部分被许多植物园种植。来自凤尾杉销售的特许经营使用费被用来支持它的保护工作。

相似物种

凤尾杉是它所在的属的唯一物种。和它同属南洋杉科的是拥有 19 个物种的南洋杉属，包括智利南洋杉（74 页）；以及分布在从东南亚至西太平洋的森林中、拥有 21 个物种的贝壳杉属，包括新西兰贝壳杉（73 页）。

凤尾杉拥有小而有光泽的棕色种子，薄如纸片，边缘有翅以利于风力传播。每个球果结出大约 180 粒种子。实生苗生长缓慢。种子可干燥冷冻后储存，因此适合长期储藏在种子库中。

科	罗汉松科
分布范围	智利
生境	森林
传播机制	鸟类
备注	在智利，这种树的通用名是 Mañnío de Hojas Largas，意为"长叶罗汉松"
濒危指标	易危

种子尺寸

长 ⅜ in
(8 mm)

柳状罗汉松
Podocarpus salignus
Yellow Wood

D. Don

柳状罗汉松的种子小而红，通过红色肉质假种皮与植株相连。在种子新鲜时，肉质假种皮是光滑的。鲜艳的假种皮吸引传播种子的鸟类。该物种雌雄异株，所以必须将雄株和雌株种在一起才能保证授粉的发生。

柳状罗汉松是一种生长缓慢的常绿乔木，树干直径可达 1 米。在原产地智利，这个物种正因为生境破坏而遭受威胁。随着自然森林被种植园取代，它的自然生境已经所剩无几。更加频繁的火灾，导致该物种个体的死亡。这种树木拥有独特的长条形叶片，常作为切叶用于插花。英国的各个花园里种植了数量相当多的柳状罗汉松，因为这种树可以适应较冷的天气。

相似物种

罗汉松属（*Podocarpus*）有一百多个物种，分布在南半球的大片区域。除了柳状罗汉松，只有另外一个物种生活在智利，它就是云雾罗汉松（*P. nubigenus*，英文通用名 Huililahuani）。这种树在阿根廷也有分布，并在 IUCN 红色名录上列为近危物种，因为它的木材品质比柳状罗汉松高得多，因此更容易成为伐木者的目标。云雾罗汉松还作为一种圣诞树遭到砍伐。

实际尺寸

科	柏科
分布范围	澳大利亚塔斯马尼亚岛
生境	温带森林
传播机制	风力
备注	英文通用名 King Billy Pine（"比利王松"）命名自威廉·拉纳（William Lanne）——最后一个存活在世上的塔斯马尼亚原住民，他在 1869 年去世
濒危指标	易危

密叶杉
Athrotaxis selaginoides
King Billy Pine
D. Don

种子尺寸

长 ¼ in
(5 mm)

实际尺寸

密叶杉是一种高大的松柏类植物，可以长到 40 米高。这种壮观的乔木为木雕和车床加工提供优质木材，还可用于制作乐器。在 19 世纪，该物种大约三分之一的种群毁于森林火灾。伐木也大大减少了它的数量。如今，几乎所有密叶杉树都位于保护区，禁止砍伐和移动。在园艺界，这种树通常只见于植物园和树木园，国际植物园保育协会记录了 30 多份收藏，不过它的栽培并不难，适合更广泛地种植。

密叶杉有独立生长的圆形橙色球果，成熟时变成棕色。这种球果拥有 20—30 枚薄薄的三角形木质鳞片，在球果成熟时张开。每个球果有 40—60 粒种子。种子微小，倒卵形，有两片窄窄的翅。

相似物种

柏状密叶杉（*Athrotaxis cupressoides*）是一个近缘物种，同样仅分布于塔斯马尼亚岛，并在 IUCN 红色名录上列为易危类别。这两个物种有一个天然杂种，部分植物学家认为它是第三个物种。柏科包括一百多个物种，包括刺柏（刺柏属［*Juniperus*］）和红杉（红杉亚科［*Sequoioideae*］）。智利乔柏（83 页）是该科的一种非常罕见的智利松柏类植物。

科	柏科
分布范围	原产从美国俄勒冈州至墨西哥下加利福尼亚半岛的北美洲西北部
生境	温带森林
传播机制	风力
备注	在打开时，这个物种的球果看上去像鸭子的嘴
濒危指数	无危

种子尺寸

长 ⅜–½ in
(8–12 mm)

78

北美翠柏
Calocedrus decurrens
California Incense Cedar
(Torr.) Florin

北美翠柏是一种高大的乔木，原产从俄勒冈州至下加利福尼亚半岛北部的北美洲西北部。该物种的英文通用名（意为"加利福尼亚熏香雪松"）指的是它的树脂和树叶有强烈的气味，不过它并不是真正的雪松（雪松属树木）。北美翠柏的木材是制造铅笔的好材料，不过它也可以用在室外，因为它很难被腐蚀。这种树在 IUCN 红色名录上列为无危物种，因为它尽管在过去受到伐木的影响，但目前仍然分布广泛。加利福尼亚的美洲原住民会在采摘橡子的季节用北美翠柏的树皮建造临时的圆锥小屋。

相似物种

翠柏属（*Calocedrus*）有 4 个物种。台湾翠柏（*C. formosana*，英文通用名 Taiwan Incense-cedar，中国台湾特有物种）和岩生翠柏（*C. rupestris*，来自越南和中国大陆）都因为受到选择性伐木和毁林的威胁而在 IUCN 红色名录上列为濒危物种。另一个物种是翠柏（*C. macrolepis*，英文通用名 Chinese Incense-cedar），分布于东南亚，如今被认为属于近危类别。因为萌发速度很快，这个物种被用于造林项目。

北美翠柏的种子储藏在球果中，有两片翅。种子依靠风力传播。该物种雌雄同株，也就是说雄孢子叶球和雌孢子叶球生长在同一棵树上。雄孢子叶球呈黄色，雌孢子叶球呈浅绿色。风媒授粉。

实际尺寸

科	柏科
分布范围	中国南方、老挝以及越南
生境	针叶和常绿阔叶亚热带混交林
传播机制	风力
备注	在所有松柏类植物中，大约三分之一的物种正在遭受野外灭绝的威胁
濒危指标	濒危

台湾杉木
Cunninghamia konishii
Cunninghamia

Hayata

种子尺寸

长 ¼ in
(7 mm)

实际尺寸

台湾杉木是一种漂亮的乔木，红棕色树皮有香气，叶片窄而尖，有光泽，沿着叶轴排成两列。它是一种珍贵的材用物种，砍倒后用作建筑材料。过度开发是这种松柏类植物所面临的主要威胁之一。幸运的是，它如今生活在台湾和云南的保护区之内。台湾杉木罕见于栽培，不过它种植在六十多座植物园里，其中一些个体来自野外搜集的材料，这应当有助于确保它的长期保育。在越南，赫蒙族人（Hmong）[1] 被鼓励种植台湾杉木作为收入来源，而不是从野外收获。

相似物种

杉木属（*Cunninghamia*）是柏科的一个很小的属。杉木（*C. lanceolata*，英文通用名 Chinese Fir）是该属除台湾杉木外的另一物种，而台湾杉木有时被认为是它的一个变种。柏科有大约 130 个物种，包括刺柏（刺柏属）、红杉（红杉亚科）、智利乔柏（83 页）和密叶杉（77 页）。

台湾杉木的种子生长在圆形球果的鳞片上。每一枚鳞片上生长 3 粒薄薄的种子，每粒种子都有一片很薄的膜状翅。种子适合干燥冷冻，长期存放在种子库。

---

① 译注：赫蒙族在中国称为苗族。

科	柏科
分布范围	美国西南部和墨西哥
生境	阔叶－针叶混交林
传播机制	鸟类和其他动物
备注	种子是松鼠的食物
濒危指标	无危

80

种子尺寸

长 ⅛－¼ in
(4–6 mm)

绿干柏
Cupressus arizonica
Arizona Cypress
Greene

实际尺寸

绿干柏的球果呈深红棕色，球形，8 枚盾状木质鳞片中生长着种子。球果在两年后成熟，但仍然留在母株上，直到发生火灾。种子需要时长 1 个月的持续冷处理或热处理才会萌发。

绿干柏属于柏科。原产于包括亚利桑那州（Arizona）在内的美国西南部，这种常绿松柏类植物因其泛白的蓝色树叶用作观赏树木而得到广泛栽培，有时用作圣诞树。种子形成之后，球果会保持关闭数年之久，只在有足够热量时打开，而这种热量只能由周期性的野火提供。野火杀死亲本植株，清理森林地被，为种子萌发提供空间。

相似物种

柏科成员统称柏树（cypresses），通常可以生活数百年。一些柏树是落叶性松柏，意味着它们的树叶是针叶，但在秋天会脱落。这与树叶不随季节脱落的常绿树相反。

科	柏科
分布范围	摩洛哥
生境	山坡
传播机制	风力
备注	阿特拉斯山柏木的木材曾被用来制造巨大的城门
濒危指标	极危

阿特拉斯山柏木
Cupressus dupreziana var. *atlantica* (gaussen) silba
Moroccan Cypress

(Gaussen)

种子尺寸

长 ¼ in
(6 mm)

分布范围仅限于马拉喀什（Marrakesh）以南60千米的一片面积非常小的区域，存活至今的少数阿特拉斯山柏木面临着灭绝的威胁。它的种子被人采集供给园艺市场，造成其种群规模的下降。这种树木还由于过度放牧而无法正常繁殖。保育工作如今正在进行，包括重新种植，以及为现有种群立围栏以促进新幼苗的生长。该物种保存在世界各地的植物园。它的木材用于建造房屋和制作家具。

实际尺寸

阿特拉斯山柏木的种子形状扁平，有两片利于风力传播的翅。它们储藏在球果中，球果成熟时呈黄棕色。雄孢子叶球所产生的花粉依靠风力传播。雄性和雌性孢子叶球都很小且都呈球形。

相似物种

阿特拉斯山柏木不是柏木属（*Cupressus*）唯一处境危险的物种：有七个物种被 IUCN 红色名录列为受威胁类别。阿尔及利亚特有的撒哈拉柏木（*C. dupreziana* var. *dupreziana*，英文通用名 Saharan Cypress）也被列为极危物种。它受到的威胁包括火灾、放牧、旅游业和对种子的过度采集。

科	柏科
分布范围	地中海、亚洲，以及北非
生境	常绿针叶林
传播机制	风力
备注	人们发现伊朗的一棵地中海柏木已经活了四千多年
濒危指数	无危

种子尺寸

长 ¼ in
(5 mm)

82

地中海柏木
Cupressus sempervirens
Mediterranean Cypress
L.

实际尺寸

古希腊人和古罗马人将地中海柏木称为"哀悼树"，因为它被砍倒之后不会重新长出来。生活在伊朗的一棵地中海柏木号称全世界第二古老的树；它是在四千多年前种下的，这让它和埃及金字塔一样古老。传说这棵树是诺亚的一个儿子种下的。在古代伊朗，种植地中海柏木是一件有重要意义的大事，而且在这个国家的许多花园里，它们都是当仁不让的主角。

相似物种

虽然荷兰画家文森特·凡·高（Vincent Van Gogh）更经常与向日葵（620页）联系在一起，但他将柏树画进了许多件作品中，例如《两棵丝柏树》（*Cypresses*，1889），《星空下有丝柏的小路》（*Road with Cypress and Star*，1890），以及《麦田里的丝柏树》（*Wheat Field with Cypresses*，1889）。根据他弟弟提奥写的一封信，柏树常常占据凡·高的思维，而且他觉得柏树像一座希腊方尖碑。

球果

地中海柏木的球果（如左图所示）有盾状木质鳞片，当鳞片打开时，每个球果释放出超过 50 粒种子。这个物种和所有柏树一样生长缓慢，而且种子的萌发需要一至三个月的时间。成年地中海柏木可耐干旱和火灾，并被有意种植到容易发生火灾的干旱区域，这样做有助于抑制火势扩散。

科	柏科
分布范围	智利南部和阿根廷南部
生境	火山活动区的温带雨林
传播机制	风力
备注	植物收藏家威廉·洛布（William Lobb）在 1849 年将该物种首次引入英国栽培。智利乔柏属（*Fitzroya*）的拉丁学名源自博物学家查尔斯·达尔文，他在为其命名时使用了皇家海军舰艇"小猎犬号"船长罗伯特·费茨罗伊（Robert Fitzory）的名字
濒危指标	濒危；名列 CITES 附录一

种子尺寸

Width ³⁄₁₆ in
(4 mm)

83

智利乔柏
Fitzroya cupressoides
Alerce

(Molina) I. M. Johnst.

实际尺寸

智利乔柏是一种极为长寿、生长缓慢的松柏类植物；根据记录，有些树木个体已经活了三千六百多年。它的木材非常珍贵，而在经过三个多世纪的砍伐之后，它已经被列为野外濒危物种了。虽然这个物种天然适应火灾，但大规模森林火灾和用牧场取代森林的农业生产活动也对这种壮观的乔木造成了威胁。智利乔柏在智利作为国家历史文物受到保护，该木材的国际贸易是被禁止的。这个物种的栽培相当广泛，拥有蓝绿色树叶和剥落的红棕色树皮。

智利乔柏的种子产量在野外极不稳定，其特点是连续五至七年产量有限或没有产量，而且种子的生活力常常很差。球果木质化，直径约 6—8 毫米，由排列为三轮的 9 枚鳞片构成，最下面的一轮鳞片非常小而且是不育的，中间一轮的鳞片是空的或者有一枚带两片翅的种子。最上面的鳞片较大，其中生长着带两三片翅的种子。球果的顶点有分泌树脂的腺体，向外散发香味。

相似物种

智利乔柏是该属的唯一物种。柏科有一百多个物种，包括雪松和红杉。火地柏（*Pilgerodendron uviferum*）是柏科在智利的另一个非常珍稀的品种。

科	柏科
分布范围	欧洲、北非、亚洲以及北美
生境	林地、林缘以及沙丘
传播机制	鸟类
备注	欧洲刺柏的球果用于为杜松子酒调味
濒危指标	无危

种子尺寸

长 ³⁄₁₆ in
(4–5 mm)

84

欧洲刺柏
Juniperus communis
Common Juniper
L.

实际尺寸

欧洲刺柏拥有似浆果的蓝黑色球果。每个球果通常有两或三粒种子生长在彼此融合的鳞片上。这些种子没有翅，而且在传播时保留在球果中。种子有很厚的皮，需要一段时间的冷处理才会萌发。

欧洲刺柏是一种常绿灌木或小乔木。它拥有小且带芳香气味的绿色针状叶，内侧有银色宽条带，针叶略弯曲，末端尖锐。雄球花和雌球花生长在不同的树上。雄球花小而圆，呈黄色，生长在小枝末端附近的叶腋中。雌球花呈黄绿色。雌球果分泌的一种油脂可用于治疗呼吸和消化病症，而且曾被认为是一种终止妊娠的有效药物。欧洲刺柏的木材用于木料车削。

相似物种

刺柏属（*Juniperus*）有大约 80 个物种，其中 13 个在 IUCN 红色名录上列为受威胁的种类。一些物种生活在海拔非常高的地方，例如大果圆柏（*J. tibetica*，英文通用名 Tibetan Juniper）分布在海拔最高达 4900 米的喜马拉雅山区。刺柏属的各物种普遍种植，包括可用作地被的平枝圆柏（*J. horizontalis*，英文通用名 Creeping Juniper）。

科	柏科
分布范围	南非西开普省
生境	岩石区域和悬崖
传播机制	重力
备注	对西开普南非柏木材的开发利用已经导致这个物种的种群数量减少了95%
濒危指标	极危

西开普南非柏
Widdringtonia cedarbergensis
Clanwilliam Cedar
(J. A. Marsh)

种子尺寸

直径 ⁹⁄₁₆–³⁄₈ in
(8–10 mm)

实际尺寸

西开普南非柏的种子很小，呈棕色，并有小小的翅。它们在传播时不会距离母株太远，并且依赖火灾为它们的萌发腾出空间。雄球花和雌球花长在同一棵树上，风媒授粉。球果需要三年时间成熟。

在南非的西开普省，西开普南非柏曾经相当常见，但如今只剩下数量很少的树了，而且它们大多数都是小树。虽然依靠火灾才能达到较高的萌发率，但西开普南非柏却受到火灾频率上升的威胁。森林火灾的自然周期被打乱了，如今的森林火灾不但更加频繁，而且更加猛烈，在发生时往往毁灭大片植被。此外，西开普南非柏的种群规模早在该地区的欧洲殖民时代就大大降低了，因为它的木材很受建筑业青睐，遭到大肆砍伐。

相似物种

南非柏属（*Widdringtonia*）有四个物种，包括南非柏（86页）。该属的另一个成员马拉维南非柏（*W. whytei*，英文通用名 Mulanje Cedar）也在 IUCN 红色名录上列为极危物种。它的分布范围极为有限，只生长在马拉维境内的姆兰杰山（Mt. Mulanje）的山顶上，而且那里的种群在过去的一百年里遭到伐木业的大肆破坏。国际植物园保育协会及其在各个国家的合作伙伴采取了一些保护措施，希望将该物种从灭绝的命运中拯救出来。

科	柏科
分布范围	非洲南部
生境	高山硬叶灌木群落、草原以及林地
传播机制	风力
备注	叶片还有树脂，令这种树非常容易燃烧
濒危指数	无危

种子尺寸

长 ⅜ in
(10 mm)

86

南非柏
Widdringtonia nodiflora
Mountain Cedar
(L.) Powrie

南非柏广泛分布于非洲南部，可以长成常绿灌木或小乔木，在极为罕见的情况下，还能长成高达25米的大乔木。它极为易燃，因为它的树叶含有高浓度的树脂，而且它天然分布在易于发生火灾的地区。然而，被焚烧的南非柏的树根会重新萌发，长出新的树来。这种树的商业用途很少，但是会被当地人砍伐用作木柴。它在园艺界不是很流行，不过有人建议将它用作圣诞树。

相似物种

在南非柏属的四个物种中，南非柏是在 IUCN 红色名录上列为无危类别的唯一物种。东开普南非柏（*W. schwarzii*，英文通用名 Willowmore Cedar）被列为近危物种，而且只分布在南非。和南非柏不同，它的木材受到大规模开发利用，而且它还受到更频繁的森林火灾的负面影响，因为它在被焚烧之后不能重新萌发。西开普南非柏（85页）被列为极危物种。

实际尺寸

南非柏的种子呈扁平的盘状，黑色，并带有红色的翅，生长在棕色圆形球果中。这种树在同一棵植株上生长两种性别的孢子叶球。雄孢子叶球为泛红的黄色，形状较长。风媒授粉。这种树很容易用种子种植，且耐霜冻。

科	红豆杉科
分布范围	欧洲、东南亚以及北非
生境	温带林地
传播机制	鸟类和其他动物
备注	欧洲红豆杉是中世纪制造长弓和十字弩的优选木材，致密坚硬的心材与更轻更有韧性的边材的组合赋予这些武器不可思议的力量和威力
濒危指标	无危

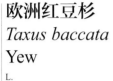

欧洲红豆杉
Taxus baccata
Yew
L.

种子尺寸

长 ¼ in
(6 mm)

87

实际尺寸

欧洲红豆杉的种子呈橡子状，拥有坚硬、有光泽的深棕色种皮。种皮中含有毒性很强的生物碱紫杉烷，这种生物碱存在于欧洲红豆杉植株的大多数部位；唯一没有毒的部位是包裹种子的红色肉质假种皮（见下图，可以看到假种皮中的种子）。

欧洲红豆杉生长缓慢，极为长寿——生活在欧洲的一些个体，其寿命已经远远超过一千年。该物种与宗教和民间传说有密切的联系，经常出现在墓园里以及紧挨教堂和修道院生长——尽管千百年来人们一直将它从放牧牲畜的林地中清除出去，因为它有很强的毒性。不过现在它的种群规模正在增长。虽然欧洲红豆杉是一种松柏类植物，但它却不产生球果。相反，在受精之后，它会长出一层额外的种皮——称为假种皮，将种子包裹起来。欧洲红豆杉的假种皮是肉质的，呈鲜红色（在某些品种中呈黄色），并且是一些鸟类物种青睐的食物来源。

相似物种

所有红豆杉属（*Taxus*）物种都含有有毒的生物碱紫杉烷，这种物质被用来制作抗癌药物紫杉醇。为了获取紫杉醇，包括欧洲红豆杉在内的一些物种得到人工栽培，但有几个物种是直接从野外采集的，包括红豆杉（*T. chinensis*，英文通用名 Chinese Yew）和密叶红豆杉（*T. contorta*，英文通用名 Himalayan Yew）。不幸的是，这两个物种的种群在近几十年里减少了至少一半，主要原因就是野外采集以获取紫杉醇，导致它们被列为濒危物种。这两个物种的自然分布区已经建立起了种植园，但是如果要为子孙后代保留红豆杉和密叶红豆杉的话，我们还需要做更多工作。

假种皮

科	红豆杉科
分布范围	北美西部
生境	森林、山坡以及河边
传播机制	鸟类、哺乳动物以及重力
备注	美洲原住民使用这种树制造鱼叉、独木舟桨和针
濒危指标	近危

种子尺寸

长 ¼ in
(6 mm)

短叶红豆杉
Taxus brevifolia
Pacific Yew
Nutt.

实际尺寸

短叶红豆杉的种子包裹在浆果状的红色假种皮中。一棵树会结出许多种子。鸟类吃掉假种皮，传播种子。哺乳动物储藏种子过冬，通常会生成一小片簇生的短叶红豆杉幼苗。雄球花和雌球花生长在不同的树上，风媒授粉。

短叶红豆杉分布于北美洲太平洋沿海地区，是小型常绿乔木。20 世纪 80 至 90 年代，它的树皮被大规模采集以提取紫杉醇，用于制作抗癌药物。这种树面临的这种威胁已经消失了，因为人类如今使用该化合物的另一个替代来源，但短叶红豆杉的种群仍然处于伐木业和森林火灾的威胁之下。这个物种的木材很坚硬且耐腐蚀，因此常常用于制造栅栏立柱。

相似物种

红豆杉属有九个物种，在英文中常通称 yews[①]。该属的其他几个物种正在或者曾经为了制作抗癌化合物紫杉醇而受到开发利用。因此，许多物种被 IUCN 列为受威胁的类别。例如，红豆杉和密叶红豆杉都因为医药用途的采集而被列为濒危物种。

---

① 译注：正如在中文中红豆杉属常通称红豆杉。

科	红豆杉科
分布范围	加利福尼亚特有物种
生境	针叶林中和岩石地面上的一种下层木
传播机制	重力和动物
备注	种子可制作烹饪油脂
濒危指标	易危

种子尺寸

长 1–1‰ in
(25–40 mm)

加州榧
Torreya californica
California Torreya

Torr.

89

　　加州榧是一种常绿乔木，可以长到 30 米高。它是加州的特有物种，但是有两个彼此不相连的分布范围 —— 沿海地区以及位于内陆的喀斯喀特山脉 – 内华达山脉一线山麓地区。它被列为易危物种，因为大规模砍伐已经消灭了从前的人工林并清除了所有大型乔木。伐木活动如今已经停止了，但这种树的恢复速度很慢，所以这个物种还没有脱离险境。加州榧从前用于制造家具。美洲原住民将种子烤熟食用，还用木材做弓。

相似物种

　　榧属有六个物种，其中两个分布在美国，四个分布在东亚。榧属的另一个美国物种臭榧（*T. taxifolia*，英文通用名 Florida Tree）被 IUCN 列为极危类别。它身处险境的原因是糟糕的繁殖率，这可能是一种真菌病害所引发的。人们认为，由于这种威胁的存在，该物种仅存的 600 棵树很难在它们的自然分布范围内存活。

实际尺寸

加州榧的种子生长在一粒小小的肉质紫色"果"中。种子像肉豆蔻的果，因此这种植物的另一个英文常用名是 California Nutmeg（"加州肉豆蔻"）。雄球花和雌球花生长在不同的树上，雌球花依靠风力受粉。种子无法依靠风力传播，所以大部分分散在距离母株很近的地方，不过它们也会被动物吃下去。

木兰门

Magnoliophyta

　　木兰门就是开花植物或者被子植物（见 10 页）。如今，它们是全世界多样性最丰富的植物类群，拥有大约 400 个科、13000 个属，以及 30 万个物种。菊科（Asteraceae）是最多样化的被子植物科，拥有大约 23000 个物种，紧随其后的是兰科（Orchidaceae，22000 个物种）、豆科（Fabaceae，19000 个物种）、茜草科（Rubiaceae，13000 个物种），以及禾本科（Poaceae，10000 个物种）。被子植物与裸子植物的不同之处在于能形成花和完全包裹种子的果实。虽然裸子植物是二叠纪至侏罗纪时代（3 亿年前 —1.45 亿年前）的霸主，但被子植物从大约 1.2 亿年前的白垩纪取得优势，直至今日。如今，被子植物分布在全世界的每一座大陆上和几乎每一处生境中。就连南极洲也有两个开花植物物种——一种禾草（发草属 [*Deschampsia*]）和一种漆姑草（南漆姑属 [*Colobanthus*]）。

　　开花植物对人类非常重要，为我们提供谷物（包括小麦、水稻和玉米）、根茎（例如马铃薯、木薯和薯蓣）、豆类（豆子、兵豆和豌豆）、蔬菜（例如卷心菜、莴苣和菠菜）以及水果（包括苹果、香蕉和柑橘）。开花植物还为全世界四分之三的人口提供药物：超过 5000 个物种用于中国传统医药，超过 7000 个物种用于印度传统医药。它们还为我们提供建筑材料、木柴、纤维和许多其他有用的商品。在 1970—2000 年期间，咖啡（茜草科）是发展中国家出口的总价值第二高的商品，仅次于原油。

科	睡莲科
分布范围	墨西哥
生境	沟渠、运河以及池塘
传播机制	水流
备注	含有化合物阿扑吗啡，用于治疗药物和酒精成瘾，以及帕金森症
濒危指标	未予评估

种子尺寸

长 1/16 in
(2 mm)

美洲白睡莲
Nymphaea ampla
White Lotus
(Salisb.) DC.

实际尺寸

美洲白睡莲在其原产地的温暖气候下，可以全年开花结籽。种子呈圆形，有细小的毛发状突出。它们在水里萌发，而且需要大约 30 厘米的水深才能萌发，但扎根于水体底部的土壤中。

美洲白睡莲有散发芳香气味的星状花，每朵花有大约 20 枚白色花瓣。硕大的花长在很长的绿色茎秆顶端，伸出水面，花中央有黄色的雄性和雌性器官。该物种在玛雅人的仪式上用作麻醉剂，而且经常出现在庙宇的雕刻中。麻醉效果来自根和肥厚根状茎中的生物碱。

相似物种

近缘物种侏儒睡莲（*Nymphaea thermarum*，英文通用名 Pygmy Rwandan Water Lily）是全世界最小的睡莲，而且也是唯一生长在泥而不是水里的睡莲。侏儒睡莲原产卢旺达，某个村庄为了使用一处温泉而将其改道之后，它的最后一个自然种群随之灭绝。

科	睡莲科
分布范围	非洲东部
生境	河流
传播机制	水流
备注	该物种有刺激精神的功效
濒危指标	未予评估

种子尺寸

长 ¹⁄₁₆ in
(1.5 mm)

埃及蓝睡莲
Nymphaea caerulea
Blue Egyptian Lotus

Savigny

93

实际尺寸

埃及蓝睡莲是一种生长在尼罗河沿岸的睡莲，分布在非洲东部的数个国家境内。在古埃及，睡莲被用作象征宇宙的符号，并出现在许多象形文字中。数个名为 lotus 的物种在佛教中也有象征意义，代表开悟的状态。埃及蓝睡莲的花有八枚花瓣，对应佛教徒的八正道。这种花在绘画中总是呈半开的状态，代表学习和获取智慧的过程是没有止境的。

相似物种

虽然英文通用名的字面意思是"蓝色埃及荷花"，但埃及蓝睡莲实际上是一种睡莲。荷花属于莲属（*Nelumbo*），而睡莲属于睡莲属（*Nymphaea*）。属于睡莲属的另一个英文通用名为 lotus 的物种是美洲白睡莲（White Lotus；92 页），它在佛教中象征菩提，一种灵台清明的境界，它还代表世界的起源。

埃及蓝睡莲的种子必须种在水下才能萌发。这些种子很小——一茶匙就能装一百粒，而且覆盖着一层胶状物，这有助于它们沿着水道传播。只有去除这层物质，种子才能萌发。植株需要生长在至少 0.3—1.8 米深的水中。令人惊讶的是，虽然这种植物是水生物种，它的种子却是耐干旱的（正常型）。

科	五味子科
分布范围	越南和中国
生境	林地和灌木丛
传播机制	喷出
备注	咀嚼种子有利于消化
濒危指标	未予评估

种子尺寸

长 ⁵⁄₁₆–³⁄₈ in
(8–10 mm)

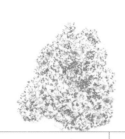

94

八角
Illicium verum
Star Anise
Hook. f.

实际尺寸

八角是一种原产中国和越南的常绿乔木，它的果实既有医药价值，也用于烹饪。这个物种的栽培历史至少长达 2000 年，在中国传统医药中用于治疗流感和阳痿。它含有茴香脑，赋予茴芹（*Pimpinella anisum*，英文通用名 Anise）风味的就是这种成分，而且八角是法国的香料热葡萄酒以及越南河粉的主要成分。八角也是中国五香粉的构成原料之一。

相似物种

八角属（*Illicium*）是五味子科（Schisandraceae）的一个属。这个科只有三个属，不到 100 个物种。日本莽草（*I. anisatum*，英文通用名 Japanese Star Anise）和八角很像，二者很容易混淆。但是与可食用的八角不同，日本莽草有很强的毒性。这个物种的叶片会被焚烧，用作熏香。

果

八角的英文通用名之所以是 Star Anise（"星状茴芹"），是因为它的果实形状像星星，味道像茴芹——伞形科（Apiaceae）的一个物种。果实新鲜时是肉质的，但在干燥后变得木质化，而且星状果的每一条臂都含有一粒种子（见左图）。八角的种子对干旱敏感，或称顽拗型种子，意味着它们无法储存在低温低湿的传统种子库里。它们需要保存在凉爽湿润的条件下，并且必须在最晚 3 至 4 个月内播种。

科	胡椒科
分布范围	南美洲、中美洲，以及加勒比海地区
生境	热带雨林
传播机制	鸟类和其他动物
备注	敛椒木的种子有时用作胡椒的替代品
濒危指标	未予评估

敛椒木
Piper aduncum
Matico
L.

种子尺寸

长 1/64 in
(0.5 mm)

实际尺寸

95

敛椒木是一种对牲畜有毒性的小乔木。据说它的英文通用名是一位西班牙士兵的名字，他在秘鲁受伤时发现了这种植物的医药价值：叶片可以用来止血。这个故事最有可能是从当地印第安人那里听说的。敛椒木原产中南美洲和加勒比海地区。这种树全年开微小的花和结微小的果。

相似物种

敛椒木是胡椒科（Piperaceae）的成员，该科还包括胡椒（96页）。英文中所说的 pink peppercorns（"粉红胡椒"）实际上来自一个与胡椒科没有亲缘关系的物种，它属于漆树科（Anacardiaceae）。在中世纪的欧洲，价值高昂的黑胡椒粒曾经取代过货币。

敛椒木的果是核果，含有坚硬果核的肉质果实，每颗果实含有一粒种子。这种树的小白花生长在绳索状的穗状花序上，风媒授粉。每个花序结几十颗小小的果实，其中含有一粒黑色的种子。

科	胡椒科
分布范围	印度西高止山脉
生境	热带森林
传播机制	哺乳动物
备注	胡椒粒曾备受追捧，并被称为"黑金"
濒危指标	未予评估

种子尺寸

长 ³⁄₁₆ in
(5 mm)

胡椒
Piper nigrum
Black Pepper
L.

96

实际尺寸

胡椒是印度特有的藤本植物，并因为它的果实——称为胡椒粒（peppercorns）——在全世界广泛栽培。胡椒的栽培史已经超过三千年。越南是 2013 至 2014 年度全球最大的生产国，收获了 17.5 万吨胡椒粒。这些果实在成熟之前采摘，干燥后制成香料，它常常碾碎后加入食物中。胡椒粒的辛辣味道来自化合物胡椒碱。在传统印度医药中，胡椒被用来治疗感冒、胃痛和牙痛。

相似物种

胡椒属（*Piper*）有一千四百多个品种，从草本到灌木和藤本都有。它们大多数分布在热带地区。虽然胡椒是该属最常用的物种，但胡椒属物种其实有很多用途。巴拿马胡椒（*P. darienense*，英文通用名 Duerme Boca）用作捕鱼的诱饵，而大胡椒（*P. umbellatum*，英文通用名 Cow-foot Leaf）用于治疗从头痛和高血压到绦虫和疟疾的多种病症。荜澄茄（*P. cubeba*，英文通用名 Cubeb）被认为能够防止人中邪。

胡椒的种子实际上就是名为"白胡椒"的一种香料。[①]
种子从成熟果实中获取。哺乳动物在野外扩散种子。
植株开很小的白色花，它们在穗状花序上开放，可自
花授粉，不过也有昆虫造访。虽然种子可以干燥处理，
但它们存放大约一个月就会失去生活力。

① 译注：黑胡椒是胡椒的果。

科	马兜铃科
分布范围	阿根廷、玻利维亚、巴西、厄瓜多尔、巴拉圭以及秘鲁
生境	森林和林地
传播机制	风力
备注	它的花据说像19世纪的海泡石烟斗
濒危指标	未予评估

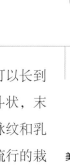

种子尺寸

长 ¼ in
(7 mm)

美丽马兜铃
Aristolochia littoralis
Calico Flower

Parodi

美丽马兜铃是一种常绿攀缘植物，缠绕茎可以长到大约5米长。叶片泛灰，心形，有趣的花呈烟斗状，末端像喇叭一样张开。它们呈棕紫色并有明显的脉纹和乳白色斑纹，散发出腐肉气味。美丽马兜铃是很流行的栽培植物，但已成为佛罗里达州、中美洲、南非和澳大利亚的入侵物种。人们使用这种植物炮制草药治疗各种病症，尽管这个物种被认为是有毒的。

美丽马兜铃的种荚是会开裂的椭圆形蒴果，其中含有多枚带翅的种子。种子扁平，呈宽泪珠形。它们呈深棕色至黑色，上下表面的中央都有一道颜色较浅的脊。蒴果成熟时变成棕色并沿着脊线开裂，将种子释放出来。

相似物种

马兜铃属（*Aristolochia*）是一个大属，包括大约500个物种，其中的许多种类都被用作医药。11个物种在IUCN红色名录上列为受威胁的种类。大花马兜铃（*A. grandiflora*，英文通用名 Pelican Flower）是一个华丽的物种，原产牙买加以及从墨西哥南部至巴拿马之间的区域。它已经被引入其他地方，例如作为凤蝶的食源植物引入美国南方。

实际尺寸

科	马兜铃科
分布范围	喜马拉雅地区、东南亚、澳大利亚（昆士兰州）以及所罗门群岛
生境	雨林和季风林
传播机制	风力
备注	这个物种是裳凤蝶（*Troides helena*）和红珠凤蝶（*Pachliopta aristolochiae*）的食源植物
濒危指标	未予评估

种子尺寸

长 ¼ in
（6 mm）

耳叶马兜铃
Aristolochia tagala
Dutchman's Pipe
Cham.

98

实际尺寸

耳叶马兜铃的种子生长在长椭圆形的蒴果中，蒴果的构造是一个像降落伞的闭合果实。蒴果干燥之后开裂，将带翅的棕色种子释放到风中传播。有时种子的翅上长着细小色浅的毛。

耳叶马兜铃是一种非常奇特的藤本植物，拥有独特的烟斗状花朵，这个物种的英文通用名（意为"荷兰人的烟斗"）就是这么来的。有人认为花的形状像子宫，这让它得到了另一个英文通用名 Indian Birthwort（"印度分娩草"）。这种相似性还启发人们将该物种作为草药应用于分娩过程，以降低感染风险和扩张产道。在整个亚洲，它的叶片广泛用于传统医药，常常捣成膏药治疗肿胀的四肢和动物咬伤，或者放在头上退烧。

相似物种

马兜铃属有大约 500 个物种，它们全都使用相似的授粉策略：它们烟斗状的花散发出腐肉的气味，吸引授粉甲虫和其他昆虫。这些物种还全部含有马兜铃酸，这正是它们众多药效的来源。

科	马兜铃科
分布范围	加拿大东部和美国中东部
生境	背阴、肥沃的林地
传播机制	蚂蚁
备注	这个物种被美洲原住民用作草药
濒危指标	未予评估

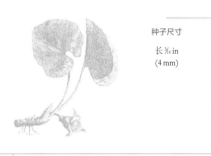

种子尺寸

长 ³⁄₁₆ in
(4 mm)

加拿大细辛
Asarum canadense
Canada Wild Ginger
L.

实际尺寸

　　加拿大细辛是一种春天开放的野花，其地下根状茎对于北美原住民有多种用途。按照传统，他们将它用作医药，例如用来治疗普通感冒、消化问题，甚至猩红热。举例来说，麦斯格瓦奇人（Meskwaki）会将根状茎煮熟，然后直接涂抹到耳朵上治疗耳痛。虽然不建议在烹饪中使用它的根（因为它有毒性），但美洲原住民经常用它为食物调味。这个物种还是美洲蓝凤蝶（*Battus philenor*）的食源植物。

加拿大细辛的种子呈卵形，有一层皱缩的表皮，相对于它们在其中发育的微小的花而言尺寸算是大的。每粒种子都有一个油质体，这个结构富含脂肪和蛋白质，吸引蚂蚁将种子搬回它们的巢穴，吃掉油质体并留下完好无损的种子本身。

相似物种

　　细辛属（*Asarum*）是马兜铃科的七个属之一。该属由大约一百个物种组成，在英文中统称 wild ginger（"野姜"）。这些草本植物有根状茎，生活在北半球，在那里经常作为观赏植物种植。

科	菌花科
分布范围	非洲南部
生境	沙漠和干旱稀树草原
传播机制	动物
备注	这种植物是寄生性的，没有叶片，不产生叶绿素
濒危指标	未予评估

种子尺寸

长 ½₂ in
(0.7 mm)

100

非洲菌花
Hydnora africana
Hydnora

Thunb.

实际尺寸

非洲菌花会产生数百颗微型种子，它们全都包含在一个地下果实中。果实（见下图）会被有挖掘习性的动物（包括豪猪、鼹鼠和豺）吃掉，因此这种植物的另一个英文通用名是 Jackal Food（"豺的食物"）。种子的萌发需要它与宿主植物相邻，以便它将自己的变态根连接在宿主上。

非洲菌花的植株长得令人困惑，它只有一段根和一朵花，这朵花最终会长成一个果实，所有这些都生长在地下。这个物种寄生大戟科（Euphorbiaceae）的一些成员，用侵入性的根将自己连接在宿主的根上，从中获取能量和养分。因为它是寄生生物，所以没有叶绿素。一旦果实已经发育并将它的花推出地面，就可以收获果实了。如果没有收获果实，剩下的那朵花就会开放，并通过释放类似粪便的气味来吸引它的授粉昆虫蜣螂。

相似物种

人们认为非洲菌花属（*Hydnora*）有 10 个物种，它们全都生活在非洲，而且主要寄生大戟属（*Euphorbia*）植物的根，不过其中一个物种约氏非洲菌花（*H. johannis*）寄生的是卡鲁相思树（*Acacia karroo*）。与非洲菌花属植物属于同一个科的是美洲菌花属（*Prosopanche*）的物种，这个属有同样的生长习性，但只分布于中南美洲。

果

科	肉豆蔻科
分布范围	印度尼西亚
生境	热带森林
传播机制	鸟类和人类
备注	肉豆蔻的果是肉豆蔻（nutmeg）和肉豆蔻衣（mace）这两种香料的来源
濒危指标	数据缺失

种子尺寸

长 ¹³⁄₁₆–1³⁄₁₆ in
(20–30 mm)

肉豆蔻
Myristica fragrans
Nutmeg
Houtt.

101

肉豆蔻是一种中型常绿乔木，自然分布于印度尼西亚马鲁古群岛（即摩鹿加群岛）中的班达群岛（Banda Islands）。马鲁古群岛又被称为香料群岛，因为它是香料肉豆蔻衣、肉豆蔻、丁香和胡椒的产地。肉豆蔻如今广泛栽培于自然分布范围之外的热带地区。这种树要长到八年左右才开花，而且最长可以活一百年。除了用作香料，肉豆蔻还以其致幻作用闻名。

相似物种

虽然肉豆蔻属（*Myristica*）的成员总共有大约五百个名字，但是分类学家一致认同的名字只有九个。除了这个物种，其他物种都不用来制作香料。对印度南部西高止山脉中的肉豆蔻淡水沼泽的放水已经将该属的一些物种置于险境；它们如今在 IUCN 红色名录上被列为受威胁的物种。

实际尺寸

肉豆蔻的果在成熟时开裂，露出里面的深棕色卵形种子，种子切开后有静脉状斑纹。种子外面有一层花边状红色覆盖物（假种皮）。种子是香料肉豆蔻的来源，而假种皮是香料肉豆蔻衣的来源。

果

科	木兰科
分布范围	北美东部
生境	温带阔叶林
传播机制	风力
备注	这个物种是肯塔基州、田纳西州和印第安纳州的州树
濒危指标	无危

种子尺寸

长 1⅝ in
(40 mm)

102

北美鹅掌楸
Liriodendron tulipifera
Tulip Tree
L.

虽然英文通用名意为"郁金香树"，但北美鹅掌楸实际上是木兰科的成员。它的英文通用名来自它的杯状花，形状像郁金香（*Tulipa* spp.），而它的另一个英文通用名 Tulip Poplar（"郁金香杨"）来自它硕大的四裂叶片，像杨树（*Populus* spp.）的叶片。这些特征创造出一种漂亮的圆锥形大乔木，经常作为观赏植物种植在花园和街道。和杨树一样，它的生长速度很快，所以常常作为生态恢复的手段种植在它的自然分布区，还作为硬木来源进行商业化种植。

相似物种

北美鹅掌楸和它的近亲物种鹅掌楸（*L. chinense*，英文通用名 Chinese Tulip Tree）是鹅掌楸属（*Liriodendron*）仅存的两个物种。鹅掌楸属化石物种曾在北半球（包括欧洲）被发现，人们猜测是冰川作用导致该属在欧洲灭绝。鹅掌楸原产中国和越南，与北美鹅掌楸的不同之处在于叶片稍大，花的颜色稍黯淡；它在 IUCN 红色名录上列为近危物种。

北美鹅掌楸的种子呈棕色，细长有翅。它们互相重叠，在枝条上形成球果状的结构，并在十月成熟。一棵树结出成千上万枚种子，因为种子的生活力通常很低，导致萌发率也很低。

实际尺寸

科	木兰科
分布范围	美国东南部
生境	亚热带森林
传播机制	动物
备注	木兰属的这个物种是最容易整枝成形的
濒危指标	无危

种子尺寸

长 ½ in
(13 mm)

荷花木兰（广玉兰）
Magnolia grandiflora
Southern Magnolia
L.

在它的自然分布区，荷花木兰通常长成乔木，尤其是在海岸附近的温暖背风处。这种树很耐寒，已经引入美国北方各州以及欧洲，在这些地方通常长成灌木。荷花木兰因其独特的叶和硕大的米色杯状花备受珍视，它的叶片正面呈有光泽的绿色，背面呈红褐色。

相似物种

木兰科（Magnoliaceae）是开花植物最古老的一个科。木兰科植物鲜艳、有香味的杯状花能够实现更高级的甲虫授粉，据推测从此以后，植物界各科的花继续沿着这条路径进化，诞生了各种由昆虫授粉的方式。这种多样性的增加也体现在木兰科植物中，如今甲虫已经不再是它们的主要授粉者。

荷花木兰的果实呈圆锥形，果由多个部分构成，每一部分含有不止一粒种子。种子呈卵形，红色，有光泽。它们会被当地动物吃掉，包括小型哺乳动物如松鼠和负鼠，以及地栖鸟类如鹌鹑（*Coturnix* spp.）和火鸡（*Meleagris gallopavo*）。

实际尺寸

科	木兰科
分布范围	日本
生境	热带和亚热带森林
传播机制	动物
备注	被认为是最小的木兰科物种
濒危指标	濒危

种子尺寸

直径 ⁵⁄₁₆–½ in
(8–12 mm)

104

星花木兰
Magnolia stellata
Star Magnolia
(Siebold & Zucc.) Maxim.

星花木兰是一个生长缓慢的木兰科物种。在它的原产地日本，它生长在溪流岸边，但它常见于世界各地的栽培花园，因为它个头小、耐寒而且容易种植。它独特的白花由几十枚很长的白色花瓣构成，开放时呈星状。有绒毛的花蕾在这种树脱落叶片时开放，花期持续数周，这些赋予了星花木兰非常独特的外表。

相似物种

木兰科是一个大科，包含大约 304 个物种。虽然它非常多样而且大都有良好的记录，但是包括星花木兰在内，该科 48% 的物种都受到野外灭绝的威胁，而且只有 43% 得到迁地保护。这些物种面对的主要威胁是伐木、生境的耕地化改造、无力适应气候变化，以及不负责任的植物采集。

实际尺寸

星花木兰的种子是橙色的，有光泽，呈卵形。和在其他木兰属植物中一样，种子生长在颜色黯淡的多瘤圆锥状果实中。这种树在春季开花，然后种子在秋季成熟，不过果实常常在种子完全成熟之前掉落到地上。

科	番荔枝科
分布范围	原产南美洲热带地区、墨西哥等中美洲国家，可能还有西印度群岛的热带地区；世界各地的热带地区都有引种
生境	湿润热带和亚热带低地森林、海滨地区，以及受到扰动的土地和农业用地
传播机制	动物，包括鸟类
备注	刺果番荔枝拥有番荔枝属（*Annona*）所有物种中最大的果实，有时重达 4.5 千克
濒危指标	未予评估

种子尺寸

长 ⅝ in
(16 mm)

刺果番荔枝
Annona muricata
Soursop
L.

刺果番荔枝的英文通用名（意为"酸面包片"）来自其果实的酸味，它的果可鲜食，还可以用来制作饮料、果冻和糖浆。它栽培广泛，而且它的果实在南美洲和西印度群岛的许多国家非常受欢迎。刺果番荔枝是人类从美洲运送到旧世界热带地区的第一批植物之一；如今，它在东南亚的市场上仍然很常见。这种树有多种医药用途，还有杀虫效果：果汁用作利尿剂，而种子用来杀死虱子和臭虫。多种动物参与种子的传播，包括蝙蝠和鱼类。

相似物种

番荔枝属有大约 125 个物种。在这些物种中，刺果番荔枝的果实是最大的。人们已经发现，只存在于番荔枝科部分物种（包括刺果番荔枝在内）中的某些化学物质有抗肿瘤的功效。这些化学物质名为番荔枝内酯，可以用来抑制那些已经对多种药物产生抗药性的癌细胞。

刺果番荔枝的果实通常为椭圆形或心形，不过当胚珠未能全部成功受精时，果实常常发育畸形。果实有一层不可食用的绿色革质皮，果皮上布满许多柔韧的刺。可食用的白色果肉富含纤维和汁液，分为多瓣，部分果肉瓣含有光滑的卵形棕色种子。

实际尺寸

科	番荔枝科
分布范围	原产中南美洲；墨西哥、加勒比海地区、非洲和亚洲有栽培
生境	热带森林
传播机制	动物，包括鸟类
备注	在印度，即将成熟的果实会被罩上袋子或网，防止果蝠破坏
濒危指标	未予评估

种子尺寸

长 ½ in
(13 mm)

牛心番荔枝
Annona reticulata
Custard Apple

L.

牛心番荔枝是一种因其可食用的果实而得到广泛栽培的落叶乔木。果实可能是圆的，也可能形状不规则，果皮下面有一层厚厚的像奶油冻一样的果肉，它的英文通用名Custard Apple（意为"奶油冻苹果"）就是这样来的。在这一层果肉下面是多个汁液饱满的果肉瓣，其中含有种子。果实有甜味，可鲜食或制成甜点。牛心番荔枝树还富含单宁——在许多传统文化中，散发异味的叶片被人们用来制革。未成熟的果实也含有大量单宁，用于治疗腹泻和痢疾。

相似物种

番荔枝属有多种很受欢迎且栽培广泛的果树。毛叶番荔枝（*A. cherimola*，英文通用名 Cherimoya）拥有美味的果实，果肉甜美，滋味浓郁，有奶油质感。它原产安第斯山脉，如今已广泛栽培，但这种果实的保鲜期很短，不利于商业贸易。阿蒂莫耶番荔枝（*A. cherimola×squamosa*，英文通用名 Atemoya）是毛叶番荔枝和番荔枝（*A. squamosa*，英文通用名 Sugar Apple）的杂种，1908 年首次结果。阿蒂莫耶番荔枝的果实富含维生素 C，拥有多瘤的绿色果皮，以及该属典型的奶油冻似的果肉。与番荔枝属其他物种不同的是，刺果番荔枝（105 页）的果实有酸味。

牛心番荔枝的种子呈椭圆形，深棕色至黑色，有光泽。一个牛心番荔枝果实中最多有 76 粒种子，每一粒种子都包含在一个多汁的独立果肉瓣中。种仁本身有很强的毒性，可用作杀虫剂。这个物种通常使用种子繁殖，种子在干燥环境下储存一年以上仍可保持生活力。

实际尺寸

科	番荔枝科
分布范围	印度至澳大利亚北部
生境	湿润低地热带森林
传播机制	哺乳动物和鸟类吃它的果实
备注	依兰精油用于制作高端香水，并被业界认为是不可取代的原料
濒危指标	未予评估

种子尺寸

长 ⅜ in
(9 mm)

依兰
Cananga odorata
Ylang-Ylang
(Lam.) Hook. f. & Thomson

依兰是一种生长迅速的热带常绿乔木，可以长到30米高。它的花非常香，有六片舌状黄绿色花瓣。花期贯穿全年。这种树因其精油而得到栽培，精油从新鲜采摘的花中提炼出来，用于制造香水和化妆品。在印度洋上的马达加斯加、科摩罗和法属留尼汪等岛屿，它是一种重要的经济作物。从该物种的一个变种中提取的依兰油被食品行业用来生成桃和杏的味道。依兰还作为观赏树和路边遮荫树栽培。

依兰的种子为浅棕色，呈扁椭圆形。坚硬的表面布满小坑，而且种子有一层退化的假种皮，是种皮的肉质增生。胚胎很小。每个深绿色果实含有多达15粒种子。

相似物种

依兰属（*Cananga*）有三个物种。另一个亚洲热带物种阔叶依兰（*C. latifolia*）也有供当地人采摘使用的芳香花朵。这个物种的木材在当地有很大的需求，而且树皮被认为有治疗发热的药效。

实际尺寸

科	莲叶桐科
分布范围	泛热带区
生境	落叶林地
传播机制	风力和水流
备注	旋翼果的变异水平很高，一些分类学家将这个物种分为八个亚种
濒危指标	未予评估

种子尺寸

长 ½ in
(12 mm)

108

旋翼果
Gyrocarpus americanus
Helicopter Tree
Jacq.

　　旋翼果在全球热带地区分布得极为广泛，是一个较为常见的物种。它是小型至中型落叶乔木，拥有光滑的灰色树皮和三裂叶片，叶片簇生于树枝末端。它的花呈黄绿色，有异味。旋翼果的木材有很多用途，包括用来雕刻独木舟。树皮、根和树叶都作药用，而小枝被用作牙刷。从这种多用途树木的树皮中渗出的黄色分泌物曾被当作橡胶的替代物。

相似物种

　　旋翼果属（*Gyrocarpus*）还有其他四个物种。其中两个原产非洲，另外两个来自美洲。近缘属莲叶桐属（*Hernandia*）包括大约 20 个物种，并因为木材而受到当地人的砍伐。

实际尺寸

旋翼果的果赋予了该物种的名字（英文通用名意为"直升机树"），因为在它们落向地面的过程中，它们会像直升机的螺旋桨一样旋转。每个果实都是一个干燥的卵形坚果，表面有棱纹，还长着两片又长又薄的棕色至黑色翅。每个果实含有一粒种皮呈海绵状的种子。

科	樟科
分布范围	原产从日本至越南的东亚地区；其他地区有引种，并在澳大利亚和美国成为入侵物种
生境	森林
传播机制	鸟类
备注	这种树是生产樟脑油的原料
濒危指标	未予评估

种子尺寸

长 ⅜ in

(9 mm)

樟
Cinnamomum camphora
Camphor
(L.) J. Presl

109

实际尺寸

樟是一种常绿乔木，可以长到 20—30 米高。樟脑油提取自木屑和树枝，用在解充血药、防腐剂和炸药中。樟的木材属于硬木，可以制作家具，还有防虫效果。在澳大利亚，樟被认为是入侵物种，它是在 19 世纪初作为观赏植物引入澳大利亚的。它在美国也是入侵物种。在这两个国家，它可以在竞争中击败本地植被。人们认为这个物种所产生的挥发油会对其自然分布区之外的野生动植物产生不利影响。

相似物种

樟属（*Cinnamomum*）有 342 个物种。香料肉桂的来源是锡兰肉桂（*C. verum*；110 页）。人们收获该物种的内树皮制作这种香料。虽然这个物种以真正的肉桂来源而闻名，但是樟属的许多其他物种也被用来制作这种香料。该属的几个物种在 IUCN 红色名录中被列为受威胁的类别。

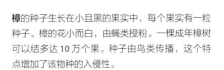

樟的种子生长在小且黑的果实中，每个果实有一粒种子。樟的花小而白，由蝇类授粉。一棵成年樟树可以结多达 10 万个果。种子由鸟类传播，这个特点增加了该物种的入侵性。

科	樟科
分布范围	斯里兰卡
生境	热带雨林
传播机制	鸟类
备注	这个物种有许多烹饪和医药用途
濒危指标	未予评估

种子尺寸

长 ⅜ in
(10 mm)

110

锡兰肉桂
Cinnamomum verum
Cinnamon
J. Presl

锡兰肉桂在 18 世纪末第一次从它的自然分布区向外扩散。这种高大常绿乔木的人造林是人类为了获取它们的树皮而种植的，这些树皮干制后在烹饪中用作香料，还能作为药物缓解恶心和呕吐。从这种植物中提取的精油有多种用途。锡兰肉桂叶精油是丁子香酚的原料，后者作为香味剂用于化妆品和香水，而锡兰肉桂树皮精油可以制作茶饮。由于它的人工栽培，该物种如今已经在部分地区成为入侵物种。

相似物种

樟属物种生活在热带和亚热带地区。该属有大约 300 个物种，其中的许多物种由于它们所含的精油而具有重要的经济价值。樟（109 页）就是这样一个物种，它是提取樟脑的原料，可用于制造药物或烹饪香料。

锡兰肉桂的种子呈卵形，深棕色。它们生长在悬挂枝头的黑色核果中，由吃掉果实的鸟类传播。种子可提取油脂，并在印度用于制作蜡烛。

实际尺寸

科	樟科
分布范围	地中海地区
生境	常绿阔叶林
传播机制	动物
备注	磨碎的月桂叶片是鸡尾酒"血腥玛丽"的配料之一
濒危指标	未予评估

种子尺寸

长 ⅜ in
(10 mm)

月桂
Laurus nobilis
Bay Laurel
L.

111

月桂是一种遍布地中海地区的常绿灌木或小乔木。它是一万多年前覆盖大部分地中海地区的常绿阔叶林的主要树种。如今，这种生态系统只存在于南欧的零散小块地区。在园艺界，月桂是营造绿篱和树木造型的热门选项。月桂的叶片作为一种香草用在地中海菜肴中，但直接食用时味苦，常常在上菜之前从菜肴中除去。老叶的味道更丰富。来自浆果的提取物是阿勒颇古皂的关键成分。

月桂的种子生长在浆果状的黑色果实中。每个果实只含有一粒种子。花为黄色，雌雄异花同株，并由蜂类授粉。种子由食用果实的鸟类传播。月桂的种子是顽拗型的，也就是说对干燥敏感，不能储存在低温低湿的传统种子库中。

实际尺寸

相似物种

月桂属（*Laurus*）只有四个得到一致认可的成员。然而，这个属有很多未经确认的物种，意味着需要进一步的遗传学研究来确定它的物种数量。亚速尔月桂（*L. azorica*，英文通用名 Azores Laurel）是亚速尔群岛的特有物种，也是联合国教科文组织认定的世界自然遗产地亚速尔群岛常绿阔叶林的关键种。

科	樟科
分布范围	加那利群岛和马德拉群岛
生境	常绿阔叶林
传播机制	鸟类和重力
备注	臭木甜樟正在受到生境丧失的威胁
濒危指标	近危

种子尺寸

长 ¹³⁄₁₆ in
(20 mm)

112

臭木甜樟
Ocotea foetens
Tilo

(Aiton) Baill.

实际尺寸

臭木甜樟的种子生长在坚硬的深色肉质浆果中，这种浆果长约30毫米，拥有与橡子相似的半球形状。在马德拉群岛，这些浆果会被本土特有物种长趾鸽（*Columba trocaz*）吃掉或者落在地上裂开以传播种子。

在它们土生土长的马卡罗尼西亚群岛上的常绿阔叶林中，臭木甜樟是关键的组成部分。它们受到加那利群岛中耶罗岛（El Hierro）上的原住民宾巴切人（Bimbaches）的高度评价，被他们称为"雨树"，因为这种树有助于将水引到地上。根据传说，一棵名为加荷埃（Garoé）的臭木甜樟令云在它的树叶上凝结，产生了维持宾巴切人生活的水，后来宾巴切人还能直接从这棵树上取水。虽然加荷埃在1610年死了，但在20世纪中期，又有一棵臭木甜樟被种在它原来的位置上以纪念它的神圣。

相似物种

甜樟属（*Ocotea*）包括324个物种，它们全都含有多种精油。这让它们散发出一种特别的气味，这个属的树木因此被称为"臭木"（stinkwoods）。臭木甜樟的拉丁语种加词 *foetens* 的字面意思就是"臭的"。对于臭木甜樟刚刚砍伐下来的富含油脂的木材所散发出来的气味，这是非常准确的描述。

科	樟科
分布范围	原产墨西哥和中美洲
生境	云雾林和雨林
传播机制	动物
备注	鳄梨的树叶对某些哺乳动物和鸟类物种有毒
濒危指标	未予评估

鳄梨（牛油果）
Persea americana
Avocado
Mill.

种子尺寸

长 2³⁄₁₆ in
(60 mm)

113

鳄梨是一种高达 20 米的大乔木，原产墨西哥和中美洲的云雾林和雨林。它因其果实而在全世界广泛栽培，如今有许多品种，味道不一。鳄梨的热量很高，并含有大量维生素 C 和维生素 K，以及单一不饱和脂肪、钾和镁。鳄梨的栽培产量受到真菌樟疫霉菌（*Phytophthora cinnamomi*）的威胁，它会导致根腐病。

相似物种

鳄梨属（*Persea*）有 118 个物种，不过仅有鳄梨这一个物种得到了广泛栽培。这个属的物种遍布美洲以及东亚和东南亚；在非洲已经没有分布，不过有一个物种印度鳄梨（*P. indica*）生活在非洲大陆西北海岸外的马卡罗尼西亚群岛上的常绿阔叶林中。值得一说的是，作为马卡罗尼西亚的四个主要群岛之一，马德拉群岛上的常绿阔叶林是联合国教科文组织认定的世界自然遗产地。

实际尺寸

鳄梨的种子是硕大的果核。每个果实有一粒种子。人们认为它的种子是由现在已经灭绝的大型动物传播的，这对它来说相当不幸。在它的自然分布区，如今已经没有体型足够大的动物能完成这种使命了。鳄梨的种子需要浸泡在水中一周才能萌发，不过它可能连续六年不结果。

科	樟科
分布范围	北美洲东部
生境	温带阔叶林
传播机制	动物
备注	叶片在卡真（Cajun）[①]烹饪中用作香料
濒危指标	未予评估

种子尺寸

长 ¼ in
(6 mm)

北美檫木
Sassafras albidum
Sassafras
(Nutt.) Nees

114

北美檫木的种子会长成高达 25 米的落叶乔木。这种树的每一个部分都可以用在烹饪中，为食物赋予一种辛辣、芳香的风味。美洲原住民过去经常将这种植物用作药材，如今用它的树皮煮有疗效的茶（通常搭配枫糖）也仍然很常见。这种草药疗法用于治疗普通感冒、胃部和肾部病症、皮肤感染，以及风湿病。它的应用还没有进入现代医药，因为提炼精油的主要成分黄樟脑是一种致癌物。

相似物种

檫木属（*Sassafras*）是一个小属，除了北美檫木之外，还有两个物种：檫木（*S. tzumu*，英文通用名 Chinese Sassafras）和台湾檫木（*S. randaiense*）。这两个物种都是东亚的特有物种，而且后者在 IUCN 红色名录上列为易危物种。化石记录中包括今已灭绝的 *S. hesperia* 的叶片样本，它是该属的第四个成员，曾与北美檫木一起生活在北美洲。

实际尺寸

北美檫木的种子中等大小，形状圆，生长在悬挂枝头的核果中。多种鸟类食用这些果实并传播种子。将这种树当作食物的还有美洲黑熊（*Ursus americanus*）、美洲河狸（*Castor canadensis*）、棉尾兔（*Sylvilagus* spp.）和松鼠，它们吃树皮和树干，而鹿吃小枝和树叶。

———————————

① 译注：路易斯安那州的法国人后裔。

科	天南星科
分布范围	原产东南亚、澳大利亚昆士兰州和所罗门群岛；广泛栽培于热带和亚热带地区
生境	热带潮湿林，很可能在任何地方都没有真正的野生个体
传播机制	人类
备注	细叶姑婆芋可食用，但只有在长时间烹煮过后食用才是安全的，这个过程会分解它所含有的刺激性草酸钙结晶
濒危指标	未予评估

种子尺寸

长 ¼ in
(7 mm)

细叶姑婆芋
Alocasia macrorrhizos
Giant Taro
(L.) G. Don

115

细叶姑婆芋是一种生长迅速的草本植物，可以长到
5 米高。它的心形叶片可以长到 1 米长，在热带的瓢泼
大雨中临时充当雨伞。这种植物的主要用途是食用。人
们认为驯化细叶姑婆芋起源于菲律宾，不过它已经被引
入许多热带和亚热带地区以栽培其富含淀粉的块茎。在
太平洋群岛，它的块茎在烤熟或煮熟后作为淀粉来源食
用。在东南亚，块茎在烹煮后作为蔬菜食用，通常用在
咖喱或炖菜中。细叶姑婆芋还是一种很受欢迎的观赏植
物，因其醒目的叶片和佛焰花序而得到种植。

相似物种

在天南星科（Araceae）中，花簇生在名为肉穗
花序（spadix）的花序上，花序通常伴随一枚叶状
苞片，称为佛焰苞（spathe）。姑婆芋属（*Alocasia*）
物种的花由昆虫授粉。该属有大约 80 个物种，其中一
些是很受欢迎的室内植物，有多个品种和杂种。

细叶姑婆芋的种子是棕色的，生长在果实里面，
果实为球形或卵形肉质浆果，成熟时为红色。每
个浆果有数粒种子。这些浆果沿着肉穗花序簇生，
就像玉米（223 页）棒子上的玉米粒一样。

实际尺寸

科	天南星科
分布范围	苏门答腊岛，印度尼西亚
生境	雨林
传播机制	鸟类
备注	1889 年，一株巨魔芋首次在欧洲开花
濒危指标	未予评估

种子尺寸

长 ⅞ in
(22 mm)

116

巨魔芋
Amorphophallus titanum
Titan Arum
(Becc.) Becc.

巨魔芋是一种极不寻常的多年生草本植物，以拥有全部植物物种中最大的花序闻名。在植物园里开花时会吸引成千上万的游客。它的单生花序称为肉穗花序，周围环绕着一枚周长可达 3 米的叶状佛焰苞。佛焰苞呈浅绿色，外表面有白色斑点，内表面有深红色斑点。肉穗花序呈暗黄色，一旦开始形成即迅速生长，可以长到 3 米高。它散发的异味吸引蝇类和甲虫，这赋予了该物种另一个英文通用名 Corpse Flower（意为"腐尸花"）。

相似物种

魔芋属（*Amorphophallus*）有大约 170 个物种，其中 8 个在 IUCN 红色名录上列入受威胁的种类。虽然目前在 IUCN 红色名录上未予评估，但巨魔芋在过去曾被认为是易危物种。斯图尔曼氏魔芋（*Amorphophallus stuhlman-nii*）是原产肯尼亚和坦桑尼亚森林的一个濒危物种。

实际尺寸

巨魔芋的果实在成熟时呈鲜红色。在野外，它们会吸引犀鸟如马来犀鸟（*Buceros rhinoceros*），以及吃掉果实并传播种子的其他鸟类。种子较大，黑色，有光泽，呈卵形。

科	天南星科
分布范围	亚洲热带和西南太平洋
生境	湿地、池塘以及溪流
传播机制	动物，包括鸟类和人类
备注	香芋是一种拥有重要经济价值的作物，因为它的球茎、茎秆和叶片都可食用
濒危指标	无危

种子尺寸

长 ½₂ in
(1 mm)

香芋
Colocasia esculenta
Taro
(L.) Schott

117

香芋的英文名还包括 Potato of Tropics（"热带马铃薯"）和 Elephant Ears（"象耳草"）。它是一种古老的作物，而且是广大热带和亚热带地区的重要食物来源。人们认为香芋之所以分布得如此广泛，是因为它拥有很大的农业价值——它已经被人类栽培和传播了数千年之久。这种植物可以种植在有大量水的地方例如水稻田，甚至可以在涝渍环境中种植。

实际尺寸

香芋的种子生长在颜色鲜艳（常常呈橘黄色、紫色或绿色）的浆果中，并被鸟类和椰子狸（*Paradoxurus* spp.）吃掉并传播到很远的地方。多个浆果簇生为一个聚合果，每个浆果含有多粒种子。种子本身很小，颜色可能不同。它们耐干燥，可以储存在作物种子库中。

相似物种

同属的另一个物种广芋（*Colocasia gigantae*）的英文通用名是 Giant Elephant's Ear（"大象耳草"），因为它的每一片叶都像是大象的耳朵。它原产中国和东南亚的森林，并作为观叶植物得到园丁和园艺种植者的种植。在它的原产地，叶片被当作蔬菜食用。种加词 *gigantae* 形容的是叶片的巨大尺寸，叶片可以长到 3 米长。

球茎

科	泽泻科
分布范围	原产美国东南部和巴拿马；在澳大利亚和南非是入侵物种
生境	池塘、湖泊，以及溪流
传播机制	动物（包括鸟类），以及水流
备注	这种植物常常用在水族箱里
濒危指标	未予评估

118

种子尺寸

长 ¹⁄₁₆–¹⁄₈ in
（2–3 mm）

阔叶慈姑
Sagittaria platyphylla
Broadleaf Arrowhead
(Engelm.) J.G.Sm.

实际尺寸

阔叶慈姑是一种原产美国的水生植物。它的小白花和茂盛的绿色叶片生长在长长的茎秆上，挺立在水面上方，而根状茎（地下茎）在水下基质中伸展。在作为一种观赏植物引入澳大利亚和南非部分地区之后，它如今在这两个国家都被视为危害当地溪流与河道生态健康的物种。阔叶慈姑的种子数量很大而且萌发迅速，产生的植株常常堵塞水道。

相似物种

慈姑属（*Sagittaria*）包括大约 30 个水生植物物种。阔叶慈姑和楔叶慈姑（*S. cuneata*）在英语中都常称为 Duck Potato（"鸭马铃薯"）或 Wapato（"瓦帕投"），对于世世代代以来的美洲原住民，它们都曾是充沛的食物来源。这些植株的球茎可以从地里挖出来收集，因为它们会漂浮到水面上。采集后的球茎可以生吃，也可以炒、煮或者烤熟食用。

阔叶慈姑的种子小而轻，有浮力。它们可以顺着水漂流，令一棵植株结出的数千粒种子实现远距离传播。这些种子可以漂浮长达三周而不下沉。

科	泽泻科
分布范围	西伯利亚、高加索地区、土耳其，以及欧、亚两洲的其他许多地区
生境	河流、运河，以及沟渠
传播机制	动物（包括鸟类），以及水流
备注	慈姑的叶片被用于治疗皮肤问题
濒危指标	无危

种子尺寸

长 ⁹⁄₁₆ in
(15 mm)

慈姑
Sagittaria sagittifolia
Arrowhead

L.

实际尺寸

慈姑的英文通用名和拉丁学名都来自它独特的箭状叶片（*sagitta* 意为"箭"或"箭杆"）。它是一种湿地多年生植物，生长在静水或缓水中，原产欧洲以及亚洲部分地区。种子通常由水流传播，可以在秋季和冬季旅行漫长的距离，此时是它们的休眠期。人们认为，一些鱼类物种可能为慈姑提供了有效的传播机制——当这些鱼在水下植被中寻找无脊椎动物时，可能无意间吞下这些种子。

相似物种

该属的另一个物种野慈姑（*Sagittaria trifolia*，英文通用名 Chinese Arrowhead）因其可食用球茎而广泛栽培于中国。球茎可烘烤或晒干后磨成粉，然后用在谷物粥和面包里。烤熟的球茎据说有一种很像马铃薯的独特风味。

慈姑属的种子很轻，并有较宽的多片"翅"。这些翅帮助种子漂浮在水流上，让它们可以漂流很远的距离，直到准备好萌发。如果有必要的话，种子也可以在更干燥的环境下存活。种子颜色不一，从浅棕至深棕或红棕。

科	薯蓣科
分布范围	南非
生境	岩石地区
传播机制	重力
备注	这种植物含有用于制造类固醇的皂苷
濒危指标	未予评估

种子尺寸

长 ½–⁹⁄₁₆ in
(12–14 mm)

120

象脚薯蓣
Dioscorea elephantipes
Elephant's Foot Yam
(L'Hér.) Engl.

这种南非灌木拥有硕大多瘤的块茎状茎，它的英文通用名来自茎的形状。这种长寿植物可以长到 2 米高，植株的大部分由茎和根构成。从茎的顶端抽生出长有心形叶片的枝条。由于不同寻常的外形，象脚薯蓣经常作为盆栽植物种植。人们认为这个物种在野外受到威胁，但它尚未得到 IUCN 红色名录的评估。

相似物种

象脚薯蓣和薯蓣属（*Dioscorea*）相关物种含有的皂苷用于制造可的松（一种抗感染和抗过敏药物）和避孕药。直到 20 世纪 70 年代，原产北美的长柔毛薯蓣（*D. villosa*，英文通用名 Mexican Wild Yam）一直被用作制造薯蓣皂苷元的重要原料，而薯蓣皂苷元是生产避孕药的主要成分。

实际尺寸

象脚薯蓣在 9 月至 10 月结果，它的果是有三片翅的蒴果。种子呈浅棕色，也有翅。翅有利于种子的传播，因为翅让种子可以乘着气流漂浮在空中。该物种只能靠播种来繁殖，因为无法采集插穗。

科	薯蓣科
分布范围	南非
生境	岩石地区
传播机制	重力
备注	由于其形态被称为"平底植物"
濒危指标	未予评估

种子尺寸

长 %₁₆–⅝ in
（14–15 mm）

龟甲龙
Dioscorea rupicola
Rocky Turtle Plant
Kunth

121

龟甲龙是一种"瓶底植物"或壶形植物（caudici-form），拥有用于储存水和养分的膨大茎（主轴）。因此这种植物可以在没有水或养分补充的情况下存活很长时间。主轴的直径可以长到 80 厘米，高可达 3 米。龟甲龙是一种攀缘植物，拥有心形叶片和小白花。它的毒性很强，生长在多岩石的地区。

相似物种

在英语中，薯蓣属（*Dioscorea*）通常称为 yam 属（yam genus），不要和番薯（556 页）搞混，因为后者在美国被称为 Yam。① 薯蓣是多年生草本藤蔓植物，因为富含淀粉而得到栽培食用。它们主要种植在热带地区，包括非洲、亚洲、拉丁美洲和加勒比海地区。

龟甲龙的果是绿色的。这种植物通过传播种子来繁殖，传播机制非常简单：种子掉在下面的地上。种子的萌发不需要任何预先处理。种子耐干燥（正常型），所以能够储存在低温低湿的传统种子库里。

实际尺寸

---

① 译注：我们熟悉的山药就是几种薯蓣属植物的块茎，在英语中称为 yam。不过由上文可知，yam 在美国也可能指番薯。不过只要我们的读者有过一些相关经验，尤其是曾在中国不同地区生活过的经验，就不难发现这些富含淀粉的根茎类作物在汉语里的名字比在英语里更容易令人混淆。

科	薯蓣科
分布范围	中国南方、孟加拉国、柬埔寨、印度、老挝、马来西亚、缅甸、斯里兰卡、泰国，以及越南
生境	海拔 200—1300 米的湿润林下生境、峡谷，以及河岸
传播机制	人们认为由动物传播
备注	老虎须与主食作物薯蓣（*Dioscorea* spp.；120 和 121 页）属于同一个科
濒危指标	未予评估

种子尺寸

长 ³⁄₁₆ in
(4 mm)

122

老虎须
Tacca chantrieri
Black Bat Flower
André

实际尺寸

老虎须是一种草本多年生植物，属于薯蓣科。它生长在热带森林中，野外分布范围很广，但是已经因为过度开发、生境破坏和森林碎片化而变得相当稀有。这种不同凡响的植物拥有多达 25 朵单花构成的蝙蝠状伞形花序，每个伞形花序都有一对又大又宽的栗色至黑色苞片，看上去像翅膀一样。[①] 从苞片基部伸出长长的丝状结构，也就是老虎须的"须"。悬挂在花序上的花很小，有 5 枚黑色花瓣。这种植物从根状茎中长出，有披针状绿色叶片。根状茎用于中药。

相似物种

蒟蒻薯属（*Tacca*）有 10 个物种，它们在大小、颜色和野生生境类型上都有不同。由于具有不同寻常的花，它们正在成为越来越受欢迎的花园植物。丝须蒟蒻薯（*Tacca integrifolia*，英文通用名 White Bat Flower）拥有白色苞片或"翅膀"和紫色花。掌叶蒟蒻薯（*Tacca palmata*）拥有绿色的花和橙色浆果；它在东南亚是一种重要的药用植物，而且在栽培中越来越受欢迎。蒟蒻薯属此前曾被归入它们自己的科——蒟蒻薯科（Taccaceae）。

老虎须的果实是泛紫色的棕色肉质浆果，呈椭圆形，有六条棱纹和宿存花被片。种子呈肾形，表面有棱纹而且一端是尖的。

---

① 译注：其英文通用名的字面意思就是"黑蝙蝠花"。

科	环花草科
分布范围	原产从危地马拉延伸至玻利维亚的地区；在加勒比海地区广泛归化
生境	热带雨林
传播机制	动物
备注	使用这种植物制作的巴拿马草帽大部分是在厄瓜多尔生产的，但这个物种的英文通用名来自巴拿马城——这种帽子一开始出口量最大的地方
濒危指标	无危

巴拿马草
Carludovica palmata
Panama Hat Palm
Ruiz & Pav.

种子尺寸

长 ¹⁄₁₆–⅛ in
(1.5–2.5 mm)

123

实际尺寸

巴拿马草是一种棕榈状簇生多年生植物，它的叶片纵向折叠，就像扇子一样。鲜绿色叶片从根状茎中长出，可以长到 5 米高。在幼嫩时采摘它们，然后软化和漂白，接下来才能用于制作巴拿马草帽。较老的叶片用于制作篮子和垫子。人们建立了巴拿马草的种植园，它们主要分布在厄瓜多尔，而且这种植物在加勒比海地区已经广泛归化。巴拿马草的穗状花序开红色花，可以长到 1 米长。这种植物的叶芽和果实可食用，它的叶片还用来包裹将要烹饪的食物。

相似物种

巴拿马草属（*Carludovica*）还有其他两个物种，它们都没有巴拿马草常见。除了巴拿马草，环花草科还包括大约 225 个生活在美洲热带森林中的草本植物和附生植物物种，它们可用来修建茅草屋顶以及用在当地医药中。

巴拿马草的橙色单果生长在一起，构成聚合果。每个单果含有多粒种子。每一粒种子都含有一枚微小的直立胚胎，它被富含脂肪的储备养分（胚乳）包裹。这些种子会被猴子吃掉。

科	露兜树科
分布范围	澳大利亚东北沿海、东南亚，以及太平洋群岛
生境	沿海森林
传播机制	水流
备注	对于生活在太平洋群岛上的民族，露兜树具有非常重要的文化意义和经济价值
濒危指标	未予评估

种子尺寸

长 1¾ in
(45 mm)

124

露兜树
Pandanus tectorius
Tahitian Screw Pine

Parkinson ex Du Roi

露兜树是一种小乔木，可以长到 10 米高，并有向四周铺开的树冠。称为支柱根的气生根从树上向下扎到地面。露兜树有长而薄的浅绿色叶片，螺旋状排列在树枝末端。叶片广泛用于编织篮子、草帽和扇子，以及修建茅草屋顶。雄树的花小而香，簇生成硕大的花序，四周有一圈白色至米色苞片。雌树结出的硕大木质果实是太平洋群岛上的重要食物来源，而且这种植物的根尖也会被当作食物。

相似物种

生活在热带的露兜树属（*Pandanus*）拥有超过 600 个物种。它们在生长地区非常有用，植株的几乎所有部分都会得到当地人的利用。香露兜（*P. amaryllifolius*，英文通用名 Pandan）的叶片常用于东南亚烹饪。Pandan 来自马来语，意思是"树"。

露兜树的种子呈卵形或椭圆形，呈红棕色。种子内部呈胶状，吃起来味道像椰子。果实（见插图）合生，构成名为聚合果的木质结构，外表很像一个菠萝。每个单独的果实可在水上漂浮，让种子能够乘着洋流传播到其他地方。

实际尺寸

科	露兜树科
分布范围	马达加斯加、毛里求斯、留尼汪岛，以及塞舌尔群岛
生境	海滨生境
传播机制	动物和水流
备注	如今已经找不到真正的扇叶露兜树野生种群
濒危指标	未予评估

种子尺寸

长 1⅜–1⅝ in
(36–40 mm)

扇叶露兜树
Pandanus utilis
Common Screwpine

Bory

扇叶露兜树是一种常绿乔木，可以长到 20 米高，拥有醒目的支柱根。又长又硬的叶片三枚一组，簇生在茂密的树冠上。每一枚树叶都有长长的尖尾，叶边缘通常有红色的刺。花呈白色，有宜人的香味。扇叶露兜树有很多用途。叶片用来盖茅草屋顶，还被编织成篮子、垫子和其他产品，富含淀粉的果实会被烹煮食用。这种树还作为盆栽植物和花园观赏植物得到种植。

相似物种

露兜树属拥有超过 600 个物种，还有更多物种有待发现——2015 年，来自密苏里州植物园的科学家在印度尼西亚的哈马黑拉岛（Halmahera）发现了三个新物种。斑叶露兜树（*P. veitchii*，英文通用名 Ribbon-plant）也是一个观赏物种。生活在热带的露兜树科（Pandanaceae）还有另外两个属，包括藤露兜树属（*Freycinetia*），该属的一些物种在当地也是食物来源。

扇叶露兜树的果实是坚硬的木质楔形结构，按照植物学的分类属于核果。它们紧紧聚集在一起生长，形成聚合果——一个聚合果可能拥有多达 200 枚核果。每个核果包含数枚细长的种子，被味甜的橙色肉质果肉包裹。

实际尺寸

科	藜芦科
分布范围	北美洲东部
生境	林地
传播机制	蚂蚁
备注	这种漂亮的春花还有另一个英文通用名：Red Wakerobin
濒危指标	未予评估

126

种子尺寸

长 1/16–1/8 in
(2–3 mm)

实际尺寸

直立延龄草的种子生长在栗黑色果实中。和延龄草属的其他物种一样，这些种子有双重休眠性，需要经历两个持续温暖时期和两个冬天才能萌发。由种子长出的植株需要生长七年才能成熟。

直立延龄草
Trillium erectum
Red Trillium
L.

直立延龄草是一种多年生植物，三枚叶片轮生在不分枝的茎上。叶片上方的花梗上长着一朵外观漂亮、微微低垂的花，花有一股异味。花有三枚栗色或红棕色花瓣，不过偶尔可见开白花的植株。直立延龄草的根过去用作助产药，因此它的另一个英文通用名是 Birthwort（意为"分娩草"）。美洲原住民还将整株制成糊状膏药，用于治疗肿瘤、感染和溃疡。如今，直立延龄草是一种很受欢迎的花园植物。

相似物种

延龄草属（*Trillium*）有大约 45 个物种，主要分布在北美洲，也有少数物种生活在亚洲。直立延龄草的不同寻常之处在于它的叶脉网络基本上是平行的。来自美国西部的物种大延龄草（*T. chloropetalum*，英文通用名 Giant Trillium）也有红色的花，但它们的气味是甜香的。

科	藜芦科
分布范围	北美洲东部
生境	林地、灌木丛、冲积平原以及路缘
传播机制	蚂蚁
备注	大花延龄草的根用在北美传统医药中
濒危指标	未予评估

种子尺寸

长 ½₂–¹⁄₁₆ in
(1–2 mm)

127

实际尺寸

大花延龄草
Trillium grandiflorum
White Trillium

(Michx.) Salisb.

大花延龄草是一种优雅的多年生植物，也是北美洲东部最常见的春季林地野花之一。在某些地区，例如弗吉尼亚州的蓝岭山脉（Blue Ridge Mountains），它会形成壮观的花海。鹿在早春大量食用这种植物。大花延龄草的叶片、花瓣和萼片都长成三枚一组。一根不分枝的茎在春天从地下根状茎上长出来，上面轮生三枚叶脉明显的卵圆形叶片。一朵单花从三枚叶片中央生长出来，白色花瓣边缘呈波状。花在成熟过程中会逐渐变粉。

大花延龄草的果实是浅绿色肉质浆果。每个果实分为数瓣，其中含有两粒或更多种子。每一粒卵形棕色种子都略呈六角形，并且有一层吸引蚂蚁的油质假种皮。

相似物种

延龄草属有大约 45 个物种，主要分布在北美。该属的部分成员生活在亚洲，其中有四个物种分布在中国。直立延龄草（126 页）和开黄花的黄花延龄草（*T. luteum*，英文通用名 Wood Lily）也是很受欢迎的花园植物。人们从野外采集了大量延龄草属植株用于园艺贸易，这导致了一些种群的丢失。

科	菝葜科
分布范围	北美洲东部和南部
生境	林地、石南灌丛以及荒田
传播机制	鸟类、哺乳动物以及水流
备注	对于野生动物，圆叶菝葜是一种很重要的植物，提供食物和庇护所
濒危指标	未予评估

种子尺寸

长 ⁵⁄₁₆–³⁄₈ in
(8–9 mm)

128

圆叶菝葜
Smilax rotundifolia
Greenbriar

L.

实际尺寸

圆叶菝葜结深蓝色至黑色浆果，每个浆果都包含
1—3 粒红棕色种子。这些浆果常常覆盖着一层粉状
蜡质白霜。在人类清理和扰动过的地点，如果照射
到地面上的光线有所增加并且埋在地下的种子被带
到地面上的话，圆叶菝葜的种子很容易萌发。

圆叶菝葜是一种藤蔓植物，有坚硬的皮刺，革质
单叶互生，小而轻盈的黄绿色蜡质花簇生，形成圆球状
花序。从叶腋长出的卷须帮助这种植物攀爬在其他植被
上，让它能够形成茂密的灌丛。嫩茎、叶片和卷须都会
被采集，用作沙拉原料或蔬菜，而且据说味道像芦笋。
根被美洲原住民用作食物来源，而且早期殖民者将根与
糖蜜和玉米混合在一起，制作根汁汽水。此外，圆叶菝
葜还被用在传统医药中。

相似物种

菝葜属（*Smilax*）有大约 350 个遍布全球的物种，
其中 20 个物种原产北美洲。沙士（Sarsaparilla）是一种
软饮料，也是一种治疗风湿病的药物，它的原料就是生
长在亚洲及热带美洲的丽花菝葜（*Smilax ornata*）的根
茎状提取物。

科	百合科
分布范围	原产欧洲和西亚
生境	草原和草甸
传播机制	风力
备注	基因组的大小是人类的 15 倍
濒危指标	未予评估

种子尺寸

长 ¼ in
(5.5 mm)

阿尔泰贝母
Fritillaria meleagris
Snake's Head Fritillary
L.

阿尔泰贝母原产欧洲和西亚，紫色钟形花上有方格状斑纹。低垂的花令人想起蛇的头，所以它才会有 Snake's Head Fritillary（"蛇头贝母"）这样一个英文通用名。随着传统草甸被改造为农业用地所造成的生境减少，这个物种在它的一些分布区受到威胁。在捷克共和国，这个物种如今已被视为野外灭绝物种。

相似物种

贝母属（*Fritillaria*）拥有 141 个物种，它们的花上都有方格花纹，在英文中统称 dice plants（"骰子植物"），而 *fritillus* 是一个拉丁语单词，意思是"骰子盒"。因为这个原因，它们作为观赏植物种植。它们原产欧亚大陆、北非和北美洲。新疆百合负泥虫（*Lilioceris lilii*）是危害该属全部成员的害虫，会吃掉植株的地上部分。

实际尺寸

阿尔泰贝母的种子很小，棕色，三角形，借助风力传播。它们需要经历一段寒冷期才能萌发。该物种由蜂类授粉。这种植物在土壤富含有机质的潮湿生境中生长得最好，而且耐阴。

科	百合科
分布范围	原产欧洲西部和中部至中亚地区；已在北欧的几个国家归化
生境	草甸、草原以及矮灌木丛
传播机制	风力
备注	对猫有很强的毒性
濒危指标	未予评估

种子尺寸

长 ⁵⁄₁₆ in
(7.5 mm)

130

欧洲百合
Lilium martagon
Turk's Cap Lily
L.

实际尺寸

欧洲百合的种子扁而薄，非常适合借助风力传播。它们的花只在晚上散发香味，并在此时由蛾类授粉。这个物种不喜欢被移动，所以它在种植后的第一年很可能不开花。

欧洲百合拥有美丽的粉色花，花上有紫色斑点，每枝茎上的花可多达 50 朵。植株高达 1 米以上。拉丁学名的种加词来自土耳其语中的"头巾"，指的是反卷的花瓣很像奥斯曼帝国苏丹穆罕默德一世戴的头巾。它的花对猫有很强的毒性，所以将它们种植在经常有猫造访的花园里时要小心对待。欧洲百合是耐寒植物，而且已经在数个国家从栽培环境中逃逸，成为归化物种。

相似物种

百合属（*Lilium*）有 111 个物种，很多物种由于开美丽的花而被种植在世界各地的花园里。然而一些物种还有药用价值，例如多叶百合（*L. polyphyllum*）。这个物种在 IUCN 红色名录上列为极危类别，部分原因是其种球在原产地印度遭到了过度采集。它的鳞茎被人们用于治疗各种疾病，包括肾脏问题。

科	百合科
分布范围	原产土耳其
生境	未知
传播机制	风力
备注	最后一次野外目击发生在第二次世界大战之前
濒危指标	未予评估，但可能已经野外灭绝

种子尺寸

长 ¼ in
(7 mm)

131

斯普林格郁金香
Tulipa sprengeri
Sprenger's Tulip

Baker

斯普林格郁金香在 20 世纪 90 年代从位于土耳其的自然分布区引入西欧，并因其美丽的红色花朵而受到园丁们的追捧。不幸的是，这种追捧引起了对这种植物种球的过度开发，导致它很可能已经在野外灭绝了，自"二战"爆发前夕以来，再也没有人在土耳其见过它的身影。最先将这个物种输出土耳其境外的是达曼公司（Messrs. Dammann and Co.）的合伙人之一，植物学家卡尔·斯普林格（Carl Sprenger），这种郁金香就是以他的名字命名的。

相似物种

郁金香（郁金香属［*Tulipa*］）有 113 个物种。这些植物常常与荷兰联系紧密，这个国家每年出口多达 30 亿个种球。然而，它们的自然分布范围是温带山区，横跨中东并延伸至中国境内。花瓣带条纹的郁金香虽然美丽，但这些斑纹表明它们感染了郁金香碎色病毒，而在现代栽培中，这些被感染的植株会被立即清除。在 17 世纪的一段被称为"郁金香狂热"的时期，郁金香的种球在荷兰被当作货币使用。

斯普林格郁金香的种子不大，棕色，呈三角形。它们在播种之前需要经历一段寒冷时期，不过可以通过将它们放进冰箱一小段时间来实现这一点。植株耐霜冻，但是需要防风保护。斯普林格郁金香是晚花种类，在郁金香季的尾声才惊艳登场。

实际尺寸

科	百合科
分布范围	美国西部
生境	草甸、草原以及开阔林地
传播机制	风力
备注	仙灯是犹他州的州花
濒危指标	未予评估

种子尺寸

长 ¼ in
(6 mm)

132

仙灯
Calochortus nuttallii
Sego Lily
Torr.

仙灯是一个球根多年生物种，它的花有三枚白色花瓣，花瓣基部呈黄色并有淡紫色斑点。它是犹他州的州花；在19世纪末，摩门教徒将这种植物当作食物来源度过了一场饥荒，因为他们种植的粮食被蟋蟀毁掉了。按照传统，美洲原住民曾将这些植物的鳞茎当作食物来源，将它们烤熟或煮熟后食用，或者煮进粥里。仙灯在美国不受威胁，并被非营利组织"公益自然"（Nature-Serve；相当于美国的 IUCN 红色名录）列为 G5 级别（安全）。它可以生活在高海拔山区。

相似物种

仙灯属（*Calochortus*）有74个物种，它们全都原产北美，不过分布范围也向南延伸至危地马拉。两个物种被认为已经灭绝：塞克斯顿山仙灯（*C. indecorus*，英文通用名 Sexton Mountain Mariposa Lily）和沙斯塔河仙灯（*C. monanthus*，英文通用名 Shasta River Mariposa Lily）。仙灯属物种有多种花瓣颜色，因此在园艺界很受欢迎。

实际尺寸

仙灯的种子扁平，借助风力传播。种荚分为三部分，成熟后干燥开裂，释放出种子。植株还通过生成珠芽进行营养繁殖。白色的花由昆虫授粉。仙灯的栽培有难度，因为鳞茎需要在秋天保持干燥。

科	百合科
分布范围	北美洲东部
生境	落叶林
传播机制	蚂蚁
备注	小小的球茎据说很像狗牙，因此这种植物的另一个英文名是 Dogtooth Violet（意为"狗牙堇"）
濒危指标	未予评估

种子尺寸

长 ⅛ in
(2.5–3 mm)

白花猪牙花
Erythronium albidum
White Fawnlily

Nutt.

133

实际尺寸

白花猪牙花是一种漂亮且数量丰富的多年生植物，每年早春用大片花朵覆盖森林地表。单叶上有栗色或棕色斑点。单个自然种群中的大部分白花猪牙花都只有一枚叶片并且没有开花的植株。开花植株有两枚叶片和一朵醒目的花，它是一朵形状像百合的低垂白花，拥有六枚向后反卷的被片和六枚长长的黄色花药。这些花由蜂类授粉，夜晚闭合。野外植株遭到大量采集，用于园艺观赏。

白花猪牙花的直立椭圆形蒴果一开始呈浅绿色，在成熟过程中变成黄色。蒴果分为三个小室，每个小室内都有两排扁平的种子。种子需要经历一段寒冷时期才能萌发。在野外主要靠球茎繁殖。

相似物种

猪牙花属（*Erythronium*）有大约 27 个物种，几乎全部原产北美，只有欧洲猪牙花（*E. dens-canis*）原产欧亚，它常被叫作"狗牙堇"。美国西部的猪牙花属物种通常有较大的花。观赏品种'宝塔'猪牙花（*Erythronium* 'Pagoda'）因其超大的黄色花和茁壮的长势备受珍视。该属与郁金香属的亲缘关系很近。

科	兰科
分布范围	原产从欧洲横跨俄罗斯和高加索直至中国西北部的辽阔地区
生境	林地、草原、路缘、绿篱、旧采石场、沙丘以及沼泽
传播机制	风力
备注	这种漂亮的兰花是以德国植物学家莱昂哈特·福克斯（Leonhart Fuchs，1501—1566）的名字命名种加词的
濒危指标	未予评估

种子尺寸

长 ¹⁄₆₄ in
(0.3–0.5 mm)

134

紫斑掌裂兰
Dactylorhiza fuchsii
Common Spotted Orchid
(Druce) Soó

实际尺寸

紫斑掌裂兰是一种漂亮的多年生植物，野外分布非常广泛。这种温带兰花拥有基生莲座状披针形叶片，叶表面分布着大量椭圆形紫色大斑点，它的通用名便来源于此（英文通用名意为"普通斑点兰"）。茎生叶较窄，发达的叶鞘包裹着茎。虫媒花紧密簇生在短圆锥形穗状花序上。花的变异很大，颜色从白色到浅粉色再到紫色都有，唇瓣三深裂，表面有深粉色斑点和纹路。每朵花的唇瓣都向后延伸，形成一个醒目的距，而花上半部分的萼片和花瓣形成兜状结构。

紫斑掌裂兰的种子非常小，并以非常庞大的数量聚集在种荚中。种子弯曲且细长，在高倍数放大镜下可以看到表面的网状纹。萌发需要土壤中存在菌根真菌。

相似物种

掌裂兰属（*Dactylorhiza*）是一个在分类学上相当复杂的属，有大约 75 个物种，许多成员都能自由杂交。常与紫斑掌裂兰混淆的一个亲缘关系很近的物种是斑点掌裂兰（*D. maculata*，英文通用名 Heath Spotted Orchid），不过这个物种倾向于生长在更高海拔的地带。这两个物种的另一个区别是三裂唇瓣的构造有异：在斑点掌裂兰中，中央裂片通常比两侧裂片小得多。

科	兰科
分布范围	原产墨西哥东南部、中美洲和哥伦比亚；已在马达加斯加、留尼汪岛和科摩罗群岛归化
生境	热带森林
传播机制	昆虫
备注	烹饪中用来调味的香草是用该物种发酵后的种荚制作而成的
濒危指标	未予评估

种子尺寸

直径 ¹⁄₆₄ in
(0.5 mm)

香荚兰
Vanilla planifolia
Vanilla

Andrews

香荚兰是一种攀缘兰花，拥有肥厚的肉质茎叶，并通过气生根将自身固定在树干上。绿黄色花直径 5 厘米，如果没有受粉，开放一天后就会自动脱落。香荚兰被阿兹特克人用来为他们的尊贵饮品 xocolatl（"巧克力"）调味，这种饮品的原料是可可（*Theobroma cacao*；460 页）的种子可可豆以及蜂蜜。西班牙征服者埃尔南·科尔特斯（Hernán Cortés）在 16 世纪将香荚兰带到欧洲，而到了 19 世纪，法国在马达加斯加开辟了香荚兰种植园。除了作为烹饪配料之外，香荚兰还用于制作香水，以及为雪茄和烈酒增添风味。马达加斯加、留尼汪岛和科摩罗群岛如今是香荚兰的主要出口地。

相似物种

香荚兰属（*Vanilla*）的分类学很复杂，它有大约 100 个物种。除了香荚兰，还有其他几个物种也生产调味料，包括大花香荚兰（*V. pompona*）和塔希提香荚兰（*V. tahitensis*），但是产量小得多。这两个物种可能是栽培品种。

实际尺寸
（这里展示的是许多粒种子）

香荚兰的种子是微小的黑色盘状物，表面覆盖着一层黏稠的油脂。人们认为这些油脂是黏着剂，可以将种子粘在造访的蜂类身上。种子生长在果实或者说种荚（植物学上称为蒴果）内，如上图所示，蒴果可以长到 25 厘米长。

科	仙茅科
分布范围	非洲南部
生境	草原和林地
传播机制	重力
备注	萱草叶小金梅草曾被提议用作治疗艾滋病的药物
濒危指标	未予评估

种子尺寸

长 ¹⁄₁₆ in
(2 mm)

136

萱草叶小金梅草
Hypoxis hemerocallidea
African Potato
Fisch., C. A.Mey. & Avé-Lall.

实际尺寸

萱草叶小金梅草有黑色的种子，种子表面坑洼不平。种子在开花后的一年中保持休眠。在野外，它们通常经过冬季的霜冻才会在第二年春天萌发。它们还会在火灾后萌发。

　　萱草叶小金梅草是一种漂亮的块茎多年生植物，带状叶片宽而坚硬，表面略有毛，排列为界线明显的三组，并从植株中央向外伸展。叶片用于制作绳索。花茎长，开鲜艳的黄色星状花。这种植物在非洲南部是非常重要的传统医药来源，用于治疗多种疾病。由于出众的免疫增强效果，萱草叶小金梅草被认为是"神药"，在过去的 20 年里作为治疗艾滋病的药物受到强烈关注，由此而导致某些地区出现了过度采收和种群下降。这种植物的粗制品可能有毒。

相似物种

　　小金梅草属（*Hypoxis*）是一个物种众多、分布广泛的属，它的成员生活在非洲、亚洲、北美洲和南美洲，以及澳大利亚。这些物种的外表很吸引人，被广泛认为拥有作为观赏园艺植物的潜力，不过它们目前尚未普遍种植。

科	蓝嵩莲科
分布范围	智利
生境	海拔约 3000 米的山区
传播机制	重力和风力
备注	智利蓝红花种植于世界各地的植物园，为它的野外损失上了一份保险
濒危指标	未予评估

智利蓝红花
Tecophilaea cyanocrocus
Chilean Blue Crocus
Leyb.

种子尺寸

长 ⅛–¾₆ in
(3–4 mm)

137

智利蓝红花是一种漂亮的多年生高山植物，拥有披针形叶片和有香味的鲜艳蓝色花，每朵花的花心都是白色的。这个物种在野外环境下非常稀有，1862 年首次得到描述，到 1950 年时就被认为已经灭绝了。野生种群由于过度采集而消失，大量球茎被出口到欧洲植物爱好者手中。过度放牧和生境破坏是它面临的其他主要威胁。不过幸运的是，智利蓝红花于 2001 年在野外再次被发现 —— 人们在圣地亚哥以南的一片私人土地上发现了一个大型种群。

实际尺寸

智利蓝红花的果实是圆形小蒴果，包含几粒小种子。植株通常使用球茎繁殖，因为从种子长成的植株需要很长时间才能发育成熟。

相似物种

菫花蓝嵩莲（*Tecophilaea violiflora*）是蓝嵩莲属（*Tecophilaea*）仅有的另一个物种。它也开蓝色花，但植株较小，而且通常只有一枚叶片。蓝嵩莲科（Tecophilaeaceae）还有其他七个属，分布在加利福尼亚、智利，以及非洲部分地区。

科	鸢尾科
分布范围	匈牙利、乌克兰，以及巴尔干地区局部
生境	草原和树林
传播机制	重力和风力
备注	被早期植物学家称为 *Crocus iridiflorus*（意为"开鸢尾花的番红花"）
濒危指标	未予评估

种子尺寸

长 ³⁄₁₆ in
(5 mm)

拜占庭番红花
crocus banaticus
Byzantine Crocus
J. Gay

拜占庭番红花是一个漂亮的高山物种，开紫色花。三枚内轮花被片比外轮花被片小得多，而花看上去很像鸢尾属植物的花（140和141页）。花药黄色，柱头淡紫色，有许多丝线状分叉。这种番红花作为花园植物生长得很好，但在栽培中相当罕见。初秋开花，先花后叶。这种植物在乌克兰被认为是受到威胁的物种；在罗马尼亚，除特兰西瓦尼亚（Transylvania）和巴纳特（Banat）有该种外，其他地区罕见。

相似物种

番红花属（*Crocus*）有大约90个物种，其中有很多是常见的花园植物。番红花属的分布中心是爱琴海以东地区，大部分物种分布在土耳其和巴尔干半岛。秋水仙（*Colchicum autumnale*，英文通用名 European Meadow Saffron）是一个外表与拜占庭番红花很相似的粉花物种。它也在秋天开花，但是有很强的毒性，这一点与栽培广泛的番红花（*C. sativus*，英文通用名 Saffron Crocus）截然不同；后者的花柱和柱头作为颜色浓烈的香料番红花（saffron）用在烹饪中，此外还可用于染料、医药和化妆品。

实际尺寸

拜占庭番红花的种子生长在裂成三瓣的卵形蒴果内。种子呈卵圆形，红棕色。每粒种子的种痕周围都有一个小小的增生结构，称为种阜。拜占庭番红花使用种子或球茎繁殖。

科	鸢尾科
分布范围	遍布伊比利亚半岛之外的整个欧洲
生境	针叶林（主要是松林），以及树木繁茂的湿草甸
传播机制	风力
备注	该物种的另一个英文名是 Marsh Lily
濒危指标	数据不足

种子尺寸

长 ³⁄₁₆ in
(5 mm)

沼生唐菖蒲
Gladiolus palustris
Sword Lily

Gaudin

实际尺寸

漂亮的沼生唐菖蒲可以长到 50 厘米高，有两或三枚细长、锐尖的叶片。它的花全都开在穗状花序的一侧，一枝花序可以开多达六朵优雅的紫红色花。沼生唐菖蒲是一个晚春开花的喜湿物种。由于农业和水系的变化，以及污染和过度采集的影响，野生种群在各个国家都受到威胁。沼生唐菖蒲受欧洲法律保护。它常见于各地的植物园，这为它的野外损失上了一份保险。

相似物种

唐菖蒲属（*Gladiolus*）是一个大属，拥有大约 300 个物种，超过一半的物种分布在非洲南部。欧洲有 7 个原产物种，彼此之间可能难以区分；一些物种的种子有翅，而另一些物种的种子有吸引蚂蚁的油质体。

沼生唐菖蒲的种子有翅。种皮的显微结构呈乳突状，即有很多小而短的圆突起。种子生长在蒴果中。冷藏或冷冻能够促进该物种的种子萌发，它在萌发后的第二年才会开花。

科	鸢尾科
分布范围	北非、马德拉群岛、欧洲、中东、中亚，以及横跨欧亚的俄罗斯 [包括萨哈林岛（库页岛）]；已在美国和其他地方归化
生境	沼泽、沟渠中的浅水，以及湖泊和池塘沿岸
传播机制	水流
备注	在欧洲民间传说中，黄菖蒲据说可以辟邪
濒危指标	无危

种子尺寸

长 ⁹⁄₁₆ in
(8 mm)

140

黄菖蒲
Iris pseudacorus
Yellow Flag
L.

黄菖蒲是一种非常漂亮的高大鸢尾，有长而扁平的剑形叶片和硕大的黄色花朵。每朵花都有三枚直立花瓣，称为旗瓣（standards），以及三枚下垂的萼片，称为垂瓣（falls）。萼片上有九个深色斑点和脉络。黄菖蒲常见于欧洲大部分地区，其分布范围向东跨越亚洲北部至萨哈林岛（库页岛）。它被引入包括美国在内的其他国家，在美国被认为是一种有害的杂草。它是一种水生植物，如今有多个品种可种植在花园池塘边缘。

相似物种

鸢尾属（*Iris*）有大约 300 个物种，许多物种都是很受欢迎的花园植物。所有物种的花都有同样的构造，包括三枚旗瓣和三枚垂瓣。有髯鸢尾的垂瓣上有毛状髯须，而有冠鸢尾的垂瓣上有肉质冠而非髯须。黄菖蒲属于该属的无髯须组。

实际尺寸

黄菖蒲拥有卵形种荚或者说蒴果，蒴果有三个面，每条棱角处都有明显的凹槽。每个蒴果通常含有超过一百粒扁平的圆形或 D 形种子，种子一开始是白色的，然后变成棕色并呈软木质。种子在蒴果里密集地排成三行。庞大的种子数量有助于黄菖蒲迅速扩张，这导致它在美国和其他国家成为入侵物种。

科	鸢尾科
分布范围	欧洲和中亚；已在英国和美国归化
生境	林地、草甸以及溪流沿岸
传播机制	水流
备注	这种漂亮的鸢尾在中世纪欧洲的修道院和皇家花园中很受欢迎
濒危指标	未予评估

西伯利亚鸢尾
Iris sibirica
Siberian Iris

L.

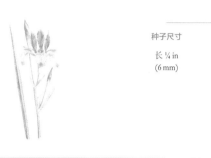

种子尺寸

长 ¼ in
(6 mm)

141

西伯利亚鸢尾拥有长达 90 厘米的狭窄禾草状叶片，每棵植株开 1—5 朵蓝紫色花。垂瓣为白色（靠近花中央的部分是黄色），有紫色脉纹。西伯利亚鸢尾是一种普遍用于杂交育种的有髯鸢尾，经常与溪荪（*Iris sanguinea*，英文通用名 Oriental Iris）杂交。这个物种从中世纪就开始得到栽培，而且被认为是最容易种植的一种鸢尾。它常常种植在池塘周围和溪流边缘。西伯利亚鸢尾已经在英国和美国归化。

相似物种

由于在优雅的长花茎上开着形态和颜色各异的漂亮大花，鸢尾属的许多物种已经成为大受欢迎的花园植物，吸引蝴蝶前来，在美国部分地区，还会吸引蜂鸟。红籽鸢尾（*I. foetidissima*，英文通用名 Stinking Iris）常因其鲜艳的红色蒴果而作为花园植物种植。

西伯利亚鸢尾拥有圆三角形种荚（蒴果），棱角处有低矮的脊线。蒴果表面光滑，末端有短尖。扁平的 D 形种子呈深棕色，并在蒴果的每个小室内排成两行。种子表面因为有小圆突起而略显粗糙。

实际尺寸

科	天门冬科
分布范围	原产阿拉伯半岛；在世界各地广泛栽培和归化
生境	耕作地
传播机制	风力
备注	芦荟的野生起源尚不确定
濒危指标	未予评估

种子尺寸

长 ¼–⅜ in
(7–10 mm)

142

芦荟
Aloe vera
Aloe Vera

(L.) Burm. f.

芦荟是一种多年生植物，拥有莲座状基生叶，肉质叶直立，灰绿色，边缘有刺。黄色至橙色管状花密集簇生在末端渐尖的穗状花序上。因为能生成无色叶凝胶，芦荟在许多国家作为经济作物种植。这种凝胶被古代埃及人和中国人用来治疗烧伤、创伤和发烧，如今它广泛用于制药和化妆品行业。墨西哥、美国以及南美国家是主要生产国。芦荟种植简单，在温带地区有时作为室内植物种植。

相似物种

芦荟属（*Aloe*）有五百多个物种，都是多肉类植物。该属的分布范围遍布非洲，主要是在比较干旱的地区，并深入阿拉伯半岛和印度洋上的岛屿。芦荟在野外受到的威胁包括过度放牧、观赏园艺行业的采集、生境损失，以及气候变化。除芦荟外的芦荟属所有物种都名列 CITES 附录，对其贸易加以限制。

实际尺寸

芦荟的果实是蒴果，成熟时开裂并释放出种子。种子小，具翅。植株通常使用叶插或短匍茎来繁殖。

科	黄脂木科
分布范围	原产南非；已在美国加州和澳大利亚部分地区归化
生境	沼泽和高山硬叶灌木群落的渗水区
传播机制	重力和风力
备注	火把莲属（*Kniphofia*）以德国植物学家兼内科医生约翰·克尼波夫（Johann Kniphof，1704—1763）的名字命名
濒危指标	未予评估

火炬花
Kniphofia uvaria
Red Hot Poker
(L.) Oken

种子尺寸

长 ⅛–³⁄₁₆ in
(3–4 mm)

143

实际尺寸

火炬花是丛生多年生植物，全世界的园丁对它都不陌生。它原产南非，包括许多品种。半常绿叶片表面粗糙，剑形，呈蓝绿色。一系列浓密的花茎从这些叶片中央连续长出，穗状花序上密集开放低垂的管状花。花蕾和新花呈红色，并在成熟过程中变成黄色，黄色花分布在花序下部。火炬花的花分泌大量花蜜，吸引鸟类授粉。

相似物种

火把莲属（*Kniphofia*）包括分布在非洲的大约70个物种，其中47个分布在南非东部地区。安卡火把莲（*K. ankaratrensis*）和白花火把莲（*K. pallidiflora*）是马达加斯加的两个特有物种。火炬花在首次得到描述时被归入亲缘关系很近的芦荟属，该属包括著名的药用植物芦荟（142页）。

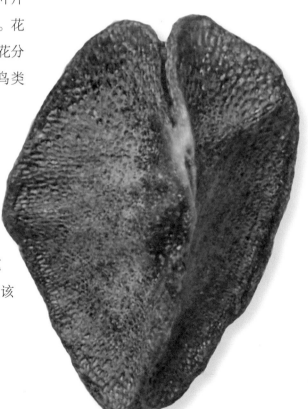

火炬花的果是长椭圆形蒴果，分为若干名为"小室"的隔舱。每个果实含有很多小种子。

科	黄脂木科
分布范围	原产新西兰；已引入诺福克岛、特里斯坦－达库尼亚群岛和圣赫勒拿岛并在当地归化
生境	湿地、矮灌木丛以及海滨生境
传播机制	喷出、水流以及风力
备注	毛利人用该物种的叶纤维编织一种细布
濒危指标	未予评估

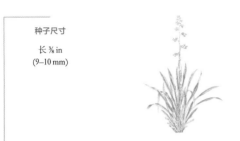

种子尺寸

长 ⅜ in
(9–10 mm)

144

麻兰
Phormium tenax
New Zealand Flax
J. R. Forst.. & G. Forst.

麻兰是长势健壮、生长迅速的常绿多年生植物，许多长而锐尖的叶片从扇形基部长出。红色管状花生长在高大的花茎上。在野外，这些花的授粉者是以花蜜为食的鸟类，如簇胸吸蜜鸟（*Prosthemadera novaeseelandiae*）。麻兰是一种很受欢迎的观赏植物，有多个品种可用。它在过去是重要的纤维作物。偏远岛屿（如大西洋上的特里斯坦－达库尼亚群岛和圣赫勒拿岛）上的麻兰种植场已经对本土植物造成了毁灭性的影响，因为这个引入物种已经扩散至自然植物丰富的当地生境。

相似物种

麻兰属（*Phormium*）还有另一个物种山麻兰（*P. colensoi*），它是新西兰的特有物种，也用于园艺。山麻兰的植株比麻兰小，叶片更加低垂。山麻兰的另一个显著特征是蒴果下垂而非直立。

实际尺寸

麻兰拥有扁平的椭圆形黑色种子，边缘褶皱或扭曲。它们生长在直立蒴果中，蒴果尖锐，有三条棱角线，并在成熟过程中木质化。蒴果会爆炸性地开裂，释放轻盈的种子。

科	黄脂木科
分布范围	澳大利亚西部
生境	矮灌木丛和干燥林
传播机制	风力
备注	在澳大利亚，黄脂木被用作丛林指南针，因为植株较温暖的朝北一侧通常最先开花
濒危指标	未予评估

种子尺寸

长 ⁵⁄₁₆–³⁄₈ in
(8–10 mm)

黄脂木
Xanthorrhoea preissii
Balga

Endl.

黄脂木是一种外表不同寻常的植物，常被称为"草树"（grasstree）。它那像树一样的主干是由叶基压缩而成的，并由天然树胶黏在一起，可以长到 5 米高。禾草状的茂密叶片构成树冠。众多白色或米色花在长长的穗状花序上呈螺旋状排列。黄脂木适应干旱和火灾，叶片坚硬，根有伸缩性，在季节性干旱中向上收缩。遭到焚烧的主干可以重新萌发，火灾所产生的高温会刺激开花。生活在澳大利亚西南部的努嘎人（Noongar）通过多种方式使用麻兰，包括从主干中提取树胶用作黏合剂，以及采集巴迪天牛（*Bardistus cibarius*）的可食用幼虫，它以死去的麻兰植株为食。

相似物种

黄脂木属（*Xanthorrhoea*）有大约 30 个物种，它们全部分布在澳大利亚。这些生长缓慢且长寿的开花植物有助于确定地界，而且有多种传统用途。它们被原住民当作重生的象征。草树还成为重要的观赏造景植物。

实际尺寸

黄脂木拥有坚硬的黑色种子，内部呈白色。它们生长在蒴果里，蒴果成熟后开裂，传播种子。每个穗状花序会产出大量蒴果。树木燃烧产生的烟雾所含化学物质会促进黄脂木种子的萌发，能让这种植物在其自然生境发生丛林火灾后迅速恢复。

科	石蒜科
分布范围	原产南非；作为花园物种广泛归化，例如归化到欧洲、澳大拉西亚和北美洲
生境	多岩石的砂岩坡地，通常在山区，包括台地山的上斜坡
传播机制	风力
备注	在 1679 年得到描述，是首个引入欧洲的百子莲属（*Agapanthus*）物种
濒危指标	未予评估

种子尺寸

长 ¼ in
(6 mm)

百子莲
Agapanthus africanus
African Lily
(L.) Hoffmanns.

146

百子莲是一种半耐寒常绿多年生植物，拥有带状叶片和美丽的花。深蓝色喇叭状花生长在圆圆的伞形花序中，夏末开花。富于装饰性的种荚常常留在植株上形成一道秋景或者用在插花中。百子莲的繁殖方式有两种：使用根状茎分株繁殖和播种繁殖，且实生苗两至三年才能长到开花大小。这种植物常常种植在容器里。在野外，百子莲在南非开普敦周边地区相当常见。

相似物种

百子莲属（*Agapanthus*）原产非洲南部，有6个物种。所有物种的外表都很相似，主要靠花朵类型和叶片是否在冬季脱落来区分。这些物种可以自由杂交，并形成了许多品种。东方百子莲（*A. praecox* subsp. *orientalis*）常种植在花园里，并且已经在锡利群岛（英国）、爱尔兰、澳大利亚和新西兰归化。

实际尺寸

百子莲有漂亮的细长种荚，里面含有扁平的黑色种子。当种荚成熟并变成棕色时，种子会被释放出来。种子有光泽，纸质表面有褶皱，呈不规则的卵形，一端有凸起。

科	石蒜科
分布范围	野生于中亚地区；广泛栽培于全世界
生境	种植在环境条件多样的田野和花园中
传播机制	人类
备注	西班牙葱（Spanish onion）和春葱（Spring onion）是该物种的两个品种
濒危指标	未予评估

洋葱
Allium cepa
Onion
L.

种子尺寸

长 ⅛ in
(3 mm)

147

实际尺寸

作为一种重要的世界性栽培作物，十分常见的洋葱是二年生植物，第一年在其可食用鳞茎中储存养分，第二年开花。鳞茎由膨大的肉质叶基构成。小白花簇生在花茎顶端的球形花序上；由昆虫授粉。作为首批得到人类栽培的蔬菜之一，洋葱已经被人类种植了几千年，而它的野生起源至今尚不明确。繁殖使用种子或小鳞茎，后者是专门为生产这种作物而种植的小型鳞茎。

相似物种

葱属（*Allium*）是一个大属，拥有大约750个物种。中亚可能有近缘野生物种，但不确定这些物种是否源自栽培植株。葱属的其他物种包括蒜（148页）、香葱（149页）、韭葱（*A. ampeloprasum*，英文通用名 Leek），以及很多漂亮的观赏植物。大葱（*A. fistulosum*，英文通用名 Welsh Onion）在中世纪从亚洲引入欧洲；它的英文通用名很可能来自古德语单词 *welsche*，意思是"外国的"。

洋葱种子的储存寿命相对较短。果实是单生蒴果。种子呈倒卵形，一侧是凸起的，另一侧是平的。种子里的胚胎形状弯曲，被胚乳包裹。种皮呈黑色。

科	石蒜科
分布范围	原产中亚和伊朗东北部；广泛栽培于全世界
生境	种植在环境条件多样的田野和花园中
传播机制	很少产生种子
备注	蒜有很多神话般的功效，并且被认为有驱散狼人和吸血鬼的强大功能
濒危指标	未予评估

148

种子尺寸

长 ⅛ in
(3 mm)

蒜
Allium sativum
Garlic

L.

实际尺寸

蒜极少产生种子，因为其花通常不会发育到能够受精的阶段。如果产生种子的话，种子是黑色的，大小约是洋葱种子（147页）的一半。

蒜仅见于栽培，因其拥有强烈、独特味道的鳞茎而受到广泛种植。每个鳞茎都完全在地下发育，并由小鳞茎（蒜瓣）构成，植株叶片在夏末变黄时采收。蒜的花小而白，微微泛红。这些花簇生在球形花序中，花序一开始包裹在长而尖的纸质佛焰苞里。蒜被广泛用作传统药物，而它的药用价值如今已经得到科学认识，目前有多种在售制品用于治疗病毒感染以及心脏和血液问题。

相似物种

葱属是拥有大约 750 个物种的大属，大部分是分布在北半球的野生物种。该属物种包括洋葱（147页）、香葱（149页）和韭葱。蒜的野生祖先可能是野蒜（*A. longicuspis*，英文通用名 Wild Garlic），一个中亚特有物种。熊葱（*A. ursinum*，英文通用名 Ramsons）是欧洲的一种常见野生植物，人们常常在林地采集它的可食叶片。

科	石蒜科
分布范围	广泛分布于欧洲、亚洲和北美洲；已普遍种植
生境	多种生境，包括多岩石的牧场和溪岸
传播机制	人类
备注	香葱是葱属唯一在美洲和欧亚大陆都有分布的物种
濒危指标	未予评估

种子尺寸

长 ⁵⁄₁₆ in
(8 mm)

香葱
Allium schoenoprasum
Chives
L.

149

香葱是一种低矮的多年生香草，有圆柱形茎和又长
又细的鲜绿色叶。和葱属的其他物种不同，它不生成膨
大的鳞茎。其花序是由淡紫色或粉色花构成的茂密伞形
花序，基部有两枚纸质苞片。花可食用，并吸引蜂类和
蝴蝶。味道温和的叶片作为香草用于装饰，或者用在汤
羹、三明治和沙拉中。传统上，香葱被美洲原住民部落
用作染料植物。这个物种的自然分布非常广泛，不过它
在不列颠群岛上的野生个体非常罕见。

相似物种

葱属有超过 750 个物种，虽然部分成员是重要的食
用植物，但还有很多物种是因其具有观赏性的花而得到
种植的。包括大花葱（*A. giganteum*，英文通用名 Giant
Onion）在内，这些观赏植物中比较华丽的一些种类最
初是 19 世纪由俄国的植物学家们在中亚搜集的。

实际尺寸

香葱种子呈泪珠状，一端是尖的，另一端是圆的。
它们呈红棕色，成熟时变成黑色，种皮光滑。种子
生长在分为三个小室的蒴果内。播种是在花园里种
植香葱的常用方法。

科	石蒜科
分布范围	原产南非；在澳大利亚、葡萄牙和美国加利福尼亚广泛种植并归化
生境	高山硬叶灌木植被中的多岩石地区
传播机制	风力
备注	在它的原产地南非，孤挺花在三月左右开花，因此它的另一个英文通用名是 March Lily（意为"三月百合"）
濒危指标	未予评估

150

种子尺寸

直径 ³⁄₁₆–⁵⁄₁₆ in
(5–8 mm)

孤挺花
Amaryllis belladonna
Amaryllis
L.

实际尺寸

孤挺花的柔软肉质种子呈白色至粉色，包含在蒴果内。种子大，富含养料储备，容易萌发。在野外，孤挺花的种子大多落在母株附近，因此这种漂亮的植物会成群生长在一起，形成浓密的株丛。

孤挺花是球根多年生植物，在秋天开美丽的粉色花。每枝花茎开多达 12 朵漏斗状花，花有香味，长 10 厘米，口径 8 厘米。每朵花都有一根长且上翘的花柱，从一群大而弯曲的花药中伸出。带状叶片是脱落性的，先花后叶。孤挺花在栽培中极受欢迎。它在葡萄牙、澳大利亚和加利福尼亚广泛归化，而且是在五百多年前被南非的早期探险家引入葡萄牙的。

相似物种

原产南非并且属于石蒜科的近缘物种包括君子兰属（*Clivia*）、文殊兰属（*Crinum*）、纳丽花属（*Nerine*）和网球花属（*Scadoxus*）的成员。朱顶红属（*Hippeastrum*）是分布在南美洲的一个大属，它的成员在英语中也叫 amaryllis（孤挺花）。自瑞典植物学家卡尔·林奈（Carl Linnaeus）在超过 250 年前描述了来自孤挺花属和朱顶红属的若干植物以来，就一直存在对这两个属的混淆。

科	石蒜科
分布范围	南非夸祖鲁－纳塔尔省
生境	海滨和高山森林
传播机制	动物
备注	根状茎有很强的毒性，但它们被用于治疗发烧和蛇咬
濒危指标	未予评估

种子尺寸

长 ⅜ in
(10 mm)

大花君子兰
Clivia miniata
Clivia

(Lindl.) Verschaff.

大花君子兰是多年生植物，从肉质根状茎中长出有光泽的深绿色带状叶片。花序中包括 10—60 朵鲜艳的橙色至红色喇叭状花，主要在春天开花，但在其他季节也会零星开花。在维多利亚时代，这种美丽的植物是非常流行的室内植物，黄花品种黄花君子兰（*Clivia miniata* var. *citrina*）尤其受到青睐。在它的原产地南非，大花君子兰被用作药用植物。这种用途和它作为观赏植物的人气令人遗憾地导致该物种在野外遭到过度采集。

相似物种

君子兰属（*Clivia*）有 6 个物种，全都原产南非和斯威士兰，大花君子兰是其中栽培得最普遍的。除了大花君子兰，所有物种的花都是下垂的，而且大花君子兰的花开口更大。垂笑君子兰（*C. nobilis*，英文通用名也是 Clivia，有时称为 Bush Lily）在 1828 年成为第一个得到描述的物种。自 2000 年以来，又有两个新物种被发现，引来园艺界的很大兴趣。

实际尺寸

大花君子兰的种荚成熟后形成鲜艳的红色浆果，在野外对包括狒狒在内的哺乳动物很有吸引力。每个浆果都有一粒或更多粒浅棕色大种子，种子表面有珍珠般的光泽。种子最好趁新鲜播种，并在播种前除去四周的果肉。

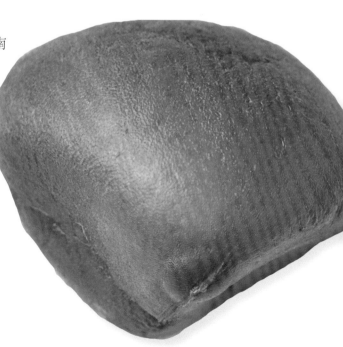

科	石蒜科
分布范围	遍布欧洲；在其部分分布范围内是引入－归化物种
生境	林地、草甸和牧场，尤其是在富含钙质的土壤上
传播机制	蚂蚁
备注	雪滴花狂热爱好者愿意付一大笔钱购买该物种和雪滴花属其他物种的特别品种
濒危指标	近危。名列 CITES 附录二

种子尺寸

长 ³⁄₁₆ in
(5 mm)

152

雪滴花
Galanthus nivalis
Snowdrop

L.

实际尺寸

雪滴花在早春开花，是一种常见且深受喜爱的花园花卉。漂亮的花呈白色，有绿色斑纹，微微散发蜂蜜气味；它们由蜂类授粉。这个物种的野生起源不明确，因为它已经在欧洲栽培了许多个世纪并广泛归化。人们从半天然生境如老果园或者从依然存在于土耳其的野生种群中采收种球用于贸易。过度采集破坏了该物种和其他雪滴花属（*Galanthus*）物种的野生种群，如今对野生种球的贸易有来自国际各方面的控制。商业栽培正在缓慢增长。

相似物种

该属有 20 个物种，它们的分布区从西班牙延伸至伊朗，主要集中在土耳其。5 个物种在 IUCN 红色名录上列为受威胁类别，其中来自土耳其西北部的特洛伊雪滴花（*Galanthus trojanus*）是极危物种。该属如今有上千个雪滴花品种，而且爱好者还在热切地搜集新品种。雪滴花还有药用价值，制造加兰他敏，用于治疗阿尔兹海默症和其他记忆损伤。

雪滴花的种子呈浅棕色，长约 5 毫米。它们有一个名为油质体的附属结构，这个微小的结构富含脂肪酸和蛋白质，对蚂蚁有吸引力。油质体被蚂蚁带到巢里喂养幼虫，从而实现种子的传播。

科	石蒜科
分布范围	西欧
生境	林地、石南灌丛和草甸
传播机制	种子掉在地面上，或者被风或动物传播
备注	黄水仙的鳞茎有很强的毒性
濒危指标	未予评估

种子尺寸

长 ¹⁄₁₆ in
(2 mm)

黄水仙
Narcissus pseudonarcissus
Daffodil
L.

153

实际尺寸

黄水仙是一种很受欢迎的花园植物，种植极为广泛。常见的春花有一个深黄色"喇叭"，四周环绕着一圈花被片，是三枚颜色较浅的黄色萼片和三枚花瓣。该物种是水仙属（*Narcissus*）变异程度最高的，有很多品种。黄水仙原产西欧，可能是在古代引入英国的，如今在威尔士部分地区以及英格兰南部和西部都有大量分布。所谓的"滕比黄水仙"（*Narcissus pseudonarcissus* subsp. *obvallaris*，英文通用名 Tenby Daffodil）有较短的黄色喇叭和花瓣，虽然名字里有"滕比"（Tenby；滕比是威尔士境内的一座小城），但它并不原产威尔士，而是一个在中世纪培育出来的品种。

相似物种

水仙属（*Narcissus*）有超过 50 个物种，原产欧洲、北非和西亚。其中有 5 个物种在 IUCN 红色名录上列为濒危类别，主要是因为它们的草原生境被农耕和放牧破坏。一些物种因为过度采集而减少。这些物种很容易杂交，这会让它们难以鉴定。

黄水仙的果实是蒴果，干燥后开裂，从小室或隔舱里释放出黑色小种子。种子呈卵形，表面有皱缩，一端钝平，另一端有一个凹口。与黄水仙的鳞茎及其他部位一样，种子也含有有毒化学物质。

科	石蒜科
分布范围	南非东开普省和夸祖鲁－纳塔尔省
生境	生长在巨石半阴和玄武岩悬崖基部的岩石之间
传播机制	即将成熟的种子会落在地面上
备注	以英国土地测量员阿瑟尔斯坦·霍尔·科尼什－鲍登（Athelstan Hall Cornish-Bowden）的名字命名，他在 1898 年将其鳞茎运往英格兰
濒危指标	未予评估

种子尺寸

长 ¼ in
(6 mm)

154

鲍登纳丽花
Nerine bowdenii
Bowden Lily
W. Watson

实际尺寸

鲍登纳丽花拥有紫色肉质卵形种子。种荚是一层薄薄的纸质覆盖结构，每个种荚内有数颗种子。种子应该在成熟后尽快播种。本页展示的这颗种子刚刚开始萌发。

鲍登纳丽花有美丽的粉色花，秋天叶片枯萎后开花。花序可以长到大约 50 厘米高。新叶片在春天长出。这种耐寒的球根多年生植物有很多品种，是一种极受欢迎的花园植物。花期长，常作为切花种植。在野外，该物种分布在南非的两个地区——东开普省的夏季降雨区和夸祖鲁－纳塔尔省的德拉肯斯堡山脉（Drakens-berg）。它被认为是珍稀物种，但不受任何特定威胁，因为有它生长的岩石生境基本上人迹罕至。

相似物种

纳丽花属（*Nerine*）是一个生活在非洲南部的属，包含大约 25 个物种。萨尼亚纳丽花（*N. sarniensis*，英文通用名 Guernsey Lily）开红色花，已经在欧洲生活了三百多年，但它不耐寒，在温带气候区作为温室植物种植。植株更小并同样在园艺栽培中受欢迎的物种包括丝状纳丽花（*N. filamentosa*）和波状纳丽花（*N. undulata*）。

科	天门冬科
分布范围	起源产地不明确，但人们认为是墨西哥；如今广泛栽培和归化于热带和亚热带地区
生境	栽培用地
传播机制	极少结出种子；植株主要通过珠芽扩散
备注	剑麻是一次结实植物，意味着植株会在开花结实后死亡
濒危指标	未予评估

种子尺寸

长 ⁵⁄₁₆–³⁄₈ in
(8–10 mm)

剑麻
Agave sisalana
Sisal

Perrine

155

剑麻是一种多年生肉质植物，肥厚的鲜绿色叶片呈莲座状基生，叶边缘有刺，叶尖呈深棕色。长长的花茎向末端分枝，每个分枝上生长着几簇有异味的黄绿色花。剑麻已经作为纤维作物引入全世界的热带和亚热带地区。它的栽培区如今主要在巴西和东非。提取纤维后，叶片废料用作肥料、动物饲料或制造甲烷的原料。剑麻在马达加斯加的扩张已经导致这座岛屿独特的天然多肉植物群出现减少趋势。

相似物种

龙舌兰属（*Agave*）有大约200个物种，主要生长在从美国西南部向南延伸进入委内瑞拉和加勒比海地区之间的干旱和半干旱地区。该属的分类学很复杂。除了剑麻，为提取纤维种植的第二重要的该属物种是灰叶剑麻（*A. fourcroydes*，英文通用名 Henequen），主要种植区是原产地墨西哥，在中美洲和加勒比海地区的某些国家也有种植。

实际尺寸

剑麻的果是鸟喙状蒴果，可以长到60毫米长，但它很少结果。黑色纸质种子呈圆三角形。种子通常缺乏生活力；取而代之的是，剑麻使用形成于花下苞片腋中的小植株即珠芽来繁殖。

科	天门冬科
分布范围	墨西哥中西部
生境	干旱高原
传播机制	重力和风力
备注	墨西哥的龙舌兰酒监管委员会规定，有资质的龙舌兰酒只能使用一个名为'韦伯蓝'特基拉龙舌兰（*Agave tequilana* 'Weber Blue'）的品种生产
濒危指标	未予评估

种子尺寸

长 ⅜ in
(9–10 mm)

156

特基拉龙舌兰
Agave tequilana
Blue Agave
F. A. C. Weber

特基拉龙舌兰是一种多年生肉质植物，蓝灰色叶片长而窄，边缘有刺，末端锐尖。特基拉龙舌兰只开一次花，在生长到大约第五年时开花，然后死亡。花茎可以长到 5 米高，生长着大量黄色管状花。植株会产生一种有甜味的汁液，阿兹特克人将其与来自龙舌兰属其他物种的汁液混合起来，酿造一种名为普尔奇酒（pulque）的发酵饮料。西班牙殖民者对这种饮料加以改造，制作出酒精饮品麦斯卡尔酒（mescal）。龙舌兰酒（Tequila）[①]是麦斯卡尔酒的一种，以墨西哥哈利斯科州的同名小城特基拉命名，那里是它最早的产地。

相似物种

龙舌兰属（*Agave*）包括大约 200 个物种，主要生长在美洲的干旱和半干旱地区。该属的多样性中心是墨西哥的西马德雷山脉（Sierra Madre Occidental）。商业化麦斯卡尔酒的原料包括三十多个龙舌兰属物种，其中就有狭叶龙舌兰（*A. angustifolia*，英文通用名 Caribbean Agave）。龙舌兰属物种还是很受欢迎的观赏植物。

在**特基拉龙舌兰**的自然分布区，该物种要想结出种子，必须依赖大长鼻蝠（*Leptonycteris nivalis*）为其花朵授粉。一棵植株可结出数千粒种子，结籽后植株死亡。种子呈黑色，半圆形。还可以使用根出条对特基拉龙舌兰进行营养繁殖。

① 译注：又称特基拉酒。在汉语中，龙舌兰酒是更常用的译名，但特基拉酒显然更"准确"。

实际尺寸

科	天门冬科
分布范围	欧洲、非洲北部和西亚；在其他地方归化
生境	绿篱、草原和荒地、矮灌木丛，以及海滨岩石
传播机制	人类
备注	石刁柏自古以来就被用作药用植物，并被公元一世纪的希腊医生狄奥斯科里迪斯（Dioscorides）推荐用于治疗泌尿问题
濒危指标	未予评估

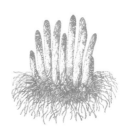

种子尺寸

长 ³⁄₁₆ in
(4 mm)

石刁柏
Asparagus officinalis
Asparagus

L.

157

石刁柏是一种直立草本植物，株高达 2 米，每年春天从根状茎上再生枝叶。嫩茎是当作蔬菜食用的部位。[①]真正的叶退化成鳞片状或刺状，变态茎（名为扁茎）起到叶片的作用。钟形雄花和雌花开在不同植株上。石刁柏作为蔬菜广泛种植，栽培历史可以追溯到古希腊时代。如今它主要种植在南北美洲、中国和欧洲，并在一些地区成了四处扩张的野草。它如今仍然用于医药。

相似物种

天门冬属（*Asparagus*）有超过 200 个物种。大部分是常绿多年生植物，很多物种是攀缘植物，还有一些物种作为观赏植物种植。在地中海部分地区，天门冬属的多个物种仍然在野外遭到采集。其中 5 个物种在 IUCN 红色名录上列为受威胁类别。

实际尺寸

石刁柏结红色浆果，每个浆果中含有最多六粒种子。浆果可能对人类造成毒性。每一粒卵形种子都有一层脆而易碎的皱缩种皮。磨成粉的种子有抗菌性，而且据报道有助于缓解恶心。通常使用名为根冠（crown）的年幼植株繁殖而不用种子繁殖。

---

① 译注：即芦笋。

科	天门冬科
分布范围	马达加斯加和马斯克林群岛
生境	海滨森林
传播机制	鸟类和动物
备注	百合竹通常使用茎插穗来繁殖
濒危指标	未予评估

158

种子尺寸

长 3/16 in
(4 mm)

实际尺寸

百合竹
Dracaena reflexa
Song of India

Lam.

百合竹是热带灌木或小乔木，株高达六米。它被用于在热带花园中营造景观，并常常作为矮得多的多分枝室内植物种植。它被大量种植，以用于苗圃贸易。百合竹的叶片呈狭窄的披针形，螺旋状轮生，深绿色，有光泽（不过已经开发出了彩叶品种）。管状花小，白色，有六枚裂片，簇生成团。作为盆栽植物种植时，百合竹很少开花或结实。树叶和树皮用在传统医药中。

相似物种

龙血树属（*Dracaena*）有一百多个物种，大多数分布在非洲。其中 7 个物种在 IUCN 红色名录上被列为受威胁类别，一个物种已经野外灭绝。来自加那利群岛的龙血树（*D. draco*，英文通用名 Dragon Tree）是易危物种，同属易危物种的还有索科特拉龙血树（*D. cinna-bari*）；这两个物种都会产生一种红色树胶，也就是所谓的龙血。

百合竹的果是橙红色浆果，每个果含有三粒含油脂的种子。圆形种子呈棕色，表面有花纹。

科	天门冬科
分布范围	原产伊比利亚半岛
生境	林地和草甸
传播机制	重力（种子直接落在地面上）
备注	很容易和蓝铃花（160 页）杂交，生成长势健壮的杂种
濒危指标	未予评估

种子尺寸

长 ⅛ in
(3 mm)

西班牙蓝铃花
Hyacinthoides hispanica
Spanish Bluebell

(Mill.) Rothm.

159

实际尺寸

西班牙蓝铃花开漂亮的浅蓝色钟形花，耐寒且生长迅速，因此很受园丁的欢迎。它在 17 世纪末引入不列颠群岛，成了本土物种蓝铃花（160 页）的一个更醒目、更茁壮而且更易种植的变种。后来这个物种逃逸到野外，并且能够与蓝铃花杂交，产生同时表现两个物种特征的可育杂种。杂种蓝铃花的扩张非常迅速，人们越来越担心正在进行的杂交会威胁蓝铃花的遗传完整性。

相似物种

西班牙蓝铃花和蓝铃花（160 页）的亲缘关系很近，但可以通过多个特征区分，主要是花的特征。与蓝铃花相比，西班牙蓝铃花的开口更宽，蓝色更浅，而且常常没有气味（蓝铃花有浓郁的甜香）。这两个物种的花粉颜色也不一样，西班牙蓝铃花的花粉是蓝色的，蓝铃花的花粉是乳白色的。

西班牙蓝铃花的种子是球形的，呈有光泽的黑色。每朵花都结出一个分为三个小室的蒴果，每个小室里有数粒种子。蓝铃花属（*Hyacinthoides*）物种没有进化出专门的种子传播机制；种子只是简单地掉落到母株之下的地面上。

科	天门冬科
分布范围	西欧
生境	林地、绿篱和草甸
传播机制	重力
备注	蓝铃花的拉丁学名是"植物学之父"在1753年命名的
濒危指标	未予评估

种子尺寸

长 ⅛ in
(3 mm)

实际尺寸

160

蓝铃花
Hyacinthoides non-scripta
Common Bluebell
(L.) Chouard ex Rothm.

不列颠群岛生活着全世界大约一半的蓝铃花种群，而且这种漂亮的植物曾被评选为英格兰最受喜爱的花。每到4月和5月，成片的蓝铃花就会开放在落叶林地里，这些花还会生长在绿篱和草甸中。蓝铃花拥有深蓝色的（有时白色，罕为粉色）狭窄管状花，而且末端向后反卷。独特的甜香味花主要开放在茎秆的一侧。这个物种已经作为花园逸生种进入美国，它在那里被称为English Bluebell（"英格兰蓝铃花"）。

相似物种

蓝铃花属（*Hyacinthoides*）还有其他10个物种。西班牙蓝铃花（159页）是一种常见的花园植物，长势比蓝铃花更苗壮。英国的环保主义者担心这两个物种之间的杂交。西班牙蓝铃花也已经引入美国。意大利蓝铃花（*H. italica*，英文通用名Italian Bluebell）原产法国和意大利。它拥有由中度蓝色星状花构成的密集花序。

蓝铃花的种荚是绿色的，分为三瓣，末端长而尖。种荚成熟后变成棕色，含有黑色小种子。种子直接掉落到地上，没有辅助传播的适应性特征。

科	天门冬科
分布范围	土耳其、叙利亚和黎巴嫩
生境	海拔高达 2000 米的岩石山区
传播机制	蚂蚁
备注	风信子的鳞茎有毒
濒危指标	未予评估

种子尺寸

长 ⅟₁₆ in
(2 mm)

风信子
Hyacinthus orientalis
Hyacinth

L.

161

实际尺寸

种植在花园和作为室内植物种植的多种花色的风信子有两千多种，都来自风信子这个物种。风信子常常接受催花，在 12 月底提前开放。钟形花簇生在强健的穗状花序上，有很浓的香味，花瓣反折。带状叶片肉质，有光泽。风信子已经在荷兰种植了四百多年，并在所谓的"郁金香狂热"消退之后的 18 世纪变得尤其流行。有人认为，用它的花制作出的一种精油有助于疗愈伤心。

相似物种

风信子属（*Hyacinthus*）还有其他两个得到广泛承认的物种，它们都罕见于栽培：来自伊朗东部的里海风信子（*H. transcaspicus*），以及来自土库曼斯坦南部和伊朗北部的李维诺夫风信子（*H. litwinovii*）。近缘物种包括葡萄风信子（*Muscari* spp.；162 页）、亮白虎眼万年青（*Ornithogalum candicans*，英文通用名 Summer Hyacinth），以及罗马风信子属（*Bellevalia*）的成员，该属包括大约 50 个物种，大多数开棕色花。

风信子拥有肉质球形蒴果。蒴果在成熟时裂成三部分，每一部分包括两个分部。每一粒黑色种子都有一个大小不一的白色油质体；它会吸引蚂蚁将种子搬走。

科	天门冬科
分布范围	欧洲东南部、土耳其，以及高加索地区
生境	草原、绿篱和荒地
传播机制	重力（种子直接落到地面上）
备注	簇生在花茎上的钟形花像一串上下颠倒的葡萄，其通用名由此而来
濒危指标	未予评估

种子尺寸

长 ¹⁄₁₆ in
(2 mm)

162

亚美尼亚葡萄风信子
Muscari armeniacum
Armenian Grape Hyacinth
H. J. Veitch

亚美尼亚葡萄风信子经常种植在温带地区的花园里。该物种耐寒，种植简单，在花茎上密集簇生钟形花，花呈亮蓝色，花冠口边缘有一条细白线。春季开花，提供一抹鲜艳的亮色，群植效果尤其醒目。这些花还有宜人的气味——该物种的属名来自拉丁语单词 *muscus*，意为"麝香"。

相似物种

葡萄风信子（grape hyacinth）这个通用名用来指蓝壶花属（*Muscari*）中作为观赏植物栽培的几个物种。天蓝葡萄风信子（*M. azureum*，英文通用名 Azure Grape Hyacinth）原产土耳其东部；它的花呈淡蓝色，每片花瓣的中央有一道深蓝色条纹。宽叶葡萄风信子（*M. lat-ifolium*，英文通用名 Grape Hyacinth）来自土耳其西部和南部；每枝花茎都有一簇深蓝色花，它们上面是少数浅蓝色不育花。这些葡萄风信子和蓝铃花（*Hyacinthoides*；159 和 160 页）同属一科，后者同样因其精致的钟形花朵而得到栽培。

实际尺寸

亚美尼亚葡萄风信子的种子是球形的，呈有光泽的黑色。该物种可结籽并迅速扩繁，不过实生苗通常不在第一年开花。大多数植株需要一年时间来生长和发育鳞茎，然后才能开花。

科	天门冬科
分布范围	安哥拉、赞比亚和津巴布韦
生境	多岩石的沙漠
传播机制	鸟类和其他动物
备注	棒叶虎尾兰被认为是恢复能力最强的室内植物之一，因为它能在缺乏照料的情况下生活得很好
濒危指标	未予评估

种子尺寸

长 ⅜ in
(9 mm)

棒叶虎尾兰
Sansevieria cylindrica
Spear Sansevieria

Bojer

163

棒叶虎尾兰的英文名还包括 African Spear 或 Elephant's Toothpick，是一种很受欢迎的观赏植物，种植非常简单，并广泛作为室内植物出售。在自然条件下，棒叶虎尾兰通过渐渐蔓延的根状茎扩张。它是一种优雅的肉质植物，生长缓慢，从茎基长出莲座丛状叶片，可以长到 1.2 米高，肉质叶片呈管形，表面革质。叶有天然彩斑，末端尖锐；摄入后产生毒性。有时会抽生穗状花序，开管状绿白色花，花冠六裂，花有香味。

相似物种

虎尾兰属（*Sansevieria*）是非洲肉质植物的一个大属。虎尾兰（*S. trifasciata*，英文通用名 Mother-in-Law's Tongue）原产尼日利亚，是另一种常见于种植的肉质多年生植物，有直立剑形叶片。仅虎尾兰就有超过 60 个物种。一些物种因其叶纤维而得到种植。

实际尺寸

棒叶虎尾兰的果像有斑点的小番茄，每个果含有一粒米色小种子。栽培中的几乎所有植株都不使用种子繁殖，而使用叶插穗或根状茎进行繁殖。

科	天门冬科
分布范围	美国东南部的莫哈韦沙漠
生境	沙漠
传播机制	动物（包括鸟类），以及风力
备注	这种树的英文通用名被认为是 19 世纪的摩门教徒殖民者命名的，因为这种树的形状令人想起《圣经》中朝天空伸出双臂祈祷的先知约书亚（Joshua）
濒危指标	未予评估

种子尺寸

长 ⅜ in
(10 mm)

短叶丝兰
Yucca brevifolia
Joshua Tree

Engelm.

164

短叶丝兰仅分布于莫哈韦沙漠。它通过与丝兰蛾（*Tegeticula yuccasella*）的特殊关系来实现授粉和结籽。这种蛾类为短叶丝兰的花授粉，与此同时将卵产在花的子房里。然后丝兰蛾的幼虫以发育中的种子为食，在大多数情况下这只会对种子产量造成最低程度的影响。事实上，对于含有大量丝兰蛾幼虫的种子，这种树能够选择性地终止它们的发育，维持这种共生关系的平衡，确保短叶丝兰和丝兰蛾都从中受益。

相似物种

丝兰属（*Yucca*）有大约 50 个乔木和灌木物种，全都原产美洲。和短叶丝兰一样，丝兰属大多数物种都适应干旱或半干旱生境。然而其中一个物种热带丝兰（*Y. lacandonica*，英文通用名 Tropical Yucca）是中美洲热带雨林中的附生植物。大多数丝兰属物种与丝兰蛾（*Tegeticula* spp.）有共生关系，这种昆虫和这种树完全依靠彼此才能繁殖。

短叶丝兰的种子深棕色，呈扁平盘形，在每个绿棕色肉质果实中堆叠成柱状。果实成熟时干裂成若干部分，露出里面的种子。人们认为已经灭绝的沙斯塔地懒（*Nothrotheriops shastensis*）曾经是短叶丝兰的重要传播者，因为它的种子出现在沙斯塔地懒的粪便化石中。

实际尺寸

科	棕榈科
分布范围	据信起源于菲律宾群岛，今已在东南亚和中国归化；广泛栽培于热带地区
生境	栽培用地
传播机制	人类和动物
备注	据估计，全球 7.5% 的人口咀嚼食用槟榔坚果
濒危指标	未予评估

槟榔
Areca catechu
Betel Palm
L.

种子尺寸

长 1¹⁄₁₆ in
(27 mm)

165

槟榔因多种用途而得到栽培，并广泛分布于热带地区。在印度，它是一种重要的经济作物。它的坚果经常与石灰一起裹在蒌叶（*Piper betle*，英文通用名 Betel Pepper）的叶片中，作为一种兴奋剂被多达 6 亿人咀嚼食用。棕榈还有药用价值：未成熟的果实用作泻药，食用成熟坚果可促进排出蛔虫。一种橙色染料是用坚果制造的，槟榔叶用于编织，木材也有用处。在亚洲、佛罗里达州和夏威夷州，槟榔作为观赏植物种植，可以长到20 米高。

相似物种

槟榔属（*Areca*）有大约 50 个物种，其中 4 个物种在 IUCN 红色名录上被列为受威胁的类别。其他野生棕榈科植物的种子有时用作槟榔的替代品，例如印度南部的金鞘山槟榔（*Pinanga dicksonii*）以及马古鲁群岛和新几内亚的大萼槟榔（*Areca macrocalyx*，英文通用名 Highland Betel Nut Palm）。

槟榔的种子是圆的，生长在光滑的浆果里，一颗浆果里有一粒种子。浆果成熟时为橙色或鲜红色，有富含纤维的表层。种子容易萌发。

实际尺寸

科	棕榈科
分布范围	撒哈拉以南的非洲地区
生境	稀树草原和林地
传播机制	动物
备注	大象喜欢非洲糖棕有甜味的果实，从而协助这种植物传播种子
濒危指标	未予评估

种子尺寸

直径 1¾ in
(45mm)

166

非洲糖棕
Borassus Aethiopum
Palmyra Palm
Mart.

非洲糖棕是不分枝的高大棕榈科植物，可以长到 20 米高。它有硕大的扇形叶片，叶柄上有锐利的黑色刺。雄花和雌花是黄色的，各自簇生。非洲糖棕是重要的糖料作物。来自树木顶芽的树液煮沸后制糖，或者发酵后酿造棕榈酒。木材用于建筑，叶片用于修建茅草屋顶以及编织篮子和垫子。这种漂亮的非洲棕榈还作为观赏植物和防火带种植。

非洲糖棕的果实是硕大的卵形核果，颜色为橙色至棕色。在果实内部，气味强烈且富含纤维的果肉中含有三粒木质化种子。果实和种子都可作为食物来源。在贝宁的部分地区，售卖萌发中的种子是一项重要收入来源。

相似物种

糖棕属（*Borassus*）有 5 个物种，全部都有广泛的用途并普遍种植。扇叶糖棕（*Borassus flabellifer*）的英文通用名也是 Palmyra Palm 或 Borassus Palm，在印度用于制作酒精饮料棕榈酒（toddy）和烧酒（arrack）。马达加斯加糖棕（*Borassus madagascariensis*）和生活在非洲大陆的物种亲缘关系很近，但它是马达加斯加的特有种，在 IUCN 红色名录上被列为濒危物种。

实际尺寸

科	棕榈科
分布范围	很可能原产澳大利亚和东南亚，但已未见野外生存；栽培于全球热带地区
生境	海滨生境和栽培用地
传播机制	水流和人类
备注	在泰国和马来西亚，人们会训练豚尾猴（*Macaca* spp.）采摘椰子
濒危指标	未予评估

椰子
Cocos nucifera
Coconut
L.

种子尺寸
长可达 4¼–6 in
(12–15 cm)

167

椰子是一种长寿棕榈科植物，单根主干可以长到 30 米高。羽状复叶，小叶长而坚硬，末端尖锐。花序基部开雌花，顶端开雄花。该物种是重要的食用作物，栽培于全球热带国家，其果实 —— 椰子 —— 是千百万人日常饮食的一部分。椰子油广泛用于制作肥皂和化妆品，而对于滨海和海岛居民，椰子水是干旱时期极为重要的淡水来源。这种棕榈科植物的叶片用于修建茅草屋顶和制造篮子、扇子以及许多其他产品，木材用于建筑工程。

相似物种

棕榈科（Arecaceae）有大约 2000 个物种，但椰子是椰子属（*Cocos*）的唯一物种。棕榈科的一些成员是乔木和灌木，还有一些是木质化的攀缘植物。棕榈类植物有重要的经济价值，提供自给自足的产品以及用于国际贸易的食物、纤维、蜡、手杖和观赏植物。

椰子的果实是核果，有一层较薄的灰棕色外层或称外果皮、一层富含纤维的中果皮（壳皮），以及一层木质化的内果皮（壳）。果实包含一粒种子，富含由椰子汁和固体果肉构成的养料（胚乳）。当种子中微小的胚胎萌发时，它的胚根就会从壳皮上三个孔当中的一个穿出来。

实际尺寸

科	棕榈科
分布范围	原产撒哈拉以南的非洲；后来引入全球热带地区
生境	潮湿热带河边森林和淡水沼泽
传播机制	人类、动物（包括鸟类）和水流
备注	油棕有三种自然发生的果型，称为厚壳型（dura）、薄壳型（tenera）和无壳型（pisifera）。薄壳型是种植最为普遍的，因为这种果实含油量最高
濒危指标	未予评估

种子尺寸

长 ¼ in
(21 mm)

168

油棕
Elaeis guineensis
Oil Palm
Jacq.

油棕富含油脂的果实具有全球性的商业价值。棕榈油从果实中纤维丰富的一层果肉中提取，用在薯片、花生酱和巧克力等食品中，以及洗发液、唇膏和机器润滑油中。另一种油是从种子本身提取的，用在糕点、肥皂和几种工业产品中。大约 80% 的油棕产自东南亚，马来西亚是最大的生产国。棕榈油的全球需求越来越大——部分原因是生物燃料的兴起导致原始森林遭到清理，开辟为油棕种植园，这对全世界多样性最丰富的一些生态系统造成了严重的负面影响。

油棕的种子坚硬，棕色，形状不规则（这里与切开的果实一同展示）。棕榈仁油提取自种子的乳白色内容物，而且很像椰子油。收获后，油棕种子会经历一段休眠期，温度达到至少 35℃ 时才能萌发。

相似物种

除了油棕，油棕属（*Elaeis*）只有另外一个物种：原产南美洲和中美洲的美洲油棕（*E. oleifera*，英文通用名 American Oil Palm）。这个物种也结含油的果实，但它们的含油量比油棕低得多，且仅在其自然分布区有种植。

实际尺寸

科	棕榈科
分布范围	萨赫勒地区和东非
生境	沙漠中的绿洲和干河床，以及河流和溪流沿岸
传播机制	动物
备注	底比斯叉茎棕的果实有一层组织的味道和气味都像姜饼，这个物种的英文通用名 Gingerbread Tree（意为"姜饼树"）就是这样来的
濒危指标	未予评估

种子尺寸

长 1¹⁵⁄₁₆ in
(50 mm)

169

底比斯叉茎棕
Hyphaene thebaica
Gingerbread Tree
(L.) Mart.

底比斯叉茎棕拥有深灰色树皮和二叉分枝状树干。这种树的扇形叶片构成最多 16 个树冠，叶柄有向上弯曲的刺。雄花和雌花开在不同的树上。两至三个穗状花序着生在沿枝条排列的短分枝上，构成一个长长的总花序。果实覆盖层、嫩茎和未成熟的种子都提供食物。叶片用于制作篮子、垫子和制造纺织品。底比斯叉茎棕的木材也有用处，而树皮用于制作一种黑色染料。

相似物种

在棕榈科植物中，叉茎棕属（*Hyphaene*）的不同寻常之处在于它的成员拥有分叉的茎干。该属有大约十个物种。叉茎棕（*H. coriacea*，英文通用名 Lala Palm）对南非马普特兰地区（Maputaland）的乡村经济非常重要。一种饮料是用树液制作的，树干的髓可食用，篮子和绳索等物品可以用它的纤维来制作。

实际尺寸

底比斯叉茎棕的木质化果实（如图所示）会留在雌树上很长一段时间。果实里面的种子有亮棕色种皮，表面光滑并有圆形边缘。每个果实都含有一粒象牙色的中空种子。这些种子被当作"植物象牙"，用来制作纽扣和小雕刻品。

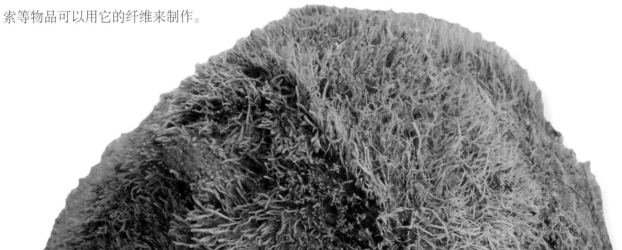

科	棕榈科
分布范围	原产智利；栽培于全球温带地区
生境	季节性干旱低地
传播机制	动物，包括鸟类
备注	当英国博物学家查尔斯·达尔文在 1834 年造访智利时，他对智利酒椰子的印象相当不佳，并在后来说它是一种"非常丑陋的树"
濒危指标	易危

智利酒椰子
Jubaea chilensis
Chilean Wine Palm
(Molina) Baill.

智利酒椰子生长在南美洲，是所有棕榈类植物中分布范围最靠南的，也是所有棕榈科物种中树干最粗的，直径可达 1 米或以上。种子的味道像椰子（167 页），里面含有类似椰子的可食用且含油脂的白色肉质。树液经提取后要么发酵酿造棕榈酒，要么浓缩制成糖浆。要提取树液，必须将树砍倒；这种破坏性的采集已经严重削弱了智利酒椰子的野生种群。采集树液如今受到智利法律的限制，人们正在采取努力，希望在它的自然分布区恢复这个物种。

相似物种

棕榈科包括世界上所有的棕榈类乔木，包括椰子（167 页）、海枣（172 页）和油棕（168 页）。棕榈类乔木生长在全世界的热带和亚热带地区气候区，而且根据化石可知，它们自从 1.45 亿年前 —0.66 亿年前的白垩纪开始就已经存在了。包括上述植物在内，许多物种都对人类有着巨大的经济价值，是水果、坚果、油脂、纤维和建筑材料的来源。

智利酒椰子的种子呈球形并木质化，像小号的椰子。和椰子一样，壳的一端有三个小孔或者说三个"眼"，是种子萌发时生根的地方。虽然智利酒椰子作为一种令人难忘的观赏植物受到全世界的重视，但它的种子却是出了名的难以萌发。

实际尺寸

科	棕榈科
分布范围	塞舌尔群岛
生境	塞舌尔群岛和马斯克林群岛的湿润林
传播机制	无外力协助
备注	原产塞舌尔群岛的两座岛屿：普拉兰岛（Praslin）和库瑞尔岛（Curieuse）
濒危指标	濒危

种子尺寸

直径 6–8 in (15–20 cm)
长可达 30 cm

海椰子
Lodoicea maldivica
Coco de Mer
(J. F. G mel.) Pers.

171

海椰子又称复椰子，是一种可以长到 30 米高的乔木，并结出全世界最重的果实（可达 42 千克）和种子（可达 17 千克）。果实的形状及其稀有性让它受到收藏家的追捧，令保存至今的少数种群陷入濒危境地。"海椰子"这个名字有些用词不当，因为和椰子（167 页）不同的是，巨子棕属（*Lodoicea*）物种的可育种子并不能在海水中漂浮，因此这个物种在海中旅行的能力很差。在 1768 年这些种子的来源终于被发现之前，人们认为这种硕大的果实来自神话中生活在海底的一种树。

相似物种

海椰子属于糖棕族（Borasseae）。糖棕族在全球有 7 个属，其中 4 个属生活在马达加斯加，1 个属生活在塞舌尔群岛。它们分布在印度洋沿岸以及印度洋的岛屿上。与巨子棕属亲缘关系最近的属是糖棕属，它在非洲、南亚和新几内亚分别有 1 个物种，在马达加斯加有 2 个物种。

海椰子的种子传播极为受限。种子直接掉落在母株下面的地上 —— 这是该物种的自然分布区仅限于塞舌尔群岛中两座岛屿的原因之一。种子的储藏习性未知，但很可能对干燥敏感，难以储存在传统种子库中。

实际尺寸

科	棕榈科
分布范围	原产北非和中东，但栽培广泛
生境	无处不在，但通常靠近水体
传播机制	包括鸟类在内的动物
备注	结出的种子是全世界寿命最长的
濒危指标	无危

种子尺寸

长 up to ¾ in
(20 mm)

172

海枣
Phoenix dactylifera
Date Palm
L.

海枣拥有迄今已知全世界寿命最长的种子。对于棕榈科植物而言不同寻常的是，海枣的种子可以在干燥条件下生存。人们在位于以色列马察达的希律王宫遗址中发掘出的一粒海枣种子 —— 碳放射法测定其年代是公元前 155 年 — 前 64 年 —— 在 2005 年发芽了。海枣在中东地区栽培了至少 7000 年，在《圣经》中出现过至少 50 次，在《古兰经》中出现过至少 20 次。一棵树一年的产量高达 160 千克。在欧洲，人们主要在圣诞节期间食用海枣。

相似物种

海枣属（*Phoenix*）有 14 个物种，它们分布在加那利群岛至非洲北部、地中海地区，并延伸至南亚和马来西亚。属名 *Phoenix* 来自希腊语单词 *phoinikos*，很可能指的是在古典时代栽培海枣的腓尼基人（Phoenicians）。对棕榈科植物而言不同寻常的是，海枣属植物的叶片是羽状复叶而不是掌状复叶。

海枣属植物的种子由鸟类和动物传播，它们以有甜味的果实为食。海枣的种子耐干燥而且极为长寿。可以在播种前将种子浸泡在水里，最大程度地提高萌发率。种子通常在三周后发芽，整个萌发过程持续八周。

实际尺寸

科	棕榈科
分布范围	撒哈拉以南的非洲，南非除外
生境	河边和沼泽森林
传播机制	动物
备注	酒椰的果实和种子是可食用的"酒椰黄油"（raphia butter）的来源，还可用于装饰
濒危指标	未予评估

种子尺寸

长 1⅜ in
(35 mm)

酒椰
Raphia farinifera
Raffia Palm
(Gaertn.) Hyl.

酒椰可以长到 21 米高，拥有硕大、直立的羽状叶片。每根树干都会在结出果实后死亡。花簇生在从叶腋中抽生的下垂花序上。这种拥有重要经济价值的棕榈科植物栽培广泛。从叶片中提取的纤维在当地有多种用途。结实的叶柄用于制作家具以及建造房屋和栅栏，叶片本身用于修建茅草屋顶。从叶片中提取的一种蜡用于制造抛光剂和蜡烛。尽管替代合成材料广泛易得，但柔软坚韧的酒椰纤维——主要产自马达加斯加——在国际上仍然作为麻线广泛用于手工艺制作和园艺生产。

相似物种

酒椰属（*Raphia*）有大约 20 个物种，大多数原产非洲。这些棕榈类植物的叶片非常大。其中王酒椰（*R. regalis*，英文通用名也是 Raffia Palm）被认为拥有全部植物物种中最大的叶片，长达 25 米。由于自然生境遭到清理，王酒椰被 IUCN 红色名录列为易危物种。

酒椰的种子大致呈卵形，基部圆锥形，顶部圆形并有一个尖。果实表面覆盖着一排排漂亮的栗棕色鳞片。种子生长在果实里面，其表面有很深的槽和沟痕。种子萌发通常很慢，除非先将其最外层除去。

实际尺寸

科	鸭跖草科
分布范围	从美国南部（得克萨斯州、新墨西哥州、内华达州和亚利桑那州）至墨西哥
生境	针叶林地
传播机制	风力
备注	花只开一天就凋谢
濒危指标	未予评估

种子尺寸

长 ¹⁄₁₆ in
(2 mm)

石竹叶鸭跖草
Commelina dianthifolia
Birdbill Dayflower
Redouté

实际尺寸

石竹叶鸭跖草是一种小型草本植物，它的花像微缩版的鸢尾花，每朵花都有三枚铁蓝色花瓣，环绕着明黄色柱头。花只开一天，英文通用名 Birdbill Dayflower（字面意思为"鸟喙一日花"）就是这样来的。该物种分布在针叶林中，生长在松树和刺柏的树荫下。拉玛纳瓦霍人（Ramah Navajo）将这种植物的浸泡液用作兽用催情剂。

石竹叶鸭跖草的花由蜂类和其他昆虫授粉。一旦授粉完成，花就会发育成果实，果实是干燥的纸质蒴果，内含 5 粒带有形状不规则的棱纹且表面坑洼不平的棕色种子。这些种子非常小，可借助风力传播。植株的地上部分在冬天枯死，第二年春天再次开花。

相似物种

鸭跖草属（*Commelina*）有超过 100 个物种。分类学家卡尔·林奈选择 *Commelina* 作为属名，是为了纪念科姆林（Commelijn）家族的两位植物学家。鸭跖草（*C. communis*，英文通用名 Asiatic Dayflower）已经在中医药中使用了数百年之久，它的花在日本用于制造染料。

科	雨久花科
分布范围	原产南美热带；全球广泛引种，在许多国家被认为是入侵性杂草
生境	淡水湖泊与河流
传播机制	水流和鸟类
备注	在 20 世纪 50 年代至 70 年代的农村困难时期，凤眼莲在中国用作动物饲料
濒危指标	未予评估

凤眼莲（水葫芦）

Eichhornia crassipes

Water Hyacinth

(Mart.) Solms

种子尺寸

长 ¹⁄₁₆ in

(1.5–2 mm)

175

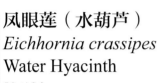

实际尺寸

凤眼莲是一个生长迅速的水生物种，曾作为观赏植物广泛种植。它的扩散范围非常广阔，如今已经成为除欧洲和南极洲外所有大陆上的入侵性杂草。凤眼莲会形成密集的浮垫结构，生长在茎秆上的圆形蜡质叶片从水中伸出。硕大的紫色花很漂亮。这种植物拥有庞大的水下根系，由羽状黑色或紫色根构成。凤眼莲的扩张导致很多问题，它们会阻碍航运，堵塞灌溉渠和水电站，以及妨碍水稻栽培。密集的植株会降低水中的氧气含量和光照水平，改变生态系统，危害本土动植物群落。

相似物种

凤眼莲属（*Eichhornia*）有 6 个物种。天蓝凤眼莲（*E. azurea*，英文通用名 Anchored Water Hyacinth）是另一个拥有漂亮花朵的物种，曾作为观赏植物种植并在美国的佛罗里达州归化。淡青花凤眼莲（*E. diversifolia*，英文通用名 Variable-leaf Water Hyacinth）拥有披针形沉水叶和更圆润的浮水叶；它被用在水族箱里。

凤眼莲的果实是一种薄壁蒴果，包裹在相对较厚、名为萼筒（hypanthium）的杯状结构中。每个蒴果中可能有多达 50 粒种子。种子呈卵形，基部圆润，顶部渐尖。种皮有 12—15 道长棱纹。种子容易萌发而且寿命很长。

科	血草科
分布范围	原产澳大利亚西部；在南非归化
生境	森林、沼泽以及路缘
传播机制	风力
备注	袋鼠爪在南非是归化物种，它在那里被当成祸害，因为它与珍稀的本土植物竞争
濒危指标	未予评估

种子尺寸

长 ⅟₁₆ in
(2 mm)

176

袋鼠爪
Anigozanthos flavidus
Tall Kangaroo Paw

Redouté

实际尺寸

袋鼠爪的蒴果有三个隔室，里面含有灰棕色或黑色小种子。种子产量很大，而该物种在其自然分布区常常是退化生境的早期占领者。

袋鼠爪是一种漂亮的常绿多年生植物，作为花园植物种植，美丽的花可作为鲜切花或干花用在插花作品中。细长的带状叶片从很短的根状茎上长出，莲座状基生。花茎没有叶片，可以长到2米长，圆锥花序由通常为绿黄色、偶尔为红色的花构成。管状花密被短绒毛，有6枚带尖的裂片。它们被认为像袋鼠的爪子，这种植物的英文通用名由此而来。人们已经培育出了一系列不同的品种。在野外，花为鸟类和小型哺乳动物如负鼠提供花蜜。

相似物种

袋鼠爪属（*Anigozanthos*）有12个物种，分布范围局限在澳大利亚西南植物区，一个全球性的生物多样性热点地区。在该属成员中，袋鼠爪被认为是最容易作为花园植物种植的。黑袋鼠爪（*Macropidia fuliginosa*，英文通用名 Black Kangaroo Paw）是同科的一个近缘物种。

科	鹤望兰科
分布范围	马达加斯加
生境	森林和灌木地
传播机制	动物，包括鸟类
备注	马达加斯加的特有物种
濒危指标	未予评估

旅人蕉
Ravenala madagascariensis
Traveler's Palm

Sonn.

种子尺寸

长 ⅜–½ in
(10–12 mm)

实际尺寸

旅人蕉是一种乔木，可以长到 20 米或更高。它的英文通用名可能源于这样一个事实：树干上的叶鞘可以收集并储存雨水 —— 这对干渴的旅人非常有用。然而，考虑到储存在叶鞘里的水总是很脏而且充满细菌，另一个听上去更可信的理论是，排成一面扇形的叶片总是南北对齐的，为旅人提供了有用的罗盘方位。这种不同寻常且充满建筑感的叶片排列方式让这个物种在全世界的植物园大受欢迎。

相似物种

旅人蕉属（*Ravenala*）是单型的，也就是说它只有一个物种，并且它是马达加斯加的特有物种。虽然旅人蕉在英语中常称为 Traveler's Palm（"旅人棕榈"），但它并不是真正的棕榈。亲缘关系和它最近的是鹤望兰（178 页）；这两个物种都是小果野蕉（180 页）的近亲。

旅人蕉的种子有一层可食用的亮蓝色附属结构，像光环一样包裹着种子。在自然界，蓝色是不寻常的颜色。在这里，它被认为是一种适应性特征，以便吸引同时作为授粉者和种子传播者的狐猴。种子需要温暖湿润的环境才能萌发。

科	鹤望兰科
分布范围	原产南非，但栽培广泛
生境	海滨灌木丛
传播机制	鸟类
备注	原产南非的东开普省和夸祖鲁 - 纳塔尔省
濒危指标	无危

种子尺寸

长 ⅜–½ in
(10–12mm)

178

鹤望兰
Strelitzia reginae
Bird of Paradise Flower
Banks

鹤望兰是全世界最受欢迎的观赏植物之一。它的英文通用名意为"极乐鸟花"，因为它橙色和蓝色相间的花很像一只极乐鸟，不过在南非，它以另外一种鸟命名，被称为"鹤花"。[1]首次将鹤望兰引入欧洲的是弗朗西斯·马森（Francis Masson），他在 1773 年为英国皇家植物园邱园采集了这种植物。它在邱园得到了威廉·艾顿（William Aiton）和约瑟夫·班克斯（Joseph Banks）的命名，以纪念乔治三世兼梅克伦堡 - 斯特雷利茨公爵的夫人，也就是夏洛特王后，她当时居住在邱园。[2]

相似物种

鹤望兰属（*Strelitzia*）有 5 个物种：扇芭蕉（*S. alba*）、山鹤望兰（*S. caudata*）、大鹤望兰（*S. nicolai*）、鹤望兰，以及棒叶鹤望兰（*S. juncea*）。它们全都原产南非的开普植物王国（Cape Floral Kingdom）。鹤望兰广泛用于园艺栽培，而且是加利福尼亚州洛杉矶市的市花。1996 年培育出的一个黄花品种被命名为'曼德拉金'（Mandela's Gold），以纪念南非国父纳尔逊·曼德拉（Nelson Mandela）。

鹤望兰的花由太阳鸟授粉，它的种子是黑色的，有吸引鸟类和其他传播者的亮橙色假种皮。目前尚不清楚鹤望兰的种子是正常型（耐干燥）还是顽拗型（对干燥敏感）。种子萌发过程需要三个月。对种子进行浸泡和层积处理可加速萌发。

实际尺寸

---

① 译注：和在汉语中一样。
② 译注：拉丁学名种加词 *reginae* 的意思是"女王"或"王后"。

科	蝎尾蕉科
分布范围	巴拿马
生境	热带森林
传播机制	鸟类
备注	华丽蝎尾蕉由蜂鸟授粉
濒危指标	未予评估

种子尺寸

长 ⁵⁄₁₆–⅜ in
(8–9 mm)

华丽蝎尾蕉
Heliconia magnifica
Heliconia

W. J. Kress

179

实际尺寸

华丽蝎尾蕉是一种美得惊人的观赏植物，在花店和风景园林中都有使用。它不耐霜冻，所以在温带地区必须种植在温室里。华丽蝎尾蕉的叶柄从根状茎上长出，颜色很深，几乎是黑色的，硕大的叶片有光泽，像小果野蕉（180页）的叶。下垂的花序可以长到1米长。单花小，形状不规则，每朵花都从硕大且鲜艳的深红色苞片中伸出。

相似物种

蝎尾蕉属（*Heliconia*）有大约100个物种，主要生长在美洲热带地区。它们之前曾被认为与香蕉（*Musa* spp.）同属芭蕉科，但现在被归入自己的科，即蝎尾蕉科（Heliconiaceae）。蝎尾蕉属物种在植物园种植广泛；在新加坡植物园以及位于佛罗里达州迈阿密的费尔柴尔德热带植物园收藏有特别美丽的品种。

华丽蝎尾蕉的果实是核果，含有非常坚硬的黑色种子。种子的胚乳含有丰富的养料，而且很容易萌发。植株需要温暖湿润的环境才能生长良好，可以使用根状茎进行分株繁殖。

科	芭蕉科
分布范围	孟加拉国、印度、中国南方以及东南亚
生境	热带雨林
传播机制	哺乳动物
备注	人们认为它早在公元前 8000 年就已经被驯化
濒危指标	未予评估

种子尺寸

长 ¼ in
(6 mm)

180

小果野蕉
Musa acuminata
Wild Banana
Colla

实际尺寸

小果野蕉是一种非常大的草本植物，可以长到 7 米高。"树干"由紧密包裹的叶片构成。这个物种栽培广泛，生产最具经济价值的植物产品之一 —— 香蕉。在店铺出售的香蕉和野生状态下的差别很大。一个主要差别是，栽培香蕉没有种子，便于食用。小果野蕉有其他用途：叶片用于储存食物和作为就餐容器，且全株皆可入药。

相似物种

芭蕉属（*Musa*）有 70 个物种。虽然大多数甜点香蕉来自小果野蕉的品种，但该物种与野蕉（*M. balbisiana*）的杂种会结出大蕉（plantains），这种果实常常烹饪后食用，因为它们没有香蕉甜。另一个芭蕉属物种芭蕉（*M. basjoo*，英文通用名 Japanese Banana）的叶纤维用于造纸。

小果野蕉的种子生长在果实里。每个花序可以结多达 200 个果实。这些果实会被哺乳动物吃掉，实现种子的传播。长长的花序从植株顶端长出，奶油黄色的花从花序上的紫色苞片中伸出。风、蝙蝠和昆虫为花授粉。

科	芭蕉科
分布范围	从苏丹至莫桑比克的非洲地区
生境	沼泽、河流或疏林的边缘
传播机制	动物，包括鸟类
备注	该物种的种子被制成项链和念珠
濒危指标	未予评估

象腿蕉

Ensete ventricosum

Abyssinian Banana

(Welw.) Cheesman

种子尺寸

长 ⅞ in
(22 mm)

181

象腿蕉是一种大型多年生植物，遍布非洲大片地区。虽然和香蕉同属芭蕉科，但它的果实并未被广泛食用。然而它广泛栽培于埃塞俄比亚，因为其马铃薯状的根茎在这个国家是一种主食。它还是一种很受欢迎的观赏植物，看点在于有紫色中脉的硕大叶片，而且它可以在更靠近温带的地方存活。叶片用于搭建茅草屋顶和编织成垫子、伞和容器。

实际尺寸

相似物种

象腿蕉属（*Ensete*）有 8 个物种，分布在非洲和亚洲。其他物种因其果实而得到栽培，包括西非的利文斯通象腿蕉（*E. livingstonianum*），不过象腿蕉是该属唯一的主食作物。在农业栽培中最重要的蕉类物种是小果野蕉（180 页）。

象腿蕉的种子非常坚硬，呈黑色。它们生长在细长的橙色或黄色果实内的橙色果肉中。每个果实含有多达 40 粒种子。果实被猴子和鸟吃掉，它们可以将种子传播到很远的地方。花白色，开在硕大的花序上。

科	美人蕉科
分布范围	美国南部、墨西哥、中南美洲，以及西印度群岛；今已广泛栽培和归化
生境	溪流附近的湿润森林和受扰动的生境
传播机制	鸟类
备注	种子用作珠子（尤其是念珠），还放进葫芦里制成拨浪鼓
濒危指标	未予评估

种子尺寸
长 ¼ in
(7 mm)

182

美人蕉
Canna indica
Canna Lily
L.

实际尺寸

美人蕉是一种广泛种植的观赏植物，从 19 世纪就开始流行，如今有超过一千个品种。它拥有形似蕉叶的硕大叶片，以及颜色醒目鲜艳的花。著名植物学家卡尔·林奈以为它来自印度，所以将它的种加词命名为 *indica*。在热带国家，美人蕉还因其富含淀粉的可食根状茎而得到种植 —— 可作为马铃薯的替代品食用。美人蕉在多个国家，包括澳大利亚，作为食用作物进行商业种植，它在澳大利亚的名字是 Queensland Arrowroot（"昆士兰竹芋"）。它已经广泛归化，并在全世界的某些地区被当作入侵性杂草。

相似物种

美人蕉属（*Canna*）目前存在大量不确定性，取决于植物学上的不同意见，其物种数量在 10 个至 100 个之间波动。该属原产热带和亚热带美洲国家。一些物种在其他地区归化，而且存在很多栽培杂种。美人蕉属是美人蕉科的唯一属。其他亲缘关系较远的相关植物包括姜（*Zingiber* spp.）、竹芋和蝎尾蕉。

美人蕉的果是会开裂的卵形蒴果，有软刺。种子数量多，圆而光滑，非常硬，深棕色或黑色。种子的坚硬属性和厚种皮让它有了另一个英文通用名：Indian Shot（"印度铅弹"）。

科	竹芋科
分布范围	墨西哥、中美洲和南美洲北部，以及西印度群岛
生境	雨林
传播机制	动物
备注	竹芋被用来治疗中毒
濒危指标	未予评估

种子尺寸

长 ⅜ in
(8 mm)

竹芋
Maranta arundinacea
Arrowroot
L.

183

竹芋是一种多年生草本植物，生活在美洲的雨林中。它被认为是最早获得栽培的植物之一，在哥伦比亚有它在公元前 8200 年得到人类使用的证据。如今，圣文森特和格林纳丁斯是最大的商业竹芋生产国。该物种的根状茎被磨成粉，制成一种用于烘焙的淀粉。竹芋淀粉还用作新生儿及慢性病和消化疾病患者的营养补充剂。此外，这种淀粉还可以用来治疗中毒。

相似物种

竹芋属（*Maranta*）有 42 个物种，分布在中南美洲和西印度群岛。该属以意大利植物学家巴尔托洛梅奥·马兰塔（Bartolomeo Maranta）的名字命名。竹芋是该属的唯一商用物种。不过来自巴西的红脉豹纹竹芋（*M. leuconeura*，英文通用名 Prayer Plant）经常作为室内植物种植，它的叶片会在晚上合拢，就像祈祷时的手一样。

竹芋的种子呈灰色至红棕色，生长在小小的球状绿色果实内。这些果实会被传播种子的动物吃掉。竹芋常常不结种子，而是利用根状茎上的芽繁殖。白色的花基本上自花授粉。竹芋也是一种常见的室内植物。

实际尺寸

科	姜科
分布范围	原产西非；在南美洲有栽培
生境	热带森林
传播机制	鸟类和其他动物
备注	非洲豆蔻的根状茎据说是低地大猩猩很喜欢的食物
濒危指标	未予评估

种子尺寸

长 ⅛–³⁄₁₆ in
(2.5–4 mm)

184

非洲豆蔻
Aframomum melegueta
Grains of Paradise
K. Schum.

实际尺寸

非洲豆蔻是一种热带草本植物，可以长到 4 米高。这种植物拥有较短的茎和漂亮的喇叭状花，花拥有一片带褶边的粉色唇瓣。在 15 世纪的欧洲，非洲豆蔻是一种重要香料，常用来代替胡椒（96 页）。规模巨大的进口贸易一直延续到 19 世纪。非洲豆蔻在非洲仍然是重要的调味品，并得到广泛种植。它在南美洲也有种植。果可食用，种子、叶片和根状茎都有药用价值。

相似物种

非洲豆蔻属（*Aframomum*）有大约 50 个物种。各物种都以与非洲豆蔻类似的方式被人类使用，并以 Grains of Paradise（"天国谷粒"）或 Alligator Pepper（"鳄鱼胡椒"）的通用名进行贸易。狭叶非洲豆蔻（*A. angustifolium*，英文通用名 Madagascar Cardamom）是该属分布最广泛的物种，和另一个常用物种丹氏非洲豆蔻（*A. danielli*，英文通用名 Bastard Cardamom）的亲缘关系很近。

非洲豆蔻的果实是肉质蒴果，含有大量小而坚硬的卵圆形种子，种子表面有光泽，呈红棕色。种子的味道很像小豆蔻（185 页）的种子，用于为食物、葡萄酒和啤酒调味。

科	姜科
分布范围	原产印度和斯里兰卡；广泛栽培于热带地区
生境	常绿热带森林
传播机制	重力
备注	香料小豆蔻（cardamom）来自小豆蔻植株结出的蒴果中的种子，蒴果应在完全成熟前收获
濒危指标	未予评估

小豆蔻
Elettaria cardamomum
Cardamom
(L.) Maton

种子尺寸

长 1/16 in
(1.5–2 mm)

185

•
实际尺寸

小豆蔻是一种有香味的草本多年生植物，长着两列互生披针形叶片，每片叶的末端都又长又尖。叶片从根状茎长出。白色或淡紫色花开在稀疏的穗状花序上，花序可以长到 1 米长。小豆蔻是商业贸易中第三昂贵的香料，价格仅次于番红花和香荚兰（135 页）。在 19 世纪之前，全球供应主要来自印度西高止山脉的野生种群。如今，主要生产国包括危地马拉、斯里兰卡、巴布亚新几内亚和坦桑尼亚。除了作为烹饪香料，小豆蔻还用在治疗各种疾病的传统医药中。

小豆蔻的种子有棱角，有香味，成熟时呈黑色或棕色。它们生长在黄绿色三棱形果实中。果实有三个内部隔舱，里面充满了小种子。从种子里提取的精油用于调味和制作香水。

相似物种

小豆蔻属（*Elettaria*）有大约 11 个物种，全部原产东南亚。斯里兰卡野小豆蔻（*E. ensal*，英文通用名 Sri Lankan Wild Cardamom）生长在印度南部和斯里兰卡。它在当地用于调味，还是药用植物。包括非洲豆蔻（184 页）在内，非洲豆蔻属多个物种的种子都曾用作小豆蔻的替代品。

果实

科	香蒲科
分布范围	自然分布于整个北半球；已引入南美洲、东非、澳大利亚和夏威夷
生境	湖泊、沼泽、河流、池塘和沟渠中的浅水
传播机制	风力和水流
备注	宽叶香蒲的一个花序能够生产 2 万至 70 万粒种子
濒危指标	无危

种子尺寸

长 ¹⁄₁₆ in
(1.5 mm)

186

宽叶香蒲
Typha latifolia
Bulrush
L.

实际尺寸

宽叶香蒲是一种常见的湿地或水生植物，可以长到 3 米高。该物种的标志性深棕色花序由许多小花组成，雄花生长在顶部，雌花（结出种子）生长在底部。一棵植株可以在一个生长季开超过 1000 朵花。宽叶香蒲在全球范围内有千百年的应用历史。它的茎秆和叶片用于搭建茅草屋顶和造纸，以及编织后制造垫子、帽子甚至船只。香蒲的花粉可以制成面粉状食物，而种子上的蓬松绒毛可用于填充枕头。

宽叶香蒲的种子是微小的瘦果，形状像向日葵的种子。每粒种子都有一簇长绒毛，让它能够被风或水远距离传播。宽叶香蒲还通过营养生长的方式扩散，从根上长出新的茎秆。通过这种方式，一棵植株可以迅速成为大规模种群。

相似物种

香蒲属（*Typha*）物种都是生活在湿地的类似芦苇的植物，外观和习性都很相似，分布范围遍及全世界。一些物种和宽叶香蒲一样分布广泛，包括狭叶香蒲（*T. angustifolia*，英文通用名 Lesser Bulrush）和粉绿香蒲（*T. ×glauca*，宽叶香蒲和狭叶香蒲的杂种），而另一些物种的分布范围较为受限。在水道或湿地中迅速定居的能力让它们在众多地区被当成入侵物种，特别是在它们作为外来物种引入的地方。香蒲属物种的其他英文通用名包括 Reedmace 和 Cattail。

科	凤梨科
分布范围	据信起源于巴西南部和巴拉圭；如今广泛栽培于热带地区
生境	栽培用地
传播机制	人类
备注	1493 年，探险家克里斯托弗·哥伦布（Christopher Columbus）在瓜德罗普岛首次见到菠萝
濒危指标	未予评估

种子尺寸

长 ⅛ in
(3 mm)

187

菠萝
Ananas comosus
Pineapple
(L.) Merr.

实际尺寸

菠萝是一种浅根性热带地生凤梨科植物，因其甜美多汁的果实而受到广泛栽培。坚硬、狭窄的剑形灰绿色叶片构成基生莲座。花茎生长在植株中央，末端生长一个硕大的花序，紫色或红色花在花序中开放。菠萝一开始是在南美洲热带地区（主要是巴西）被发现的，然后被加勒比印第安人运输到加勒比海地区。因为它已经被人类栽培了数千年之久，确切的起源尚不明确。如今，菠萝不仅因其广受欢迎的果实而受到商业化种植，还是观赏造景植物。

相似物种

凤梨属（*Ananas*）有 9 个物种，其中一些物种作为观赏植物在全球广泛种植。凤梨科（Bromeliaceae）的其他成员是重要的观赏植物，包括"空气凤梨"（air plants；铁兰属物种 [*Tillandsia* spp.]）和"花瓶凤梨"（vase plants；果子蔓属物种 [*Guzmania* spp.]）。后者包括星花凤梨（*G. lingulata*），它的莲座状丛生叶片中央长着醒目的红色苞片。

菠萝的果实通常只含有未发育种子的残迹，一般使用果实顶端的冠进行营养繁殖。令人熟悉的果实是一个聚花果，由最多 200 朵花形成的单果聚合而成。这种聚花果有坚硬的蜡质外皮，顶部还有由20—30 枚坚硬的叶状苞片构成的冠。

科	灯芯草科
分布范围	北美洲、中美洲和南美洲，欧洲，亚洲，以及非洲
生境	湿地生境，通常是潮湿的牧场和高沼地
传播机制	风力、水流和动物
备注	该物种在日本得到商业化种植，用以生产名为榻榻米的编织地板垫
濒危指标	无危

种子尺寸

长 ½₂ in
(1.25 mm)

灯芯草
Juncus effusus
Common Rush
L.

●

实际尺寸

灯芯草的琥珀色种子生长在绿棕色蒴果内。每个蒴果有三个隔室，每个隔室含有许多种子。种子微小，外表皮稍有黏性。当种子被沉积物掩埋时，其生活力可保持长达 60 年。种子的萌发需要湿润的土壤。

灯芯草是一种簇生多年生植物，生活在湿地环境中，分布极为广泛。借助匍匐生长的根状茎和四处传播的种子进行扩散，它能够在已经被重度利用的土地上成为优势物种，例如过度放牧牛羊的土地。灯芯草的光滑茎秆很容易剥去表皮，得到里面的髓，过去用作油灯和蜡烛的芯。叶片退化成茎秆基部的鞘。灯芯草的花呈浅棕色，构成稀疏的圆形花序。它常作为花园植物种植，有一些观赏类型，例如"螺旋灯芯草"（Corkscrew Rush）。

相似物种

灯芯草属（*Juncus*）有大约 300 个物种，除南极洲外的每一座大陆都有分布。同属灯芯草科（Juncaceae）的还有近缘属地杨梅属（*Luzula*），该属物种的特点是带白色长毛的扁平叶片。灯芯草的外表像禾草和莎草。

科	灯芯草科
分布范围	欧洲和亚洲；已引入美国纽约州
生境	海滨盐沼、岩质海岸、沙丘，以及含盐内陆草甸
传播机制	风力
备注	海灯芯草
濒危指标	未予评估

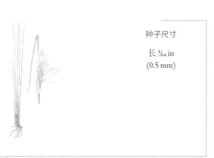

种子尺寸

长 ¹⁄₆₄ in
(0.5 mm)

实际尺寸

海灯芯草
Juncus maritimus
Sea Rush
Lam.

海灯芯草是一种宿根丛生植物，从根状茎长出灰绿色圆柱形茎秆，茎秆拥有尖锐的末端，可以长到 1 米高。尖锐的叶片生长在植株基部。海灯芯草拥有由淡黄色花构成的稀疏分叉花序，能够忍耐多种高盐度土壤条件。在欧洲和亚洲，它是海滨生态系统的重要构成部分，而且因为牲畜不爱吃它，所以能够在放牧区增殖。海灯芯草已经引入美国纽约州。

海灯芯草的种子是棕色的，呈椭圆形，并带有比种子主体更长的白色尾部。它们生长在浅棕色的蒴果中，每个蒴果都有一个短喙和三个含有种子的隔室。

相似物种

灯芯草属（*Juncus*）有大约 300 个物种，除南极洲外的每个大陆都有分布。灯芯草（188 页）分布极为广泛，且数量丰富。相比之下，摩洛哥灯芯草（*J. maroccanus*，英文通用名 Jonc du Maroc）是一个极危物种，只分布在摩洛哥的一个地点，生活在那里沙质土壤的潮湿洼地中。除了海灯芯草，还有其他几个物种的英文通用名也是 Sea Rush。

189

科	莎草科
分布范围	原产地不明，但很可能是非洲；今已广泛分布
生境	沼泽和其他湿地，但通常生长在栽培用地上
传播机制	风力和水流
备注	在西班牙，人们将油莎草的块茎洗净后放在水中捣碎，制作一种有胡椒味的乳白色饮料，名为"欧洽塔"（horchata）
濒危指标	无危

种子尺寸

长 1/16 in
(1.5 mm)

油莎草
Cyperus esculentus
Chufa Sedge

L.

190

●

实际尺寸

油莎草是一种多年生湿地植物，用种子和地下块茎繁殖。它自从古埃及时代起就因其可食用的根而得到栽培，根也作药用。该物种如今分布得极为广泛，生长在世界各地，并常被认为是杂草。在北美洲，原住民用它的根治疗感冒、咳嗽和蛇咬。和其他莎草科物种一样，油莎草拥有三棱形的茎以及禾草状鲜绿色蜡质叶片。羽毛状花序形似雨伞。

相似物种

莎草科在全世界分布着大约5500个物种。它们可能是一年生植物或者有根状茎的常绿多年生植物。莎草科植物有细长的禾草状叶片，绿色小花构成的穗状花序生长在植株顶端，花序底部有向外伸展的叶状苞片。油莎草是极少数可食用的莎草科物种之一。香附子（*Cyperus rotundus*，英文通用名 Purple Nut-sedge）也曾用作食物，但块茎有苦味。另一个分布广泛的近缘物种是纸莎草（191页）。甜莎草（*C. longus*，英文通用名 Sweet Galingale）是个欧洲物种，用作湖泊和池塘中的观赏植物。

油莎草的果是三棱形瘦果或小坚果，从钝平的顶部逐渐向基部收窄。它的表面覆盖着非常细小的颗粒。

科	莎草科
分布范围	原产非洲；已在全世界归化
生境	湖泊和河流
传播机制	风力、水流，以及附着在水鸟的脚或羽毛上
备注	纸莎草被认为是圣经故事中的 bulrush（"芦苇，蒲草"）
濒危指标	无危

纸莎草
Cyperus papyrus
Papyrus
L.

种子尺寸

长 ½₂ in
(1 mm)

191

实际尺寸

纸莎草是一种生长迅速的多年生莎草，原产非洲。它已经被引入世界其他温暖地区（常常是作为观赏植物），并且在印度被认为是一种主要杂草。它还被种植在温带地区的大型温室内。纸莎草可以构成茂密辽阔的湿地种群，要么在浅水中扎根，要么簇生成团并漂浮在水上。每根茎秆都有一个宽达30厘米的羽状花序。几千年来，纸莎草被用作人类和牲畜的食物，用于制药以及制造包括纸张在内的产品。近些年来，它被认为是生物燃料的潜在来源。

纸莎草拥有棕黑色瘦果或小坚果，呈三棱椭圆形。种子的寿命可能很短，呈半透明状。每粒种子含有一个微小的胚胎，被富含营养的胚乳包裹。

相似物种

莎草科有大约5500个物种。其他可食用的莎草包括油莎草（190页）和香附子，后者的块茎有苦味。观赏物种包括来自欧洲的甜莎草。荸荠（*Eleocharis dulcis*，英文通用名 Chinese Water Chestnut）是莎草科的另一个成员。

科	莎草科
分布范围	美国东部、南部，以及美国西部部分地区，加拿大东南部
生境	沼泽，以及湖泊和池塘浅水
传播机制	鸟类
备注	属名 Eleocharis 的意思是"优雅的沼泽定居者"
濒危指标	未予评估

种子尺寸

长 ¹⁄₁₆–¹⁄₈ in
(2–2.5 mm)

方茎荸荠
Eleocharis quadrangulata
Square Stem Spikerush
(Michx.) Roem. & Schult.

实际尺寸

方茎荸荠是一种形似禾草的多年生植物，株高可超过 1 米。正如它的英文通用名所暗示的那样，这种植物拥有海绵质地的四棱茎秆，这是个有用的识别特征。该物种通常利用根状茎在湿地生境中扩张，可以形成大型种群。它还可以在人工生境中良好生长，可用于湿地营造工程。花被浅棕色苞片覆盖，萼片和花瓣退化成刚毛。每棵植株都有一个由数朵单花构成的圆柱形小穗状花序。

相似物种

荸荠属（*Eleocharis*）有大约 200 个物种，分布在世界各地，其中 67 个物种生活在北美洲。牛毛毡（*E. acicularis*，英文通用名 Needle Spikerush 或 Dwarf Hairgrass）极为广泛地分布在欧洲和亚洲，并从北美洲向南延伸至厄瓜多尔。它通常用于花园池塘或者作为水族箱植物出售。

方茎荸荠的种子是瘦果，呈黄色或浅绿色至棕色，有时带有紫晕。它们略呈卵形，表面的小坑洼纵向成行排列。有刚毛附着在瘦果基部。瘦果是鸭子和岸边水鸟喜欢的食物。

科	莎草科
分布范围	美国东部和南部
生境	湿地
传播机制	风力
备注	属名 *Scleria* 意为 "坚硬的"，指的可能是硬化的下位苞
濒危指标	无危

网纹珍珠茅
Scleria reticularis
Reticulated Nutrush

Michx.

种子尺寸

长 ¹⁄₁₆–¹⁄₈ in
(2–3 mm)

193

实际尺寸

网纹珍珠茅是一种禾草状植物，茎略呈三棱形，叶片细长，叶鞘基部常泛紫色。花序由数个小穗构成，每个小穗有彼此分离的雄花和雌花。网纹珍珠茅是一年生植物。它是一种相当不起眼的植物，生长在湖泊和池塘边缘。该物种分布广泛，但只生长在特定生境中。

相似物种

珍珠茅属（*Scleria*）有大约 200 个物种，其中 14 个分布在北美洲，包括三聚花珍珠茅（194 页）。亲缘关系很近的默兰伯格珍珠茅（*S. muehlenbergii*，英文通用名 Muehlenberg's Nutrush）有时被认为是网纹珍珠茅的同物异名。它是一种更大型的植物，分布范围更加广泛，延伸至南美洲。

网纹珍珠茅的种子是浅灰色或棕色圆形瘦果，表面有深棕色线。而在这种线所构成的表面网纹上有簇生黄毛。瘦果基部有一个硬化的三裂盘状结构，称为下位苞（hypogynium）。

科	莎草科
分布范围	加拿大东南部，以及美国东部和南部
生境	林地、稀树草原、北美大草原，以及草甸
传播机制	风力和鸟类
备注	三聚花珍珠茅的种子储存在英国的千年种子库里
濒危指标	无危

种子尺寸

长 1/16–1/8 in
(2–3 mm)

194

三聚花珍珠茅
Scleria triglomerata
Whip Nutrush
Michx.

实际尺寸

三聚花珍珠茅的种子是白色瘦果，有时有深色纵条纹。圆形瘦果质地光滑，有釉质表面。瘦果的基部是名为下位苞的三棱状结构，覆盖着白色或棕色硬壳。三聚花珍珠茅只用种子繁殖。

三聚花珍珠茅是一种多年生莎草，茎秆从浓密簇生的根状茎中长出。茎秆的横切面呈三角形。硬质细长叶片有棱纹，可能略有毛，叶鞘泛紫。花序或小穗生长在茎秆末端。三聚花珍珠茅没有已知用途，在其自然生境与其他莎草和禾草生长在一起，数量非常丰富。其种子是各种鸟类的食物。

相似物种

珍珠茅属（*Scleria*）有大约200个物种，其中14个分布在北美洲，包括网纹珍珠茅（193页）。三聚花珍珠茅是该属在北美洲最常见且分布最广泛的物种。来自北美洲东部的轮花珍珠茅（*S. verticillata*）是一个非常纤细的物种，仅分布于石灰质沼泽。

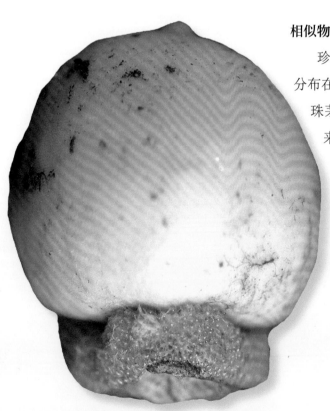

科	帚灯草科
分布范围	澳大利亚南部和东部
生境	沼泽区域和河岸
传播机制	重力和水流
备注	该物种的另一个英文通用名是 Koala Fern
濒危指标	未予评估

种子尺寸

长 ⅛–¼ in
(3–6 mm)

四叶羽灯草
Baloskion tetraphyllum
Tassel Rush

(Labill.) B. G. Briggs & L. A. S. Johnson

195

四叶羽灯草是茂密丛生的禾草状常绿多年生植物，耐霜冻。它已经成为一种很受欢迎的花园植物，并作为切花栽培。四叶羽灯草从根状茎上长出细长光滑的鲜绿色茎秆，而众多分枝赋予它一种羽毛般的外观。狭窄、细长的叶片呈鲜绿色。彼此分离的雄性和雌性小穗状花序呈红棕色，由极为退化的小花构成。花由风力授粉。在澳大利亚的原产地，四叶羽灯草被用在废弃矿井和湿地的复原工程中。

相似物种

羽灯草属（*Baloskion*）是帚灯草科（Restionaceae）的一个属，该科是一个古老的植物类群，主要分布在南半球。四叶羽灯草曾被归入帚灯草属（*Restio*）。后来的分类学修订是为了反映分布在澳大利亚和南非的帚灯草属物种的差别。

实际尺寸

四叶羽灯草的果是纸质蒴果。种子有富含淀粉的胚乳，烟雾有助于种子的萌发，萌发后则很容易生长。植株既耐日晒又耐阴，还能忍受轻度霜冻。

科	禾本科
分布范围	原产非洲北部、欧洲南部、俄罗斯、蒙古和中国；已在北美洲部分地区归化并成为入侵物种
生境	草原生境
传播机制	风力、动物和人类
备注	扁穗冰草被认为是小麦（222 页）的野生近缘物种
濒危指标	未予评估

种子尺寸

长 ¼ in
(6–7 mm)

196

扁穗冰草
Agropyron cristatum
Crested Wheat Grass
(L.) Gaertn.

实际尺寸

扁穗冰草是一种长寿的多年生禾草，可以长到 1 米高。它拥有很深的须状根系、直立的茎秆和扁平的叶片，叶片有光滑的下表面和较粗糙的上表面。穗状花序中的花是扁平的并紧密重叠。扁穗冰草在 20 世纪初作为牧场改良物种首次引入北美。例如，它被广泛种植在科罗拉多高原以提高放牧水平。然而这种禾草现在很有入侵性，破坏了美国西部和加拿大南部的大片牧场。

相似物种

冰草属（*Agropyron*）有大约 12 个物种，原产欧洲和亚洲。除了扁穗冰草，还有其他物种在北美广泛种植并归化，尤其是西伯利亚冰草（*A. fragile*，英文通用名 Siberian Wheatgrass）和沙生冰草（*A. desertorum*，英文通用名）。这三个物种的外表很相似，可能难以区分。

扁穗冰草拥有宿存的梳状种子穗，直立生长，形状扁平。干燥的果实含有一粒种子，在植物学上称为颖果。果实呈椭圆形，有一个短短的刚毛状附件，称为芒。种子产量高，这提升了它在自然分布区之外的入侵性。

科	禾本科
分布范围	原产欧洲、马卡罗尼西亚群岛和北非，并在亚洲向东延伸至中国和朝鲜半岛；栽培广泛
生境	草原生境和受到扰动的土地
传播机制	风力、水流、动物，以及人类
备注	匍匐剪股颖在开花时释放大量花粉，会成为严重的过敏原
濒危指标	无危

种子尺寸

长 ¹⁄₃₂–¹⁄₁₆ in
(1–2 mm)

匍匐剪股颖
Agrostis stolonifera
Creeping Bent Grass
L.

实际尺寸

匍匐剪股颖是一个分布广泛的匍匐垫状多年生禾本科物种，由于其密集的生长习性，用于种植包括高尔夫球场在内的草皮，还作为牧草栽培。它曾被广泛引入其自然分布范围之外，并常被认为是一种麻烦的杂草，利用种子和匍匐茎扩张。在超过 250 年前引入北美之后，它如今在那里广泛生长，在澳大利亚和新西兰的温带地区也有广泛分布。匍匐剪股颖的变异程度相当高，叶片扁平，花序通常直立分叉，小穗为绿色至紫色，每个小穗只有一朵花。

相似物种

剪股颖属（*Agrostis*）是禾本科的一个大属，物种遍布全球。普通剪股颖（*A. canina*，英文通用名 Brown Bent Grass 或 Dog Grass）是另一个分布广泛的物种，有更细的叶片和更精致的花。它也用于修建草坪和高尔夫球场。巨序剪股颖（*A. gigantea*，英文通用名 Redtop 或 Black Bent）已经成为美国应用最广泛的禾草之一。它很容易萌发，因而用于矿井恢复。

匍匐剪股颖的种子很小，呈金棕色。它还可以利用匍匐茎繁殖。在 19 世纪末 20 世纪初的中欧，来自半野生牧场群落的少数匍匐剪股颖种子与其他牧草种子混在一起出口到美国。

科	禾本科
分布范围	原产非洲热带地区；广泛栽培
生境	干草原
传播机制	风力
备注	须芒草耐火灾，正在改变澳大利亚部分地区的生态
濒危指标	未予评估

种子尺寸

长 ⅜ in
(9–10 mm)

198

须芒草
Andropogon gayanus
Gamba Grass
Kunth

实际尺寸

须芒草是一种高大、长寿的多年生禾草，可形成大型草丛。叶片有毛，可以长到 1 米长，在干旱状态下泛蓝。每一枚叶片都有一条明显的白色中脉。花序可以长到 4 米长，总状花序成对生长，每个花序有大约 17 个成对生长的小穗。每个小穗有一根长而扭曲的芒。作为一个高产牧草物种，须芒草已经引入非洲原产地之外的许多国家。例如，如今它常种植于澳大利亚北部，但在那里及澳大利亚的其他地区，它被认为是一种危害严重的杂草，威胁热带草原上的本土植物。

相似物种

须芒草属（*Andropogon*）含有大约 150 个物种，非洲和南美是该属的多样性中心。大须芒草（199 页）原产北美洲，分布范围从加拿大延伸至墨西哥。它曾经是北美高草大草原的优势物种，如今已经大大减少，并被北美野牛（*Bison bison*）当作食物。

须芒草属的小穗常常被称为"种子"。完整的小穗会和长长的芒一起从植株上脱落。微小的种子实际上是一个颖果或谷粒，包裹在一对内花苞片（称为内稃和外稃）和外苞片（称为颖）中。

科	禾本科
分布范围	北美洲
生境	北美高草大草原
传播机制	风力，动物
备注	只有不到 4% 的北美高草大草原留存至今
濒危指标	未予评估

种子尺寸

长 ⅜–½ in
(8–10 mm)

大须芒草
Andropogon gerardii
Big Bluestem

Vitman

实际尺寸

大须芒草的英文名还有 Tall Bluestem、Bluejoint 和 Turkey Foot，它是美国中西部高草大草原的优势种之一。Turkey Foot（意为"火鸡脚"）这个名字的由来是，结种子的总状花序常常三个一组，看上去像鸟的脚。据估计曾有 1.7 亿英亩（约 10.32 亿亩）的高草大草原覆盖着美国中西部以及加拿大中南部局部地区，如今这些地方大部分是农田。芝加哥植物园正在和许多其他环保组织合作，致力于恢复高草大草原。和大草原上的许多禾草一样，大须芒草会在火灾后重新萌发——火灾是一种生境管理手段，但它在城市定居点附近很受限制。

相似物种

须芒草属（*Andropogon*）有大约 120 个物种，同时分布于热带和温带草原。美国有 17 个本土须芒草属物种，包括灌木状须芒草（*A. glomeratus*，英文通用名 Bushy Bluestem）、三序须芒草（*A. ternarius*，英文通用名 Splitbeard Bluestem），以及弗吉尼亚须芒草（*A. virginicus*，英文通用名 Broomsedge Bluestem）。Bluestem 这个英文通用名还用于近缘物种帚状裂稃草（*Schizachyrium scoparium*，英文通用名 Little Bluestem）。

大须芒草的种子很小，容易被风吹走，但也可以借助动物传播，因为种子上的芒容易附着在它们的皮毛上。种子耐干燥，意味着它们可以在大草原的土壤中存活很多年，直到出现适宜的气候条件。种子的萌发直截了当，不需要任何预先处理。

科	禾本科
分布范围	原产欧洲、亚洲和北非；栽培广泛
生境	草原、路缘以及河岸
传播机制	风力、水流和人类
备注	燕麦草的彩叶类型可用作花园植物
濒危指标	未予评估

种子尺寸

长 ⁵⁄₁₆–³⁄₈ in
(8–10 mm)

200

燕麦草
Arrhenatherum elatius
False Oat Grass

(L.) P. Beauv. ex J. Presl & C. Presl.

实际尺寸

燕麦草是一种漂亮的多年生禾草，可形成草丛并长到 1 米高。它的叶片细长，末端尖锐，表面有相当多的毛。花序的小穗生长在非常细的分枝上。小穗呈棕色，有时带有绿色或淡紫色晕。虽然燕麦草有苦味，但它在很多国家都作为动物饲料和牧草而得到种植。它在两百多年前引入北美，如今已在北美大部分地区归化。燕麦草还作为观赏植物种植。

相似物种

燕麦草属（*Arrhenatherum*）只有少量物种，其中一些成员在外观上和燕麦草非常相似。它们全部都原产欧洲、亚洲和北非。燕麦草是该属唯一作为观赏植物来种植的物种。

燕麦草的种子呈卵形，有毛，黄色，并包裹在硬化的外稃中，外稃是花的内苞片。种子容易萌发，让该物种能够从栽培中逃逸。

科	禾本科
分布范围	原产亚洲南部
生境	干燥林
传播机制	重力和动物（包括鸟类）
备注	印度簕竹的植株在开花后死亡
濒危指标	未予评估

印度簕竹
Bambusa bambos
Indian Thorny Bamboo
(L.) Voss

种子尺寸

长 ¼–⁵⁄₁₆ in
(6–8 mm)

201

印度簕竹是最高的禾本科植物之一，茎秆可以长到40米高。它在节间处长有许多分枝，还有很多刺。叶片薄而细长，上表面光滑，下表面有毛。花序是一个巨大的圆锥花序，由松散簇生的浅色穗状花序构成。印度簕竹的嫩茎在中国和印度地区用作食物，而植株提取液用作药物。坚硬的木质化茎秆被中国工匠用来制作家具和观赏器物。印度簕竹广泛栽培于热带地区。

实际尺寸

相似物种

簕竹属（*Bambusa*）是一个大属，拥有超过100个原产亚洲和澳大利亚北部的竹类物种。中国有80个簕竹属物种，主要生活在中国南方和西南地区。竹类属于禾本科，在簕竹属之外还有其他大约一百个属。

印度簕竹每30—50年进行一次群体性的开花结实。每粒种子都略呈椭圆形，一侧有沟。种子可食用，在缺乏食物时充当粮食。

科	禾本科
分布范围	原产欧洲、非洲，以及亚洲中部和南部；栽培广泛
生境	山坡、草原和草甸
传播机制	风力、鸟类和其他动物，以及人类
备注	鸭茅是全世界第四重要的牧草
濒危指标	未予评估

种子尺寸

长 ¼ in
(7 mm)

202

鸭茅
Dactylis glomerata
Cocksfoot
L.

实际尺寸

鸭茅是一种高大的多年生丛生禾草，自然分布范围很大。这种植物作为牧草种植并用于制造干草。该物种的英文通用名指的是花序的形状，因为它像公鸡的脚。这种植物的根系很深，因此耐干旱；因为这个原因，它在全世界都有种植。在某些地区例如澳大利亚和美国，鸭茅已经成为入侵物种，构成连绵的草原并在竞争中胜过本土禾草。这种禾草的形态建成速度很快，可以用来减少土壤侵蚀，为生态恢复做准备。

相似物种

鸭茅属（*Dactylis*）的物种数量有争议，有人认为鸭茅是该属的唯一物种，而其他人认为该属还有更多物种。在被称为鸭茅的植物中，不同个体可能有不同的染色体数量，范围为 14 条至 42 条不等。该属有清晰可见的变异，叶色多有不同，因此漂亮的植株适合用于园艺观赏。

鸭茅的种子细小，呈棕色。它们由强风或者以这种禾草为食的鸟类和动物传播。在这个物种的全球扩散中，人类也起到了作用。这种植物开两性花，由风授粉。

科	禾本科
分布范围	非洲大部、马达加斯加、孟加拉国、尼泊尔、印度、西喜马拉雅、东南亚和菲律宾群岛
生境	河流、湖泊、沼泽以及稻田
传播机制	水流
备注	在西非的旱季，长有河马草的草原是牲畜的重要饲料来源
濒危指标	无危

种子尺寸

长 ³⁄₁₆ in (4–5 mm)
（不含芒）

河马草
Echinochloa stagnina
Hippo Grass

(Retz.) P. Beauv.

203

河马草是一种变异程度很高的丛生禾草，有根状茎，一年生或多年生。茎秆柔软，海绵质地，让这种禾草能够漂浮在水上。小穗窄，成对生长，末端渐尖且有芒。在非洲热带地区，河马草的种子传统上被当作谷物收集，尤其是在饥荒时期。在马里共和国境内的尼日尔河三角洲中部地区，人们乘船收获它的种子，用花序抽打渔网，将种子打出来。在印度和其他热带国家，河马草作为谷物种植。有甜味的茎秆和根状茎用于制糖。

相似物种

稗属（*Echinochloa*）包括 30—40 个变异程度很高的物种。它是一个在分类学上很复杂的属，各个物种之间没有清晰的界限。与河马草亲缘关系很近的一年生物种稗子（*E. crusgalli*，英文通用名 **Barnyard Grass**）被认为是全世界最恶劣的杂草之一，通过种子迅速扩散。

河马草的果是颖果，只有一粒种子。种子在黑暗中的温水里存放一段时间后很容易萌发，这是在模拟自然条件，因为种子会在成熟后落入水中。这种植物还可以通过分株或使用茎插穗繁殖。

实际尺寸

科	禾本科
分布范围	原产东非、沙特阿拉伯和也门；正在更广泛地栽培
生境	栽培用地
传播机制	人类
备注	埃塞俄比亚画眉草作为小麦（222 页）的无麸质替代品在西方国家使用得越来越多
濒危指标	未予评估

种子尺寸

长 ½₂ in
(1–1.2 mm)

埃塞俄比亚画眉草
Eragrostis tef
Teff
(Zuccagni) Trotter

204

实际尺寸

埃塞俄比亚画眉草是一种叶片茂密的一年生丛生禾草，拥有灰色或金色小穗。它是埃塞俄比亚的重要粮食作物，已经在那里栽培了数千年。谷粒用于制作面粉，名为英吉拉（injera）的特色发酵面饼就是用这种面粉制作的。英吉拉是大多数埃塞俄比亚人的主食，并搭配辣味炖菜食。该草的秸秆是重要的牲畜饲料来源。埃塞俄比亚画眉草已经引入其他非洲国家、印度、美国和澳大利亚，主要用作特色食品和牧草作物。

相似物种

画眉草属（*Eragrostis*）是禾本科的一个大属。埃塞俄比亚画眉草的直系野生祖先被认为是画眉草（*E. pilosa*），一个广泛分布于全球并常见于埃塞俄比亚的杂草物种。画眉草与埃塞俄比亚画眉草之间的主要区别是，埃塞俄比亚画眉草的小穗不会轻易解体脱落——这是种子传播的自然方式——而是留存在植株上，有利于收获。

埃塞俄比亚画眉草拥有只含一粒种子的干燥果实，植物学上称为颖果。微小的颖果呈卵形，白色或棕色，表面有纵向沟和一条长长的种脐（种子上标记其与植株连接位置的痕迹）。白色或象牙色种子的价值比红色或棕色种子的价值高。

科	禾本科
分布范围	原产欧洲、亚洲和北非；广泛归化
生境	林地、草原、湿地，以及海滨生境
传播机制	风力、动物和人类
备注	高羊茅可能成为麦角菌（*Claviceps purpurea*）的宿主，这种真菌会从种子穗上长出紫黑色结构
濒危指标	未予评估

高羊茅
Festuca arundinacea
Tall Fescue
(Willd.) Link

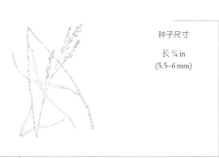

种子尺寸

长 ¼ in
(5.5–6 mm)

高羊茅是一种长寿多年生禾草，叶片大而宽，硬而扁平，丛生，有时生长得很茂密。粗壮的花茎可以长到2米高，花序分叉并常常偏向一侧。高羊茅有时作为观赏花园植物种植。它是一个长势茁壮、耐干旱的物种，易于生长在各种生境，已作为草坪和牧场草推广到世界各地。高羊茅在19世纪初至19世纪中期引入北美洲，后来从栽培中逃逸，如今是一个损害自然生态系统的入侵物种。

相似物种

羊茅属（*Festuca*）是一个大属，含有多达500个物种，分类非常复杂。黑麦草属（*Lolium*）是它的近亲。蓝羊茅（*F. glauca*，英文通用名 Blue Fescue）拥有狭窄的蓝绿色叶片和同样颜色的花序。蓝羊茅的不同品种常作为花园植物种植。

实际尺寸

高羊茅的果实和种子合生构成颖果，就像在其他禾草中一样。种子有光泽，相对较大。它们的萌发速度很快，实生苗长势茁壮，让高羊茅能够迅速建立种群。

科	禾本科
分布范围	欧洲、亚洲和北美
生境	湿地、草原和路缘
传播机制	风力
备注	茅草的甜香气味是因为苦味化合物香豆素的存在，并赋予了它另一个英文通用名 Sweetgrass（"甜草"）
濒危指标	未予评估

种子尺寸

长 ⅛ in
(3 mm)

206

茅香
Hierochloe odorata
Holy Grass
(L.) P. Beauv.

实际尺寸

茅香拥有小而干燥的薄壳果，里面只有一粒紧密愈合的种子，构成颖果，这是大多数禾草的典型特征。茅香播种繁殖的发育过程非常缓慢，通常使用根状茎繁殖。

茅香从匍匐根状茎中长出，其外表上的变异程度很高。叶片扁平，通常柔软有毛，叶片与叶鞘相连的地方长着一簇笔直的白毛。金棕色分枝开花结构称为圆锥花序，小穗由两朵可育小花和一朵不育小花构成。在欧洲，茅香按照传统曾经铺在教堂的地板上，因此它才有 Holy Grass（"圣草"）这个英文通用名。它还曾经用在酒精饮料里，悬挂在床头促进睡眠。在北美洲，原住民曾用茅香制作熏香，在宗教和和平仪式上焚烧叶片。

相似物种

茅香属（*Hierochloe*）有大约 30 个物种，分布范围集中在温带和亚北极地区。一些专家认为该属是黄花茅属（*Anthoxanthum*）的同物异名。另一个有甜香气味的物种是高山茅香（*H. alpina*）。它环绕极地分布，呈垫状生长在北极和高山干草原上。

科	禾本科
分布范围	原产巴勒斯坦；全球性栽培
生境	草原、林地、受扰动的生境，以及栽培用地
传播机制	人类
备注	大麦在五千年前曾被苏美尔人当成货币使用
濒危指标	未予评估

种子尺寸

长 ¼–⁵⁄₁₆ in
(7–8 mm)

大麦
Hordeum vulgare
Barley
L.

大麦是一种一年生禾草，栽培史超过一万年，是第一批被人类驯化的作物之一。它至今仍是重要的全球性作物，其谷物产量排名第四，位列小麦（222 页）、玉米（223 页）和水稻（210 页）之后。大麦可以长到 1 米多高，拥有扁平的叶片。花序密集，小穗呈鱼骨状排列，每个小穗都有一根很长的芒。小穗通常两组一对，三个一组，只有位于中央的小穗是可育的。这种大麦称为两列大麦，在英格兰用于酿造传统麦芽酒，而侧生小穗同样可育的六列大麦通常用于制造美式拉格啤酒。

相似物种

大麦属（*Hordeum*）是个分布广泛的属，该属中如今有大约 40 个物种得到承认。它名列《粮食和农业植物遗传资源国际条约》(International Treaty on Plant Genetic Resources for Food and Agriculture，简称 ITPGRFA) 的附录一，该条约旨在支持可持续农业和食品安全。大麦的直系祖先如今仍然生活在野外，通常称为钝稃野大麦（*H. spontaneum*）。

实际尺寸

大麦的果和种子愈合为一体，在植物学上称为颖果。它呈卵形，有纵向沟和一条长长的种脐（种子上标记其与植株连接位置的痕迹）。颖果末端多毛。种子在 1—3 天内萌发，而且该物种的生长期较短。

科	禾本科
分布范围	原产亚洲以及非洲南部和东部；广泛归化并有入侵性
生境	衰退林、草原和农田
传播机制	风力
备注	红叶白茅（'Rubra'，又称'Red Baron'）这个品种作为观赏植物种植
濒危指标	未予评估

种子尺寸

长 ⅟₁₆–⅛ in
(2–4 mm)

208

白茅
Imperata cylindrica
Cogon Grass
(L.) P. Beauv.

实际尺寸

　　白茅是一种多年生禾草，短而直立的茎秆从根状茎长出。植株萌生的尖锐末端能扎伤人和牲畜的脚。长而坚硬的叶片有醒目的泛白中脉和狭窄尖锐的末端。花序是白色的穗状圆锥花序，成对小穗数量很大并被丝状毛环绕，整体上呈现出蓬松柔软的外貌。在全球温暖地区，白茅是一种很常见且危害严重的杂草，在热带衰退林中扩散迅速。它在亚洲原产地用于修建茅草屋顶，还有各种医药用途。

相似物种

　　白茅属（*Imperata*）有 8 个物种。巴西茅草（*I. brasiliensis*，英文通用名 Brazilian Satintail）是一个来自中南美洲的相似物种，并且可以和白茅杂交。它已被引入美国东南部某些地区，其扩散过程正在对本土植被造成破坏。瓜亚尼亚白茅（*I. contracta*，英文通用名 Guayanilla）是美洲的另一个杂草物种。

白茅结出一种干燥的果实或谷粒，椭圆形且末端尖锐，棕色。种子产量大，借助丝状毛传播。萌发率通常较高，但种子保持活力的时间较短。焚烧能促进萌发，所以白茅在传统的刀耕火种农业区很容易扩散。

科	禾本科
分布范围	原产欧洲、亚洲和北非；全球广泛栽培
生境	草甸、牧场和荒地
传播机制	风力和人类
备注	大部分商业出售的黑麦草种子产自美国
濒危指标	未予评估

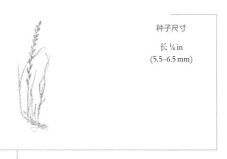

种子尺寸

长 ¼ in
(5.5–6.5 mm)

黑麦草
Lolium perenne
English Ryegrass
L.

209

实际尺寸

黑麦草的叶片光滑尖锐，茎秆圆形，与叶片相连处泛紫。花序呈深绿色或泛紫的绿色，扁平的小穗交替排列。该物种的栽培面积很大，包括多个品种，而且被认为是在欧洲第一种引种栽培的牧场草。它生长迅速，可成为牲畜所需的营养非常丰富的牧草、干草和青贮饲料。这个常见的禾草物种还被种植成草皮。黑麦草已广泛引入全世界的其他国家——例如，它是新西兰的主要牧草物种，甚至生长在亚南极岛屿上。和黑麦草有关联的一种真菌会导致牛、绵羊和马患上一种名为"黑麦草蹒跚病"（ryegrass staggers）的疾病。

相似物种

黑麦草属（*Lolium*）有大约 10 个物种。黑麦草可与极为相似的一年生物种多花黑麦草（*L. multiflorum*，英文通用名 Italian Ryegrass）以及羊茅属的不同物种杂交。硬直黑麦草（*L. rigidum*，英文通用名 Annual 或 Rigid Ryegrass）是一个原产地中海地区的物种，已引入美洲、南非和澳大利亚。

黑麦草只靠种子繁殖，结籽量很大。和在其他禾草中一样，果实和种子愈合形成颖果，它们很容易彼此分离，也容易从花序上脱离。作为颖果的一部分，小穗的外稃没有芒。

科	禾本科
分布范围	原产中国；栽培于全球各地
生境	栽培用地
传播机制	人类
备注	水稻有超过 40000 个栽培品种
濒危指标	未予评估

种子尺寸

长 ⅜ in
(8.5–10 mm)

210

水稻
Oryza sativa
Rice
L.

水稻通常是一年生禾草，不过也有一些多年生品种。茎秆直立，叶片长而扁平，每片叶都从似关节的节点处长出。花开在宽阔、开放、分支的花序中，花序由沿分枝稀疏排列的椭圆形小穗构成。每个小穗含有一朵单生小花。关于栽培水稻的起源存在不同的理论，但普遍认为它起源于中国。如今，水稻在全世界的潮湿热带、亚热带和暖温带地区都有种植，且与小麦（222页）一起并称两大最重要的谷物。

相似物种

稻属（*Oryza*）有大约 18 个物种。非洲栽培稻（*O. glaberrima*，英文通用名 African Rice）是该属仅有的另一个驯化物种。如今它仍作为口粮作物种植。英文中的 Wild Rice（字面意思是"野稻"）通常指的是北美物种沼生菰（*Zizania palustris*），有人在野外收获它们。

水稻的种子（或谷粒）与果实愈合，形成颖果。通过手工或机械的方式，谷粒经历收割、打谷和碾压等工序，从谷壳中分离出来。水稻的谷粒又称糙米，而胚乳①——种子的养料储备——才是平常供人食用的最终产品。

实际尺寸

---

① 译注：即谷粒经过精加工，去掉外壳和胚之后剩下的白色大米。

科	禾本科
分布范围	原产非洲萨赫勒地区；今广泛栽培
生境	贫瘠的半干旱土壤
传播机制	风力
备注	这个物种是栽培最广泛的"粟"（millet）
濒危指标	未予评估

种子尺寸

长 ⅛ in
(2.5 mm)

211

珍珠粟
Pennisetum glaucum
Pearl Millet
(L.) R. Br.

实际尺寸

珍珠粟是一个禾本科植物，它被认为在萨赫勒地区首次驯化，但如今仅见于栽培。作为小麦（222页）或玉米（223页）的替代品加以种植，它是栽培最广泛的"粟"（millet），产量最高的国家是印度。对于商业种植而言，它是一种很有吸引力的植物，因为它既耐干旱又耐水淹，而且在贫瘠的土壤中生长良好。在尼日利亚和尼日尔，人们将珍珠粟碾碎、煮沸和液化，制作一种名为 *fura* 的饮料。

珍珠粟的种子是谷粒，借助风力传播。这个物种拥有很高的光合作用效率，因此是一种很适合干旱地区的作物，花开在圆柱或圆锥形的茎秆上，由风或昆虫授粉。

相似物种

狼尾草属（*Pennisetum*）有83个物种，在英语中统称 fountain grasses（"喷泉草"）。象草（*P. purpureum*，英文通用名 Napier Grass）在非洲作为喂养牲畜的牧草被大规模种植，但也用于吸引害虫，以降低害虫对其他作物产量的不良影响。该属的许多成员都被认为是杂草。羽绒狼尾草（*P. seta-ceum*，英文通用名 Crimson Fountaingrasss）已从栽培中逃逸，并在全世界的许多国家成为入侵物种，不但增加了自然火灾的强度，还在竞争中压过本土物种。

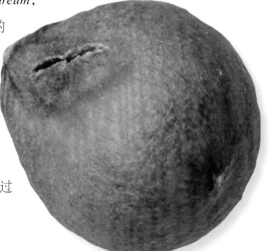

科	禾本科
分布范围	地中海地区和加那利群岛
生境	水道沿线、受扰动的生境，以及草原
传播机制	风力
备注	这种草富含蛋白质，是牧场的好选择
濒危指标	未予评估

种子尺寸

长 ⅛ in
(2.5 mm)

212

水藟草
Phalaris aquatica
Bulbous Canary Grass
Guss.

实际尺寸

　　水藟草是一种多年生丛生禾草。它在全世界范围内都是用于牧场的优良物种，因为它能忍耐高强度的放牧，在竞争中压过其他植物，而且对贫瘠土壤有很强的忍耐力。然而，它对包括绵羊在内的特定牲畜物种有毒性，这曾经对某些地区的农业造成过负面影响。水藟草常在火灾后种植，起到恢复植被的作用。在一些地方，它从牧场逃逸，成了入侵物种，因为它能在竞争中压过本土植被，并形成浓密的草丛。

相似物种

　　藟草属（*Phalaris*）有19个物种，多个成员用于畜牧农场。然而，某些物种含有 芦竹碱，这种物质会对绵羊等牲畜物种产生毒性。藟草属的一个物种面临灭绝的危险：马德拉藟草（*P. maderensis*）被归为易危物种，因为它在竞争中不敌外来物种和本土物种，据信如今只有 500 棵成年植株。

水藟草的种子生长在硕大的球形种子穗中。它们包含在细小的小穗里，小穗会从植株上脱落，借助风力传播。种子产量很大，这是造成该物种入侵性的另一个原因。花由风力授粉。

科	禾本科
分布范围	原产欧洲大部分地区、中亚和北非；在美国和加拿大归化
生境	草原
传播机制	风力
备注	该物种从前叫 Herd Grass（"赫德草"），以纪念在美国首次描述它的约翰·赫德（John Herd）
濒危指标	未予评估

种子尺寸

长 1/16 in
(2 mm)

梯牧草
Phleum pratense
Timothy Grass
L.

实际尺寸

梯牧草是一种多年生丛生禾草，原产欧洲大部地区。它被来自欧洲的第一批殖民者无意中引入北美，如今已在那里广泛分布。它还作为牲畜的食物来源在全世界范围内得到栽培，并被认为是马匹的优良干草饲料。该物种的英文通用名被认为指的是农民梯枚·汉森（Timothy Hanson），他在 18 世纪推广了该物种在美国的应用。这种禾草为多种鸟类和小型哺乳动物提供生境。梯牧草已经入侵了澳大利亚和美国的草原，并在那里造成本土物种的衰退。

相似物种

梯牧草属（*Phleum*）有 18 个物种，其他物种没有一个像梯牧草这样得到广泛栽培。其他物种也有作为饲料或干草作物的价值，包括小梯牧草（*P. bertolonii*，英文通用名 Smaller Cat's-tail）和假梯牧草（*P. phleoides*，英文通用名 Purple-stem Cat's-tail）。高山梯牧草（*P. alpinum*，英文通用名 Mountain Timothy）的分布极为广泛，除了遍布欧洲、亚洲和北美洲之外，还生长在亚南极地区的岛屿上。

梯牧草的种子储藏在又长又细的种子穗中。种子小，棕色，释放到风中传播。该物种的花粉很容易引起过敏。这种植物将碳水化合物储存在茎秆上的球状结构中，称为单球茎（haplocorm）。鸟类吃它的种子。

科	禾本科
分布范围	全世界
生境	湿地
传播机制	风力
备注	该物种分布在全世界的温带和热带地区
濒危指标	无危

种子尺寸

长 ½₂ in
(1 mm)

214

芦苇
Phragmites australis
Common Reed
(Cav.) Trin. ex Steud.

实际尺寸

芦苇可以长到 6 米高。它遍布全世界，主要生长在河口或湿地，并在那里形成芦苇荡。这些芦苇荡是几种湿地鸟类的关键生境。芦苇有清除污染物的能力，可以用来改善水质。然而遗憾的是，芦苇也会对生态系统产生毁灭性的影响，取代本土动植物类群，因为它的根系广大，可在竞争中击败其他物种。在历史上，芦苇用于修建茅草屋顶，它的种子还可以磨粉食用。

相似物种

芦苇属（*Phragmites*）是一个在分类学上争议很大的属，一些植物学家将该属所有成员都归入芦苇这一个物种，而另一些植物学家认为该属有 4 个物种。一些人认为卡开芦（*P. karka*）是芦苇的热带堂兄弟，该种被发现于非洲热带、中东、亚洲南部和澳大利亚，在 IUCN 红色名录上列为无危物种。

芦苇的种子有丝状毛，帮助它们借助风力传播。每个种子穗的种子产量高达 2000 粒，让这个物种能够迅速大面积扩散，所以在种植它时应当小心。芦苇的授粉也靠风力。

科	禾本科
分布范围	原产中国；在亚洲其他地方作为食物栽培，在全世界作为观赏植物栽培
生境	山坡上的森林
传播机制	风力、动物和人类
备注	毛竹是中国竹类中经济方面最重要的物种
濒危指标	未予评估

种子尺寸

长 ⅝–⅞ in
(16–22 mm)

毛竹
Phyllostachys edulis
Moso Bamboo

(carrière) J. Houz.

毛竹是一个生长迅速的耐寒常绿物种，有深绿色叶片，可以长到 8 米高。这个物种原产中国并在那里广泛栽培，如今已经作为食用植物引入亚洲其他地区，并在全球范围内作为观赏植物种植。在中国，它是可食用的冬笋的重要来源。休眠芽——在钻出地面之前收获——尤其被当作珍馐美味。叶片入药，茎秆用于建筑工程和造纸。毛竹在中国纺织品的制造中也起到非常重要的作用。

相似物种

刚竹属（*Phyllostachys*）拥有超过五十个物种。这个属最开始可能只生活在中国，后来由于引种栽培而出现在其他国家。中国是全球性的物种多样性中心，拥有超过五百个竹类物种。中国利用竹子的历史可以追溯到三千多年前。

毛竹大约每 50 年左右零星地开花结籽。种子产量很高，而且萌发迅速。种子愈合在果实上，形成颖果，呈狭窄的卵形。

实际尺寸

科	禾本科
分布范围	欧洲、非洲、马达加斯加，以及亚洲
生境	低地和山区牧场、草坪、田野，以及城市土地
传播机制	风力、水流、动物以及人类
备注	拉丁学名中的属名 *Poa* 来自希腊语中的"饲料"一词
濒危指标	无危

216

种子尺寸

长 ⅛ in
(3 mm)

实际尺寸

一年生早熟禾
Poa annua
Annual Meadow Grass
Cham. & Schltdl.

一年生早熟禾是一个极为常见、广泛分布且变异丰富的物种。它用于种植草皮，并且已经成为引入每一座大陆的杂草，连南极洲也不例外。一年生早熟禾是一个植株低矮的物种，叶片扁平光滑，略呈龙骨状，并有标志性的形似电车轨道的条纹和相当圆钝的末端。叶片在叶鞘处折叠，叶鞘光滑并略微压缩。细而直立的茎秆长着一个三角形圆锥花序，花包裹在具柄椭圆形小穗中。小穗松散地排列在伸展的花序分枝上。在美国，这个物种名为 Annual Bluegrass。

相似物种

早熟禾属（*Poa*）有大约 500 个物种。粗茎早熟禾（*P. trivialis*，英文通用名 Rough-stalked Meadow Grass 或 Rough Bluegrass）是可开垦耕地和生产性草原上的另一种农业杂草。它是多年生植物，植株比一年生早熟禾大。扇形早熟禾（*P. flabellata*，英文通用名 Tussock Grass）是一年生早熟禾的一个高大、粗野的近亲物种，分布在南美洲、马尔维纳斯群岛和亚南极地区的岛屿。

一年生早熟禾的种子产量很大。六周大的植株就能形成花序，授粉几天之后就能形成有生活力的种子。淡棕色种子呈长椭圆形，有纸质包衣。

科	禾本科
分布范围	原产土耳其；栽培广泛
生境	栽培用地和草原
传播机制	人类
备注	黑麦常常作为冬季绿肥种植
濒危指标	未予评估

种子尺寸

长 ⁵⁄₁₆ in
(8 mm)

黑麦
Secale cereale
Rye
L.

217

实际尺寸

黑麦是一种栽培广泛的一年生禾草，可以磨面粉制作黑麦面包，酿酒，以及充当动物饲料。与小麦面粉相比，黑麦面粉的谷蛋白含量较低。黑麦是一个耐寒物种，就连北极圈内的寒冷地区都有种植。它最初是生长在小麦（222页）和大麦（207页）农田中的一种杂草，首次驯化的地区大概是土耳其和中亚。黑麦有扁平的叶片和密集的穗状花序。穗状花序大，由多个小穗组成，每个小穗里有两朵小花，小穗的中肋上有硬毛，形成长长的芒。

相似物种

黑麦属（*Secale*）有大约 7 个物种。栽培、杂草和野生物种之间的关系尚未得到充分理解。山地黑麦（*S. montanum*）被认为有应用于作物育种的重要潜力，因为它能忍耐土壤中高浓度水平的铝和锰。其他野生黑麦包括原产亚洲西南部的瓦维洛夫黑麦（*S. vavilovii*），以及分布在从地中海地区至中亚的直立黑麦（*S. strictum*）。

黑麦的果实在植物学上称为颖果，这是一种干果，果壁附着在单粒种子上。种子的胚胎大约是颖果长度的三分之一。和其他禾本科谷物一样，种子称为谷粒。

科	禾本科
分布范围	被认为起源于埃塞俄比亚，但如今广泛栽培于热带地区
生境	主要见于栽培，但对许多不同环境条件都有忍耐能力
传播机制	未知——栽培品种已经失去了有利于种子传播的特征
备注	一种名为甜高粱（Sweet Sorghum）的类型在美国用于制造生物燃料
濒危指标	未予评估

种子尺寸

长 ¼ in
(6 mm)

高粱
Sorghum bicolor
Sorghum
(L.) Moench

高粱是一种重要的一年生粮食作物。它的栽培历史长达千年，在很多国家是主食来源。其种子可以像水稻的种子一样整粒食用，也可以磨成粉食用。高粱有很多品种；一个品种的种子是红色的，鸟和人都不能吃，但可以用来酿造啤酒。这种植物还有其他用途。它的花序可以做成扫帚。从医药价值上看，它可以用来治疗多种疾病，包括支气管炎、疟疾和麻疹。

相似物种

高粱属（*Sorghum*）有 31 个物种。其他物种都不像高粱这样作为食物来源得到如此广泛的栽培。石茅（*S. halapense*，英文通用名 Johnson Grass）有大面积种植，已从地中海地区引入除南极洲外的所有大陆。人们种植它来防止土壤侵蚀并作为牲畜饲料。然而它已经在美国成了入侵物种。

实际尺寸

高粱种子小，棕色。种子与果愈合，称为颖果。植株的可育小穗由风力授粉。科学家正在高粱的野生种类中寻找能够改善作物抗性的重要性状，例如抗病、抗干旱和耐盐分等。

科	禾本科
分布范围	美国和加拿大
生境	北美大草原
传播机制	风力和重力
备注	美洲原住民过去用它的种子磨粉食用
濒危指标	未予评估

种子尺寸

长 1/16 in
(2 mm)

草原鼠尾粟
Sporobolus heterolepis
Prairie Dropseed

(A. Gray) A. Gray

实际尺寸

草原鼠尾粟是一种多年生丛生禾草，原产北美洲，并在那里的大草原群落中发挥着重要作用。在它的自然生境，它的种子是几个鸣鸟物种的重要食物来源。然而不幸的是，北美的大草原生境已经因为过度放牧和农业的侵蚀而减少。种子在过去还被美洲原住民利用，被他们磨碎制成面粉。草原鼠尾粟作为园艺地被或者草皮物种种植在世界各地。它的耐旱性让它成为屋顶绿化的热门选择。

相似物种

鼠尾粟属（*Sporobolus*）有 184 个物种，属名源自希腊语，意为"种子扔"（seed throw）。鼠尾粟属物种杜丽斯鼠尾草（*S. duris*）在 IUCN 红色名录上列为灭绝物种；它最后一次被人见到是在 1866 年的阿森松岛。生活在阿森松岛上的另一个物种簇花鼠尾草（*S. caespitosus*）被列为极危物种，原因是包括非洲鼠尾粟（*S. africanus*，英文通用名 Parramatta Grass）在内的入侵物种的竞争。

草原鼠尾粟的种子小而圆，而且正如英文名的字面意思（"草原落种子"）一样，成熟时直接从植株上掉下来。粉棕色的花由风力授粉。这种植物拥有很深的根系，这是它应对原产地草原生境的适应性特征，因此它们能够良好地适应火灾、放牧和干旱。

科	禾本科
分布范围	非洲、亚洲、澳大利亚，以及太平洋地区；已引入美国得克萨斯州
生境	草原和开阔林地
传播机制	动物和人类
备注	作为热带草原的关键物种，阿拉伯黄背草有重要的生态和经济意义
濒危指标	未予评估

种子尺寸

长（含整个尾部）
1³⁄₁₆–1¹³⁄₁₆ in
(30—45 mm)

220

阿拉伯黄背草
Themeda triandra
Kangaroo Grass

Forssk.

实际尺寸

阿拉伯黄背草是一种深根性丛生多年生禾草，可以长到一米多高。叶片长 10—20 厘米，绿色至灰色，夏季枯死并变成橙棕色。阿拉伯黄背草的小穗较大，呈红棕色，生长在分叉的花茎上。小穗基部有独特的长佛焰苞，小花有长长的黑色芒，且种子掉落时芒保留在种子上。在非洲，这种草用于修建茅草屋顶和编织篮子。它在澳大利亚是一种重要的饲料禾草，而且是这个国家分布最广泛的物种之一。阿拉伯黄背草已经引入美国的得克萨斯州。

相似物种

菅属（*Themeda*）有超过 20 个物种。燕麦菅（*T. avenacea*，英文通用名 Native Oatgrass）是一个澳大利亚本土物种，生长在该国干旱地区的河流冲积平原和河床上。哈瓦那草（*T. quadrivalvis*，英文通用名 Habana Grass）原产印度和缅甸，已在澳大利亚、美国和世界其他地方归化。

阿拉伯黄背草的果是含有一粒种子的颖果。种子的芒令它看上去像一把深棕色至黑色猎矛。芒的扭曲形态有助于这种植物将种子穗扎进土壤，种子产量相对较低，而且种子可能保持休眠长达一年。

科	禾本科
分布范围	原产中美洲；已引入南美洲北部、西非、斯里兰卡以及东南亚部分地区
生境	栽培用地，耐沼泽地区
传播机制	人类
备注	危地马拉草可能是摩擦草属物种（*Tripsacum* spp.）和玉蜀黍属物种的天然杂种
濒危指标	未予评估

危地马拉草
Tripsacum laxum
Guatemala Grass

Nash

种子尺寸

长 ¼ in
(6–7 mm)

221

实际尺寸

危地马拉草是一个长势茁壮的多年生丛生禾草物种，硕大的叶片可以长到数英尺高。这种大型禾草拥有短小健壮的根状茎和浅根系。低垂的花序长 20 厘米，包括彼此独立的雄性和雌性小穗。危地马拉草在强降雨条件下生长良好。它广泛栽培于热带国家，用作绿篱、土壤改良剂和动物饲料。在斯里兰卡，人们将它种植在高地茶园中，帮助保持和改良土壤。

相似物种

摩擦草属（*Tripsacum*）有 12 个物种，专家们通常认为安德森氏摩擦草（*T. andersonii*）是俗称危地马拉草的物种之一，而危地马拉草是另一个独立的物种，但它们的关系如今仍然很混乱，有时这两个拉丁学名被作为异名处理。墨西哥鸭茅状摩擦草（*T. lanceolatum*，英文通用名 Mexican Gamagrass）是原产美国西南部、墨西哥和危地马拉的一个近缘物种。

危地马拉草的果实是颖果。该物种在其自然分布区之外极少产生可育种子，通常使用根状茎分株繁殖。

科	禾本科
分布范围	起源于伊朗，但如今世界各地都有栽培
生境	如今仅见于栽培
传播机制	无法在野外存活，因为种子传播机制已经消失
备注	乳糜泻是人体对小麦中含有的麦胶蛋白（gliadin）的反应
濒危指标	未予评估

种子尺寸

长 ¼ in
(6 mm)

222

小麦
Triticum aestivum
Wheat
L.

小麦最初起源于伊朗，是栽培最广泛的食用作物。它是野生禾草节节麦（*Aegilops tauschii*）和另一个栽培物种硬粒小麦（*Triticum durum*，英文通用名 Durum Wheat）杂交产生的。人们认为小麦是大约一万年前被驯化的。种子通常磨成面粉，最常见的食用方式是做成面包和其他烘焙食品——蛋糕、饼干和酥皮糕点。它还可以发酵酿造伏特加。小麦秸秆可用于修建茅草屋顶和编织器具。

相似物种

小麦属（*Triticum*）有 28 个物种。栽培第二广泛的物种是硬粒小麦，它主要用于制作意大利面。其他物种包括斯卑尔脱小麦（*T. spelta*），可在烘焙中代替小麦。二粒小麦（*T. dicoccoides*，英文通用名 Emmer Wheat）在古代栽培广泛，而且和小麦不同的是，如今它仍然生长在野外。

实际尺寸

小麦的种子较小，卵形，棕色。它们生长在与种子愈合的颖果中。在漫长的栽培过程中，人们确保小麦的种子在收获前不会从植株上脱离，这意味着它最初的传播机制已经消失了。它的花由风力授粉。

科	禾本科
分布范围	原产墨西哥，但世界各地都有栽培
生境	北美高草大草原
传播机制	风力，动物
备注	玉米是全世界许多地区的主食，除了供人食用，还用来喂养牲畜
濒危指标	无危

种子尺寸

长 5/16 in
(8 mm)

玉米
Zea mays
Corn
L.

玉米是一种禾草，4500 年前在墨西哥中部的特瓦坎谷地被玛雅人驯化。玉米、小麦和水稻贡献了人类摄入总热量的一半。在光照强烈、水分有限的热带环境中，玉米的光合作用效率比水稻和小麦高。植物育种家如今正在试图将这种光合作用通路植入水稻和小麦中。如果他们获得成功，产量最高有望增加 50%。

实际尺寸

相似物种

玉蜀黍属（*Zea*）有 5 个得到认可的物种：四倍体多年生玉米（*Z. perennis*）、多年生二倍体大刍草（*Z. diploperennis*）、繁茂大刍草（*Z. luxurians*）、尼加拉瓜大刍草（*Z. nicaraguensis*）和玉米。玉米又分为 4 个亚种：委委特南戈类玉米亚种（*huehuetenangensis*）、墨西哥类玉米亚种（*mexicana*）、小颖类玉米亚种（*parviglumis*），以及栽培类玉米亚种（*mays*）。前三者统称墨西哥类蜀黍（teosintes），是栽培类玉米亚种 *Zea mays* spp. *mays* 的天然野生近缘种，而后者是今天的栽培玉米的祖先。

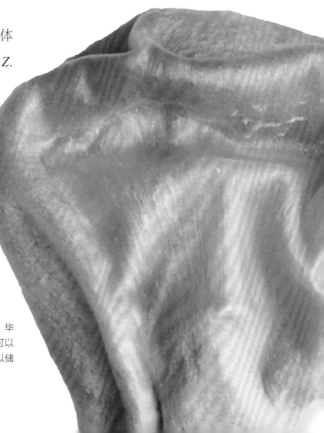

玉米的种子由鸟类和动物传播，尤其是由人类传播，毕竟这个物种是重要的主粮作物。它的种子耐干燥，可以承受非常低的含水量。在这种干燥条件下，它们可以储存在种子库里几十年甚至几百年而不损失生活力。

科	罂粟科
分布范围	原产墨西哥和西印度群岛部分地区；广泛栽培于其他地区
生境	草甸、草原、受扰动区域、耕地以及稀树草原
传播机制	风和鸟类
备注	在 13 个国家被认定为入侵物种
濒危指标	未予评估

种子尺寸
长 ¹⁄₁₆ in
（2 mm）

224

蓟罂粟
Argemone mexicana
Mexican Poppy
L.

●
实际尺寸

蓟罂粟是一个耐寒的草本先驱物种，开黄色花。它有时作为观赏植物种植，但在其自然分布范围的大部分地区，它都被认为是一种杂草，因为它会严重影响作物产量。种子可制成蓟罂粟油，这种油用于治疗皮肤病症，但内服对人有毒，会导致水肿。蓟罂粟的种子常常与黑芥（*Brassica nigra*，英文通用名 Black Mustard）的种子混淆，误用可能导致死亡。然而，如果正确地进行加工，这种植物可用作医药——例如在缅甸，它用于治疗黄疸。

相似物种

蓟罂粟属（*Argemone*）有 32 个物种，分布在美洲和夏威夷，统称 prickly poppies（"带刺的罂粟"）。阿兹特克人在献祭仪式上使用白花蓟罂粟（*A. albiflora*，英文通用名 White Prickly Poppy）。该属所属的罂粟科（Papaveraceae）有两个重要的药用物种：用来制造吗啡的罂粟（227 页）；以及用来制造另一种鸦片类药物蒂巴因的大红罂粟（*Papaver bracteatum*，英文通用名 Iranian Poppy）。

蓟罂粟的种子小而黑，富含脂肪，包含在多刺的果实之中。果实常常落在植株周围，但种子也会被风力或鸟类传播。该物种主要自花授粉。蓟罂粟通过进口其他植物无意中或者作为园艺植物有意引入到许多国家，并且如今已经广泛归化。

科	罂粟科
分布范围	西伯利亚、中国，以及哈萨克斯坦
生境	岩石地和背阴沟谷
传播机制	蚂蚁
备注	乌普萨拉大学林奈花园中的所有阿山黄堇植株都源自植物学家林奈在 18 世纪中期亲手种植的植株
濒危指标	未予评估

阿山黄堇
Corydalis nobilis
Siberian Corydalis
(L.) Pers.

种子尺寸

长 ¹⁄₁₆ in

(2 mm)

●

实际尺寸

阿山黄堇是一种多年生草本植物，株高 40 厘米，拥有漂亮的叶片和一个硕大的花序。花像小号的金鱼草，黄色或橙色，内花瓣末端深紫色。该物种首次得到描述时，使用的是一个学生从西伯利亚寄给瑞典植物学家卡尔·林奈的种子。学生以为这些种子来自一株荷包牡丹（*Lamprocapnos spectabilis*，英文通用名 Bleeding Heart），然而后来林奈发现它们是阿山黄堇的种子。

相似物种

紫堇属的属名 *Corydalis* 是希腊语单词，意为"有羽冠的云雀"，指的是该属一共大约 500 个成员的花的形状。紫堇属属于罂粟科，该科还包括罂粟。罂粟（227 页）是毒品鸦片的主要来源，这种毒品产自切开种荚后流出的乳液。

阿山黄堇的种子由蚂蚁传播。种子上附着富含油脂的油质体，起到吸引蚂蚁的作用。蚂蚁将种子搬离母株，然后吃掉油质体，但不损伤种子本身。种子需要先后暴露在温暖状态和低温状态下才能萌发。

科	罂粟科
分布范围	美国和墨西哥
生境	草甸和林地
传播机制	喷出
备注	该物种是加利福尼亚州的州花
濒危指标	未予评估

种子尺寸

长 ⅟₁₆ in
(1.5 mm)

226

花菱草
Eschscholzia californica
Californian Poppy
Cham.

实际尺寸

作为加利福尼亚州的州花，花菱草是一年生或多年生植物，花色为黄色至橙色。尽管英文通用名强调了加州，但该物种见于美国南部各地和墨西哥。种子被美洲原住民用于烹饪，而植株本身有温和的镇静作用，因为它含有花菱草碱。当花菱草作为观赏植物引入智利时，由于新环境缺乏竞争，人们发现它的生长状况比在原产地好得多，花开得更大而且繁殖力更强。

相似物种

花菱草属的属名 *Eschscholzia* 是以德国科学家约翰·弗雷德里奇·冯·埃施朔尔茨（Johann Friedrich von Eschscholtz）的名字命名的。该属所有物种都原产北美洲西部，而且多个物种也普遍种植，包括洛比花菱草（*E. lobbii*，英文通用名 Frying Pans）。

花菱草的种子呈圆形，生长在圆柱形蒴果中，每个蒴果有多达 100 粒种子。种子从蒴果中喷出，可以落到距离母株几乎 2 米远的地方。这种植物种植简单，耐干旱，由多种昆虫授粉。

科	罂粟科
分布范围	很可能原产地中海东部，但不确定
生境	自然生境未知；如今广泛栽培于温带地区
传播机制	风力
备注	拥有 4000 年历史的苏美尔黏土板上记载了提取鸦片的过程
濒危指标	未予评估

种子尺寸

长 1/32 in
(1 mm)

罂粟
Papaver somniferum
Opium Poppy

L.

227

实际尺寸

罂粟的英文通用名（意为"鸦片罂粟"）来自它所产生的物质。种荚刻伤后会流出含有生鸦片的乳液，这是毒品吗啡的来源。拉丁学名的种加词 *somniferum* 指的是这种植物的催眠效果。对于该物种的观赏种植，世界各地都有限制性规定，因为它可以用来制造毒品海洛因。不过有很多品种的鸦片类物质含量很低，而且花色多样。罂粟甚至引发过国际冲突，在 19 世纪，中国先后与英国和英法联盟打了两次鸦片战争。

相似物种

罂粟属（*Papaver*）有 55 个物种。其他物种的栽培规模都不如罂粟，但很多物种用作观赏。虞美人（*P. rhoeas*，英文通用名 Common Poppy）是用来纪念阵亡士兵的物种，因为它的红色花朵是"一战"欧洲战场上的常见景致。

罂粟的种子小而黑，呈肾形，每个种荚有数百粒种子。这个物种是用于烹饪的可食用罂粟籽的栽培来源。收割鸦片要在种荚未成熟时，所以这个用途和收获罂粟籽的栽培不兼容。种子离开硕大的种荚后靠风力传播。

科	小檗科
分布范围	原产日本但已在美国归化
生境	温带阔叶林和混交林
传播机制	动物，包括鸟类
备注	种子表现出强烈的休眠性
濒危指标	未予评估

种子尺寸

长 ¼ in
(5–6 mm)

228

日本小檗
Berberis thunbergii
Japanese Barberry
DC.

日本小檗的种子由地栖鸟类传播，它们会被该物种鲜艳的红色果实吸引。种子呈浅棕色，卵形，表面坑洼，底部略凹陷。种子有强烈的休眠性，可通过冷处理来打破休眠。萌发率高，因此如果不加控制，这个物种容易表现出入侵性。

日本小檗是一种原产日本的多刺落叶灌木。它的观赏品种以深红色叶片闻名。由于外表漂亮而且能够抵抗鹿的啃食，这个物种在 19 世纪末作为一种观赏灌木广泛栽培于美国。然而它的低死亡率和茁壮长势造成了不利影响，而且它还会不受控制地扩散。该物种如今在美国东部被认为是入侵物种，在某些州被禁止销售。

相似物种

人们选育出了许多商用的日本小檗品种。近缘物种刺檗（229 页）结大量用于烹饪的可食用浆果。这些酸味浆果富含维生素 C，它们在伊朗被叫作 *zereshk*，用于为肉类炖菜和米饭菜肴调味。

实际尺寸

科	小檗科
分布范围	欧洲、非洲西北部和西亚大片地区；已在北欧、美国和加拿大归化
生境	绿篱和岩石地矮灌木丛
传播机制	鸟类
备注	刺檗已在美国的大片地区遭到清除，因为它是一种导致谷物感染茎腐病的真菌的宿主
濒危指标	未予评估

种子尺寸

长 ³⁄₁₆ in
(5 mm)

刺檗
Berberis vulgaris
European Barberry
L.

刺檗是一种多刺灌木，有由莲座状丛生叶片和黄色花组成的花序。花被认为有异味。刺檗在很多国家因其果实而得到栽培，而且这种灌木在新西兰作为农场绿篱广泛种植。浆果味酸，但可以食用，且富含维生素 C；按照传统，它们经常被做成果酱。刺檗还用作传统草药。

刺檗有红色或紫色的椭圆形浆果。坚实、多汁的浆果直径 10—11 毫米。种子小，红棕色。

相似物种

小檗属（*Berberis*）有大约 500 个物种，其中 13 个在 IUCN 红色名录上列为受威胁物种。由于其有光泽的常绿叶片和颜色鲜艳的浆果，许多小檗属物种都作为观赏灌木种植。用于栽培的物种可能很难鉴定，因为它们很容易杂交。十大功劳属（*Mahonia*）和小檗属的亲缘关系很近，一些植物学家将它们归为一个属。

实际尺寸

科	毛茛科
分布范围	法国、德国和英国
生境	林地和草原
传播机制	风力
备注	含毒药乌头碱
濒危指标	无危

种子尺寸

长 ³⁄₁₆ in
(5 mm)

230

舟形乌头
Aconitum napellus
Wolf's Bane
L.

实际尺寸

舟形乌头是草本多年生植物，开紫蓝色花，原产欧洲，但栽培广泛。它是一种毒性极强的植物，含有毒药乌头碱 —— 仅是触摸这种植物就能引起严重的肠胃反应并导致心率降低，内服很容易导致死亡。英文通用名意为"狼的毒药"，因为人们曾经用它毒杀灰狼（*Canis lupus*）。在古希腊神话中，舟形乌头的起源与地狱三头犬刻耳柏洛斯（cerberus）有关，它的唾液落到地面上就会长出有毒的植物。

相似物种

乌头属（*Aconitum*）有 337 个物种，大部分有毒，一些物种按照传统涂抹在矛和箭的尖头上。这些物种还用作观赏。几个物种会被人类采集用作医药，而且因为对块茎的采集，有三个来自印度的物种在 IUCN 红色名录上列为受威胁级别：展花乌头（*A. chasmanthum*；极危）、异叶乌头（*A. heterophyllum*，英文通用名 Indian Atees；濒危），以及堇色乌头（*A. violaceum*；易危）。

舟形乌头的种子小，棕色，靠风力传播。这种植物的唯一授粉者是被它的紫色花吸引的熊蜂。舟形乌头不应该种植在食用作物的栽培区域，因为根是植株毒性最强的部位。接触植株或种子时必须戴手套。

科	毛茛科
分布范围	北非、西亚，以及中南欧
生境	可耕地
传播机制	动物（含鸟类）和人类
备注	一年生侧金盏花的种子曾在英国青铜时代的沉积物中出土
濒危指标	未予评估

种子尺寸

长 ¾₆ in
(4–5 mm)

一年生侧金盏花
Adonis annua
Pheasant's-Eye
L.

231

实际尺寸

一年生侧金盏花在英文中又称 Blooddrops 或 Soldier-in-green，是一种非常漂亮的鲜红色野花，拥有鲜绿色的叶片。属名 *Adonis* 指的是古希腊神话中的俊美青年阿多尼斯，他在外出打猎时被杀。在神话故事的一个版本中，他的鲜血落地之处长出一朵花，这朵花最有可能是一年生侧金盏花。这个物种的种子可以保持休眠，有休眠多年的潜力，直到土壤条件适宜才萌发。这个物种随农业栽培进入英国，而在英国的一片田野上，这种野花曾在消失三十年之后再次出现。

相似物种

一年生侧金盏花属于毛茛科（Ranunculaceae）。这个科包含 2300 个分布在世界各地的已知开花物种，并被认为是一个原始类群。一些毛茛科物种用在草药中，超过 30 个物种用于顺势疗法。然而该科大部分植物有毒，特别是一年生侧金盏花，它对人类和牲畜都有毒性。

一年生侧金盏花的花凋谢之后结长椭圆形种子穗。每个种子穗里有大约 30 个橄榄绿色的种子。种子可以附着在马和牛蹄子上的泥里，或者借助蚂蚁或农业机械传播。种子在春季或秋季萌发出幼苗。

科	毛茛科
分布范围	美国怀俄明州
生境	湿润岩缝
传播机制	重力
备注	作为一个天然珍稀物种，拉勒米楼斗菜因其花岗岩岩层生境的偏僻而受到保护
濒危指标	未予评估

种子尺寸

长 ¹⁄₁₆ in
(1.5–2 mm)

实际尺寸

拉勒米楼斗菜
Aquilegia laramiensis
Laramie Columbine
A. Nelson

拉勒米楼斗菜是一种多分枝的草本多年生植物，花朵低垂，十分美丽，只生长在怀俄明州的拉勒米山上。花有五枚花瓣状绿白色萼片，花瓣呈米色，每一枚花瓣都有一个向后延伸的钩状距。蜂类和蝴蝶被花朵吸引。蓝绿色叶片由三枚小叶组成，小叶有裂。这个可爱的物种需要保护。幸运的是，它被种在植物园里，为这种植物的野外损失提供了一道保险。

相似物种

楼斗菜属（*Aquilegia*）有大约 70 个物种，属于毛茛科。这些物种往往可以自由杂交。楼斗菜属植物已在花园里种植了几百年。开蓝色花的高山楼斗菜（*A. alpina*，英文通用名 Apline Aquilegia）是一种很受欢迎的花园植物，而且被认为种植简单。

拉勒米楼斗菜的果在植物学上称为蓇葖果，末端开展。蓇葖果在绿色时有细毛。果实成熟时沿着一侧开裂，释放出黑色种子，种子呈卵形，表面光滑。

232

科	毛茛科
分布范围	欧洲温带地区；广泛归化
生境	森林、溪流和受扰动的地区
传播机制	风力
备注	这种植物的种子捣碎之后可以用来杀灭虱子
濒危指标	未予评估

欧耧斗菜
Aquilegia vulgaris
European Columbine
L.

种子尺寸

长 1/16 in
(2 mm)

实际尺寸

欧耧斗菜是一种原产欧洲的多年生草本植物，不过如今它已广泛归化于其自然分布区之外。在野外，该物种开蓝花，不过人们已经培育出了用于园艺贸易的白花、粉花和紫花品种。这种植物适合切花的商业化生产。欧耧斗菜在历史上用于治疗坏血症。这种植物有毒，因此不常用作内服药，不过根的制备品可用于治疗皮肤病。捣碎的种子用于消灭体外寄生虫如虱子。

相似物种

耧斗菜属有大约 70 个物种，分布于北半球各地。*Aquilegia* 这个属名来自拉丁语单词 *aquila*，意思是"鹰"。英文通用名 columbine 来自拉丁语单词 *columba*，意思是"鸽子"。这两种鸟的名字指的都是这种植物向外伸展的花瓣和花瓣上的距，前者像翅膀，后者像鸟的脖颈。

欧耧斗菜的种子小而黑，先储存在种荚中，随后借助风力传播。这种植物由蜂类授粉，不过只有口器足够深，能够接触深埋于花中花蜜的种类才能为它授粉。欧耧斗菜很容易杂交，所以任何一株子代的花色都可能与母株不同。

科	毛茛科
分布范围	美国弗吉尼亚州
生境	林地和岩石地区
传播机制	风力
备注	如今只剩下 11 个野生种群
濒危指标	未予评估

种子尺寸

长 ⅜ in
(9 mm)

234

艾迪生铁线莲
Clematis addisonii
Addison's Leather Flower
Britton ex Vail

艾迪生铁线莲是一种小型亚灌木，产自美国弗吉尼亚州，自然分布范围相当有限。它开紫色革质花，末端白色。该物种被"公益自然"列为极度濒危（Critically Imperiled）物种，因为有记录的野生种群如今只剩下 11 个。在这个物种的分布范围内，由于道路拓宽工程和林冠的荫蔽，它正受到生境衰退的威胁。虽然在野外非常稀有，但艾迪生铁线莲可用于园艺栽培。它的名字是为了致敬纽约植物园的创始人之一艾迪生·布朗（Addison Brown）。

相似物种

铁线莲属（*Clematis*）有 373 个物种，分布于世界各地。它是毛茛科唯一有木本物种的属，大多数铁线莲属成员是藤本植物。有攀缘习性的铁线莲属物种在观赏园艺中尤其受到偏爱，但一些物种已从花园中逃逸到野外。该属在花色和花朵形状方面有很大的变异。

实际尺寸

艾迪生铁线莲的种子生长在瘦果里。每个瘦果只有一粒种子，并由风力传播。种子可能很难买到，因为这个物种在野外很稀有，而且任何买来的种子都应该来自可持续的来源。

科	毛茛科
分布范围	原产欧洲、中东、非洲和南高加索地区；广泛归化
生境	林缘、绿篱和受扰动的区域
传播机制	风力
备注	为了控制这个入侵物种，新西兰政府在 15 年里投入了相当于 50 万美元的资金
濒危指标	未予评估

种子尺寸

长 ³⁄₁₆ in
(4 mm)

钝萼铁线莲
Clematis vitalba
Old Man's Beard
L.

实际尺寸

钝萼铁线莲是一种原产欧洲、中东、非洲和南高加索地区的木本攀缘植物。英文通用名（意为"老人的胡须"）指的是羽毛状白色瘦果，它增加了这种植物的观赏价值。然而，它们也是这种植物在几个国家被认定为入侵植物的原因，因为它们可以借助风力传播得很远，由此引发了这种植物的迅速扩张。钝萼铁线莲通常作为花园逃逸物种引入。它在新西兰造成了最严重的负面影响，藤蔓的重量甚至压垮了本土树木。在意大利，这个物种的嫩茎会被煮熟食用。

相似物种

铁线莲属（*Clematis*）有 373 个物种。具有入侵性或者难以控制的其他物种包括圆锥铁线莲（*C. terniflora*，英文通用名 Sweet Autumn Clematis），它来自日本并在美国造成了麻烦。尽管不像钝萼铁线莲那样肆意扩张，但像这个物种一样，它也曾用自己的重量将电线杆和树木压垮。

钝萼铁线莲的种子借助毛茸茸的瘦果由风力传播。这种攀缘植物由昆虫授粉，但也能自花授粉。钝萼铁线莲耐寒，可忍耐低至 −10℃的气温。

科	毛茛科
分布范围	从阿拉斯加至加利福尼亚的北美洲西部
生境	草甸、河滨以及开阔松柏林
传播机制	风力
备注	翠雀对牲畜有毒，因此必须从放牧用地中清除
濒危指标	未予评估

种子尺寸

长 ⅛ in
(3 mm)

236

实际尺寸

天蓝翠雀的种子呈棕色，形状不规则。它们的生活力有限，而且在温度上升到15℃以上时不萌发。大多数栽培翠雀是用种子种植的，萌发前需要一段寒冷时期。

天蓝翠雀
Delphinium glaucum
Giant Larkspur
S. Watson

在当地称为 Sierra Larkspur，是一种高大的（高达1.8米）草本多年生植物，茎秆上开典型的鲜艳蓝色或紫色花。这些花构造复杂；它们的形状启发了这个物种的属名 *Delphinium*，它来自希腊语中的"海豚"一词，而且这些花的复杂程度和兰花相当。可以从叶片或全株中，尤其是从幼嫩植株中提取杀虫剂，而且这种杀虫剂对人类和动物有毒。

相似物种

翠雀属（*Delphinium*）有大约450个物种，分布在北半球温带地区和非洲赤道地区。大约150个物种是中国特有，而且地理分布范围极为有限。它们也得到广泛栽培，并因其硕大耀眼的花而受到园丁的青睐。翠雀属有一系列品种，花色从白色至浅蓝色再到该属标志性的亮靛蓝色都有。

科	毛茛科
分布范围	原产西伯利亚、中国和蒙古
生境	草甸、矮灌木丛和疏林
传播机制	风力
备注	和其他翠雀不同，这个物种植株较矮，呈灌木状
濒危指标	未予评估

种子尺寸

长 1/16 in
(1.5 mm)

大花翠雀
Delphinium grandiflorum
Siberian Larkspur
L.

237

实际尺寸

大花翠雀是草本多年生植物，有硕大的蓝色花朵。它的外表与其他翠雀属植物相当不同，植株较矮且呈灌木状。这个物种原产西伯利亚、蒙古和中国的干草原，有很高的观赏价值。人们为园艺行业创造了许多花色各异的品种。在野外，这种植物在 5 月至 11 月开花。英文通用名 larkspur（"云雀"）指的是其中一枚萼片，它像距一样在花朵后面伸展。全株有毒，因为植株含有翠雀碱。

大花翠雀的种子呈圆形，小而黑。这种植物由蜂类和蝴蝶授粉，种子由风力传播。大花翠雀最好种植在全日照条件下，而且虽然它们相对短命，但是种在花境里仍然很漂亮。

相似物种

翠雀属含有超过 450 个草本多年生物种。属名指的是该物种发育中的花蕾形似海豚。三个物种在 IUCN 红色名录上列为极危：蒙齐翠雀（*D. munzianum*）、凯西翠雀（*D. caseyi*）和鸢尾翠雀（*D. iris*）。过度放牧是这三个物种共同面临的威胁。

科	毛茛科
分布范围	中南欧
生境	开阔林地或高山地区
传播机制	动物
备注	种子由蚂蚁传播
濒危指标	未予评估

种子尺寸

长 ³⁄₁₆ in
(5 mm)

238

黑嚏根草
Helleborus niger
Christmas Rose
L.

实际尺寸

对于黑嚏根草，Christmas Rose（"圣诞玫瑰"）是个容易误导人的英文通用名，这个常绿物种实际上在每年的最初几个月开花。它醒目的白色花是铁筷子属植物中最大的，形似玫瑰。在位于中南欧的自然生境，黑嚏根草会在下雪的季节开花。拉丁学名的种加词 *niger* 指的是植物黑色的根。

相似物种

铁筷子属（*Helleborus*）有 13 个物种，多个品种和杂种用于观赏。几个物种开绿色花，包括臭嚏根草（*H. foetidus*，英文通用名 Stinking Hellebore）。这种植物倒是配得上它的通用名，因为它被揉碎时会释放出一股异味。铁筷子属植物因其常绿叶片而在园艺上受到重视。所有物种都对人类有毒。

黑嚏根草的种子有富含蛋白质和脂肪的油质体。蚂蚁被油质体吸引，然后将种子搬运到蚁巢中。油质体被吃掉后，种子本身被运到蚁巢的废弃区，在那里营养丰富的沉积层中萌发。

科	毛茛科
分布范围	欧洲、北非和亚州西南部
生境	田野、受扰动的区域以及岩石地
传播机制	风力
备注	种荚是有观赏性的蒴果
濒危指标	未予评估

黑种草
Nigella damascena
Love in a Mist
L.

种子尺寸

长 ⅛ in
(3 mm)

实际尺寸

黑种草是草本一年生植物，拥有有趣的花和精致的叶。在野外，这种植物开蓝色花。然而人们已经创造出了许多品种以满足园艺市场，一些品种的花是重瓣的，花色多样。拉丁学名的种加词 *damascena* 指的是叙利亚城市大马士革，因为这个物种起源于该地区。传统上，这种植物的种子用作调味料，它们有类似肉豆蔻的味道。从这种植物中提取的油用在化妆品中。

相似物种

黑种草属（*Nigella*）有 18 个物种。家黑种草（*N. sativa*，英文通用名 Black Cumin）是同名香料的来源，在印度，这种烘烤过的种子会被加入咖喱、蔬菜类菜肴和面包中。种子还被当作药物，用于治疗蛔虫和其他消化道问题。开深紫色花的西班牙黑种草（*N. hispanica*，英文通用名 Spanish Fennel Flower）是一种常见观赏植物，起源于西班牙。

黑种草的种子储存在由 5 个种荚愈合而成的蒴果中；令人难忘的构造赋予了它观赏价值。每个蒴果含有许多种子，它们被释放到风中扩散。花由蜂类授粉，不过它们也可以自花授粉，因此这种植物会在花园环境中大量繁殖。

科	莲科
分布范围	东亚、北高加索，乌克兰
生境	温暖地区的湿地，包括河漫滩、池塘和沼泽
传播机制	水流
备注	种子穗常用于插花
濒危指标	未予评估

种子尺寸

长 %₁₆ in
(14 mm)

240

莲（荷花）
Nelumbo nucifera
Sacred Lotus
Gaertn.

作为一种多年生草本水生植物，莲常常与睡莲混淆，但后者属于睡莲科。莲拥有硕大而醒目的黄色和粉色花，这让它作为观赏植物而得到广泛栽培。正如英文通用名（意为"圣莲"）所暗示的那样，莲在印度教和佛教中都有象征意义。它的花在印度教中象征美丽和财富，在佛教中象征智慧和纯洁。这种植物还用于烹饪，根被当作蔬菜①，种子可以像玉米花一样爆开，雄蕊添加到茶中。

相似物种

莲属（*Nelumbo*）只有两个物种。另一个物种是美洲莲（*N. lutea*，英文通用名 American Lotus），原产美国南部和中美洲。这个物种不如莲栽培广泛，尽管它有漂亮的黄色花朵。它曾是美洲原住民的食物来源，因为块茎和种子都可食用。美洲莲在 IUCN 红色名录上列为无危品种。

莲的种子储存在形状像花洒的种子穗②里。当种子穗低垂下来的时候，种子被释放到水里传播。在中国曾经发现过一个拥有 1300 年历史的莲蓬，里面的种子后来成功萌发 —— 这是有史以来拥有生活力的最古老的种子之一。

实际尺寸

---

① 译注：即藕，又称莲菜。
② 译注：即莲蓬。

科	悬铃木科
分布范围	最开始的杂交事件可能发生在西班牙
生境	未见于野外，作为行道树广泛栽培
传播机制	风力
备注	在伦敦种植的乔木，超过一半是二球悬铃木
濒危指标	未予评估

种子尺寸
长 ½ in
(13 mm)

二球悬铃木（英国梧桐）
Platanus × acerifolia
London Plane Tree
(Aiton) Willd.

实际尺寸

二球悬铃木是三球悬铃木（*Platanus orientalis*，英文通用名 Oriental Plane；即法国梧桐）和一球悬铃木（242 页）的杂交种。被认为起源于西班牙，它是一种高大的落叶乔木，在行道树的选择上深受偏爱，因为它有很强的耐污染能力，而且能够在根系受限的情况下生长。不过它硕大的叶片会造成麻烦，因为它们可能需要一年才能完全分解。二球悬铃木不像一球悬铃木那样容易感染真菌所引起的悬铃木炭疽病，所以被认为是后者的良好替代品。

二球悬铃木的种子生长在果球中，这一点与悬铃木属的其他物种类似。种子储存在干燥的瘦果里，脱离果球后借助风力传播。和许多杂种不同的是，二球悬铃木是可育的。来自叶片的毛会导致过敏，这是该物种大规模应用于行道树所造成的一大问题。

相似物种

悬铃木属（*Platanus*）有 9 个物种。二球悬铃木的亲本物种起源于世界两端。一球悬铃木（242 页）原产美国东海岸，三球悬铃木原产从东南欧延伸至伊朗的地区。三球悬铃木虽然被 IUCN 列为无危物种，但它正受到灌溉水渠改道和农业扩张的威胁。

科	悬铃木科
分布范围	美国东海岸
生境	湿地或水滨生境
传播机制	风力、哺乳动物和鸟类
备注	与纽约证券交易所的开设有关的一项关键协议是在华尔街上的一棵一球悬铃木下签订的
濒危指标	无危

种子尺寸

长 ⁹⁄₁₆ in
(14 mm)

242

一球悬铃木（美国梧桐）
Platanus occidentalis
American Sycamore
L.

作为美国最高的阔叶树之一，一球悬铃木可以长到40米。它的深棕色外层树皮会剥落，露出白色的内层树皮，赋予这种乔木令人难忘的外观。木材一度是制作纽扣的热门材料，因此这个物种的另一个英文通用名是Buttonwood（"纽扣木"）。它还被用来制作家具、包装材料和木桶。美洲原住民将树干挖空制作独木舟。在悬铃木炭疽病出现之前，这种树曾用作行道树 —— 悬铃木炭疽病这种真菌病害会导致落叶，对于行道树而言，这是很不吸引人的症状。

相似物种

悬铃木属有 9 个物种，在英语中通常都称为"悬铃木"（plane trees①）。许多产自北美的悬铃木属物种的英文名都含有 sycamore 这个词。然而，这个词还被用来描述世界各地的其他物种，例如欧亚槭（*Acer pseudoplatanus*，英文通用名 European Sycamore；426 页），它是一种槭树，还有埃及无花果（*Ficus sycamorus*，英文通用名 Sycamore Fig；335 页），它是榕属物种。

实际尺寸

一球悬铃木的种子生长在果球中。这些果球由许多个带毛的微小果实构成，这些果实称为瘦果，每个瘦果含有一粒种子。果球解体并将瘦果释放到风中传播。花簇生；雄花黄色，雌花红色。

———————

① 译注：plane 一词的词源来自古希腊，意为"宽大的"，指树叶形状。

科	山龙眼科
分布范围	澳大利亚东部
生境	海滨地区的矮灌木丛和雨林
传播机制	重力
备注	该物种作为观赏植物种植
濒危指标	未予评估

全缘叶班克木
Banksia integrifolia
Coast Banksia
L.f.

种子尺寸

长 ⁵⁄₁₆–³⁄₈ in
(8–10 mm)

243

全缘叶班克木是一种生长在海滨山丘和矮灌木丛中的乔木，可以长到 20 米高。它有圆柱形淡黄色花序，由昆虫、鸟类和哺乳动物授粉。全缘叶班克木是班克木属最容易栽培的物种之一。这个物种本身不受威胁，不过由于过度放牧和生境遭遇的焚烧，一个亚种被认为已经灭绝了。在澳大利亚，全缘叶班克木常常沿着海岸或街道种植。

实际尺寸

相似物种

班克木属（*Banksia*）属于古老的山龙眼科（Proteaceae），该科大部分物种分布在南半球。澳洲坚果属（*Macadamia*）也属于山龙眼科。澳洲坚果属的两个物种——澳洲坚果（*M. integrifolia*）[①] 和四叶澳洲坚果（*M. tetraphylla*）有重要的商业价值并因此得到种植，它们的种子可食用，称为 macadamia nut。该属的其他物种有毒。

全缘叶班克木的种子有翅，扁平，呈黑色。和大多数班克木属物种不同，这些种子不需要火诱发它们从球果状的果实中脱离。它们的萌发也不需要任何提前处理，因而这种树木容易种植并成为流行的观赏植物。

---

① 译注：澳洲坚果即市面上常见的夏威夷果。

科	山龙眼科
分布范围	澳大利亚昆士兰州
生境	林地和开阔林
传播机制	风力
备注	这个物种的种加词 *banksii* 是为了致敬英国博物学家约瑟夫·班克斯（Joseph Banks）
濒危指标	未予评估

种子尺寸

长 ⁷⁄₁₆ in
(11 mm)

244

红花银桦
Grevillea banksii
Kahili Flower
R. Br.

红花银桦是澳大利亚特产的一种常绿乔木或灌木。它有醒目的红色花，因而能作为一种观赏植物种植在世界各地。例如，它在夏威夷很常见，这也是它的英文通用名的来源（*kahili* 是夏威夷的一种长羽状旗帜的名字，用于庆典）。它被推荐用作行道树，尽管它会在落果时将地面搞得一团糟。接触这种植物时应当小心，因为叶片和种荚都能导致过敏反应。这种树还对马有毒性。

相似物种

银桦属（*Grevillea*）有 372 个物种，其他几个物种也用作观赏。它们大量杂交，创造出拥有不同鲜艳花色的品种。该属的乔木和灌木不耐霜冻或寒冷气候，但可种植在室内越冬。花用大量花蜜吸引鸟类。

红花银桦的种子生长在扁平多毛的灰色种荚中。这些种荚裂开后释放出两粒种子。种子深棕色，有小小的棕色翅，借助风力传播。这个物种耐干旱，最好种植在全日照条件下。

实际尺寸

科	山龙眼科
分布范围	澳大利亚特有物种；广泛种植于世界各地并在几个国家有入侵性
生境	河边
传播机制	风力
备注	用作作物的遮阴树
濒危指标	未予评估

种子尺寸

长 ½ in
(13 mm)

银桦
Grevillea robusta
Silky Oak
A. Cunn. ex R. Br.

245

银桦是一种高达 30 米的大乔木，澳大利亚的特有物种。漂亮的蕨状叶片和黄色花朵让这个物种成为人工栽培的热门选择。它还用于经济林，特别是在非洲，用作小粒咖啡（535 页）等作物的遮阴树。它在包括牙买加和南非的几个国家被认为是入侵物种，不过在澳大利亚的昆士兰州也成了入侵物种，生活在这些国家和地区的野外。它不耐火灾，所以还没有入侵其自然分布区附近的桉树林。

相似物种

银桦属有 372 个物种，大多数是澳大利亚的特有物种。该属成员广泛作为观赏植物栽培，而且很容易杂交产生新品种。银桦属的花产出大量花蜜，吸引多种鸟类；花蜜还会被原住民食用，他们要么直接从花中摄食花蜜，要么将其做成一种软饮料。

实际尺寸

银桦的种子有翅，因为它们要借助风力传播。这种乔木产生大量种子，这有助于它成为入侵物种。授粉者有好几种，包括有袋类哺乳动物和鸟类。在较寒冷的气候区，该物种常常种植在室内。

科	山龙眼科
分布范围	原产澳大利亚东部；引入新西兰后成为入侵物种
生境	海滨和低地区域
传播机制	风力
备注	每株灌木可结出多达 25000 粒种子
濒危指标	未予评估

种子尺寸

长 ⅝ in
(16 mm)

246

柳叶荣桦
Hakea salicifolia
Willow-Leaved Hakea
(Vent.) B. L. Burtt

柳叶荣桦是一种生长迅速的海滨和低地灌木，开乳白色的花，原产澳大利亚，在新西兰是入侵物种。它是在新西兰脆弱的岛屿生态系统中威胁本土物种的众多非本土植物之一。它首次得到科学描述时，使用的是探险家詹姆斯·库克（James Cook）船长在植物学湾（Botany Bay）采集的一个样本。柳叶荣桦通常冬季开花，在栽培中存在两种形态。

相似物种

荣桦属（*Hakea*）有超过 150 个乔木和灌木物种，全都原产澳大利亚。它们又被称为 pincushion trees（"针垫花"），因为它们的花像插满大头针的针垫。由于漂亮的花，许多物种作为观赏植物种植。这个属的名字来自克里斯蒂安·路德维希·冯·哈克男爵（Baron Christian Ludwig von Hake），他是德国的一名植物学赞助人。

实际尺寸

柳叶荣桦有木质化的种荚，终年留在植株上。每株灌木结出大量种子，这个特点让这种植物在它的非原产国具有入侵性。每个种荚包含两粒种子，它们长着便于风力传播的翅。种荚一旦受到火的刺激就会打开，释放并传播种子。

科	山龙眼科
分布范围	南非
生境	山地森林和高山硬叶灌木群落
传播机制	风力、鸟类和其他动物
备注	木百合的银色在炎热干燥的天气下最明显，此时叶片上的毛平贴在叶片表面，反射光和热，并有助于最大程度地减少水分损失
濒危指标	易危

木百合
Leucadendron argenteum
Silver Tree
R. Br.

种子尺寸

长 ⅜ in
(9 mm)

247

木百合只生长在台地山的山坡上。它的叶片覆盖着一层浓密的银色毛，赋予这种树木标志性的金属光泽。硕大的木质化球果也覆盖着银色毛；一旦开始发育，球果就会留在树上，直到树木本身死去。木百合植株会死于火灾，但球果里的种子会幸存，并释放出来萌发。虽然这个物种是台地山上图腾般的存在，且是很受欢迎的观赏植物，但它的野生种群正在变得越来越碎片化。它面临的威胁包括城市开发、与外来入侵物种的竞争，以及对该物种的生存至关重要的林火动态的变化。

相似物种

木百合属（*Leucadendron*）有大约 80 个物种。它们都生活在南非的高山硬叶灌木群落区域，这是一种矮灌木丛和石南灌丛生境，是全世界植物多样性最丰富的地区之一。木百合属物种有各种形状和大小。除了乔木之外，该属还包括灌木，例如叶片有香味的香木百合（*L. tinctum*，英文通用名 Spicy Conebush），以及小型植物如平卧木百合（*L. prostratum*）——一种蔓生植物，开红黄相间的绒球状花。

木百合的种子是大而沉重的坚果。花的干燥外壳会留在种子上，起到降落伞的作用，帮助种子传播。种子还为啮齿类动物提供食物来源；当储存在它们的地下粮仓里的时候，它们的生活力可以保持长达 80 年之久。然而，引入的外来物种东美松鼠（*Sciurus carolinensis*）会在球果打开时吃掉里面的种子，降低这个物种自然繁殖的能力。

实际尺寸

科	山龙眼科
分布范围	原产澳大利亚东部；现广泛栽培于热带
生境	亚热带雨林
传播机制	不确定；人们认为主要通过水力和重力
备注	澳洲坚果是所有坚果中油脂含量最高的——通常为 72% 或者更高
濒危指标	未予评估

种子尺寸
长 1 in
(25 mm)

248

澳洲坚果（夏威夷果）
Macadamia integrifolia
Macadamia

Maiden & Betche

实际尺寸

澳洲坚果是一种常绿大乔木，可以长到 15 米高，冠幅可达 12 米。它的种子就是澳洲坚果的果仁，被广泛食用，并因其脆而多油的口感和温和的味道受到青睐。澳洲坚果曾是原住民部落的食物来源，被欧洲人发现之后，它还被种植在其他国家进行栽培。这个物种在 19 世纪初引入夏威夷，全球性的澳洲坚果贸易从那里发端。澳洲坚果可以留在树上长达三个月，成熟之后再落到地上。

相似物种

通常认为澳洲坚果属（*Macadamia*）有 5 个物种。两个物种用于商业生产：澳洲坚果和四叶澳洲坚果（*M. tetraphylla*，英文通用名 Rough-shelled Macadamia）。澳洲坚果是最常栽培的物种。不过并非所有物种都适宜商业生产。例如三叶澳洲坚果（*M. ternifolia*，英文通用名 Gympie Nut）的种子小而苦。另一个物种粗脉叶澳洲坚果（*M. neurophylla*）是新喀里多尼亚的特有物种，而且在那里也很稀有：它在 IUCN 红色名录上归入易危类别。

澳洲坚果的果仁呈圆形，乳白色，中间有一条棱纹。果仁由坚硬的巧克力棕色果壳或种皮（如图所示）保护，果壳光滑。一层绿色外皮包裹着果壳，并在坚果成熟时裂开。澳洲坚果通常在果仁含有至少 72% 的油脂时成熟。

科	山龙眼科
分布范围	南非
生境	高山硬叶灌木群落
传播机制	风力
备注	该物种是南非的国花
濒危指标	未予评估

种子尺寸

长 $1^3/_{16}$ in
(20 mm)

帝王花
Protea cynaroides
King Protea
L.

帝王花是一种常绿灌木，有硕大的碗形花，令人过目难忘。这些花实际上是头状花序，位于中央的小花被颜色鲜艳的苞片环绕。这个品种种植在花园里，还为切花行业供应材料。仅分布于南非，是该国的国花。它的自然生境是高山硬叶灌木群落区，而且它已经进化得能够在火灾之后重新长出来。拉丁学名的种加词 *cynaroides* 指的是帝王花与刺菜蓟（*Cynara cardunculus*，英文通用名 Globe Artichoke）的相似性。

实际尺寸

相似物种

帝王花属（*Protea*）有 101 个物种，全部原产南非。属名是 18 世纪植物学家卡尔·林奈选择的，源自古希腊神话中有变形能力的神普罗透斯（Proteus），因为该属物种的变异程度很大。山龙眼科在大约 2 亿年前起源于尚未脱离泛古陆的冈瓦纳大陆，因此该科物种分布于非洲、中南美洲和大洋洲。

帝王花的种子是大而多毛的坚果，种荚遇火分解后种子借助风力传播。授粉者包括太阳鸟和金龟子。该物种不耐霜冻，但在温带地区可以种在温室里。这种灌木常常需要几年才能开花。

科	山龙眼科
分布范围	澳大利亚东南部
生境	海滨和山地
传播机制	风力
备注	作为对容易发生火灾的自然生境的适应，蒂罗花在发生火灾后可以从茎上一个名为木块茎（lignotuber）的木质膨大结构开始重新萌发
濒危指标	未予评估

种子尺寸

长 ⁵⁄₁₆ in
(8 mm)

250

蒂罗花
Telopea speciosissima
Waratah
R. Br.

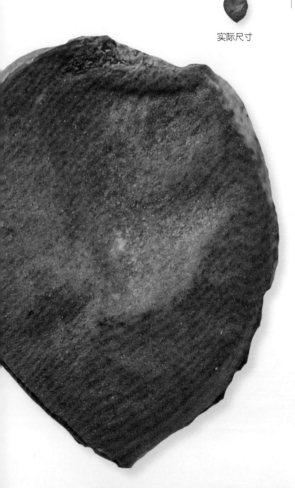

实际尺寸

蒂罗花在春天长出硕大、醒目的红色或粉色花序，这是这种灌木赖以闻名并具有广泛辨识度的特征。蒂罗花很早就受到人类的赏识；它的英文通用名来自澳大利亚原住民语，意思是"开红花的树"，而拉丁学名种加词的意思是"最美丽的"。如今，蒂罗花得到人工栽培以供应切花市场，并且是新南威尔士州的象征植物。野生个体的花序在大小、形状和颜色方面可能有相当大的差异，这种差异性让人们开发出了许多品种。

相似物种

蒂罗花属（*Telopea*）还有其他 4 个物种，全都原产澳大利亚本土东部地区和塔斯马尼亚：直布罗陀山脉蒂罗花（*T. aspera*，英文通用名 Gibraltar Range Waratah）、布雷德伍德蒂罗花（*T. mongaensis*，英文通用名 Braidwood Waratah）、吉普斯兰蒂罗花（*T. oreades*，英文通用名 Gippsland Waratah），以及截叶蒂罗花（*T. truncata*，英文通用名 Tasmanian Waratah）。蒂罗花曾与其中的一些物种杂交，创造出多个栽培品种，例如开血红色花的'荫夫人'蒂罗花（*T. speciosissima* × *T. oreades* 'Shady Lady'）。蒂罗花这个物种的纯系品种包括'歌之径'（'Songlines'）和'威尔姆比拉白'（'Wirrimbirra White'），前者的粉色花蕾开放时变成红色，后者的花色几乎纯白。

蒂罗花的花序发育成香蕉形深棕色荚。这些种荚需要生长六个月才会成熟，成熟后开裂，释放出形状不规则的具翅种子。一个花序可以结出多达 250 粒种子。播种长出的蒂罗花在大约第五年之后第一次开花。

科	折扇叶科
分布范围	非洲南部
生境	稀树草原
传播机制	风力
备注	叶片和小枝可制作一种草药茶
濒危指标	未予评估

种子尺寸

长 ⅟₆₄ in
(0.3–0.5 mm)

251

折扇叶
Myrothamnus flabellifolius
Resurrection Plant

Welw.

实际尺寸

折扇叶是一种生长在岩缝里的微型小叶灌木。这种植物原产非洲南部，能够在当地旱季的极端条件下幸存，这多亏了它令人惊叹的适应性。当这种植物脱水时，它的叶片会萎缩，看上去像枯死了一样。然而它们仍然活着，会在下一次接触水时重新变绿。好几个物种拥有这种"复活"（resurrection）能力，但和这种灌木不同，它们大多数是小型禾草或其他草本植物。折扇叶正在作为一种可能的白血病治疗药物而得到研究。

相似物种

折扇叶属（*Myrothamnus*）只有两个物种，它们在英文中都叫"复活植物"。有趣的是，在非洲和这个属亲缘关系最近的物种是大叶草（*Gunnera perpensa*，英文通用名 River Pumpkin），一种叶片硕大的水生植物，与折扇叶截然不同。科学家认为这两个物种拥有共同祖先，并在大约 1 亿年前开始分支。

折扇叶的种子非常小，由风力传播。它们是圆形的，表面有小而圆的隆起。种子可以储存，容易萌发，不过需要 20℃以上的温度才能萌发。

科	芍药科
分布范围	南欧和亚洲西南部；已在英国斯蒂普岛（Steep Holm）归化
生境	岩石山坡
传播机制	喷出
备注	种荚的形状像小丑帽
濒危指标	未予评估

种子尺寸

长 ¼ in
(7 mm)

252

南欧芍药
Paeonia mascula
Balkan Peony
(L.) Mill.

南欧芍药是一种灌丛状草本植物，有美丽的开放式粉色花。它原产欧洲南部和亚洲西南部。它是很受欢迎的观赏植物，但在部分自然分布区正遭受威胁——例如，它在保加利亚是易危物种，在西班牙是濒危物种。这个物种已被引入英国的小岛斯蒂普岛，很可能是在 13 世纪因为其药用价值而被僧侣引入的，后来被误认为原产此地。在传统习俗中，它的根因具有止痉挛效果而用在药物中。

相似物种

芍药属（*Paeonia*）有 36 个物种。它们的花在园艺栽培中很受欢迎，因此各种花色的品种已经超过了 3000 个。这些物种近距离种植时还容易杂交。开深红色花的希腊芍药（*P. parnassica*，英文通用名 Greek Peony）是希腊的特有物种，已被 IUCN 红色名录列为濒危类别。

实际尺寸

南欧芍药的种子生长在种荚里，这些种荚俗称"小丑帽"，这不令人意外，因为它们的外表真的很像小丑帽。这些"帽子"爆裂后释放出种子。花由昆虫授粉，不过作为两性花，它们也可以自花授粉。

科	蕈树科
分布范围	美国东南部和西南部、墨西哥以及中美洲
生境	温带森林和湿润山地林
传播机制	风力
备注	坚硬的圆形多刺果实成百上千地落到地面上，会在居住区和公共区域造成危险
濒危指标	无危

北美枫香树
Liquidambar styraciflua
American Sweetgum
L.

种子尺寸

长 ⅜ in
(9.5 mm)

253

北美枫香树的英文名（字面意思"美国甜树胶"）和属名指的是这种树被割伤后会流出有香味的树脂，过去称为"液体琥珀"（liquid amber）。16 世纪初，据说西班牙征服者埃尔南·科尔特斯（Hernán Cortés）和阿兹特克皇帝蒙特祖玛二世（Moctezuma Ⅱ）曾在一个阿兹特克典礼中喝下一株北美枫橡树流出的液体琥珀。过去，这种树脂曾被用来制造各种各样的产品，包括口香糖、香水和黏合剂。因为拥有漂亮的秋叶，这个物种还常常作为观赏树木种植。坚硬多刺的果球在美国有很多俗名，包括 Gumball（"树胶球"）、Monkey Ball（"猴子球"）和 Space Ball（"太空球"）。

相似物种

枫香树属（*Liquidambar*）只有 6 个物种，仅北美枫香树分布在美洲，其他 5 个物种生长在东南亚、土耳其和欧洲西南部。根据化石记录判断，枫香树属物种以往的分布比现在广泛得多，欧洲西部、北美西部和俄罗斯远东地区都曾是该属的分布范围。

实际尺寸

北美枫香树的种子有翅，又称翅果（samaras）。每粒种子的棕色纸质延伸结构有助于它们借助风力飞行。种子还会被花栗鼠、松鼠和许多鸟类吃掉。北美枫香树的坚硬果球由多个带刺蒴果构成，每个蒴果含有 1 或 2 粒种子。

科	虎耳草科
分布范围	原产欧洲北部、西部和中部；广泛归化
生境	草原
传播机制	风力和动物
备注	遭受生境丧失的威胁
濒危指标	未予评估

254

种子尺寸

长 1/64 in
(0.5 mm)

实际尺寸

虎耳草的种子由风力传播。花由多种不同的昆虫物种授粉。然而这种植物的种子产量很低，因此主要通过营养繁殖来扩增，产生的小鳞茎被认为随着泥巴沾在牲畜的脚上传播。

虎耳草
Saxifraga granulata
Meadow Saxifrage
L.

正如英文名 Meadow Saxifrage（"草甸虎耳草"）所暗示的那样，虎耳草是一个生活在草原上的物种，原产欧洲。它是草本多年生植物，开小白花，有 5 片花瓣。它在栽培中很受欢迎，并常常在引种地归化。人们认为这个物种是作为船只的压舱物以小鳞茎即较小的次级鳞茎的形式进入芬兰的。虎耳草在它的部分自然分布区内受到威胁，比如它在瑞士已经成了濒危物种。将草原改造成农业或城市建设用地的做法大大减少了该物种的生境。

相似物种

虎耳草属（*Saxifraga*）有 450 个物种，这个拉丁文属名的意思是"碎石者"，人们认为这指的是某些物种——尤其是虎耳草——分解肾结石的医药用途。6 个物种在 IUCN 红色名录上列为受威胁类别，评估列出的威胁包括全球变暖、铜矿开采和（用途未知的）野外采集。

科	葡萄科
分布范围	原产东亚；在美国部分地区具有入侵性
生境	林地
传播机制	动物，包括鸟类
备注	这种植物漂亮的宝石状果像葡萄一样长成一串
濒危指标	未予评估

种子尺寸

长 ³⁄₁₆ in
(4 mm)

实际尺寸

东北蛇葡萄
Ampelopsis brevipedunculata
Porcelain Berry
(Maxim.) Momiy.

　　东北蛇葡萄是一种木本攀缘植物，用粉色卷须将自己攀附在其他植物或建筑物上，可以长到6米高。这个物种原产东亚，因其漂亮的叶片而作为观赏植物种植，叶片形状像葡萄（257页）叶。一些观赏品种的叶片有粉色、绿色和米色彩斑。种加词 *brevipedunculata* 的意思是"短花梗"。浆果本身可食，但不是很好吃，这种植物还可用作治疗淤青的外用药。

相似物种

　　蛇葡萄属（*Ampelopsis*）全部都是攀缘植物，主要分布在全球温带地区的山区。属名来自希腊语单词 *ampelos* 和 *opsis*，前者的意思是"藤"，后者的意思是"相似"。东北蛇葡萄不是该属唯一用作观赏植物的物种。乌头叶蛇葡萄（*A. aconitifolia*，英文通用名 Monkshood Vine）也有漂亮的叶片，并随季节变化而变成黄色。

东北蛇葡萄的果实是圆润醒目、状如宝石的浆果，成熟过程中变成各种颜色，包括青绿色、淡紫色和蓝色。果实可食，每个果含有 2—4 粒种子。这种植物在美国部分地区具有入侵性，因为鸟类会被浆果吸引，然后将种子传播到很远的地方。

科	葡萄科
分布范围	纳米比亚
生境	沙漠
传播机制	风力
备注	对野外植株的采集正在威胁这个物种
濒危指标	无危

种子尺寸

长 ⅜ in
(10 mm)

256

葡萄瓮
Cyphostemma juttae
Tree Grape
(Dinter & Gilg) Desc.

葡萄瓮原产纳米比亚，生活在该国炎热干旱的环境下，是一种生长缓慢的肉质植物，其巨大的膨大主干在旱季起到了储水的作用。作为观赏植物种植，这种植物可以长到 2 米高。该物种的剥落树皮呈纸状，又薄又白，有助于在夏季反射阳光，令植株保持凉爽。冬季落叶后，植株像一块巨大的生姜。

相似物种

葡萄瓮属（*Cyphostemma*）有超过 200 个物种。它的属名来自希腊语单词 *kyphos* 和 *stemma*，前者意为"驼峰"，后者意为"花环"。葡萄瓮属属于葡萄科，该科有大约 1000 个物种，包括葡萄（257 页）和五叶地锦（*Parthenocissus quinquefolia*，英文通用名 Virginia Creeper）。

实际尺寸

葡萄瓮的果实生长在长枝条末端，像葡萄一样长成一串。它们一开始是绿色，成熟后变成粉色，每个果含有一粒种子。单性花雌雄同株，结果和结籽都很容易。种子由风力传播，萌发过程可能需要两年。

科	葡萄科
分布范围	地中海地区
生境	栽培种植
传播机制	人类
备注	意大利至今仍在举办脚踩葡萄的节日
濒危指标	无危

种子尺寸

长 ³⁄₁₆ in
(5 mm)

葡萄
Vitis vinifera
Grape
L.

葡萄是一种可以长到 35 米长的藤本植物。葡萄的果实成串挂在枝头，用于酿酒、鲜食或者晾成葡萄干。早在新石器时代人类就开始栽培葡萄。在今天的伊朗，人们发现了拥有 7000 年历史的葡萄酒储存罐。存活至今的最古老的葡萄藤活了四百多年，它们生活在斯洛文尼亚。全球每年生产大约 300 亿瓶葡萄酒。

相似物种

葡萄的栽培遍及全世界。它有超过 5000 个品种，不过商业种植的品种只是少数。其中就包括'霞多丽'（Chardonnay，一种酿酒白葡萄）和'赤霞珠'（Cabernet Sauvignon，一种酿酒红葡萄）。葡萄属（*Vitis*）还包括其他 78 个成员，其中一些也用于酿酒。它们包括美洲葡萄（*V. lambrusca*，英文通用名 Fox Grape）、河岸葡萄（*V. riparia*，英文通用名 Riverbank Grape）和圆叶葡萄（*V. rotundifolia*，英文通用名 Muscadine），全部原产北美。

实际尺寸

葡萄藤通常结无籽葡萄，第一批无籽葡萄很可能源自一个突变。由于果实中没有种子，新植株通过嫁接的方式繁殖，这意味着它们都是克隆。这让该物种容易感染病害。葡萄的种子可以储存在种子库里，但它们不能真实遗传[1]，也就是说用种子种出来的植株，将会拥有与母株不同的性状。

果实

---

[1] 译注：又称纯育、稳定遗传，指子代性状永远与亲代性状相同的遗传方式。

科	蒺藜科
分布范围	非洲
生境	稀树草原和林地
传播机制	动物
备注	卤刺树的叶片是单峰驼喜爱的食物
濒危指标	无危

258

t种子尺寸

长 1³⁄₁₆–1⁷⁄₁₆ in
(30–36 mm)

卤刺树
Balanites aegyptiaca
Desert Date
(L.) Delile

卤刺树是一种多刺灌木或乔木，可以长到10米高。深绿色复叶由两枚小叶构成，螺旋状排列。叶片作为蔬菜食用，果实鲜食或干制都很受欢迎。绿黄色花煮熟后搭配蒸粗麦粉，做成一道名为 dobagara 的菜肴食用。卤刺树果实的提取物是一种杀虫剂和软体动物杀灭剂，可用于防止麦地那龙线虫（*Dracunculus medinensis*）的扩散，这种人体寄生虫会导致麦地那龙线虫病。卤刺树的木材在当地还用于制造家具和当作木柴。该物种已被人类栽培了4000年。

卤刺树的果实呈肉质，卵形，成熟过程中从绿色变成棕色。果皮薄，有时皱缩。每个果实里有一粒非常坚硬的种子或果核，被黏稠的果肉包裹。种子富含一种名为比妥树油（zachun oil）的机械用油，在非洲部分地区还用作念珠。

相似物种

生活在非洲的卤刺树属（*Balanites*）有9个物种，从灌木到大乔木都有。火炬木（*B. maughamii*，英文通用名 Torchwood）的名字是因为它的种子用作火炬的燃料。火炬木拥有一系列与卤刺树类似的用途；它的绿色果实用于毒杀鱼和螺类。

果实

实际尺寸

科	蒺藜科
分布范围	加勒比海岛屿以及委内瑞拉、哥伦比亚和巴拿马的沿海地区
生境	低地干燥林、林地及灌木丛
传播机制	鸟类和其他动物
备注	愈疮木是牙买加的国花
濒危指标	濒危

愈疮木
Guaiacum officinale
Lignum Vitae
L.

种子尺寸

长 ⅜ in
(10 mm)

259

愈疮木是一种令人印象深刻的蓝花常绿植物。它可以长到 10 米高，深绿色复叶形成浓密的树冠。花簇生，长在小枝末端。虽然一朵花的尺寸很小，但当这种树处于盛花期时，它们会开得十分壮观。木材十分坚硬，耐水湿，传统上用于造船；此外，它与从心材中提取的药用树脂数个世纪以来都是国际贸易中的商品。这种乔木生长缓慢，对它的过度开发及生境的丧失导致了其自然种群的衰退。愈疮木作为观赏植物广泛栽培。

相似物种

愈疮木属（*Guaiacum*）有五个物种，全部原产美洲热带。神圣愈疮木（*G. sanctum*，英文通用名 Holywood Lignum Vitae）同样被列为濒危物种，其分布范围从佛罗里达州南部向南延伸至哥斯达黎加沿海地区；它还生长在加勒比海的岛屿上。近缘物种库尔泰里愈创木（*G. coulteri*）的浆果可作医用。愈疮木属被列入 CITES 附录二，以规范该植物的贸易。

愈疮木拥有橙色至橙棕色果实，它们是扁平的两室蒴果。果实在成熟时开裂，露出两粒黑色种子。每粒种子有鲜艳的红色肉质假种皮，它们通常在多雨环境下迅速腐坏，让种子能够萌发。

实际尺寸

科	蒺藜科
分布范围	原产非洲、亚洲和欧洲大部；如今已作为一种农业杂草广泛引种
生境	沙丘、田野边缘、荒地和栽培用地
传播机制	动物、人类和水流
备注	该物种被健美人士用作膳食补充剂，因为他们相信它能增加睾酮水平
濒危指标	未予评估

种子尺寸

长 ⁷⁄₁₆ in
(11 mm)

260

蒺藜
Tribulus terrestris
Devil's Weed

L.

实际尺寸

蒺藜的果实（如图所示）是坚硬、多刺的木质瘤状结构，分裂成 4 或 5 个楔形小坚果，每个小坚果有两对大小不一的刺。每个小坚果含有最多 4 粒形状像山羊头的黄色种子。如果踩到或者坐到，这些尖锐的刺会让人非常疼痛。

果实

蒺藜是一年生蔓性草本植物，有时在温暖气候区长成多年生植物。它拥有分叉的泛绿红色茎，茎的表面覆盖细毛。叶片是复叶，由 5 或 6 对椭圆形小叶构成。蒺藜开星形黄色花，每朵花有 5 枚花瓣。花单生于短花梗上；它们在早上开放，下午合拢或脱落花瓣。蒺藜已经作为一种农业杂草扩散到世界各地。

相似物种

蒺藜属（*Tribulus*）有大约 25 个品种，它们之间的分类学关系尚不确定。带刺果实的性状是重要的区分特征。大花蒺藜（*T. cistoides*，英文通用名 Jamaican Fever Plant）与蒺藜相似，而且它的另一个英文名也是 Puncture Vine，但它是多年生植物，有较大的花和叶。和蒺藜一样，它也是遍布世界的一种重要杂草。

科	豆科
分布范围	原产亚洲和澳大利亚的热带和温带地区，如今遍布于热带
生境	干稀树草原至热带林地
传播机制	鸟类，水流
备注	用在传统首饰中
濒危指标	无危

种子尺寸

直径 ⅛–¼ in
(4–5 mm)

相思子

Abrus precatorius

Jequirity Bean

L.

261

实际尺寸

相思子在英文中又称 Rosary Pea 或 Lucky Bean，是一种攀缘植物或小灌木。它的种子呈亮红色，带一个黑"眼"。它们通常用作念珠首饰，尽管它们含有一种蛋白类毒素，名为相思子毒素（abrin）。相思子毒素引起的症状与蓖麻毒素相似，但毒性几乎是蓖麻毒素的一百倍。幸运的是，由于坚硬不透水的种皮，摄入种子通常只会导致比较温和的症状。然而如果将种子压碎后摄入，就会导致死亡。鲜艳的红色种皮吸引鸟类，它们会将种子传播到很远的地方。

相思子的种子可以被鸟类和水流传播到很远的地方。因此，这个物种已经变得具有入侵性，尤其是在岛屿生境。种子耐干燥，可以长期储存在种子库中而不丧失生活力。用手术刀在种皮上切割出小口令水分进入，可令萌发率达到最高。

相似物种

相思子属（*Abrus*）属于蝶形花亚科（Faboideae），该亚科包括大约 475 个属和 14000 个物种。相思子属有大约 17 个物种，其中 8 个分布在非洲，5 个在马达加斯加，1 个在印度，1 个在中南半岛；还有 2 个物种广泛分布于旧世界和新世界，而且很可能是引入的。

科	豆科
分布范围	原产巴布亚新几内亚、印度尼西亚和澳大利亚；广泛引种
生境	稀树草原林地
传播机制	鸟类和其他动物
备注	该物种的英文通用名来自叶片的形状
濒危指标	无危

种子尺寸

长 ³⁄₁₆–¼ in
(5–6 mm)

262

耳荚相思树
Acacia auriculiformis
Earleaf Acacia

A. Cunn. ex Benth.

耳荚相思树是大型常绿乔木，可以长到 15—30 米高。它被引入许多国家种植，用于供应木柴和控制土壤侵蚀，还是一种观赏植物。在 20 世纪 40 年代，它曾广泛种植于佛罗里达州的迈阿密戴德郡（Miami-Dade），但当人们发现这种树会形成大量落叶，容易被风刮断，而且不受控制地迅速扩张时，它很快就失宠了。

相似物种

相思树属（*Acacia*）乔木是拥有不同区域群丛的标志性物种。在非洲，孤单的相思树属乔木总是与辽阔的稀树草原有着密不可分的联系。它们为狮子（*Panthera leo*）遮阴，为长颈鹿（*Giraffa camelopardalis*）提供食物。许多相思树属乔木进化出了与蚂蚁的共生关系，后者起到保镖的作用，保护这些树免遭食草动物的侵扰，并以此换取花蜜。

实际尺寸

耳荚相思树产出大量种子。果实一开始是笔直的木质盘状结构，成熟时卷曲开裂。种子黑色，有光泽，并被橙黄色的附属结构环绕着，正是这些结构使种子能挂在果实上。种子需要热量才能萌发。

科	豆科
分布范围	原产澳大利亚；已在非洲归化
生境	海滨石南灌丛和干灌木丛林地
传播机制	动物，包括鸟类
备注	种荚汁液可用作防晒霜
濒危指标	未予评估

种子尺寸

长 3/16 in
(5 mm)

红眼相思树
Acacia cyclops
Red-eyed Wattle
A. Cunn. ex G. Don

实际尺寸

红眼相思树是一种茂密的丘状灌木或小乔木，种植在海边以稳固沙丘。种子的外表像眼睛——种加词 *cyclops* 指的是古希腊神话传说中被奥德修斯弄瞎的独眼巨人。对于这种植物的不同部位，原住民有很多用途，包括将种子磨成粉，然后与水混合烤成面包。来自种荚的汁液有许多药用价值，包括治疗湿疹和驱虫。

红眼相思树的种子呈深棕色至黑色，被一圈橙红色肉质结构环绕，让它们看上去像一只充血的眼睛。这个红色肉质附属物对鸟很有吸引力。随着种荚的成熟，它们会扭曲开裂，露出里面的种子。

相似物种

近缘物种塞内加尔相思树（*Acacia senegal*，英文通用名 Gum Arabic）原产非洲，那里的人们会收割这些野生树木的树胶 [①]。这种物质用作天然口香糖，还在油画和陶瓷釉中用作黏合剂。苏丹是阿拉伯胶的最大生产国，这个行业解决了几十万名苏丹国民的就业。

---

① 译注：这种树胶在汉语中译为阿拉伯树胶或阿拉伯胶。

科	豆科
分布范围	原产澳大利亚；在非洲、南美洲和欧洲有商业栽培
生境	草原
传播机制	动物，包括鸟类
备注	蚂蚁是重要的种子传播媒介
濒危指标	未予评估

种子尺寸

长 ³⁄₁₆ in
(4 mm)

264

黑荆树
Acacia mearnsii
Black Wattle
De Wild.

实际尺寸

作为木材、燃料和单宁来源，黑荆树在全世界许多地区有商业种植，包括非洲、南美洲和欧洲。它会结出大量寿命相当长的种子，由于其入侵性已经在非原产国成了一个引起麻烦的物种。在其原产国澳大利亚，该物种对于生物多样性非常重要。这些树木为许多昆虫物种提供家园，而且它们的花粉是多种鸟类的食物来源。

相似物种

相思树属（*Acacia*）有将近 1000 个原产澳大利亚的物种。它们在澳大利亚统称 wattles，这个名字的含义可能是"编织"——这些物种的枝条在传统习俗中会被编织起来，制作篱笆和屋顶。许多物种可食，而且因为富含蛋白质，它们曾是原住民的食物来源。

黑荆树的种子形状扁平，黑色，有小小的肉质附属结构。这些附属结构富含脂肪，是蚂蚁的食物，而蚂蚁为该物种传播种子。由于种皮厚实，这些种子的寿命很长，生活力可保持 50 年之久。

科	豆科
分布范围	非洲南部、东部和中部
生境	稀树草原和林地
传播机制	包括鸟类在内的动物
备注	提供制造家具的优良木材
濒危指标	无危

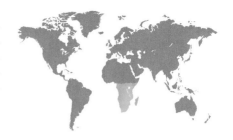

种子尺寸

长 ⅝–1 in
(15–25 mm)

锦叶缅茄
Afzelia quanzensis
Pod Mahogany

Welw.

实际尺寸

锦叶缅茄是一种高达 35 米的乔木，生活在地势较低的峡谷中。它的木材非常漂亮，是制造家具的一等材料，传统上用于制造独木舟。虽然英文通用名意为"荚果桃花心木"，但它与商用桃花心木（属于桃花心木属［*Swietenia*］）并无亲缘关系，后者起源于亚洲，属于楝科（Meliaceae）。缅茄属（*Afzelia*）的种子用于制作首饰、装饰品和挂坠。在某些非洲文化中，树皮和根用作医药。例如在非洲南部，树根的浸提液用于治疗血吸虫病，而在非洲中部，它们用于治疗淋病。

相似物种

锦叶缅茄属于云实亚科（Caesalpinioideae），该亚科包括大约 170 个属和 2250 个物种。缅茄属包含 11 个物种，其中 7 个分布在非洲（主要是在几内亚－刚果地区西部和非洲中西部），4 个在东南亚（2 个物种在中南半岛或华南，2 个在马来西亚）。

锦叶缅茄的种子大而黑，顶端鲜艳的红色假种皮吸引鸟类，尤其是犀鸟（*Buceros* spp.），它们会吃掉假种皮并传播种子。种子耐干燥，能够以 6%—10% 的含水量储存在种子库里。去掉假种皮并用手术刀割破种皮能够使其加速萌发。

科	豆科
分布范围	原产从日本至伊朗的亚洲地区；已引入印度和其他地方
生境	落叶林地和矮灌木丛
传播机制	小型动物和风力，也可以被水流传播到远方
备注	在英文中又称 Tree of Happiness（"幸福树"），它的花和树皮用作中药，治疗焦虑、压力和抑郁
濒危指标	未予评估

种子尺寸

长 ⁵⁄₁₆ in
(8 mm)

266

合欢
Albizia julibrissin
Silk Tree

Durazz.

合欢是一种生长迅速的落叶乔木，拥有宽阔的遮阴树冠。漂亮的二回羽状复叶由细小、敏感的小叶组成，它们会在晚上以及被触摸时合拢。标志性的粉色蓬松丝状花序有香味，能吸引蜂类。原产从日本至伊朗的广大区域，合欢在乡村地区用作动物饲料、药材和木材。它还作为一种观赏植物广泛引入其他地方，从 18 世纪中期开始种植于欧洲和美国，并在地中海地区变得极为流行。合欢如今在美国部分温带地区被认为具有入侵性，例如美国东南部和加州。人们已经培育出耐寒品种。

相似物种

合欢属（*Albizia*）有大约 150 个物种，包括落叶乔木、灌木和攀缘植物，有漂亮的二回羽状复叶，花序由雄蕊突出的众多小花构成。

合欢有形似豆类的种荚，它们可以长到15 厘米长，含有卵形浅棕色种子。这些种子有不透水的种皮，让它们可以多年保持休眠。种子产量丰富。

实际尺寸

科	豆科
分布范围	南美洲
生境	栽培用地
传播机制	人类
备注	对落花生的过敏反应可能致命
濒危指标	未予评估

落花生
Arachis hypogaea
Peanut
L.

种子尺寸

长 ⅞ in
(22 mm)

267

落花生在全世界许多国家种植为作物，但最大的生产国是中国。种子在英文中又称 Groundnuts（"地坚果"），可以生吃，但常常烤熟或煮熟，并做成许多不同的食物，例如沙茶酱和花生酱。落花生植株开黄色花，自花授粉。花在地面上方开放，但是当它们准备授粉时会接近地面。接下来，发育中的果实被它们着生的梗推进土壤中。

相似物种

落花生是落花生属（*Arachis*）的两个不同物种杂交培育而成的。作为栽培物种，落花生与其野生近亲截然不同：栽培植株更茂密、紧凑，种子更大。这种作物的驯化最有可能发生在七千多年前的南美洲。

落花生又称"地坚果"，因为种荚生长在地下。种荚在从土中拽出来时变硬，每个种荚含有 1—4 粒种子（果仁），包裹在纸质种皮中。种子在播种后萌发迅速，但它们必须在新鲜时播种，因为它们会很快变干。

实际尺寸

科	豆科
分布范围	原产欧洲中部和亚洲部分地区；已引入欧洲南部、北美洲和南美洲
生境	草甸
传播机制	人类
备注	在美国又称 Cicer Milkvetch（意为"鹰嘴豆黄芪"），作为饲料干草种植
濒危指标	未予评估

种子尺寸

长 ⅛ in
(3 mm)

268

鹰嘴黄芪
Astragalus cicer
Chickpea Milk Vetch
L.

实际尺寸

鹰嘴黄芪的花呈泛白的黄色，由蜂类授粉。这种植物通过根状茎和种子两种方式扩散。果实是分为两截的椭圆形荚果，覆盖着软毛。种子有厚种皮，所以需要层积处理才能萌发，这个过程会让它们吸收水分。种子可以在种子库中长期保存而不损失生活力。

鹰嘴黄芪原产欧洲东部、波罗的海国家以及北高加索，已引入欧洲南部、北美洲和南美洲。由于其营养价值和高产量，它被作为饲料作物种植。它还以其固氮能力闻名，这是许多豆科物种的特点。这些植物的根状茎上长有小瘤，其中的细菌会将空气中的氮固定下来并转化为植物能够利用的有机化合物，从而增强土壤肥力。

相似物种

黄芪属（*Astragalus*）是植物界最大的属，因为该属得到描述的物种数量最多。该属整体上原产北半球温带地区。该属将近 40 个物种受到灭绝威胁，包括以利亚黄芪（*A. eliasianus*，英文通用名 Eliasian Milk Vetch），它在 IUCN 红色名录上列为极危物种，在原产地土耳其只剩下不到 50 株个体。

科	豆科
分布范围	印度、孟加拉国、华中至华南，以及东南亚
生境	热带落叶林
传播机制	风力
备注	这种树有很多英文通用名，包括 Butterfly Ash（"蝴蝶白蜡树"）、Butterfly Tree（"蝴蝶树"）、Camel's Foot Tree（"驼脚树"），和 Poor Man's Orchid（"穷人的兰花"）
濒危指标	无危

种子尺寸

长 ⁹⁄₁₆ in
(14 mm)

洋紫荆
Bauhinia variegata
Mountain Ebony
L.

269

实际尺寸

洋紫荆是落叶小乔木，常在热带国家作为观赏植物种植。在它的自然分布区，它常用于为动物提供饲料，用作药用植物，以及为家庭生活和焦炭提供木材。洋紫荆拥有光滑的灰色树皮和硕大的二深裂蓝绿色叶片。它以簇生的硕大花朵闻名，花有甜香味，洋红色或粉色，有醒目的黄色彩晕。花被认为像兰花，因此该物种的另一个英文名是 Poor Man's Orchid（"穷人的兰花"）。洋紫荆已在佛罗里达州、加勒比海地区、南非和太平洋部分地区成为入侵物种。

相似物种

羊蹄甲属（*Bauhinia*）有大约250个物种，包括乔木、藤本植物和灌木，全都有标志性的骆驼趾状二裂叶片。多个物种用作观赏植物。孟南德洋紫荆（*Bauhinia monandra*）和红花羊蹄甲（*B. purpurea*）的外表和洋紫荆非常相似，它们扩散到许多热带和亚热带国家，并在那里成为入侵物种。

洋紫荆有开裂性荚果，它们呈长而扁平的带状，有明显的细纹。每个荚果含有10—15粒近乎圆形的棕色扁平种子。种皮革质。

科	豆科
分布范围	确切起源地未知，但最有可能是印度阿萨姆邦和西喜马拉雅
生境	热带和亚热带森林
传播机制	人类
备注	首次驯化于至少3000年前
濒危指标	未予评估

种子尺寸

长 ⁹⁄₁₆ in
(8 mm)

270

木豆
Cajanus cajan
Pigeon Pea
(L.) Huth

木豆栽培于许多热带和亚热带地区，因为它有可食用的种子，其中含有大量蛋白质。这种作物的起源未知，但最有可能起源于亚洲或非洲，然后通过奴隶贸易从东非传播到美洲。如今，木豆的主要生产国是印度，它们已经在那里栽培了至少3000年，主要以木豆菜（dhal）的形式食用。在马达加斯加，该物种的叶片用于养蚕（*Bombyx mori*）。

相似物种

豆科（Fabaceae）是开花植物的第三大科，拥有将近20000个物种。它有三个亚科；木豆属于蝶形花亚科。该亚科物种的果实通常是豆荚，最长的豆荚来自中美洲植物海槟藤（274页），可以长到1.5米。这些豆荚有漂浮在水上的能力，曾经跨越海洋，抵达遥远的大陆。

实际尺寸

木豆的果实和种子是绿色的，但成熟种子的颜色有很大变化，因为种子会呈现出白色、棕色或黑色花斑。种子干燥时呈红棕色或黑色。每个扁平的种荚包括2—9粒种子。它们不会从种荚中自然脱落，需要机械或人工才能分离。

科	豆科
分布范围	亚洲和非洲热带地区
生境	热带森林
传播机制	喷出
备注	可将种荚用力敲破，采集种子
濒危指标	未予评估

种子尺寸

长 $1^{3}/_{16}$ in
(20 mm)

刀豆
Canavalia gladiata
Sword Bean

(Jacq.) DC.

271

刀豆的英文通用名来自它的种荚，它们形状修长，像一把弯刀。作为一种攀缘和蔓生植物，这个驯化物种因其可食用且营养丰富的种子和种荚而得到种植。它没有得到商业性的种植，而是作为人类和动物的食物在当地小规模种植。在坦桑尼亚，斯瓦希里语短语"吃刀豆"的意思是"快乐"。这个物种有漂亮的紫色花。

相似物种

刀豆属（*Canavalia*）有大约 50 个物种，全都是藤本植物，统称 jack-beans。该属成员有很多作为农业作物的宝贵特征——它们生长迅速，种子含有丰富的蛋白质。

实际尺寸

刀豆的果实是可以长到 60 厘米长的荚果，每个荚果含有 8—16 粒种子。这些种子通常呈白色或红色，形状像干豆。果实在成熟时爆裂，将种子抛至 3—6 米外。种子需要在水里浸泡 24 小时才能萌发。

科	豆科
分布范围	地中海地区
生境	岩石和草地生境，以及路缘
传播机制	重力和动物
备注	绣球小冠花的英文名里有 vetch（野豌豆）一词，但它不是真正的野豌豆，没有用于攀缘的卷须
濒危指标	未予评估

种子尺寸

长 ⅛ in
(3 mm)

绣球小冠花
Coronilla varia
Crown Vetch

L.

272

实际尺寸

绣球小冠花是一种草本多年生植物，拥有深绿色羽状复叶和多分枝的粗糙直立茎或蔓生茎。植株从健壮的肉质根状茎中长出。类似豌豆的花呈粉白色至深粉色，簇生在长梗花序上。绣球小冠花原产地中海地区，作为一种扩张迅速的地被植物引入美国。它被用来防止土壤侵蚀，尤其是沿着路边和堤岸种植。不幸的是，这个物种会形成缺少其他植物的密集单一栽培种群，入侵受到人工扰动的区域、路缘以及自然生境。

相似物种

小冠花属（*Coronilla*）有大约 20 个物种，生活在欧洲和北非的地中海周边地区。瓦氏小冠花（*C. valentina*，英文通用名 Mediterranean Crown Vetch）是一种生长缓慢的灰叶灌木，开黄色花，常在花园中种植。

绣球小冠花拥有名为节荚的细长果实，这种果实在每两粒种子之间收缩形成隔断。末端尖锐的红棕色种荚簇生在花茎顶端，像小丑戴的帽子。每个种荚长达 50 毫米，末端有"尾"，含有多达 12 粒种子。种子表现为机械休眠，需要割破种皮才能萌发。

科	豆科
分布范围	马达加斯加
生境	落叶干燥热带林
传播机制	水流和动物
备注	凤凰木是波多黎各的国花，尽管这里与它在马达加斯加的自然生境相距遥远
濒危指标	无危

凤凰木
Delonix regia
Flamboyant
(Bojer ex Hook.) Raf.

种子尺寸

长 ¾ in
(19 mm)

凤凰木是热带地区最迷人的观赏乔木之一，作为遮阴树广泛种植于公园、花园和大街。它是落叶树，可以长到30米高，成年时有宽阔的伞形树冠。树叶可以长到30—50厘米长，是二回羽状复叶，由数量众多的细小小叶组成。华丽的花由鸟类授粉，花色鲜红，匙状花瓣有橙色条纹。在野外，凤凰木只分布于马达加斯加西部和北部的季节性森林，通常生长在石灰岩上。这种树在马达加斯加岛上的一些种群受到焦炭制造业威胁，但它在这个国家仍然相当常见。除了观赏用途之外，凤凰木还在热带地区广泛用于提供木柴、饲料、木材、树胶，而且是杀虫剂的一种来源。

实际尺寸

相似物种

凤凰木属（*Delonix*）在马达加斯加和东非有11个物种。白花凤凰木（*D. elata*，英文通用名 Creamy Peacock Flower）是一个非洲物种，白色的花在凋谢时变成奶油橙色，棕色种子呈长椭圆形。4个物种在 IUCN 红色名录上记录为受威胁类别。

凤凰木拥有扁平的棕色木质种荚，它们长达75厘米，分为许多水平的种子隔舱。硕大的椭圆形种子是棕色的豆子，种皮光滑而坚硬，有条纹或斑纹。

科	豆科
分布范围	原产西非和佛得角；如今广泛栽培于热带和亚热带地区
生境	栽培用地
传播机制	鸟类、其他动物和人类
备注	扁豆最先在 1753 年被"植物学之父"卡尔·林奈命名为 *Dolichos lablab*；后来被重新命名为 *Lablab purpureus*
濒危指标	未予评估

种子尺寸

长 ½ in
(12 mm)

扁豆
Lablab purpureus
Hyacinth Bean
(L.) Sweet

实际尺寸

扁豆是一种具有观赏性的攀缘植物，粉色花似香豌豆（*Lathyrus odoratus*，英文通用名 Sweet Pea），花凋谢后结有光泽的深紫色可食用种荚。该物种是非常重要的食用植物。幼嫩荚果整体煮熟后食用，常用在咖喱菜肴中。叶片也作为绿色蔬菜食用。扁豆最初源自西非，从很早的时候就在印度栽培，如今作为食物和饲料作物广泛栽培于全球热带和亚热带地区。人们培育出了许多不同的品种。它是多年生植物，但常作一年生栽培。

相似物种

扁豆属（*Lablab*）只有这一个物种。扁豆曾被划入亲缘关系很近的镰扁豆属（*Dolichos*），该属拥有生活在非洲和亚洲的超过 60 个物种。双花扁豆（*D. biflorus*，英文通用名 Madras Gram 或 Horse Gram）作为食物、动物饲料和绿肥种植在斯里兰卡和印度。菜豆属（*Phaseolus*）包括其他广泛种植的热带豆类，例如棉豆（*P. lunatus*，英文通用名 Butter Bean 或 Madagascar Bean）、黑绿豆（*P. mungo*，英文通用名 Black Gram）和绿豆（*P. aureus*，英文通用名 Green Gram 或 Mung Bean）。

扁豆的种子可以是白色、米色、棕色、红色、黑色或杂色，具体颜色取决于品种。通常而言，种子是硕大的紫棕色豆子，有一道白色种脐。种荚为紫色，含有数粒种子。生的成熟种子有毒。

科	豆科
分布范围	中美洲、南美洲、加勒比海地区以及非洲
生境	热带森林
传播机制	水流
备注	跨越海洋传播的种子仍然可以萌发
濒危指标	未予评估

种子尺寸

长 2 in
(51 mm)

海槟藤
Entada gigas
Sea Bean

(L.) Fawc. & Rendle

海槟藤是一种热带藤本植物，原产中美洲、南美洲、加勒比海地区和非洲，生活在这些地方的热带森林里。它的种子曾出现在苏格兰海岸这样遥远的地方，它们是从加勒比海跨越大西洋漂流至此的。海槟藤的藤可用于制作肥皂，种子丢进火里会爆裂，发出像鞭炮一样的响声。

相似物种

槟藤属（*Entada*）有大约 300 个物种，包括乔木、灌木和热带藤本植物。该属的几个成员有医药价值。例如，阿比西尼亚槟藤（*E. abyssinica*，英文通用名 Amharic Seabean）在乌干达用于治疗昏睡症。该属所有植物都结出硕大的果，种荚可以长到 2 米长。

实际尺寸

海槟藤的荚果是已知最长的豆荚，长度可达 1—2 米。一旦成熟，荚果会分裂成十多个只含一粒种子的隔舱。每个隔舱里有一粒硕大的心形种子。种子含有一个空腔，让它们能够漂浮在水上，乘着洋流漂到很远的地方。

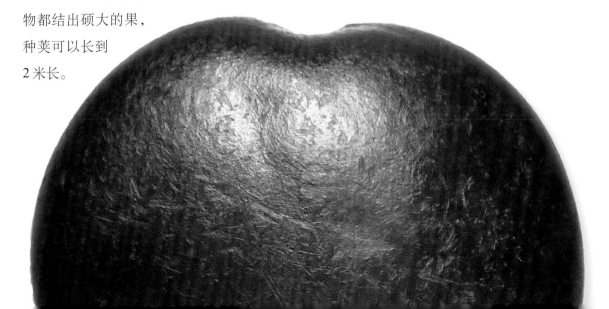

科	豆科
分布范围	南美洲
生境	热带森林
传播机制	鸟类和水流
备注	在其自然分布区，这种树被认为是勇气和力量的象征
濒危指标	未予评估

种子尺寸

长 %₆ in
(15 mm)

276

鸡冠刺桐
Erythrina crista-galli
Cockspur Coral Tree
L.

鸡冠刺桐原产多个南美洲国家，是阿根廷的国树。这种多刺小乔木拥有硕大、鲜艳的红色花。英文通用名中的 coral（珊瑚）指的并不是花色，而是指树枝的生长样式形似珊瑚。而 cockspur（鸡距）指的是花最顶端的两片花瓣，它们融合生长，让花看上去像公鸡的距。因为花量很大，这种树作为观赏植物种植。

相似物种

刺桐属（*Erythrina*）有大约 130 个物种，统称 coral trees（"珊瑚树"），或者由于它们的花色统称 flame trees（"火焰树"）；属名来自希腊语单词 *erythros*，意思是"红色"。该属大部分物种生活在热带或亚热带，许多成员有鲜艳的红色种子，包括南非刺桐（*E. caffra*，英文通用名 Coast Coral Tree），它在南非当地被叫作 Lucky Beans（"幸运豆"）。

实际尺寸

鸡冠刺桐的花由鸟类授粉，成熟果实是棕色荚果。每个荚果含有大约 10 粒有光泽的斑驳栗棕色豆形种子。当种子萌发时，子叶留在地下。种子可漂浮并被洪水带进湿地。它们被认为有毒。

科	豆科
分布范围	马达加斯加
生境	多刺森林
传播机制	鸟类和其他动物
备注	漂亮的种子用于制作首饰
濒危指标	无危

种子尺寸

长 5/16–3/8 in
(8–10 mm)

马达加斯加刺桐
Erythrina madagascariensis
Madagascar Coral Tree

D. J. Du Puy & Labat

277

实际尺寸

马达加斯加刺桐可以长到 7 米高，有硕大的红色和橙色花朵。它的茎上长着粗硬的刺，先开花结果，再长出叶片。种加词 *madagascariensis* 指它是马达加斯加的特有物种，全世界其他任何地方都没有分布。这种树用作木柴来源，还用于生产焦炭。

相似物种

刺桐属属于豆科。该属有大约 130 个物种，分布于全球热带和亚热带地区。在印度教中，因陀罗神天堂花园中的曼陀罗树被认为是劲直刺桐（*E. stricta*）这个物种。

马达加斯加刺桐的荚果长，呈波浪状，像落花生（266 页）荚果的延长版。种子美丽，看上去像一粒蘸了黑色染料的全红种子。它们吸引鸟类并由鸟类传播，但对人类有毒，经常用来制作首饰。

科	豆科
分布范围	东亚；世界各地都有栽培
生境	亚热带低地灌丛带、森林及栽培用地
传播机制	人类
备注	大豆的用途广泛得不可思议。从人造黄油和肉类替代品，到涂料和生物燃料，都有大豆的身影
濒危指标	未予评估

种子尺寸

长 ⁹⁄₁₆ in
(7.5 mm)

278

大豆
Glycine max
Soybean
(L.) Merr.

实际尺寸

大豆种子的外表取决于品种 —— 它们可能是圆形或椭圆形，种皮可能无光泽或有光泽，颜色多种多样，包括白色、黄色、红色、绿色和黑色。在起保护作用的种皮下面，种子的大部分重量来自子叶，其中包含几乎所有油脂和蛋白质。

由于种子里含有油脂和蛋白质，大豆已经被人类栽培了三千多年。如今，这些种子被加工成沙司（sauce）、酱膏（paste）、人造黄油、豆乳和豆粉制品，还是肉类替代品豆腐的基本原料。大豆油是许多化妆品和工业产品的成分，并且越来越多地应用于生物燃料。从全球范围看，大豆栽培使用了全部农业用地的 2%，美国、巴西、阿根廷和中国是最大生产国。然而，对大豆制品日益增长的需求和大豆产量的增加已经导致大片自然生境遭到清理，这常常发生在世界上生物多样性最丰富的区域，例如亚马逊地区。

相似物种

大豆是豆科物种，该科包括豌豆（298页）、荷包豆（*Phaseolus coccineus*，英文通用名 Runner Bean）、蚕豆（307页）和赤豆（*Vigna angularis*，英文通用名 Adzuki Bean）。和其他科的植物不同，豆科大部分物种的种子没有胚乳（含有种子萌发所需的淀粉、蛋白质和油脂的组织）。在豆科植物中，这些物质储存在子叶里。

科	豆科
分布范围	原产地中海和北非西部；栽培广泛
生境	地中海地区的森林、林地和灌木丛
传播机制	人类、鸟类和其他动物
备注	常常用作反刍牲畜的饲料
濒危指标	未予评估

种子尺寸

长 ⅛ in
(3 mm)

地中海岩黄芪
Hedysarum coronarium
French Honeysuckle
L.

实际尺寸

地中海岩黄芪是一种灌丛状草本植物，原产地中海地区和北非，但已栽培和引入其他地区。它株高30—150厘米，开大量形似豌豆花的鲜艳红色花，花有浓郁香味。它作为观赏植物种植在花园里，还作为干草和动物饲料得到栽培。地中海岩黄芪需要一种特定的根瘤菌才能最大程度地进行固氮作用，当这个物种引入不存在这种根瘤菌的国家时，种子必须先接种这种细菌再播种。

地中海岩黄芪拥有棕色分节荚果，表面有刺。荚果由彼此隔开的3—8节构成，每节含有一粒种子。扁平的圆形种子呈乳白色至浅棕色，可以在土壤中保持长达5年的生活力。

相似物种

地中海岩黄芪属于豆科的蝶形花亚科。蝶形花亚科是一个分布广泛的类群，能适应各种各样的环境条件。岩黄芪属（*Hedysarum*）有大约309个一年生和多年生草本植物，统称 sweet vetches（甜野豌豆）。岩黄芪属成员是部分蝴蝶和蛾类物种幼虫的食物。

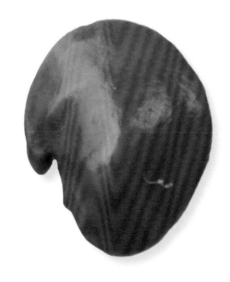

科	豆科
分布范围	起源地不确定，可能是马来西亚；已在热带地区归化
生境	栽培用地
传播机制	鸟类和其他动物
备注	木蓝被用来处理蝎子蜇伤
濒危指标	未予评估

种子尺寸

长 ⅛ in
(3 mm)

280

木蓝
Indigofera tinctoria
Indigo
L.

实际尺寸

木蓝的果实长 30—35 毫米，顶端弯曲。它们会缓慢开裂，成熟时打开并释放最多 15 粒种子。种子呈方形至椭圆形，是奎利亚雀（*Quelea* spp.）喜欢的食物。

木蓝是一种广泛种植于热带地区的豆科植物。数个世纪以来，它一直被人类栽培并受到高度重视，因为在 1897 年人类首次合成商用靛蓝染料之前，它是这种染料的主要原料。该物种可能原产马来西亚，但其起源地已难以考证：来自这个物种的靛蓝染料曾出现在公元前 2300 年的一具埃及木乃伊上，还出现在印加帝国的陵墓中。木蓝是一种多分枝灌木，可以长到 1.5 米高，叶片是复叶。总状花序长 5—10 厘米，有许多形似豌豆花的粉色花。

相似物种

木蓝属（*Indigofera*）是一个大属，拥有生活在热带和亚热带地区的超过 750 个物种。其他几个物种也用作染料来源。在这个属里，还有一些开漂亮的粉色花或紫色花的中型落叶灌木，种植在花园里。多花木蓝（*Indigofera amblyantha*）是一种分枝稀疏的漂亮灌木，来自中国中部。异花木蓝（*I. heterantha*，英文通用名 Himalayan Indigo）是一种有观赏价值的灌木，开粉紫色花。

科	豆科
分布范围	玻利维亚、巴西、哥伦比亚、厄瓜多尔和秘鲁
生境	热带森林
传播机制	水流
备注	由于种子传播的方式，通常分布在溪流与河流边
濒危指标	未予评估

种子尺寸

长 1–1³⁄₁₆ in
(25–30 mm)

印加豆
Inga edulis
Inga
Mart.

281

印加豆原产南美洲的数个国家，可以长到 30 米高。甜而柔软的果肉包裹着它的种子，吃起来有点像香草冰激凌[①]，因此它的另一个英文名是 Ice-cream Bean Tree（冰激凌豆树）。种加词 *edulis* 在拉丁语中意为"可食用的"。因为可以食用，印加豆在南美洲很受欢迎，食用方式是生吃。花只开一个晚上，通常由蝙蝠授粉。

相似物种

印加树属的属名 *Inga* 来自南美洲的原住民图皮人给这个植物类群起的名字——in-ga（意为"被浸泡的"），指的是包裹种子的果肉是黏稠湿滑的。印加树属有大约 300 个物种，大多数是乔木或灌木。它们经常用于在种植园里为咖啡植株遮阴。

印加豆的种子容易萌发，有时会在荚果里发芽。然而它们的生活力无法保持很长时间，应该在种荚落地后迅速播种。种子有浮力，由水流传播，所以印加豆一般生长在河边。

实际尺寸

① 译注：香草冰激凌使用的香草是香荚兰的荚果，见 135 页。

科	豆科
分布范围	东南亚、澳大利亚、太平洋群岛、印度洋群岛、坦桑尼亚，以及马达加斯加
生境	低地雨林，常常生长在海边
传播机制	温和喷出
备注	印茄在斐济是一种神树
濒危指标	易危

种子尺寸

直径可达 1¾₆ in
(30 mm)

282

印茄
Intsia bijuga
Intsia
(Colebr.) Kuntze

实际尺寸

印茄的种荚呈椭圆形或梨形。这些木质化种荚表面呈革质，有一定程度的开裂，通常含有 1—9 粒圆形至肾形种子。种子本身呈橄榄色至棕色或黑色，每粒种子都有坚硬的种皮和名为种阜的附属结构。种子在精心准备后可食用，准备过程需要将它们浸泡在盐水里 3—4 天，然后煮熟。

印茄是一种热带乔木，可以长到 50 米高。它提供一种非常珍贵的深红棕色硬木，称为 merbau。[①] 它是一种国际贸易商品，用于制造地板和家具。这种树的树干常常在基部形成板根，互生复叶通常有 4 枚小叶，叶片深绿色，有光泽。似兰花的白色或浅粉色花簇生成团。由于对木材的大规模开发，印茄的自然群丛已所剩无几。尽管这个物种很容易播种种植，但至今人们只建立了少数几座种植园。印茄的树皮和树叶还用于传统医药。

相似物种

印茄属（*Intsia*）包含 7—9 个物种，它们全都生长在热带地区。帕利印茄（*Intsia palembanica*）是一个因其木材而受到重视的物种，它的木材也被称为 merbau。缅茄属（*Afzelia*）是一个近缘属，有大约 13 个物种；这些乔木的木材也用于贸易，商品名是 doussie 或 pod mahogany。[②]

---

① 译注：在中国木材市场上常称为菠萝格。
② 译注：中国木材市场一般称为缅茄木。

科	豆科
分布范围	欧洲、非洲、中东和亚洲
生境	农业用地
传播机制	人类
备注	吃红山藜豆的种子会导致山藜豆中毒，一种神经系统疾病
濒危指标	未予评估

红山藜豆
Lathyrus cicera
Red Pea
L.

种子尺寸

长 ³⁄₁₆ in
(4 mm)

实际尺寸

红山藜豆是一年生草本植物，开红花，茎有翅。花是两性花，由昆虫授粉。这种草本植物是在法国南部和伊比利亚半岛驯化的，这件事发生在农业进入这些地区不久之后的古代。红山藜豆的果实和种子从过去到现在一直用作动物饲料。作为一种豆科植物，它可以将氮固定在土壤中。

红山藜豆的植株会结出表面无毛的豆荚。种子有毒，除非充分浸泡和烹熟；如果处理不充分后食用，它们会对神经系统造成有害影响，包括瘫痪。在播种之前，种子需要在温水里浸泡一天。

相似物种

山藜豆属（*Lathyrus*）有超过 150 个物种，它们都原产温带地区。山藜豆属草本植物通常被称为 sweet peas 或 vetchlings，而且由于它们芳香美丽的花朵，很多物种作为花园植物栽培。其他物种拥有作为食物或饲料的重要经济价值。由于它们含有大量有毒氨基酸，许多山藜豆属物种的种子都是有毒的，只有充分烹熟后才能食用。

科	豆科
分布范围	自然起源和分布区未确定
生境	栽培于亚洲、南欧和北美
传播机制	鸟类和其他动物
备注	在埃塞俄比亚，磨碎的山黧豆用于制作一种酱汁，搭配当地一种名为英吉拉的传统面饼食用
濒危指标	未予评估

种子尺寸

直径 ¼ in
(7 mm)

284

山黧豆
Lathyrus sativus
Indian Pea
L.

实际尺寸

山黧豆是开蓝色、粉色或白色花的一年生豆科植物，作为食物而广泛栽培，尤其是在亚洲、南欧和北美。这种豆科植物的野生起源尚不清楚。一些证据显示，它是在约公元前 6000 年在巴尔干地区被驯化的，在印度还发现了可追溯至公元前 2000 年至前 1500 年的植株遗迹。山黧豆栽培简单，味道好，营养丰富。它可以通过与根瘤细菌的共生关系将空气中的氮固定在土壤中，这意味着种植它有助于保持土壤肥力。不幸的是，尽管有这么多优点，但是如果大量摄入，山黧豆会引起山黧豆中毒，这种神经系统失调会在成年人中导致膝盖以下永久瘫痪，在儿童中导致脑损伤。

相似物种

同属物种香豌豆是非常受欢迎的花园植物。山黧豆的野生近缘物种是培育低毒品种所需的遗传多样性的重要资源。

山黧豆的果实是侧向扁平的椭圆形荚果，可达 55毫米长，20 毫米宽，含有最多 7 粒种子。种子呈楔形，可以是白色、浅绿色、灰色或棕色，有时带有大理石纹，如这张照片所示。

科	豆科
分布范围	原产南欧和北非；已引入北美、新西兰和其他地区
生境	温带草原、稀树草原和灌木地
传播机制	喷出和人类
备注	作为花园观赏植物种植
濒危指标	未予评估

种子尺寸

长 ⁵⁄₁₆ in
(8 mm)

丹吉尔山黧豆
Lathyrus tingitanus
Tangier Pea
L.

丹吉尔山黧豆原产南欧和北非，但已经引入其他地区，包括北美洲和新西兰。这种一年生攀缘植物有卷须，可以形成高达 1.8 米的茂密灌丛。它在 6 月和 7 月开醒目的粉色或紫色花，因此它作为观赏植物种植在花园里。然而和香豌豆不同的是，它没有香味。种子生长在荚果中。

丹吉尔山黧豆的种子生长在 60—100 毫米长的椭圆形荚果中。每个荚果含有 2—8 粒球形黑色或棕色种子。种子被爆发性地释放到最远距离母株几米之外的地方，可以在土壤中保持生活力数年之久。丹吉尔山黧豆常常通过人类种植而传播到其原生分布区之外。

相似物种

丹吉尔山黧豆属于蝶形花亚科，该亚科有 484 个属和 13500—14000 个物种。蝶形花亚科的成员分布广泛，并且能够在多种多样的环境下生存。山黧豆属包含 160 个物种。该属许多物种作为花园植物栽培，包括香豌豆，而另一些物种作为食物栽培，例如山黧豆（284 页）。

实际尺寸

科	豆科
分布范围	原产阿富汗、伊朗、伊拉克和巴基斯坦。广泛栽培于亚洲
生境	栽培用地
传播机制	人类
备注	加拿大是全世界最大的兵豆生产国
濒危指标	未予评估

种子尺寸

长 ¼ in
(6 mm)

286

兵豆（小扁豆）
Lens culinaris
Lentil
Medik.

兵豆是一种重要的食用作物，由于富含蛋白质，而被全世界数以百万计的人用作食物。栽培史已知至少有5000年，它被认为是中东地区最古老的作物物种之一。它只以其驯化形态种植，野外未有发现。在犹太人的葬礼传统中，兵豆会被分发给哀悼者，象征生命的循环。

相似物种

兵豆属的属名 *Lens* 是拉丁语，意为"兵豆"。兵豆属属于豆科，有4个物种，全都可食用，其中栽培物种兵豆是最常食用的。所有物种都较小，是直立或攀缘草本植物，开不起眼的白色花。

实际尺寸

兵豆的种子可以是多种不同的颜色，具体取决于植株品种，包括黄色、橙色、绿色、棕色和黑色。兵豆的种荚（果实）形状扁平，每个种荚含有1或2粒种子。种荚在开始变成黄色至棕色时成熟，摇晃时能听到兵豆在里面晃动的声音。

科	豆科
分布范围	原产东亚；已引入美国
生境	山坡和路缘
传播机制	动物
备注	该物种用作控制土壤侵蚀的手段
濒危指标	无危

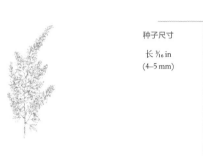

种子尺寸

长 ³⁄₁₆ in
(4–5 mm)

截叶铁扫帚
Lespedeza cuneata
Chinese Bush Clover
(Dum. Cours.) G. Don

实际尺寸

截叶铁扫帚是一种原产东亚的灌木，可以长到 5 米高。它有浅绿色的茎，漂亮的白花有紫色花心。它常常种植在水土流失地区以固定土壤，还用于营造野生动物的生境以及为牲畜提供草料。在美国，人们曾经更喜欢种植它而不是本土物种头状胡枝子（*Lespedeza capitata*，英文通用名 Roundhead Bush Clover），而如今它已经表现出了强烈的入侵性。截叶铁扫帚有许多医药用途，包括治疗蛇咬。

相似物种

胡枝子属（*Lespedeza*）包含大约 40 个物种。它们统称 bush clovers 或 Japanese clovers，许多种类作为观赏植物或牧草作物种植。属名据说来自文森特·曼努埃尔·德·塞斯佩德斯（Vincent Manuel de Cespedes），18 世纪末的东佛罗里达总督，他向法国植物学家安德烈·米肖（André Michaux）颁发了探索该地区植物的许可。

截叶铁扫帚的果实较小，呈椭圆形，只有 1 粒种子。种子呈黄色至棕色，质地坚硬。它们可以在土壤中保持长达 20 年的生活力，并由动物传播。大约 20% 的种子需要破皮处理才能萌发。

科	豆科
分布范围	欧洲、亚洲和非洲
生境	草原
传播机制	喷出
备注	放射状三叉形种荚据说像鸟的脚,这让它得到了众多英文名之一
濒危指标	未予评估

种子尺寸

长 ⅟₁₆ in

(2 mm)

288

百脉根
Lotus corniculatus
Bird's-Foot Trefoil
L.

实际尺寸

百脉根的种荚长 20—50 毫米,每个种荚含有最多 20 粒种子。当成熟的种荚从绿色变成棕色时,种荚沿着前后两个接合点突然开裂,将种子释放出来。它们很小,有坚硬的种皮,形状为圆形至椭圆形,颜色为绿黄色至深棕色。

百脉根是一种常见的多年生野花,自然分布十分广泛。叶片有 5 枚小叶,花呈黄色,通常带有少许橙色或红色。百脉根的农业品种作为饲料作物种植,而且这个物种有时会出现在野花混合种子中。百脉根对于蜂类是良好的花蜜来源,在已经引入它的北美洲,它被认为是一种珍贵的蜜源植物。

相似物种

百脉根属(*Lotus*)包含大约 100 个一年生和多年生物种,它们可能是落叶或常绿灌木,有单叶或复叶,单生或簇生形似豌豆的花。浅裂叶百脉根(*L. berthelotii*,英文通用名 Dove's Beak)是来自特内里费岛的一个非常漂亮的物种;它在野外面临灭绝,但如今已普遍种植。它是一种小灌木,开鲜艳的红色花。

科	豆科
分布范围	原产欧洲东南部和亚洲西部
生境	地中海森林、林地以及灌木地
传播机制	人类
备注	作为绿肥、草料和食物来源种植
濒危指标	未予评估

种子尺寸

长 ⅜ in
(10 mm)

289

白羽扇豆
Lupinus albus
White Lupin
L.

实际尺寸

白羽扇豆可以长到 1—2 米高，在穗状花序上簇生白色至紫色花。它在全世界范围内作为绿肥和牲畜草料栽培。可食用的种子在地中海和尼罗河谷地区是很受欢迎的零食，而且可以磨成富含纤维素和营养成分的粉，用于制作意大利面、麦片和烘焙食品。白羽扇豆拥有含量不一的苦味生物碱。甜白羽扇豆（Sweet White Lupin）是苦味生物碱含量低的栽培品种，因此更适合人类和牲畜食用。

白羽扇豆的种子产量很高。3—7 个荚果簇生在一起，每个荚果含有 2—7 粒米色大种子。种子可储存长达 4 年，如果在冷凉条件下还可以储存更久。

相似物种

白羽扇豆属于豆科，该科有超过 751 个属和 19000 个物种。羽扇豆属（*Lupinus*）包含超过 200 个草本多年生物种。花的形状像豌豆花，轮生于穗状花序上。除了作为观赏植物种植在花园里，它还作为牲畜、家禽和水产饲料而得到栽培。

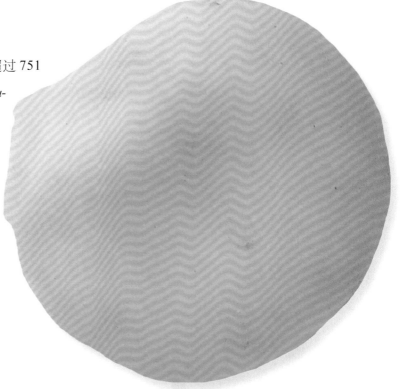

科	豆科
分布范围	美国加利福尼亚
生境	海滨沙丘
传播机制	喷出、动物以及人类
备注	花对熊蜂有吸引力
濒危指标	未予评估

种子尺寸

长 ¼ in
(7 mm)

树羽扇豆
Lupinus arboreus
Tree Lupin
Sims

实际尺寸

树羽扇豆有表面覆盖软毛的结实种荚，种荚长 40—80 毫米，并且会爆发性地开裂，传播颜色斑驳的深棕色种子。种子相对较大，幼苗成活率高。

树羽扇豆是生长迅速的常绿灌木，长有优雅的掌状叶片，茂密的直立花序由芳香的黄色（有时是蓝色）花构成。在野外，树羽扇豆是生长在加利福尼亚州南部和中部沙丘上的一个物种。在 20 世纪初，它被种植得更加广泛以稳定沙地，此后开始沿着路缘扩散并进入其他受扰动的区域。乔治·温哥华船长（Captain George Vancouver）在 1791—1795 年领导的皇家海军探险让这个可爱的物种进入英国园丁们的视线中。从那以后，它在英国成了一个花园逸生种，并在部分地区被认为已威胁到本土植物，例如在汉普郡和诺福克郡的沙丘上。

相似物种

羽扇豆属（*Lupinus*）有超过 200 个物种，分布中心位于南北美洲、北非和地中海地区。古罗马人将羽扇豆引入西欧，作为食物、动物饲料和绿肥的来源。常见于种植的园艺羽扇豆一般是产自美国西部的另一个物种多叶羽扇豆（*L. polyphyllus*，英文通用名 Large-leaved Lupin）的栽培品种，这个物种的种子通常会开出混合色的花。

科	豆科
分布范围	很可能起源于伊朗
生境	栽培用地
传播机制	鸟类和其他动物
备注	紫花苜蓿是出现在美国作家约翰·斯坦贝克（John Steinbeck）的小说《人鼠之间》（*Mice and Men*；1937）中的一种作物
濒危指标	未予评估

种子尺寸

长 ¹⁄₁₆ in
(2 mm)

紫花苜蓿
Medicago sativa
Alfalfa
L.

291

实际尺寸

紫花苜蓿有弯曲或卷曲的种荚，含有 10—20 粒种子，它们呈肾形，黄色至棕色。它们侧向扁平，表面有网纹，外缘有时长有硬毛。

紫花苜蓿在许多国家都是一种重要的牧草作物，用于放牧、干草和青贮饲料。它很可能起源于伊朗，是最古老的用作动物饲料的栽培作物。紫花苜蓿是一种多年生植物，可以长到大约 1 米高。花的形状像豌豆花，呈紫色至淡紫色，沿着一枝不分叉的花茎簇生成总状花序。它们由蜂类和其他昆虫授粉。西班牙殖民者将紫花苜蓿引入美洲饲养他们的马。紫花苜蓿的种子可以发芽后拌在沙拉里食用。和其他豆科植物一样，这种富含营养的植物有根瘤，根瘤里的细菌将空气中的氮固定到土壤中。加拿大和美国是紫花苜蓿的主要生产国。

相似物种

苜蓿属（*Medicago*）有超过 60 个物种，其中的三分之二是一年生植物，三分之一是多年生植物。黄花苜蓿（*M. falcata*，英文通用名 Yellow Lucerne）植株像紫花苜蓿，但开黄色花，种荚的卷曲程度没那么大。

科	豆科
分布范围	原产欧亚大陆；已引入北美、非洲和澳大利亚
生境	温带稀树草原、草原及灌木地
传播机制	水流和动物（包括鸟类）
备注	常作为绿肥种植
濒危指标	未予评估

种子尺寸

长 ¹⁄₁₆ in
(2 mm)

292

草木樨
Melilotus officinalis
Yellow Sweet Clover
(L.) Pall.

实际尺寸

草木樨原产欧亚大陆，已引入北美、非洲和澳大利亚。作为绿肥广泛种植，它的深根有助于稳定土壤和固定一系列营养元素。黄花在春天和夏天开放，其甜香气味能吸引有益的授粉者，后者反过来又吸引尺寸更大的野生动物物种。草木樨用作牲畜的草料，但是用这个物种制作的干草必须正确干燥，因为当它腐坏或发霉时会产生有害的抗凝血剂。

相似物种

草木樨属于蝶形花亚科。这个分布广泛的类群含有484个属和13500—14000个物种。蝶形花亚科的植物适应多种不同的条件。草木樨属（*Melilotus*）有19个一年生和二年生物种，它们起源于欧洲和亚洲，但如今分布于全世界，其中就包括3个栽培物种。

草木樨的荚果通常含有一粒不透水的或"坚硬"的种子。种子可以在土壤中休眠长达30年并依然保持生活力。种子可以被水流或动物传播到很远的地方。

科	豆科
分布范围	原产新热带区；在非洲、亚洲和澳大利亚热带地区有入侵性
生境	热带湿地
传播机制	水流和动物（包括鸟类）
备注	这种植物是最具入侵性的热带湿地物种之一
濒危指标	未予评估

种子尺寸

长 ¼ in
(5.5 mm)

刺轴含羞草
Mimosa pigra
Cat Claw Mimosa

L.

293

刺轴含羞草是一种直立多刺灌木，原产美洲热带。它是非洲、亚洲和澳大利亚热带湿地中最具入侵性的杂草之一。这个物种可以形成茂密的灌木丛，导致沉淀物积累，影响灌溉。这些灌木丛可能阻碍大型鸟类、哺乳动物和爬行动物进入水道，并通过侵占牧场、稻田和果园来影响放牧和农业生产。种荚主要通过在水面上的长距离漂浮来传播，特别是在洪水期间。

相似物种

刺轴含羞草属于含羞草亚科（Mimosoideae），该亚科有大约 80 个属的乔木和灌木。含羞草属（*Mimosa*）含有大约 400 个灌木和草本物种。该类群的部分成员能够在被触摸时迅速运动 —— 它们的叶片会立刻合拢。属名 *Mimosa* 就来自这种迅速运动，指的是它会"模仿"（mimics）动物的运动。

实际尺寸

刺轴含羞草的种子产量高。果实是荚果，分裂为 8—24 个只含一粒种子的隔舱。荚果表面覆盖有细毛，因而它们能够附着在动物和衣服上以及漂浮在水上传播很远的距离。

科	豆科
分布范围	中美洲和南美洲
生境	热带雨林
传播机制	动物
备注	干种子磨粉食用
濒危指标	未予评估

种子尺寸

长 1³⁄₁₆ in
(20 mm)

294

牛目油麻藤
Mucuna urens
Horse-eye Bean

(L.) Medik.

这种木质化藤本植物生活在高海拔地区，为了接触阳光，它们会缠绕高大乔木向上生长到 15 米高。它的叶片由三枚小叶构成。植株的各个部位都有药效，比如根部与蜂蜜混合在一起，用于治疗霍乱。人们从野外采集这种植物，获取药物、纤维，以及制成念珠 —— 种子很大而且漂亮。

相似物种

油麻藤属（*Mucuna*）有大约 100 个攀缘藤本和灌木物种。许多物种的荚果覆盖着粗糙的毛，这些毛含有一种有刺激性的酶，与皮肤接触时会产生刺痒的水泡。与由蜂类授粉的其他大部分豆科物种不同的是，油麻藤属物种由蝙蝠授粉。

实际尺寸

牛目油麻藤的种子像马的眼睛，因此它才有 Horse-eye Bean 这样一个英文通用名（意为"马眼豆"）。种子呈圆盘形，棕色，边上有一条黑色条纹，像虹膜一样。因为这种外表，它还有一个英文名叫 hamburger beans（"汉堡豆"）。中美毛臀刺鼠（*Dasyprocta punctata*）是种子的主要传播者。它们会直接吃掉种子，但也会将种子储藏起来。如此一来，任何被它们遗忘的种子都会萌发。

科	豆科
分布范围	奥地利、法国、欧洲东南部，可能还有其他欧洲地区，以及土耳其
生境	草甸和牧场
传播机制	鸟类和啮齿类动物
备注	红豆草的另一个英文名是 Holy Clover（意为"神圣苜蓿"）
濒危指标	无危

种子尺寸

长 ¼ in
(7 mm)

红豆草
Onobrychis viciifolia
Sainfoin
Scop.

红豆草原产地中海地区，广泛栽培用作饲料和牧草。它的重要性在过去更强，作为作物如今通常已被紫花苜蓿（291 页）和车轴草这两个物种的一些品种取代。红豆草有着由亮粉色花构成的漂亮的具梗穗状花序，因而作为观赏植物种植。它对于蜂类是一种重要的植物，并且越来越多地用在野花混合种子中。这种多年生植物有中空的茎和复叶，复叶由对生卵圆形小叶和末端单生小叶构成。红豆草在大约 1900 年引入美国和加拿大，后来在当地归化。在英国，一些种群很可能是当地原产的。

相似物种

驴食豆属（*Onobrychis*）有大约 150 个物种，它在分类学上很复杂。该属在欧洲有 23 个物种，在伊朗有 27 个特有物种。还有其他几个物种作为动物饲料种植。

实际尺寸

红豆草拥有只含一粒种子的多毛卵圆形荚果（如图所示）。种子较大，肾形，深橄榄色至棕色或黑色。种子按照从穗状花序基部至顶部的顺序成熟。

科	豆科
分布范围	马德拉群岛、葡萄牙、西班牙、法国、阿尔及利亚及摩洛哥
生境	农业用地
传播机制	人类
备注	这种植物可适应夏季干旱，种子会保持休眠直到秋季雨水来临
濒危指标	未予评估

种子尺寸

长 ¾₆ in
(4–5 mm)

296

橙鸟爪豆
Ornithopus sativus
Orange Bird's Foot
Brot.

实际尺寸

橙鸟爪豆是一年生草本植物，可以长到 70 厘米高。作为一种动物饲料，这个物种营养特别丰富，蛋白质含量高。它还能够将氮固定在土壤中，所以用作绿肥。这个物种名叫橙鸟爪豆[1]，是因为每枝花茎上有三个荚果，像鸟爪的三根趾。花是两性花，每朵花都有雄性和雌性器官。

相似物种

鸟爪豆属（*Ornithopus*）是豆科的一个属。该属的另一个物种是原产地中海地区的小白鸟爪豆（*O. perpusillus*，英文通用名 Little White Bird's Foot）。它已被引入非洲和澳大利亚，作为牧草作物栽培。该物种有漂亮的蓝粉两色花。

橙鸟爪豆的种子在柔软的果实中发育，果实是像鸟爪的笔直荚果，长达 30 毫米。荚果在成熟时变干，但不开裂。种子在开始下雨的秋季萌发，这是为了躲避夏季干旱的适应性特征。

---

① 译注：中文名和英文名的含义一致。

科	豆科
分布范围	中美洲
生境	干旱山地热带林
传播机制	人类
备注	菜豆用于制作流行于英国和美国的罐头"烘豆"（baked beans）
濒危指标	未予评估

种子尺寸

长 ½ in
(13 mm)

菜豆
Phaseolus vulgaris
Haricot Bean
L.

菜豆原产中美洲，在那里还能找到它结小种子的野生形态。驯化过程分别独立发生于墨西哥和危地马拉，而它在秘鲁的栽培可以追溯到公元前 6000 年。如今，这种很受欢迎的豆类广泛栽培于南北美洲、欧洲和非洲。菜豆的花单生或成对生长在不分枝的穗状或总状花序上。这些花呈白色、淡紫色或红紫色，形状像豌豆（298 页）的花。

相似物种

菜豆属（*Phaseolus*）有大约 50 个野生物种，此外还有 4 个栽培物种：棉豆（*P. lunatus*，英文通用名 Lima Bean）、荷包豆（*P. coccineus*，英文通用名 Runner Bean）、尖叶菜豆（*P. acutifolius*，英文通用名 Tepary Bean）和多花菜豆（*P. polyanthus* 英文通用名 Year Bean）。多刺菜豆（*P. polystachios*，英文通用名 Wild Kidney Bean）原产美国。位于比利时的迈泽植物园拥有全世界最全面的菜豆属种质资源，以确保它们的长期保育。

实际尺寸

菜豆的果实是长达 20 厘米的细长荚果，幼嫩时为肉质，呈绿色、黄色、红色或紫色。每个荚果含有多达 12 粒种子。种子可能是圆形、肾形、椭球形或长方形。它们颜色不一，有黑色、棕色、黄色、红色、白色，还有花斑类型。

科	豆科
分布范围	最初分布于地中海地区和中东
生境	栽培用地
传播机制	荚果会积累类似弹簧的张力，导致两片果皮突然扭开，从而散播种子
备注	科学家格雷戈尔·孟德尔（Gregor Mendel）使用豌豆发现了控制遗传性状的机制
濒危指标	未予评估

种子尺寸

长 ⁹⁄₁₆ in
(8 mm)

豌豆
Pisum sativum
Pea
L.

298

考古证据表明，人类在公元前 8000 年就开始栽培豌豆了。以新月沃土（位于底格里斯河与幼发拉底河之间及周边的新月形地带）为起点，豌豆的栽培逐渐扩散到欧洲、中国和印度。埃塞俄比亚也被认为是这个物种的一个起源中心，其野生和原始形态仍然生长在这个国家的山区。从全球范围看，豌豆是第四大栽培一年生豆科作物，排在大豆（278 页）、蚕豆（307 页）和落花生（267 页）之后。豌豆的穗状花序从叶腋长出，有 1—4 朵花。每朵花有 5 枚合生绿色萼片和 5 枚白色、紫色或粉色花瓣。

相似物种

豌豆属（*Pisum*）有大约 7 个物种。所有物种的花都包括：1 枚位于顶端的旗瓣（standard）；2 枚位于中央的合生小花瓣，称为龙骨瓣（keel；因为它们的外表像船）；以及 2 枚位于底部的花瓣，称为翼瓣（wings）。这种独特的花部构造为豆科所有成员共有。

实际尺寸

豌豆的果实是悬挂在枝头的荚果，含有最多 11 粒种子。这些种子呈球形，有时表面皱缩，颜色不一，从黄色（甜豌豆 [Sweet Pea]）到绿色（菜豌豆 [Garden Pea]）、紫色以及带斑点的白色或乳白色都有。

科	豆科
分布范围	墨西哥以及中南美洲；在非洲是入侵物种
生境	热带或亚热带森林
传播机制	鸟类和其他动物
备注	种荚有甜味，被生活在北美洲西部的卡惠拉人（Cahuilla）食用
濒危指标	未予评估

柔黄花牧豆树
Prosopis juliflora
Mesquite

(Sw.) DC.

种子尺寸

长 ³⁄₁₆ in
(5 mm)

实际尺寸

柔黄花牧豆树是一种多刺灌木或乔木，可以生长到15米高。它的芳香金黄色花朵排列成形状像手指的稠密穗状花序。该物种在一百多年前引入非洲，用于遮阴、控制土壤侵蚀和提供木柴。然而，它在它的自然分布区以外造成了许多不良影响。它会入侵和取代自然植被，而它尖锐的刺对人类和牲畜都是一种危险。

柔黄花牧豆树的果实是圆柱形绿色荚果，成熟时变成黄色，可食用，味甜。每个荚果可以长到20厘米长，包含10—20粒坚硬的卵形种子，需要破皮处理才能萌发。破皮让水能够进入种子内部，在野外，这自然发生于种子被传播它们的动物摄入并加以消化的过程中。

相似物种

牧豆树属（*Prosopis*）一共有40个物种，都统称Mesquite，它们是生活在热带或亚热带地区的多刺灌木或乔木。该属的分布范围非常广泛，包括亚洲、非洲、澳大利亚和美洲。一些物种在非原产生境有入侵性。

科	豆科
分布范围	原产印度
生境	热带和亚热带湿润阔叶林
传播机制	风力
备注	由于过度开发，该物种正面临灭绝的威胁
濒危指标	濒危

种子尺寸

长 1⁷⁄₁₆ in
(37 mm)

300

小叶紫檀
Pterocarpus santalinus
Red Sandalwood
L.f.

小叶紫檀因其高品质的木材而遭到人类的砍伐。作为印度东海岸沿线山脉的特有物种，这种乔木由于人类的过度开发，在 IUCN 红色名录上被列为濒危物种。它的木材呈深橙色至深红紫色，遍布颜色更深的条纹。这种木材仍在遭到非法走私，且多出口到中国 —— 它在那里非常珍贵，以高昂的价格出售，用于制作家具和木雕。这种木材还用于提取紫檀素，一种用在化妆品里的红色色素。

实际尺寸

小叶紫檀的果（如图所示）有不同寻常的圆盘状翅，这有助于它借助风力传播。果实成熟时不开裂，种子依然被纸质圆盘状结构包裹 —— 每个果实有 1 或 2 粒种子。种子是顽拗型种子，萌发之前保持长达一年的休眠。

相似物种

小叶紫檀没有香味，不应与檀香属（*Santalum*）有甜香气味的檀香木（sandalwood）混淆，后者用作熏香，还用于制作香水和精油。紫檀属（*Pterocarpus*）有 35 个物种，大部分物种生产高品质木材。该属成员还有药用价值 —— 例如，囊状紫檀（*P. marsupium*，英文通用名 Malabar Kino）可有效治疗糖尿病。

科	豆科
分布范围	原产东亚；已在美国、波多黎各、厄瓜多尔、哥斯达黎加和太平洋群岛归化
生境	热带森林
传播机制	动物和人类
备注	种子的蛋白质含量高
濒危指标	未予评估

种子尺寸

长 ¾₆ in
(4 mm)

三裂叶野葛
Pueraria phaseoloides
Tropical Kudzu
(Roxb.) Benth.

实际尺寸

三裂叶野葛是一种生长迅速的藤蔓植物，攀爬在其他植物上遮挡阳光。在非自然分布区归化后，它们会变得富于侵略性，难以控制。三裂叶野葛有很多用途。它被广泛种植以改良土壤，因为它能够将氮固定在土壤中，并用作牲畜的草料。三裂叶野葛的纤维传统上用于制造纸张和织物，茎用于编织篮子，根含有一种用作增稠剂的淀粉，花用来做果冻。

三裂叶野葛不常产生种子，植株最有可能通过根状茎而非种子来扩散。种子呈边缘圆润的长方形，主体呈棕色，与种荚连接的地方呈白色。黑色种荚有毛，每个种荚含有最多20粒种子。

相似物种

葛属（*Pueraria*）的几个物种都被称为 kudzu，并与三裂叶野葛有同样的特性。其中一个物种野葛根（*P. mirifica*）拥有硕大的块根，晒干磨粉后用作泰国的一种传统药材，用以减轻更年期症状和丰胸。

科	豆科
分布范围	北非和印度
生境	半沙漠矮灌木丛和草原
传播机制	鸟类和其他动物
备注	番泻用作泻药
濒危指标	未予评估

种子尺寸

长 ⁵⁄₁₆—³⁄₈ in
(8–9 mm)

302

番泻
Senna alexandrina
Senna
Mill.

番泻是一种多分枝灌木，原产北非和印度，株高可达1米。它有漂亮的黄色花，在热带地区作为观赏植物栽培。它是采集规模最大的沙漠药用植物物种，并因其商业价值而得到广泛种植。该物种的叶片和荚果可制成茶和浸提液，用作泻药。番泻还可有效治疗流感、哮喘和恶心。

相似物种

决明属（*Senna*）包括草本植物、乔木和灌木。部分物种能产生吸引蚂蚁的额外花蜜。在这种共生关系中，蚂蚁不为花授粉，而是保护植物不受食草动物的伤害。在苏丹，人们将钝叶决明（*S. obtusifolia*，英文通用名 Chinese Senna）发酵后做成 *kawal*，一种富含蛋白质的食物。

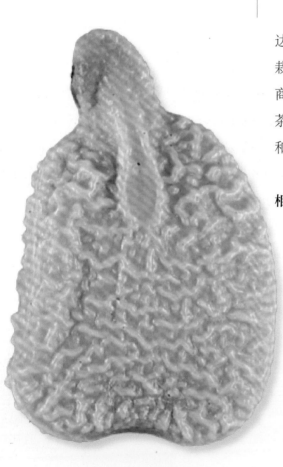

实际尺寸

番泻拥有扁平的卵形荚果，可以长到70毫米长。荚果幼嫩时呈绿色，一旦成熟就变成黄棕色。每个荚果含有6—10粒种子。种子呈心形，并有一个很小的侧壁孔。种子的萌发受盐度阻碍，不过较为成熟的植株可以在含盐环境下存活。

科	豆科
分布范围	菲律宾
生境	热带雨林
传播机制	动物（包括鸟类）和风力
备注	花像龙虾的钳子
濒危指标	未予评估

种子尺寸

长 ⅜ in
(10 mm)

翡翠葛
Strongylodon macrobotrys
Jade Vine

A. Gray

303

翡翠葛是一种木质化藤本植物，原产菲律宾。它生长在热带森林中，可以长到 20 米高。花大团簇生并下垂，呈惊艳的蓝绿色。它们在夜晚由蝙蝠授粉，蝙蝠头朝下挂在这些花上饮用花蜜。花粉摩擦到蝙蝠的头上，然后当蝙蝠造访下一朵花时，这些花粉就会被转移到柱头上。由于森林砍伐，翡翠葛在其自然生境中面临威胁。

相似物种

翡翠葛属（*Strongylodon*）有 14 个波利尼西亚和东南亚灌木和藤本植物物种。它属于豆科的蝶形花亚科。蝶形花亚科是最大的亚科，它的成员有典型的豌豆状花。翡翠葛属属于菜豆族（Phaseoleae），该类群包含许多食用栽培豆类。

实际尺寸

翡翠葛的果实硕大，可以长到甜瓜大小，每个果实含有大约 10 粒较大的种子。全世界只有少数几个植物园曾经通过人工授粉种出过这个物种的种子。翡翠葛可以用种子或插条繁殖。

科	豆科
分布范围	非洲热带地区和马达加斯加
生境	草原和干燥热带森林
传播机制	鸟类和其他动物
备注	种荚的酸甜果肉是深受欢迎的伍斯特沙司的重要原料
濒危指标	未予评估

种子尺寸

长 1¹⁄₁₆ in
(17 mm)

304

酸角
Tamarindus indica
Tamarind
L.

酸角是一种热带乔木，自古代起就广泛种植。它很可能原产于非洲热带地区和马达加斯加，但生长范围遍及全球热带。酸角是马达加斯加南部河流沿岸走廊林的优势物种，在那里它的种子被环尾狐猴（*Lemur catta*）传播。酸角可以长到30米高，有圆形树冠和下垂的树枝。复叶长达15厘米，由对生小叶构成，小叶在夜晚合拢。酸角开黄花，3片较大的花瓣有红色脉纹。

相似物种

酸角是酸角属（*Tamarindus*）的唯一物种。马达加斯加拥有丰富的豆科乔木，凤凰木（273页）是最著名的物种之一。黄檀属（Dalbergia）属于同一个科；马达加斯加有超过48个物种，大部分物种受到国际贸易的严重威胁。东非黑黄檀（*Dalbergia melanoxylon*，英文通用名 African Blackwood）以用于精细木雕而闻名。

实际尺寸

酸角的荚果像弯曲的腊肠，表面呈丝绒质感，黏稠的果肉里有1—10粒坚硬的深棕色种子。种子形状不规则。包裹种子的果肉富含维生素C，并且是已知含量最丰富的酒石酸天然来源。

科	豆科
分布范围	欧洲、非洲和亚洲
生境	草原、牧场和荒地
传播机制	鸟类和其他动物
备注	虽然白车轴草的叶片通常由三枚小叶组成，但偶尔也会有长着四枚小叶的"幸运草"
濒危指标	未予评估

白车轴草（白三叶）
Trifolium repens
White Clover
L.

种子尺寸

长 ½₂ in
(1 mm)

305

实际尺寸

白车轴草是一种很常见的多年生杂草植物，有蔓生茎，原产或归化于全球大部分温带地区。有香味的球形花序含有最多 50 朵白色或粉色花。白车轴草由昆虫授粉，主要是蜂类。和豆科其他植物一样，这个物种的根瘤里有固氮细菌。白车轴草是重要的牧草作物，尤其是马和绵羊的牧草作物。来自英国的早期殖民者在 17 世纪将它引入新英格兰地区，同时被引入的还有其他草地植物，例如草地早熟禾（*Poa pratensis*，英文通用名 Smooth Meadow-grass）。白车轴草在毁林造田时迅速扩散，如今它已经广泛分布于整个美国。

相似物种

车轴草属（*Trifolium*）有大约 300 个物种。红车轴草（*T. pratense*，英文通用名 Red Clover）是另一个广泛分布的物种，也常常作为牧草作物种植，偶尔作药用。它的花序比白车轴草的大。草莓车轴草（*T. fragiferum*，英文通用名 strawberry Clover）有绒球状浅粉色花序。

白车轴草的种荚只含有数量很少的种子，种子扁而圆，略呈心形，颜色不一。种子有坚硬的种皮，一端有浅凹痕。

科	豆科
分布范围	原产西欧、北欧、南欧以及阿尔及利亚
生境	粗糙草地①、石南灌丛、绿篱、矮灌木丛、悬崖以及沙丘
传播机制	喷出和蚂蚁
备注	荆豆的花有浓郁的椰子气味
濒危指标	无危

种子尺寸

长 ⅛ in
(3 mm)

306

荆豆
Ulex europaeus
Gorse
L.

实际尺寸

荆豆是一种多刺常绿灌木，在其自然分布区生长在干旱沙质土壤中。它主要通过种子繁殖，但也可以利用营养繁殖的方式扩散。花的构造像豌豆花，呈鲜艳的黄色，终年开放。花可食，用于酿酒。荆豆已被引入欧洲其他国家，以及南北美洲、非洲、新西兰和澳大利亚。在新西兰，殖民者种植这种灌木以解思乡之情，但它成了一种入侵性很强的杂草。荆豆在顺势疗法中用作一种花精（flower essence），因为人们相信它能够帮助绝望之人重拾信心。

相似物种

荆豆属（*Ulex*）有大约 20 个物种，原产欧洲和北美，全都是多刺常绿灌木。西班牙和葡萄牙有大部分野生物种。染料木属（*Genista*）成员开类似的黄色花；西班牙染料木（*G. hispanica*）的英文通用名是 Spanish Gorse。

荆豆的果实表面有浓密的毛，果长达 20 厘米。种子呈深棕色、深绿色或黑色，卵形。每粒种子都有一个吸引蚂蚁的黄色油质体，每个荚果含有 1—6 粒种子。种子有坚硬的不透水蜡质种皮，起到防止种子立即萌发的作用。如此一来，土壤中就形成了使用寿命很长的天然种子库。

① 译注：粗糙草地（rough grassland）指由于地形险恶或其他物理条件的限制，以天然植被为主的永久性草地。它常见于土壤贫瘠的山区。

科	豆科
分布范围	野外未知，但起源于新月沃土、今天的土耳其以及亚洲西南部
生境	栽培用地
传播机制	人类
备注	人类发现的可追溯至铁器时代的蚕豆与今天种植的蚕豆相比，种子更小
濒危指标	未予评估

种子尺寸

长 ⅞ in
(23 mm)

蚕豆
Vicia faba
Broad Bean
L.

307

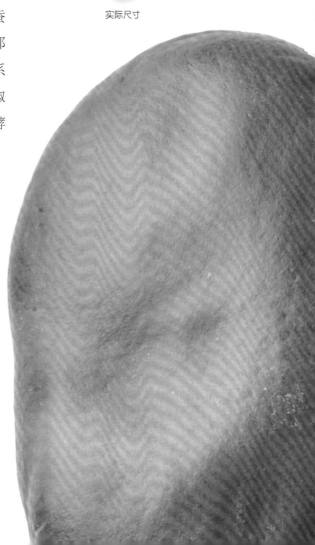

实际尺寸

　　蚕豆是最古老的栽培蔬菜之一。人类所知的最早的蚕豆出现在以色列，可追溯到六千多年前。该物种是耐寒一年生植物，长有标志性的四棱茎。花呈白色或紫色，有黑色斑点。蚕豆的野生祖先尚不明确。如今，蚕豆在五十多个国家得到栽培。中国是其主产国，在那里，这种豆子又被称为川豆，因为它们在地方性菜系川菜中很受欢迎。它们与大豆（278 页）和灌木状辣椒（562 页）混搭在一起，制作出一种极受欢迎的辣味发酵豆酱，也就是豆瓣酱。

相似物种

　　野豌豆属（*Vicia*）的 8 个物种在 IUCN 红色名录上记录为受威胁类别。野豌豆属作为蚕豆基因库的一部分列入《粮食和农业植物遗传资源国际条约》附录一，这意味着保护这些植物以提供植物育种材料是很重要的。该属野花在英语中统称 vetches。

蚕豆的种子是可食用的豆子。其中，"温莎"（Windsor）系列品种的荚果短，有 4 粒硕大的圆形种子，而"长荚"（Longpod）系列品种的荚果有 8 粒或更多椭圆形种子。种子的形状和颜色都有很大差异，如颜色上有白色、绿色、浅黄棕色、紫色或黑色。

科	豆科
分布范围	原产非洲；引入欧洲、印度、美国和南美
生境	稀树草原
传播机制	喷出
备注	荚果干燥爆裂，将种子强力喷出，完成对种子的传播
濒危指标	未予评估

种子尺寸

长 ⅜–⁷⁄₁₆ in
(10–11 mm)

308

豇豆
Vigna unguiculata
Cowpea

(L.) Walp.

豇豆是一种有重要经济价值的耐丁旱作物，广泛用于为人类提供营养。它非常适应其他作物可能无法生存的热带中比较干旱的地区。豇豆的种子通过喷出的方式传播——它们被迫从干燥的豆荚中喷射出来，这个过程是由空气中水蒸气含量的变化所诱导的。豇豆的另一个英文名 Black-eye Pea（"黑眼豌豆"）来自种脐周围的颜色，种脐是种子最初与植株相连的部位。

相似物种

豇豆是豇豆属（*Vigna*）的成员，这个开花植物类群属于豆科。豇豆属很多栽培物种拥有重要经济价值，如各种类型的豆子。绿豆（*V. radiata*，英文通用名 Mung Bean）也是这个属的成员，可用于制作一种豆酱，或者发成绿豆芽食用，整粒种子也可供食用。它广泛栽培于印度、中国和东南亚。

实际尺寸

豇豆的种荚呈圆柱形，可容纳多达 30 粒种子。种子颜色不一，从白色或粉色至黑色或棕色都有。它们通常呈肾形或球形，形状上的差异与种子在种荚内发育时可利用的空间有关。

科	豆科
分布范围	中国
生境	山区森林
传播机制	有时通过水流传播
备注	紫藤以逆时针方向攀缘，而多花紫藤总是以顺时针方向攀缘
濒危指标	未予评估

紫藤
Wisteria sinensis
Wisteria
(Sims) DC.

种子尺寸

长 ⁷⁄₁₆ in
(11 mm)

紫藤是一种普遍种植的攀缘木本豆科植物，原产中国中部地区的山地森林。形似豌豆花的淡紫色花构成标志性的长花序，已经在英国花园里流行了 200 年。紫藤在 1816 年由东印度公司驻广州的茶叶督察员约翰·里夫斯（John Reeves）首次引入欧洲，并在三年后第一次开花。两棵原始植株之一至今仍然生长在西伦敦奇斯威克的格里芬啤酒厂（Griffin Brewery）。紫藤有攀缘生长的茎、无香味的花，以及不到 11 枚小叶组成的复叶。它与多花紫藤（*Wisteria floribunda*，英文通用名 Japanese Wisteria）杂交，产生了花量丰富且有香味的杂种。

相似物种

紫藤属（*Wisteria*）有大约 6 个物种，分布范围不连续，包括东亚和北美洲，并且是所谓的第三纪孑遗植物。有 4 个物种原产中国，其中 3 个属于中国特有。在过去 40 年里，杂种紫藤在美国东南部成了引起重要关注的入侵物种。

实际尺寸

紫藤的绿色种荚有丝绒质感，覆盖着细小的银毛，每个种荚有 1—3 粒种子。扁平的种子呈绿色，成熟时变成棕色，种子上的附属结构变成与种荚壁相连的构造。用种子播种的植株需要生长 20 年才能开花，所以紫藤通常使用扦插、压条或嫁接的方式繁殖。

科	远志科
分布范围	欧洲和亚洲
生境	草原和石南灌丛
传播机制	蚂蚁
备注	远志的英文名是 milkworts（"乳汁草"），因为人们曾经认为它会增加哺乳期母亲的乳汁。这一点如今已经被证伪了
濒危指标	未予评估

种子尺寸

长 ³⁄₁₆ in
(5 mm)

310

普通远志
Polygala vulgaris
Common Milkwort

L.

普通远志是一种小型多年生植物，有漂亮的蓝色、粉色或紫色花。它在传统上用作药物，治疗百日咳和其他与肺有关的疾病。普通远志还被人们采集并编成花环，用在祷告节（rogations）的基督教游行中；在某些地方，它仍被称为 rogation flowers（"祷告节花"）。普通远志的种子由蚂蚁传播，被它们搬到巢穴里喂养幼虫，这种互动行为称为蚁播（myrmecochory）。

相似物种

远志属（*Polygala*）的物种统称 milkworts；它是开花植物的一个大属，属于远志科（Polygalaceae）。英文名 milkwort 和属名 *Polygala*（来自希腊语单词 *polugalon*，意为"大量乳汁"）来自一种没有根据的认知，认为这种植物可以刺激人和牲畜分泌乳汁。远志过去常常被草药医生开给哺乳期的母亲。

普通远志的种子相对于植株而言较大。它们吸引自己的主要传播者——蚂蚁，吸引力来自外表面上名为油质体的结构。这种结构富含蛋白质和脂质，引诱蚂蚁将整粒种子搬回巢穴。然后油质体被蚂蚁吃掉，黑色种子本身不会受到伤害。

实际尺寸

科	蔷薇科
分布范围	欧洲和格陵兰
生境	灌木地、草甸以及高山牧场
传播机制	重力
备注	欧羽衣草的盖尔语名字是 Copan an Druichd，意为"露水杯"
濒危指标	无危（列为 Alchemilla xanthochlora 的同物异名）

种子尺寸

长 ½₂–⅙₆ in
(1–2 mm)

311

欧羽衣草
Alchemilla vulgaris
Lady's Mantle
L.

实际尺寸

欧羽衣草是多年生植物，波状浅裂叶片有圆齿边缘。几乎呈圆形的漂亮叶片会凝聚微滴和露水，人们曾经认为凝聚在叶片上的水珠有魔力。微小的黄绿色花簇生在花序上。每朵单花没有真正的花瓣，而是有 1 个四裂萼状总苞、4 枚萼片，以及通常为 4 枚但有时为 5 枚的雄蕊。这种植物含有水杨酸，有镇静作用，几百年来一直用于医药。例如，它在 16 世纪被推荐用于处理伤口和流血。欧羽衣草的干花和鲜花还用于插花。

欧羽衣草的种子是通过无融合生殖产生的，这意味着它们不需要受精过程，在遗传上与母株完全相同。每个果实或瘦果含有一粒种子。在花园里，欧羽衣草很容易自播，幼苗生长在碎石和铺装裂缝中。

相似物种

羽衣草属（*Alchemilla*）是一个大属，有大约 800—1000 个物种，分类学很复杂。羽衣草属植物的独特叶片让"属"这一等级的识别非常简单：例如，高山羽衣草（*A. alpina*，英文通用名 Alpine Lady's Mantle）的叶片深裂至基部，有 5—7 枚小叶。柔毛羽衣草（*A. mollis*，英文通用名 Soft Lady's Mantle）是一种常见的花园植物。

科	蔷薇科
分布范围	起源于欧洲；如今广泛栽培于全世界
生境	栽培用地
传播机制	鸟类、其他动物和人类
备注	我们吃的草莓（strawberry）不是真正的浆果（berry）；它的果是镶嵌在草莓表面的鲜绿色小点
濒危指标	未予评估

种子尺寸

长 ¹⁄₃₂ in
(1 mm)

312

草莓

Fragaria × *ananassa*

Strawberry

(Duchesne ex Weston) Duchesne ex Rozier

实际尺寸

草莓的种子是瘦果，像微型的鲜绿色向日葵种子。一颗草莓平均有大约 200 粒种子，从植物学上讲，每粒种子都是一个独立的果实。草莓的种子在大约一个月后萌发，第二年结第一批果。它们需要暴露在光照下才能萌发，所以不能完全埋在土里。

野生草莓自古代起就被世界各地的人食用。草莓是如今最常栽培的种类，起源于两个美洲野生草莓物种的一个杂种。古罗马人相信草莓的果实有药用价值——他们用它来治疗多种疾病，包括发热、肾结石和眩晕。如今，我们知道草莓含有许多有益化合物，包括维生素 C、抗氧化剂、叶酸、钾和纤维素。

相似物种

草莓是弗州草莓（313 页）和智利草莓（*F. chiloensis*，英文通用名 Chilean Strawberry）的一个杂种的后代。智利草莓的果实比其他物种的果实大，在 18 世纪初从智利引入欧洲。这两个物种在欧洲进行杂交，然后新培育出的品种在 19 世纪初回到美洲。原产欧亚大陆的草莓属（*Fragaria*）物种有两个：森林草莓（*F. vesca*，英文通用名 Alpine Strawberry）和麝香草莓（*F. moschata*，英文通用名 Musk Strawberry）。这两个物种历史上都曾栽培于欧洲，但如今已经基本上被草莓取代。

果实

科	蔷薇科
分布范围	原产北美；已引入欧洲
生境	林地、草原和受扰动的地点
传播机制	动物
备注	美洲原住民生吃弗州草莓的果实，或者烹饪后食用，或者做成果干，还用它的叶片做一种茶
濒危指标	未予评估

种子尺寸

长 ½₂–¹⁄₁₆ in
(1–2 mm)

313

弗州草莓
Fragaria virginiana
Virginia Strawberry
Mill.

弗州草莓是多年生草本植物，除了种子之外，还通过短根状茎和没有叶片的匍匐枝扩散。叶片薄且有锯齿，由 3 枚小叶组成，通常上表面光滑无毛，下表面多毛。花有 5 枚白色花瓣，许多黄色雌蕊，以及 20—35 枚雄蕊，4—6 朵簇生。花吸引多种昆虫，红色肉质果实被许多不同的鸟类和哺乳动物吃掉。弗州草莓在 17 世纪初引入欧洲，至今仍然种植在欧洲，用于制作果酱。

相似物种

草莓属有大约 24 个物种。现代栽培草莓（312 页）是弗州草莓和智利草莓的杂种：前者来自北美西部，赋予栽培草莓味道；后者来自南美，果实较大。森林草莓自然生长于北半球各地。

实际尺寸

弗州草莓的"果实"按照植物学的定义，是变态的花托。粉色或米色瘦果着生在多汁红色果肉的浅窝中。真正的果实是这些微小、干燥的瘦果，每个瘦果含有 1 粒种子。种子需要低温才能萌发。

科	蔷薇科
分布范围	被认为起源于中亚；如今在全世界广泛栽培
生境	仅存在于栽培中
传播机制	动物，包括鸟类
备注	大约 50% 的苹果产量是中国贡献的
濒危指标	未予评估

种子尺寸

长 ⅜ in
(10 mm)

314

苹果
Malus pumila
Apple
Mill.

苹果是一种小型落叶乔木，因为它的果实而成为种植最广泛的栽培乔木之一。果实可以生吃，也可煮熟后用在甜点里，还可做成酸辣酱或者酿成苹果酒。它有超过 7500 个不同味道或者不同用途的物种。苹果早在公元前 300 年就从亚洲引入欧洲，并且千百年来一直是重要的食物来源。该物种容易感染各种病害，包括霉病和苹果疮痂病，这两种病会同时影响叶片和果实。

相似物种

苹果属（*Malus*）有 62 个物种。苹果的野生近缘种新疆野苹果（*M. sieversii*）在 IUCN 红色名录上列为易危物种，如今只生长在哈萨克斯坦。它和驯化苹果的不同之处在于叶片会在秋天变成红色。这个物种的一些遗传性状正在得到研究，以提高苹果品种对干旱和病害的抵抗力。

苹果的种子小，棕色，有光泽。它们在果实内部呈星状排列，苹果树开粉色或白色小花，由昆虫授粉。种子被一层坚硬的结构包裹，这层结构保护它们在进入鸟类和其他以果实为食的动物的消化道时不受伤害。

实际尺寸

科	蔷薇科
分布范围	从高加索地区至西亚
生境	树林和岩石区域
传播机制	动物
备注	干种子可制作一种饮料
濒危指标	未予评估

种子尺寸

长 ⁹⁄₁₆ in
(8 mm)

榅桲
Cydonia oblonga
Quince
Mill.

实际尺寸

榅桲是一种落叶小乔木，最著名的是它形似梨子的肉质果实。在比较温暖的气候下，果实可以生吃，但是当这个物种栽培在比较寒冷的地区时，果实会一直有涩味，需要烹熟才能食用。它常常做成果酱。榅桲的栽培早于苹果（314页）的驯化，如今土耳其是最大的生产国。榅桲的种子有药用价值，用于治疗偏头疼、咳嗽和便秘等症状。有人认为夏娃在伊甸园里吃的智慧果是榅桲（而不是苹果）。

榅桲的种子小，呈棕色，大量生长在肉质果实中。食草动物吃掉果实并传播种子。这种树开硕大的白色或粉色两性花，花由昆虫授粉。和苹果的种子一样，榅桲的种子含有氰化氢，不能大量食用。

相似物种

榅桲是榅桲属（*Cydonia*）的唯一物种。该属曾经还有其他4个物种，但随着进一步的研究，其中1个物种被转移到新设立的木瓜属（*Pseudocydonia*），其他物种被转移到木瓜海棠属（*Chaenomeles*）。木瓜（*P. sinensis*，英文通用名 Chinese Quince）是与榅桲亲缘关系最近的物种，也用于制作果酱。在日本，这个物种的木材用于制作一种名为三味线的乐器。

科	蔷薇科
分布范围	欧洲东南部和亚洲西南部
生境	绿篱、灌木地和林地
传播机制	鸟类和其他动物
备注	欧楂的果实只有在变软且几乎腐烂时才能食用
濒危指标	未予评估

种子尺寸

长 ⅜ in
(9 mm)

316

欧楂
Mespilus germanica
Medlar
L.

欧楂是小乔木，白色花有 5 枚花瓣，革质叶片一面多毛，并在秋天变成美丽的金棕色。欧楂的果实像大而圆的蔷薇果，末端有似叶的冠状结构。果实可食用，但没有熟透时是酸的，味道不好。传统上令果实过熟，直到果肉变软并变成褐色，这个过程称为软化（bletting）。欧楂的果实可以在树上软化，但是为了抵御霜冻，果实有时会在未成熟时采摘储藏。一旦软化，它们就可以生吃，或者做成蜜饯或果冻。

相似物种

蔷薇科还有很多果树和结水果的植物，包括草莓（312 页）、覆盆子（*Rubus idaeus*，英文通用名 Raspberry）、欧洲李（320 页）、桃（321 页）、欧洲甜樱桃（318 页）、苹果（314 页）和梨（*Pyrus* spp.）。虽然它们的果实和种子表现出一系列不同的形状和大小，但所有这些品种的花都构造简单，有 5 枚花瓣。

实际尺寸

欧楂的种子呈半月形，表面粗糙不规则。这个物种的种子必须经历由一段短暂温暖期分隔的两段寒冷时期，然后才能萌发，这种过程称为双重休眠，和许多蔷薇科物种的种子一样，欧楂的种子含有氰化物，摄入后有毒性。

科	蔷薇科
分布范围	原产中亚和中国；如今广泛栽培于温带地区
生境	灌木地和疏林
传播机制	动物
备注	杏的种子被压榨提取杏仁油，后者用在化妆品和按摩油中
濒危指标	濒危（在 IUCN 名录中列为 *Armeniaca vulgaris*，此拉丁学名今作异名处理）

种子尺寸

直径 1¾₁₆ in
(20 mm)

杏
Prunus armeniaca
Apricot
L.

317

杏是一种小型至中型落叶乔木，有光泽的单叶生长在紫红色小枝上。每朵花有 5 枚白色至粉色花瓣；花单独或成对开放在早春叶片尚未萌发时。自从约公元前 2000 年开始，杏就因其美味的可食用果实而得到栽培，且很可能是在中国首次驯化的。如今，杏生长在全世界的温带地区，但最主要的种植区是西亚、中东和地中海地区。该物种在野外面临的威胁是生境丧失、对果实的采集，以及砍伐树木当作木柴。

相似物种

结出的果实也被称作杏的相关物种包括来自中国东北和朝鲜半岛的东北杏（*Prunus mandshurica*，英文通用名 Manchurian Apricot），以及来自西伯利亚、中国东北和北方的山杏（*P. sibirica*）。李属（*Prunus*）还包括扁桃（*P. dulcis*，英文通用名 Almond）、桃（321 页）、欧洲甜樱桃（318 页）和欧洲李（320 页）。

杏的果实是核果，成熟时变成橙色或黄橙色。每个果实都有柔软的果肉（中果皮），包裹着坚硬扁平的果核（内果皮），里面有一粒果仁（种子）。泪珠状种子呈金黄色，种皮皱缩。

实际尺寸

科	蔷薇科
分布范围	欧洲、西亚和北非；已在北美和亚洲北部归化
生境	林缘和开阔林地
传播机制	哺乳动物和鸟类
备注	2013 年至 2014 年，土耳其生产了将近 45 万吨樱桃
濒危指标	未予评估

种子尺寸

长 ⅜ in
(8.5 mm)

欧洲甜樱桃
Prunus avium
Wild Cherry
(L.) L.

实际尺寸

欧洲甜樱桃的种子生长在樱桃果实的果核内。种加词 *avium* 指的是种子被鸟传播，不过哺乳动物也传播它们。这种树可以通过营养繁殖的方式自我扩散，产生根出条。它的白色两性花由昆虫授粉。

欧洲甜樱桃是一种高大的落叶乔木，原产欧洲大部、西亚和北非沿海。它自然生长在林缘和开阔林地，已在其自然分布范围之外的北美和亚洲北部归化。欧洲甜樱桃树有很大的观赏价值，它们在春天开醒目的白色花，还有红棕色的树皮。木材是欧洲最重要的木材之一，用于制作胶合板、乐器和家具。这种树还因其果实而得到广泛栽培。

相似物种

李属（*Prunus*）有 254 个物种。另一种可食用樱桃来自欧洲酸樱桃（*P. cerasus*，英文通用名 Sour Cherry），这个物种的不同品种会结出'莫雷洛'（Morello）樱桃和'阿玛尔'（Amarelle）樱桃。李属还有很多其他核果，包括杏（317 页）和桃（321 页）。该属的几个物种受到灭绝威胁，包括生活在哥伦比亚的红彩李（*P. carolinae*）和黄果李（*P. ernestii*）。

科	蔷薇科
分布范围	尼泊尔、不丹、缅甸、泰国、中国以及印度
生境	温带森林
传播机制	动物
备注	高盆樱在印度教神话中是一种神圣的植物
濒危指标	未予评估

高盆樱（冬樱花）
Prunus cerasoides
Wild Himalayan Cherry

Buch.-Ham. ex D. Don

种子尺寸

长 ⁷⁄₁₆ in
(11 mm)

319

实际尺寸

高盆樱是一种落叶乔木，可以长到30米高，树皮有光泽，呈环状，树叶有齿，卵圆形。粉白色花成簇开放，对于蜂类而言，它们是花粉和花蜜的丰富来源。这种树因开漂亮的花而作为观赏植物种植，通常认为繁殖非常简单。高盆樱有多种药用价值，从树干中可提取一种天然口香糖。木材被当地人使用，例如树枝会被加工成拐杖。这个物种还在泰国用于退化森林的恢复。

相似物种

李属（*Prunus*）还包括扁桃、杏（317页）、桃（321页）、欧洲甜樱桃（318页）和欧洲李（320页）。北美洲有超过40个李属物种，美洲原住民曾经采摘其中一些物种的可食用果实。

高盆樱有可食用的黄色果实，成熟时变成红色，每个果实包含一粒果核，里面有一粒种子。种子的萌发过程很慢，需要一段寒冷时期才能萌发。它们可食用，而且它们含有的油会被提取出来用于医药。

科	蔷薇科
分布范围	起源于塔吉克斯坦；如今广泛栽培和归化
生境	栽培用地、花园和绿篱
传播机制	人类和动物
备注	中国是欧洲李的最大生产国
濒危指标	未予评估

种子尺寸

长 up to 1³⁄₁₆ in
(20 mm)

320

欧洲李
Prunus domestica
Plum
L.

实际尺寸

欧洲李的果实在植物学上称为核果，并且在形状、颜色和大小上都有很大差异。每个果实有一粒表面粗糙的果核，呈扁平的卵圆形，略有坑洼。果核内是一粒浅棕色种子（或称果仁）。压榨果仁得到的油称为李仁油，用在化妆品里。

欧洲李被认为是樱桃李（*Prunus cerasifera*，英文通用名 Cherry Plum）和黑刺李（*P. spinosa*，英文通用名 Sloe）的杂交种，前者原产西亚，后者是一个野生于欧洲和西亚的物种。这两个物种的异种杂交已经进行了数千年。欧洲李树可以长到 15 米高。它有深棕色树皮和红棕色小枝，小枝幼嫩时常覆盖短毛。叶片卵圆形至椭圆形，略带锯齿或有波状边缘。欧洲李的白色花有 5 枚花瓣，单生或 2—3 朵簇生。

相似物种

‘青李’（Greengage）和‘布拉斯’（Bullace）是欧洲李的不同品种。被称为"李"（plum）的其他物种包括美国李（*P. americana*，英文通用名 American Plum）和中国李（*P. salicina*，英文通用名 Japanese Plum）。李属还包括扁桃、杏（317页）、欧洲甜樱桃（318页）和桃（321页）。

科	蔷薇科
分布范围	原产中国北部至中部；今已广泛栽培
生境	栽培用地
传播机制	人类
备注	桃花在中国文化中深受青睐
濒危指标	未予评估

种子尺寸

长 ¼ in
(7 mm)

桃
Prunus persica
Peach
(L.) Batsch

桃是一种落叶小乔木，可以长到大约3—10米高。单叶互生，边缘有齿。花在叶片长出之前开放，有宜人的芳香气味。花单生或成对，呈各种色调的粉色，每朵花有5枚花瓣。桃树自花授粉或者由蜂类授粉。桃很可能是在中国驯化的第一种水果作物——大约四千年前，而中国至今仍是桃的主要生产国。真正的野生桃树已经不存在了；生活在亚洲和地中海地区的归化群体是来自古代栽培的孑遗。

相似物种

李属还包括扁桃、杏（317页）、欧洲甜樱桃（318页）和欧洲李（320页）。黑刺李是生活在西欧的野生李子，用于酿造黑刺李葡萄酒和黑刺李杜松子酒。桃和油桃是同一物种的不同种类，它们各自都有数百个品种。

实际尺寸

桃的果实是核果。骨质内果皮（或果核；如右图所示）包裹着一粒较大的卵圆形种子，其特点是波状皱缩种皮。泛绿、白色或黄色果肉在植物学上称为中果皮，而通常所说的皮是外果皮。

科	蔷薇科
分布范围	欧洲、西亚和北非
生境	寒温带林地；常生长在高海拔地区
传播机制	鸟类和其他动物
备注	欧洲花楸树会出现在高度和纬度的极限——它们可以在海平面以上2000米的地方生长，而且它们在欧洲的分布范围延伸到乔木可以生长的最北边
濒危指标	未予评估

种子尺寸

长 ³/₁₆ in
(4 mm)

322

欧洲花楸
Sorbus aucuparia
Rowan
L.

实际尺寸

欧洲花楸的种子呈泪珠形，表面光滑，浅棕色。就储藏特性而言，它们是正常型种子，意味着它们可以干燥、冷冻并储存多年而不失去生活力。欧洲花楸的种子还有很深的休眠性——除非先置于温暖环境，然后再使其经历一段长时间的寒冷，否则种子不会萌发。

传统习俗中，欧洲花楸被认为可以抵御邪灵，常常种植在房屋外和教堂墓园中。如今，欧洲花楸仍然和人类的居民有关；它是一种常见的花园或城市树木，因为它全年可赏，春天成簇开放乳白色花，然后是橘黄色的秋叶和冬天鲜红色的浆果。欧洲花楸的浆果是鸟类和哺乳动物的重要食物来源，人类也可食用。虽然味道可能相当苦，但它们富含维生素 C，可以做成美味的果冻。

相似物种

人们认为花楸属（*Sorbus*）有大约 100 个物种，遍布欧洲、亚洲和北美洲的温带地区。尽管某些物种的分布范围遍及欧洲并进入亚洲，例如欧洲花楸，但其他物种的分布范围非常有限，如今正遭受灭绝的威胁。有43 个物种仅分布于中国，还有 2 个物种只生长在英格兰西南部的埃文峡谷（Avon Gorge），它们是布里斯托花楸（*S. bristoliensis*，英文通用名 Bristol Whitebeam）和维氏花楸（*S. wilmottiana*，英文通用名 Wilmott's Whitebeam）。

科	胡颓子科
分布范围	欧洲；已引入亚洲
生境	沙丘
传播机制	鸟类和其他动物
备注	沙棘的果实可食用
濒危指标	未予评估

沙棘
Hippophae rhamnoides
Sea Buckthorn
L.

种子尺寸

长 ⅛ in
（3 mm）

实际尺寸

沙棘是一种多刺落叶灌木，生长在欧洲的沙丘和海边悬崖上。这个物种能够很好地适应盐度大的海滨环境，在其他物种无法忍受的条件下生长。这个物种的橙色果实被认为是古希腊神话中的飞马帕加索斯最喜欢的食物。这种果实可生吃或烹熟，富含维生素（包括维生素 A、C 和 E）和矿物质。沙棘的许多传统医药用途已得到科学证实，研究人员发现这种植物有抗肿瘤、杀菌和促进组织再生的效果。

相似物种

尽管英文名叫 Sea Buckthorn（"海鼠李"），但沙棘和鼠李的亲缘关系并不近，后者是鼠李科（Rhamnaceae）的物种（见 325—328 页）。沙棘属于沙棘属（*Hippophae*），这个单词在古希腊语中的意思是"闪闪发光的马"。它被如此命名，是因为它的叶片在传统习俗中是赛马的食物之一。

沙棘的雄花和雌花开在不同植株上。一旦授粉，雌花会结出橙色果实，连绵不绝地缀在树枝上。每个果实包含一粒有光泽的黑色卵圆形种子。种子需要经历几个月的低温才会萌发。

323

科	胡颓子科
分布范围	北美洲中部
生境	草甸、冲积平原、湖泊和泉水、林地、北美大草原，以及干旱平原和峡谷
传播机制	动物
备注	美洲原住民和早期殖民者将果实做成果酱，用来制作一种搭配北美野牛肉的酱汁
濒危指标	未予评估

种子尺寸

长 ³⁄₁₆ in
(4 mm)

324

银色野牛果
Shepherdia argentea
Silver Buffaloberry
(Pursh) Nutt.

实际尺寸

银色野牛果是一种洛叶多刺灌木或小乔木，叮以长到7米高。雄花和雌花生长在不同植株上，花小，棕黄色。对生叶片呈银色，椭圆形，全缘，茎多刺。银色野牛果作为一种漂亮的观赏植物种植，而且果实是制作派、果酱和果冻的优良食材。它是骡鹿（*Odocoileus hemionus*）、叉角羚（*Antilocapra americana*）和棕熊（*Ursus arctos*）等野生动物的宝贵食用物种，但对家畜没有价值。和许多豆科植物一样，银色野牛果是固氮物种，根上有含细菌的根瘤。

相似物种

野牛果属（*Shepherdia*）还有其他两个物种。加拿大野牛果（*S. canadensis*，英文通用名 Canada Buffaloberry）分布于阿拉斯加至墨西哥，而圆叶野牛果（*S. rotundifolia*，英文通用名 Roundleaf Buffaloberry）只生长在犹他州和亚利桑那州。这些木本植物与热门花园灌木胡颓子（*Elaeagnus* spp.，英文统称 silverberries）和沙棘（323页）属于同一个科。

银色野牛果的果实是红色圆形核果，或浆果。每个果实含有一粒有光泽的深棕色种子。呈扁卵圆形，基部一侧有一处凹口。种子两面都有一条从基部延伸出的纵向沟。植株长到第四至第六年时开始结种子。种子小而坚硬，萌发率低且不稳定。

科	鼠李科
分布范围	欧洲、北非和西亚
生境	潮湿土壤，通常是湿林地或沼泽石南灌丛
传播机制	鸟类和其他动物
备注	欧鼠李木用于制作高品质火药，因为它可以制造出轻且易燃的焦炭。因此，这个物种的其他名字包括 Black Dogwood（"黑山茱萸"）和 Pulverholz（德语词，意为"火药–木"）
濒危指标	未予评估

欧鼠李
Rhamnus frangula
Alder Buckthorn
L.

种子尺寸

长 ³⁄₁₆ in
(4–5 mm)

325

实际尺寸

欧鼠李是灌木或小乔木，生长在潮湿土壤中。它常常毗邻桤木（*Alnus* spp.），后者也是喜湿树种，因此它的英文通用名是 Alder Buckthorn（"桤木鼠李"）。该物种的另一个英文名是 Glossy Buckthorn（"光泽鼠李"），指的是它有光泽的叶片。欧鼠李在其自然分布区内是一个对野生动物很重要的物种。它是亮黄色的钩粉蝶（*Gonepteryx rhamni*）的宿主植物，花由一系列昆虫授粉，浆果为鸟类提供食物。欧鼠李的原始形态和栽培品种都已种植在世界其他地区，但这个物种在北美表现出了入侵性。

相似物种

药鼠李（*Rhamnus cathartica*，英文通用名 Common Buckthorn）的外表与欧鼠李相似，但其生长习性更像乔木，而且喜欢更干燥的土壤。药鼠李的树枝上还有刺，这个特征是欧鼠李没有的。两个物种都是一种泻药的来源，用的是欧鼠李的树皮或者药鼠李的浆果。药鼠李的泻下作用非常强烈，因此它才有种加词 *cathartica*[①] 和另一个英文名 Purging Buckthorn（"清除鼠李"）。

欧鼠李的种子圆，黄橙色，有一条黄色背部条纹。在种子一端，外种皮开裂，呈现出一种二叉式的钳状结构。两或三粒种子生长在一个浆果里，浆果成熟时变成红色，然后在秋天变成紫黑色。

① 译注：来自英文单词 cathartic，意为"导泻的、通便的"。

科	鼠李科
分布范围	北美洲西部
生境	落叶针叶混交林
传播机制	鸟类
备注	波希鼠李的树皮
濒危指标	未予评估

种子尺寸

长 ³⁄₁₆ in
(5 mm

326

波希鼠李
Rhamnus purshiana
Cascara Buckthorn
DC.

实际尺寸

波希鼠李是落叶灌木或小乔木。叶片卵圆形，正面有光泽，花绿黄色。这个物种的树皮千百年来一直用作补药和泻药，因此早期西班牙殖民者将这种树命名为 Cascara Sagrada，意为"神圣的树皮"。波希鼠李从1878 年开始得到商业销售，每年有大量树木的树皮被剥掉。树皮晾干一年，然后用来制作一种有苦味的提取液。波希鼠李还用来治疗关节炎和湿疹。提取液去除苦味之后，可用于为食物调味。

相似物种

鼠李属（*Rhamnus*）有超过一百个物种。欧鼠李（325 页）和药鼠李也作药用。后者原产欧洲和西亚，在美国和加拿大有很强的入侵性。

波希鼠李的果实是又小又圆的黑色浆果，生长在短枝上的叶片基部。每个果实的黄色果肉包裹着 2 或 3 粒种子。种子光滑坚硬，呈橄榄绿或黑色。

科	鼠李科
分布范围	中国及朝鲜半岛
生境	山区和平原，并且广泛栽培
传播机制	动物
备注	枣的果实和种子用在中国传统医药中
濒危指标	无危

枣
Ziziphus jujuba
Jujube
Mill.

种子尺寸

长 ⅜ in
(9 mm)

枣是一种相当多刺的小型落叶灌木和乔木，可以长到 10 米高。叶片小，卵圆形，绿色，有光泽，边缘有细齿。花小，有香味，白色至黄绿色。枣在四千多年前首先因其果实而在中国驯化，且它的果实直到今天仍然很受欢迎。它可以生吃（味道很像苹果）和制成枣干，还可以做成罐头。中国培育出了许多品种。枣有一系列药用价值，可作为镇静剂和止疼剂，还可以治疗消化问题。

相似物种

枣属（*Ziziphus*）有大约 40 个物种，其中 16 个结可食用的果实。然而，除了枣之外，只有另外 1 个物种滇刺枣（*Z. mauritiana*，英文通用名 Indian Jujube）因其果实而得到广泛栽培。佛罗里达枣（*Z. celata*，英文通用名 Florida Jujube）野外罕见，在 IUCN 红色名录上归为易危物种。

实际尺寸

枣的果实是圆形至细长核果，大小不一，从樱桃到欧洲李的尺寸都有可能。每个果实中含有一粒果核。成熟时，光滑的果皮呈红色。果核（如图所示）中包含两粒种子。

科	鼠李科
分布范围	从塞内加尔至苏丹、中东、阿富汗、巴基斯坦，以及印度
生境	沙漠
传播机制	动物
备注	据说耶稣受刑之前戴到头上的荆棘王冠就是用这种树的树枝做的①
濒危指标	未予评估

328

种子尺寸

长 ⅜ in
(10 mm)

实际尺寸

叙利亚枣结浆果状果实（如照片所示），含有一粒坚硬的果核，果核里有一粒种子。人们相信，种子要穿过动物的消化系统之后才能萌发。

叙利亚枣
Ziziphus spina-christi
Christ's Thorn Jujube
(L.) Desf.

叙利亚枣是耐丁旱的中型常绿乔木，有浅灰色树皮和卵圆形叶片。树枝上对生短刺，一根刺是直的，另一根刺是弯的，小花簇生，淡黄绿色。它的成熟果实可食用，用于制作一种酒精饮料。它们常常由妇女和孩子采集，并在当地市场出售。根、叶和果实也作药用。叙利亚枣栽培广泛，常常作为遮阴树以及作为防风林来种植。这种树在中世纪被认为是神圣的。

相似物种

枣属有大约 40 个物种，其中 16 个结可食用的果实。人类为了收获果实而广泛栽培枣和滇刺枣。枣莲（*Z. lotus*）的英文名也是 Jujube，被认为是荷马史诗《奥德赛》中提到的古希腊的树莲（lotus tree）。

① 译注：所以它的英文名意为"耶稣荆棘枣"。

科	榆科
分布范围	欧洲、西亚和北非
生境	绿篱
传播机制	风力
备注	这种树通常最多活 100 年，不过据记录也有植株活到 400 岁
濒危指标	未予评估

英国榆
Ulmus procera
English Elm

Salisb.

种子尺寸
直径 ⅜–¹¹⁄₁₆ in
(9–18 mm)

实际尺寸

作为一种遍布欧洲的落叶大乔木，英国榆是不列颠群岛的标志性物种。然而它的种群已经被荷兰榆树病摧毁，这是一种由榆小蠹传播的真菌感染。这种真菌是通过从美国和亚洲进口的木材意外引入的。这种真菌感染所有榆树物种，导致英国的众多英国榆种群纷纷死亡。即使到了现在，在最初的感染过去 50 年之后，恢复的迹象依然寥寥无几，英国榆仍然局限在绿篱中。

英国榆的种子是翅果，种子本身长在两片透明的绿色翅之间。这个物种的花和种子都出现在叶片萌发之前。花紫色，簇生。结出的种子有很多是不育的，这种树主要通过根出条繁殖。

相似物种

榆属（*Ulmus*）有 40 个物种，统称榆树。分布在英国的另一个物种是光榆（*U. glabra*，英文通用名 Wych Elm），它也曾受到荷兰榆树病的负面影响。这种树的木材不仅结实而且防水，用于制造船只、棺材和家具。

科	大麻科
分布范围	很可能原产中亚；如今已广泛归化
生境	开阔生境、荒地以及栽培用地
传播机制	人类和动物
备注	人们种植大麻的不同品种以生产纤维、油脂和药物
濒危指标	未予评估

种子尺寸

长 1/16–3/16 in
(2–4 mm)

330

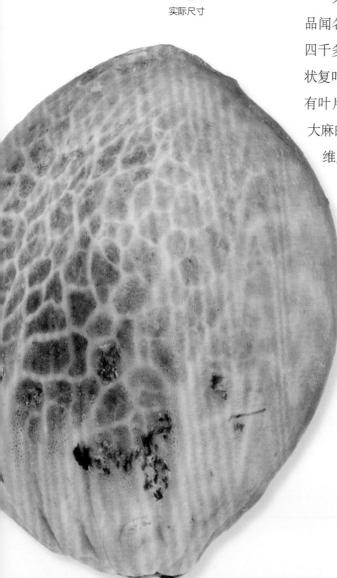

实际尺寸

大麻
Cannabis sativa
Cannabis

L.

大麻是一种多用途植物，以从花和叶中提取的毒品闻名，但还作为食物、纤维、油脂和药物来源种植了四千多年。它是一年生草本植物，可以长到5米高。掌状复叶有细长的小叶，边缘具齿。雌花着生在茎顶端长有叶片的绿色穗状花序中，微小的黄色雄花簇生成团。大麻的花由风力授粉。从植株粗壮的茎中提取的大麻纤维用于制造绳索、纸张，以及用作制衣材料。

相似物种

大麻属（*Cannabis*）有1或2个物种。来自俄罗斯的物种莠草大麻（*C. ruderalis*）被一些人认为与大麻不同。葎草属（*Humulus*）被认为与该属有很近的亲缘关系。朴属（*Celtis*）是大麻科最大的属，有超过60个乔木物种。

大麻的果实是形状扁平、有光泽的棕色瘦果，有的有斑纹，有的颜色均一。瘦果中含有一粒紧密贴合的种子，种子有肉质胚乳和弯曲胚胎。种子是大麻籽油的来源，这种油脂用在油画和漆器中，还用于烹饪和照明。

科	大麻科
分布范围	欧洲、北非和西亚
生境	绿篱和林地
传播机制	风力和水流
备注	啤酒花穗——雌花序，产生一种名为啤酒花苦味素的物质，用于为啤酒增添风味
濒危指标	未予评估

啤酒花
Humulus lupulus
Hop
L.

种子尺寸

长 ⅛ in
(3 mm)

实际尺寸

啤酒花是耐寒草本多年生攀缘植物，茎上有带钩的皮刺，帮助它爬上其他植物。啤酒花在野外总是顺时针盘旋生长，在绿篱和林地中蔓延成片。雄花和雌花生长在不同植株上。在欧洲，啤酒花用作食物来源和酿造啤酒的历史已经有一千多年。它们如今广泛种植于北半球，德国是最大的商业生产国。啤酒花还作为药草种植，以及用于提供纤维。还有一种叶片为黄色的品种作为花园观赏植物种植。

啤酒花的花穗长达 10 厘米，有绿色纸质苞片和较小的小苞片。树脂腺覆盖着小苞片和果实，果实是小而干燥的泛黄瘦果，每个瘦果里有一粒种子。种子耐干燥（正常型），表现为机械休眠，意味着只有在种皮上凿穿一个小口或者进行破皮处理令水分进入，种子才能萌发。

相似物种

葎草（*Humulus japonicas*，英文通用名 Japanese Hop）得到人们栽培，用于亚洲传统医药和观赏。它在美国是入侵物种。同属大麻科的近缘属是大麻属，该属有一个物种——大麻，它是大麻纤维和药品大麻的来源。大麻的种子常常包含在喂养笼鸟的混合种子中。

科	桑科
分布范围	很可能原产印度的西高止山脉
生境	雨林
传播机制	动物
备注	烤熟的种子被认为是一种催情药
濒危指标	未予评估

种子尺寸

长 1¾₆ in
(34 mm)

332

波罗蜜
Artocarpus hetrophyllus
Jackfruit

Lam.

波罗蜜是一种可以长到 25 米高的乔木，以其硕大的果实闻名，每个果实可重达 50 千克。果实本身实际上是较小果实组成的聚合果，每个小果由一朵花发育而来。果实的果肉用作蔬菜并添加到咖喱里，还用来为甜点增添风味和制作果酱。该物种的木材很受青睐，对白蚁和其他昆虫有很强的抵御能力。除了用于建筑工程和制作家具，它还被用来制作乐器。

相似物种

波罗蜜属（*Artocarpus*）有 54 个物种，该属名的意思是"面包果"。另一个普遍种植的物种是面包果（*A. altilis*，英文通用名 Breadfruit）。这个物种的果实外表与波罗蜜的果实相似，有一种与马铃薯相似的味道。锡兰面包果（*A. nobilis*，英文通用名 Ceylon Breadfruit）用于治疗线虫感染，而野波罗蜜（*A. lacucha*）用于处理扁形寄生虫或绦虫感染。

波罗蜜的种子呈卵圆形，棕色，储存在小果中，而小果聚合在一起，构成了较大的果实结构。雄花和雌花开在同一棵树上，雄花开在位置更高、更幼嫩的树枝上。昆虫和风力为花授粉。

实际尺寸

科	桑科
分布范围	原产墨西哥至南美洲；已广泛引入热带地区
生境	热带森林
传播机制	鸟类和哺乳动物
备注	弹性橡胶桑已从全世界的植物园中逃逸，变成了归化物种
濒危指标	未予评估

种子尺寸

长 ⁵⁄₁₆ in
(8 mm)

弹性橡胶桑
Castilla elastica
Panama Rubber Tree
Cerv.

作为一个中等尺寸的雨林物种，弹性橡胶桑的英文命名很贴切（英文名意为"巴拿马橡胶树"），因为它主要用作乳胶的来源。这种乳胶直接从树干中流出，干制后生产成橡胶。在该物种的自然分布区，它被当地人用来制作防水衣物和名为 õllamalitzli 的球类游戏中的球，这种古老的球类运动在中美洲的历史超过一千五百年。商业橡胶生产如今主要使用的是橡胶树属（390页）的物种。这种树还有药用价值，其乳胶用于治疗痢疾，叶片用于治疗痔疮。木材用作燃料。

相似物种

橡胶桑属（*Castilla*）有3个物种，都是生活在雨林里的乔木。这3种乔木都会脱落树枝，这种现象称为落枝（cladoptosis），是一种防止藤蔓植物爬上来的策略。和其他两个橡胶桑属物种不同，图努橡胶桑（*C. tunu*）并不生产可制造橡胶的乳胶。不过这种树的树皮富含纤维，用于制造垫子和衣物。

弹性橡胶桑的种子小而坚硬，生长在果实的果肉中。因为种子坚硬，所以它们被小动物吃掉之后不会被消化，从而能够远距离传播。种子产量大且容易萌发，令弹性橡胶桑有表现出入侵性的潜力；事实上，它在全世界的很多地方都被认为是入侵物种。

实际尺寸

科	桑科
分布范围	希腊、土耳其，中东和高加索的部分地区
生境	林地、多岩石区域和矮灌木丛
传播机制	鸟类和哺乳动物
备注	被认为是最早的栽培植物之一
濒危指标	无危

种子尺寸

长 ¹⁄₁₆ in
(1.5 mm)

334

无花果
Ficus carica
Common Fig
L.

实际尺寸

无花果是一种因其柔软的果实而广泛栽培于世界各地的灌木。无花果可以制成果干或使用鲜果，烹饪或生吃都可以。目前全世界最大的无花果生产国是土耳其，每年的产量是 25 万吨。无花果和榕小蜂有共生关系。榕小蜂为长在"果实"里的花授粉，并在果实里产卵。烤无花果可用于治疗脓肿和疖子，而从枝条中流出的乳液用于缓解昆虫的咬伤。

相似物种

榕属（*Ficus*）有 841 个物种。有趣的聚果榕（*F. racemosa*，英文通用名 Cluster Fig Tree）就是之一。这种植物的果实生长在树干上，这种现象称为老茎生花（caulifory）。另一个榕属物种菩提树（*F. religiosa*）在佛教中有重要意义，因为佛陀就是在这种树下开悟的。它是恒河猴（*Macaca mulatta*）的重要食物来源。

无花果的种子生长在这种树的"果实"里。果实称为隐头果（syconium），实际上是众多小核果的集合，每个小核果里有 1 粒种子。处于花期中的隐头果称为隐头花序[1]，里面开满了微小的绿色花，由雌性榕小蜂授粉。无花果的果实（见左图）被各种哺乳动物和鸟类食用，它们会将种子传播到很远的地方。

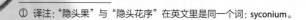

① 译注："隐头果"与"隐头花序"在英文里是同一个词：syconium。

科	桑科
分布范围	撒哈拉以南非洲比较干旱的地区，以及阿拉伯半岛和马达加斯加
生境	河滨生境和稀树草原
传播机制	蝙蝠和其他哺乳动物，以及鸟类
备注	在加纳，埃及无花果的木灰被用作食盐的替代品
濒危指标	未予评估

种子尺寸

长 ½ in

(0.75 mm)

埃及无花果
Ficus sycamorus
Sycamore Fig
L.

335

实际尺寸

埃及无花果是一种大乔木，宽阔的树干提供许多荫凉。虽然人们为了果实而栽培这个物种，但它的果实被认为品质不如无花果（334 页）。这种树的木材用于建造房屋，但不耐白蚁。因为根系较深，埃及无花果有助于控制土壤侵蚀和稳定沙丘。该物种的叶片可用于治疗蛇咬，而且是动物饲料的热门选择。

相似物种

榕属有 841 个物种，包括乔木、灌木、藤蔓和附生植物，几乎全部分布于热带。该属的著名之处在于，其物种结肉质果实，且这些物种与为这些果实授粉的榕小蜂之间存在共生关系。榕属物种还用来制作树皮布——衣服和装潢的原材料。

埃及无花果的种子很小，生活在"果实"中。这些果实含有许多小核果，每个小核果都由榕小蜂为其授粉的一朵单花发育而来。野生物种的果实常常难以食用，因为里面有这种昆虫。无花果含有许多种子。

科	桑科
分布范围	美国南方
生境	溪流边、受扰动的土地上，以及绿篱中
传播机制	哺乳动物
备注	在 19 世纪中期，橙桑用作绿篱植物，为当时爆发式增长的草原牧场设立围栏
濒危指标	未予评估

种子尺寸

长 ⁷⁄₁₆ in
(11 mm)

336

橙桑
Maclura pomifera
Osage Orange
(Raf.) Schneid.

作为一种中型至大型美洲乔木，橙桑主要以其果实闻名。果实本身由数千枚小果构成，它们相互连接在一起，构成一个绿黄色大球。这种树的另一个英文名是 Bodark Tree，该名字来自法国探险家对它在美洲原住民手中作制弓原料之用的描述（Bodark 源自法语 *bois d'arc*，意为"弓木"）。尽管从种子中提取的油脂不可食用，但人们正在进行将它作为生物燃料的相关研究。橙桑曾被当作绿篱植物使用，因为它会迅速形成茂密的带刺树丛。

相似物种

橙桑属（*Maclura*）有 12 个物种，其中一些物种比橙桑更广泛地被人食用。来自东南亚和澳大利亚的构棘（*M. cochinchinensis*，英文通用名 Cockspur Thorn）曾是原住民的重要食物来源。这个物种还是一种主要由日本皇室使用且非常昂贵的染料的来源。另一个物种也以用作染料而闻名，它是原产南美的阿根廷橙桑（*M. tinctoria*，英文通用名 Old Fustic）。

橙桑的种子生长在构成大果实的每个小果中。每个小果含有一粒种子。种子据信曾由已灭绝的巨型动物传播，该动物很可能是大地懒或乳齿象。绿色雄花和雌花长在不同的树上，由风力授粉。

实际尺寸

科	南青冈科
分布范围	塔斯马尼亚和澳大利亚维多利亚州
生境	温带雨林和高山地区
传播机制	重力和风力
备注	该物种每两三年出现一个丰产年，会结出比平常多得多的可育种子
濒危指标	未予评估

种子尺寸

长 ³⁄₁₆ in
(4 mm)

坎宁安南青冈
Nothofagus cunninghamii
Myrtle Beech

(Hook.) Oerst.

实际尺寸

坎宁安南青冈是常绿大乔木，可以活 500 年，生长速度很快，这让它成了得到人工栽培的材用树种。这种树的木材颜色不一，从粉色至棕色都有，纹理细腻。它用于制作家具、铺面板和木雕。尽管目前不受灭绝威胁，坎宁安南青冈仍面临森林火灾和真菌感染所造成的种群衰退。名为澳大利亚鞘孢霉菌（*Chalara australis*）的真菌由风力传播。一旦感染，这种树因人类伐木活动而常常出现的开放性伤口，很容易将它杀死。

相似物种

南青冈属（*Nothofagus*）有 38 个物种，遍布南半球。属名 *Nothofagus* 意为"假山毛榉"，指的是这些树曾经和其他山毛榉类物种一起被划入壳斗科（Fagaceae）——又称山毛榉科。在史前时代，塔斯马尼亚曾经有许多其他南青冈属物种，但是除了坎宁安南青冈和落叶南青冈（*N. gunnii*，英文通用名 Deciduous Beech）之外，所有其他物种都因为气候变化而灭绝了。

坎宁安南青冈的种子小，有翅。果实是带刺蒴果，每个果实含有 3 粒种子。种子主要由重力传播，但可以被风力带到距离母株更远的地方。雄花和雌花都是绿色的，雄花构成葇荑花序。授粉由昆虫完成。

科	壳斗科
分布范围	北美东部
生境	森林
传播机制	鸟类和其他动物
备注	来自这种树的栗子被广泛采集并在市场上出售
濒危指标	未予评估

种子尺寸

长 $1\frac{5}{16}$ in
(24 mm)

338

美洲栗
Castanea dentata
American Chestnut
(Marshall) Borkh.

美洲栗曾经是北美洲东部的主要成荫物种，其大树数量曾经超过 30 亿棵。然而在 20 世纪初，一种能引起板栗疫病的板栗疫病菌（*Cryphonectria parasitica*）随着一船亚洲栗子意外进口到美国，这场病害导致的毁灭性灾难将它的种群减少到仅有少量成年个体。遭到感染的树会从树根上长出新的萌蘖，但随后长出的树苗也会被板栗疫病菌感染，永远也不会成年。人们正在采取保护措施阻止这个物种的灭绝。这种树是木材的优良来源，被早期殖民者用于修建原木小屋，以及杆子和栅栏。

相似物种

栗属（*Castanea*）有 9 个物种。分布在美国的另一个物种是矮栗（*C. pumila*，英文通用名 Allegheny Chinquapin），曾被美洲原住民用于治疗头疼和发热。这个物种的木材也会被人类收获，不过它在商业上从来不像美洲栗那样成功，因为这种树的尺寸小得多，有用木材的产量微乎其微。

实际尺寸

美洲栗的种子生长在多刺的刺果中，每个刺果含有 2 或 3 粒种子，称为栗子。种子由鸟类和松鼠传播，但也是许多野生动物的食物来源。再加上人类对种子的采收，这种压力造成该物种每结出 5 粒种子，只有 1 粒种子会萌发。

科	壳斗科
分布范围	南欧、西亚和北非
生境	温带阔叶林和混交林
传播机制	动物
备注	栗子在传统习俗中烤熟后食用
濒危指标	未予评估

种子尺寸

长 1%₁₆ in
(40 mm)

欧洲栗
Castanea sativa
Sweet Chestnut
Mill.

欧洲栗广泛栽培于温带地区。种子可食用，至少从古罗马时代就用于烹饪，据说当时的士兵在上战场之前会吃栗子粥。在篝火上烤栗子是去除种子那有苦味的粗糙外皮的传统方法。只有这样，柔软的粉状内部才能够食用。当用种子种植时，欧洲栗需要生长 20 年才会结果，所以很多品种是嫁接的。

相似物种

尽管果实外表相似，但欧洲七叶树（*Aesculus hippocastanum*，英文通用名 Horse Chestnut，字面意思"马栗"）实际上和欧洲栗没有很近的亲缘关系。前者属于无患子科（Sapindaceae），后者属于壳斗科（Fagaceae）。美洲栗（338 页）是其近亲物种，但在它的原产地北美洲东部，它已经被板栗疫病菌毁灭了，这种真菌病害是 20 世纪初从亚洲意外引入的。

实际尺寸

欧洲栗的果实是多刺绿色蒴果，它们在成熟时保护果实里的坚果。果实在种子成熟时开裂。每个果实含有最多 7 粒薄壳坚果。

科	壳斗科
分布范围	北美洲东部
生境	森林
传播机制	重力、鸟类以及其他动物
备注	这种树受山毛榉树皮病的影响，这种真菌病害最终会将它杀死
濒危指标	未予评估

种子尺寸

长 ⁹⁄₁₆ in
(14 mm)

340

北美水青冈
Fagus grandifolia
American Beech
Ehrh.

北美水青冈是一种可以长到 35 米高的落叶乔木。它被广泛收获木材，并被用于制造胶合板、饰面薄板和家具。这种树的种子可以生吃或烹熟食用，有时磨碎后加入谷物制成烘焙食品。烘焙后的种子还可用作咖啡的替代品。用其树叶制成的一种茶是治疗肺病的药方，还可以外用于皮肤，以缓解烧伤和冻伤。

相似物种

水青冈属（*Fagus*）^①有 11 个物种，分布于美国至日本再至东南亚。北美水青冈是水青冈属唯一原产美国的物种，不过原产欧洲和中东的欧洲水青冈（341 页）已经作为观赏植物引入美国好几个州，因为它的生长速度要快得多。

实际尺寸

北美水青冈的种子是着生在苞片内的三角形坚果。它们重量大，常常只由重力传播，不过偶尔会有啮齿类动物将它们带到短距离外，而鸟类的携带距离更长一些。雄花和雌花是分开的，但可以生长在同一棵树上。风力授粉。

---

① 译注：又称山毛榉属。

科	壳斗科
分布范围	欧洲，亚洲局部
生境	土壤排水性良好的林地
传播机制	动物
备注	欧洲水青冈的种子曾用于喂猪和家禽，并在饥荒时期充当人的粮食
濒危指标	未予评估

欧洲水青冈
Fagus sylvatica
European Beech
L.

种子尺寸

长 ¾ in
(19 mm)

341

欧洲水青冈有穹顶状树冠，高可达 40 米以上。灰色树皮光滑，常常有浅色水平斑纹。卵圆形叶片幼嫩时呈浅黄绿色且有丝状毛，成熟时颜色变深并脱落表面的毛。欧洲水青冈的雄花和雌花开在同一棵树上。流苏状雄蕊荑花序挂在小枝末端，有长花序梗，而雌花对生，被长着长毛的杯状结构环绕。欧洲水青冈通常作为绿篱植物种植。紫水青冈（Copper Beech）首次作为自然突变体出现，且已被栽培了超过五百年。

相似物种

水青冈属有大约 10 个物种，它们原产欧洲、亚洲和北美。北美水青冈（340 页）是北美洲东部的常见乔木，其分布范围从加拿大延伸至佛罗里达州，在墨西哥的云雾林里还有一个小型种群。

实际尺寸

欧洲水青冈的雌花被杯状结构环绕，授粉后雌花木质化，形成多刺的果壳。每个果壳有 4 瓣，包裹着 1 或 2 粒三角形坚果，称为青冈子（mast）。种子的产量每年相差很大，在所谓的丰产年（mast year）产量最高。

科	壳斗科
分布范围	东南亚
生境	森林
传播机制	鸟类和其他动物
备注	从树皮中渗漏出的树液会吸引昆虫
濒危指标	未予评估

种子尺寸

长 ¾ in
(19 mm)

342

麻栎
Quercus acutissima
Sawtooth Oak
Carruth.

麻栎是一种分布在亚洲的落叶大乔木。它的英文名（意为"锯齿栎"）指的是边缘有齿和刚毛的叶片。麻栎广泛栽培于美国，因为它的生长速度很快，有漂亮的秋叶，并且不受许多病虫害的影响。然而，它已经从威斯康星州等地从栽培区逃逸，正在变成一个麻烦，在竞争中胜过本土植物。该物种结出大量橡子，吸引野生动物。它是一种良好的遮阴树。

相似物种

麻栎属于栎属（*Quercus*）的麻栎组（*Cerris*）。来自这个组的另一个东亚物种是栓皮栎（*Q. variabilis*，英文通用名 Chinese Cork Oak）。这种树在中国栽培以生产软木塞，虽然其应用程度不如欧洲栓皮栎（344 页）在欧洲那么广泛。另外，这个物种的枯死原木被用于培育一种药用真菌。

实际尺寸

麻栎的种子是较大的橡子，生长在"苔藓状"壳斗中。花构成葇荑花序，风媒授粉。授粉后，橡子用 18 个月的时间发育。它们有苦味，动物和鸟类在得不到其他食物时才会吃它们。

科	壳斗科
分布范围	遍布欧洲和中亚；已引入南非、新西兰，以及北美局部
生境	林地
传播机制	重力和动物
备注	这种树生长到第 40 年才会结橡子
濒危指标	无危

种子尺寸

长 1⅜ in
(34 mm)

夏栎
Quercus robur
Pedunculate Oak
L.

343

夏栎广泛分布于欧洲和中亚。拉丁学名 *robur* 意为 "力量"，指的是它坚硬的木材。木材是宝贵的建筑材料，不过一棵树需要生长 150 年才有砍伐的价值。夏栎是重要的造船材料，这个物种的橡子还会被磨成粉食用。这种树还被认为是众神的圣物，这些神就包括古希腊神话中的雷电和天空之神宙斯，因为夏栎被雷击中的几率很高。

相似物种

栎属有将近 600 个物种。遍布欧洲的另一个栎属物种是无梗花栎（*Q. petraea*，英文通用名 Sessile Oak）。夏栎和无梗花栎很容易混淆，但是无梗花栎没有花梗。栎属的多样性中心是墨西哥，那里有大约 160 个物种。部分物种的橡子形状细长，例如在 IUCN 红色名录上列为濒危物种的尖果金杯栎（*Q. brandegeei*）。

实际尺寸

夏栎的种子是生长在果梗上的橡子。成熟时，它们由重力和动物来传播。大多数种子不会萌发，因为它们是许多鸟类和其他动物的重要食物来源。该物种的黄色花构成葇荑花序，由风力授粉。

科	壳斗科
分布范围	欧洲西南部和非洲西北部
生境	温带阔叶林和混交林
传播机制	动物
备注	全世界最昂贵的火腿是橡子伊比利亚纯种火腿（*jamon Iberico pure de bellota*），来自只吃欧洲栓皮栎橡子的纯种猪
濒危指标	未予评估

种子尺寸

长 1⅜ in
(35 mm)

欧洲栓皮栎
Quercus suber
Cork Oak
L.

欧洲栓皮栎的"坚果"——或称橡子——含有1粒种子。种子一端闭合，并有坚硬的革质杯状结构。松鸦（*Garrulus glandarius*）是栎属物种最重要的种子传播者之一。这种鸟以及松鼠都会将橡子藏匿起来，供日后之用，这样做基本上是在将橡子种到远离母株的地方，它们在那里最容易繁茂生长。

欧洲栓皮栎的树皮有深脊纹，被人类收获以制作软木塞。该物种是教科书式的可持续自然资源，因为收获软树皮时树木本身不会被砍伐，而且由于树皮会自我更新，树木在这个过程中也不会受到伤害。塑料和金属旋转瓶盖在葡萄酒行业越来越多的应用正在降低欧洲栓皮栎森林的价值。这些森林是一些受威胁物种如伊比利亚猞猁（*Lynx pardinus*）的自然栖息地，如今它们正在逐渐被更有利可图的作物取代。

相似物种

栎属有超过 600 个物种，统称栎树，广泛分布于全世界。栎树是美国、德国和英国的果树。冬青栎（*Q. ilex*，英文通用名 Holm Oak）是少数几种常绿栎树之一。它的另一个英文名 Holly Oak（意为"冬青栎"）[1] 和拉丁学名种加词都是因为它的叶片与冬青属（*Ilex*）物种（英文中统称 holly）的叶相似。

实际尺寸

---

[1] 译注：此英文名与中文名一致。

科	胡桃科
分布范围	美国南方和东南部及墨西哥
生境	溪流沿岸和河流冲积平原
传播机制	水流、鸟类和松鼠
备注	美国山核桃是得克萨斯州的州树
濒危指标	未予评估

种子尺寸

长 1¾₆ in
(30 mm)

美国山核桃
Carya illinoinensis
Pecan

(Wangenh.) K. Koch

345

美国山核桃是大乔木，有宽而圆的树冠，可以长到30米高。它是山核桃属（*Carya*）植物中尺寸最大的。3月至5月开绿黄色花，雄花和雌花开在同一棵树上。雄花是葇荑花序，而微小的雌花长成穗状花序。羽状复叶互生，有9—17枚小叶。美国山核桃是美国的重要商业坚果作物，尤其是在南部各州，并有许多可栽培的品种，它还是一种受青睐的遮阴树。美国山核桃已经被美洲原住民使用了八千多年。

相似物种

山核桃属植物在英文中统称 Hickory，有18个物种，其中11个物种原产北美洲。山核桃属植物木材结实，是宝贵的手工工具材料；例如，光滑山核桃（*C. glabra*，英文通用名 Pignut Hickory）在中欧是大面积种植的材用树。

实际尺寸

美国山核桃的果实呈深棕色，粗糙的薄壳分为四瓣；它们会在秋天果实成熟时开裂。光滑的卵形坚果（种子）呈棕色，有黑色斑块。树长到第20年开始结种子，但产量最大的年份可能迟至第225年。

科	胡桃科
分布范围	美国东部
生境	落叶林地
传播机制	动物
备注	坚果被松树或花栗鼠食用
濒危指标	未予评估

种子尺寸

长 1¹⁄₁₆ in
(40 mm)

346

黑胡桃
Juglans nigra
Black Walnut
L.

实际尺寸

黑胡桃是落叶大乔木，复叶互生，有15—23枚无柄小叶。雄葇荑花序长可达10厘米，微小的黄绿色雌花开在短穗状花序上。黑胡桃的深色木材有很高的价值，用于制作高级家具，在过去还是制作枪托、栅栏和飞机螺旋桨的优选用料。这种优美的观赏乔木结出的大个胡桃被动物和人类食用。然而，这个物种还会产生对许多其他植物有毒性的化学物质胡桃醌。

相似物种

胡桃属（*Juglans*）有21个物种，其中6个生活在北美洲。灰胡桃（*J. cinerea*，英文通用名Butternut）与黑胡桃相似，但是更小，更像卵圆形，有一层黏稠的覆盖物，分布范围延伸至加拿大。它曾受到一种名为灰胡桃溃疡病的影响。

黑胡桃的果实大而圆，有一层肉质黄绿色外壳，9月至10月间成熟。每个果实含有一粒表面有波纹的坚果（如图所示），里面是一粒油脂丰富且有甜味的可食用种子。种子休眠，在自然环境下被冬季的冰冻和解冻过程打破，在栽培条件下被冷凉湿润的层积过程打破。

科	胡桃科
分布范围	欧洲东南部和中亚
生境	落叶森林
传播机制	动物
备注	历史上，胡桃油曾是画家所用颜料的重要成分
濒危指标	近危

胡桃（核桃）
Juglans regia
Persian Walnut
L.

种子尺寸

长 1¼ in
(31 mm)

347

　　胡桃是落叶乔木，可以长到 35 米高。叶片为复叶，由 5—7 枚较大的椭圆形小叶组成。搓碎后，叶片的气味像鞋油。雄花是长 5—10 厘米的黄绿色下垂葇荑花序，微小的雌花簇生。胡桃是为收获坚果而进行商业栽培的主要胡桃属物种。因为栽培历史漫长，该物种的自然分布范围如今已不确定。例如它在加利福尼亚州广泛种植。中国和土耳其也是胡桃生产大国。胡桃的野生种群曾受到采集坚果、伐树和牲畜放牧的影响。

相似物种

　　胡桃属（*Juglans*）有 21 个物种。6 个物种分布在北美洲，包括黑胡桃（346 页）。美国山核桃（345 页）及其他山核桃属物种，与胡桃属属于同一个科。

胡桃有圆形绿色果实，每个果实含有一个较大的圆形坚果或种子，带有坚硬、皱缩的浅棕色壳。富含油脂的种仁营养丰富，包含不饱和脂肪酸、蛋白质、维生素和矿物质。

实际尺寸

科	木麻黄科
分布范围	澳大利亚
生境	沙漠林地
传播机制	鸟类
备注	异木麻黄是艾尔斯岩周围地区的优势树种
濒危指标	未予评估

种子尺寸

长 ⁵⁄₁₆ in
(8 mm)

348

异木麻黄
Allocasuarina decaisneana
Desert Oak

(F. Muell.) L.A.S. Johnson

实际尺寸

异木麻黄的球果大且有特点，像松树的球果。它的球果由坚硬的坚果状果实组成，每个果实有一粒具翅的种子，种子里有一个笔直的胚胎，不含营养组织（胚乳）。

异木麻黄是一种漂亮的常绿乔木，生长缓慢，生活在澳大利亚的开阔沙漠林地，寿命可达一千年以上。树叶退化为小鳞片，轮生于细长、分节的树枝上。雌树开小红花，风媒授粉，雄树有由棕色小花组成的分叉穗状花序。根系上长着含有固氮细菌的瘤。异木麻黄能够利用沙漠深处古河床中的地下水。它们能够忍耐火灾，因为它们的茎被厚厚的栓质树皮保护着。人们从异木麻黄树上砍伐木棍，用作栅栏和木柴。

相似物种

异木麻黄属（*Allocasuarina*）包括大约 58 个物种。木麻黄科（Casuarinaceae）乔木和灌木的特点是微小的叶片和风媒花，这些物种主要分布在澳大利亚。木麻黄（349 页）作为观赏植物和遮阴树被广泛栽培，还用于稳定沙丘。它在夏威夷、中北美洲和日本被认为是入侵物种。

科	木麻黄科
分布范围	孟加拉国、印度、东南亚以及澳大利亚
生境	热带和亚热带湿润阔叶林
传播机制	风力和水流
备注	种子有翅，有助于它们被风力和水流传播
濒危指标	未予评估

木麻黄
Casuarina equisetifolia
She-oak
L.

种子尺寸

长 ³⁄₁₆ in
(5 mm)

实际尺寸

木麻黄是常绿乔木，可以长到 30 米高。种加词 *eq-uisetifolia* 指的是叶片看上去像马的尾巴。英文名（意为"雌栎"）指的是出现在这种树的木材中的漂亮的大线条像栎木，但没有栎木结实。木麻黄的木材用于制作栅栏，而且是优质木柴。属名 *Casuarina* 来自马来语单词 *kasuari*，意为鹤鸵（*Casuarius* spp.），指的是这种鸟的羽毛与这种植物的叶片相似。

木麻黄是一种生长迅速的乔木，而且种子产量很大。果实只出现在雌树上，因为雄花和雌花开在不同个体上。雌花发育而成的果实是卵圆形木质结构，像松球，每个心皮含有 1 粒带翅的种子。

相似物种

木麻黄属（*Casuarina*）有 17 个常绿灌木和乔木物种，分布于亚洲和大洋洲的许多国家。该属成员广泛应用于盆景，部分物种是蛾类幼虫的食物来源，后者会在树干中蛀洞。人们还种植木麻黄属乔木以防止土壤侵蚀和作为风障。

科	桦木科
分布范围	欧洲、北非、俄罗斯和西亚
生境	河岸、山坡和湿地
传播机制	风力和水流
备注	该物种可以生长在劣质土壤上，因为它的根瘤含有固氮菌
濒危指标	无危

种子尺寸

长 ⅛ in
(3 mm)

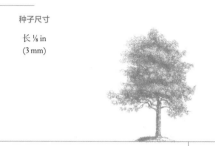

350

实际尺寸

欧洲桤木

Alnus glutinosa
Common Alder

(L.) Gaertn.

欧洲桤木的"种子"实际上是翅果。这些果实呈红棕色，小而扁平。它们长有小"翅"，这种结构是充满气体的膜，让它们能够在水上漂浮，有时长达几个星期。每个葇荑花序或球果含有大约60枚翅果。种子被山雀和黄雀（*Spinus spinus*）等小鸟吃掉。

欧洲桤木是一个分布广泛的乔木物种，生长在河流沿岸的潮湿生境中、山坡上，以及泥塘和沼泽中。它是雌雄异花同株植物，雄花和雌花生长在同一棵树上。2月至3月开花，然后在4月展叶。大量花粉在春天从雄葇荑花序中释放出来并被风力传播。雌葇荑花序或球果一开始是绿色的，但会在成熟时变成黑色。欧洲桤木传统上用于制作木屐，以及脚手架和水管。欧洲桤木被砍伐后萌生的矮灌木丛可以制造优质焦炭。

相似物种

桤木属（*Alnus*）有大约35个物种，主要分布在北半球。一些物种因其漂亮的葇荑花序和球果而拥有观赏价值。除了欧洲桤木，其他普遍种植的物种包括灰桤木（*A. incana*，英文通用名 Grey Alder）和意大利桤木（*A. cordata*，英文通用名 Italian Alder）。桤木属和桦木属（*Betula*）有紧密的亲缘关系。

科	桦木科
分布范围	北美洲西海岸
生境	溪流、湿地和开阔林地
传播机制	水流和动物
备注	在北美洲的西北太平洋地区，红桤木用于烟熏鲑鱼
濒危指标	无危

种子尺寸

长 1/16 in
(2 mm)

351

红桤木
Alnus rubra
Red Alder

Bong.

实际尺寸

红桤木是北美洲的一种常见乔木。它是分布于北美大陆的 8 个桤木属物种中最高大的，可以长到 30 米高。在欧洲殖民者到来之前，红桤木主要生长在溪流沿线和湿地，但是伐木和其他形式的植被清理为这个物种的扩张提供了许多新空间。这种树被认为是西北太平洋地区最重要的商用硬木树种。它还经常作为观赏植物种植，有很多品种。

红桤木的"种子"实际上是翅果，也就是带翅的果实；它们呈卵圆形或椭圆形，有细细的翅。花簇生在圆形球果中。种子吸引许多鸟类和小型哺乳动物，在缺少其他食物的冬季为它们提供重要的食物来源。

相似物种

桤木属有大约 35 个物种，主要分布在北半球。来自美国的物种海滨桤木（*A. maritima*，英文通用名 Seaside Alder）有 3 个地理分布广泛的独立亚种，全都在野外面临威胁。桤木因其漂亮的葇荑花序和球果而具有观赏价值，有些是重要的材用树种。意大利桤木曾用于威尼斯房屋地基的建设。

科	桦木科
分布范围	北美洲东部
生境	森林
传播机制	风力和动物
备注	北美黄桦的种子被各种鸣禽物种吃掉，而披肩榛鸡（*Bonasa umbellus*）会吃它的种子、柔荑花序和芽。北美红松鼠（*Tamiasciurus hudsonicus*）会咬断并储藏成熟的柔荑花序，吃掉种子
濒危指标	无危

种子尺寸

长 ³⁄₁₆ in
(4 mm)

352

北美黄桦
Betula alleghaniensis
Yellow Birch
Britton

实际尺寸

北美黄桦的种子其实是翅果——有翅的果实，翅和果实一样宽或者稍宽一些。它们呈扁平的卵圆形，两端尖锐，浅棕色，表面光滑。

北美黄桦是遍布北美东部阔叶林中的一种常见乔木，从最北边的加拿大魁北克省到美国北部的佐治亚州再到美国南部的亚拉巴马州都有。它可以长到30米高，成年树木的树皮颜色不一，常常泛黄。北美黄桦生长缓慢，是该地区最有价值的木材，用于制造家具、胶合板和镶嵌面板。美洲原住民将这种树用作药材来源。该物种的树液可以引出来用作食用糖浆，小枝和内层树皮有时可用来做茶。

相似物种

桦木属（*Betula*）有大约60个物种，包括沼桦（353页）和垂枝桦（355页）。该属在北美有18个物种。桦木属的多个物种有大规模栽培，包括纸桦（354页）和垂枝桦。它们因其色彩缤纷的树皮和漂亮的叶片而得到种植。

科	桦木科
分布范围	北半球的北极和高山地区
生境	北极和高山苔原
传播机制	风力
备注	纸质翅有助于将种子传播到远离母株的地方。
濒危指标	无危

沼桦
Betula nana
Dwarf Birch
L.

种子尺寸

长 1/16 in
(2 mm)

●

实际尺寸

353

沼桦原产北极和冷凉气候区。作为苔原上的优势物种，这种低矮蔓延的灌木有小而圆的叶片，叶边缘有齿。这个物种的生长速度很慢，因此株高很少达到90厘米以上。它的完整基因组已经在英国被科学家测序，由于森林砍伐和过度放牧，这种树如今在英国已经极为稀少，只有苏格兰高地除外。

沼桦的果实像一只小蝴蝶或蛾子，种子仿佛这只昆虫的身体，两边的纸质结构像身体上的翅膀。该物种的果实结构有利于借助风力传播，将种子带到远离母株的地方。该物种难以萌发，不过将种子播种在细土中能够提高萌发率。

相似物种

桦木属的桦树属于桦木科（Betulaceae）。这个科还有桤木、榛子和鹅耳枥。桦木属物种常常因其漂亮的树叶、菜荑花序、秋色和树皮而种植在私家花园和公共花园。然而桦木科的几个物种如今正遭受灭绝威胁。

科	桦木科
分布范围	北美洲北部
生境	生长在从山区陡峭岩层至寒带森林平整沼泽地的大部分土壤和生境中
传播机制	风力
备注	漂亮的白色树皮可以像纸张一样从树干上剥下来。它曾用作外伤膏药和骨折浇铸固定剂
濒危指标	无危

种子尺寸

长 ⅟₁₆ in
(2 mm)

354

纸桦
Betula papyrifera
Paper Birch
MarshaLL

纸桦可以长到大约 30 米高，是一种分布广泛且有价值的北美乔木，有很多传统用途。与众不同的剥落树皮被美洲原住民用来制造独木舟和圆锥形帐篷的顶，还能用作药物。春天可以插管获取树液，并用它制造糖浆、葡萄酒、啤酒和补药。木材用于制作木浆和纸。纸桦的树叶为绿色或黄绿色，其边缘具齿，末端尖锐，且点缀着分泌树脂的微小腺体。雄花和雌花着生在不同的葇荑花序上。

纸桦的"种子"其实是翅果，也就是长着翅的果，翅与果实本同宽或稍宽。它们很容易借助风力传播，可以旅行很远的距离，尤其是当积雪表面被风吹动时。不过大部分种子都会落在产生它们的群丛内。

相似物种

桦木属有大约 60 个成员，包括北美黄桦（352 页）、沼桦（353 页）和垂枝桦（355 页）。有几个物种是北方温带森林和苔原中的优势物种，而且是木材和木浆的重要原料。

实际尺寸

科	桦木科
分布范围	欧洲（含俄罗斯的欧洲部分）、俄罗斯的亚洲部分、中亚、中国、阿拉斯加以及加拿大
生境	酸性土壤上的林地和石南灌丛
传播机制	风力
备注	按照传统，垂枝桦的树枝被用于制作扫帚柄
濒危指标	无危

垂枝桦
Betula pendula
Silver Birch
Roth

种子尺寸

长 ³⁄₁₆ in
(5 mm)

355

实际尺寸

　　垂枝桦是一种常见于北半球林地和石南灌丛的漂亮乔木，分布范围正在逐渐扩大，因为它会占据受到扰动的土地。它会提供多种多样的有用产品。木材用于制造家具、窗框和地板，树液在东欧是一种重要的食糖来源，它在那里会被发酵制作酒精饮料。树叶还可制茶，而且桦树皮曾是饥荒时期的营养来源。垂枝桦有重要的生态意义，是许多共生真菌和大量昆虫的宿主。

垂枝桦的"种子"其实是翅果，即带翅的果实。它们尺寸微小，有两片纸质翅，每片翅的宽度是种子的两倍。每棵垂枝桦都能结出大量种子。

相似物种

　　桦木属有大约60个物种，包括北美黄桦（352页）、沼桦（353页）和纸桦（354页）。它们通常是北方温带森林和苔原中的标志性物种。垂枝桦很容易和自然分布同样非常广泛的柔毛桦（*B. pubescens*，英文通用名 Downy Birch）杂交。这两个物种的外表很相似，主要通过树皮的特征区分开来。柔毛桦不像垂枝桦那样普遍种植。

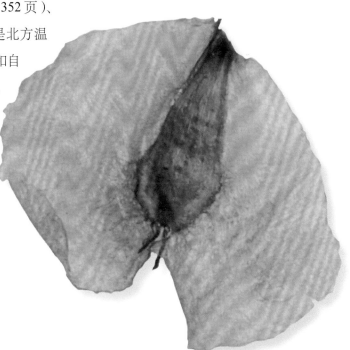

科	桦木科
分布范围	北美洲东部
生境	阔叶林
传播机制	动物
备注	灰松鼠的重要食物来源
濒危指数	无危

种子尺寸

长 ¼ in
(7 mm)

356

美洲鹅耳枥
Carpinus caroliniana
American Hornbeam

Walter

实际尺寸

美洲鹅耳枥是一种生长缓慢、寿命短暂的小乔木，主要生长在混交阔叶林的林下层。该物种的自然分布范围覆盖美国东部大部分地区，并延伸至加拿大南部的魁北克和安大略。纹理致密的木材被当地人用作燃料、工具手柄、控制杆、楔子和木槌。这种树的种子、芽和柔荑花序会被鸣禽、披肩榛鸡、雉鸡（*Phiasianus colchicus*）、山齿鹑（*Colinus virginianus*）、火鸡（*Meleagris gallopavo*）和狐狸食用。叶片、小枝和更大的枝条被棉尾兔、白尾鹿（*Odocoileus virginianus*）和美洲河狸（*Castor canadensis*）食用，后者非常依赖这个物种。美洲原住民将美洲鹅耳枥用在传统医药中。

相似物种

鹅耳枥属（*Carpinus*）有 25 个物种，美洲鹅耳枥是其中唯一原产北美洲的物种。该属和桦树（*Betula* spp.）、榛树（*Corylus* spp.）和桤木（*Alnus* spp.）同属一科。所有物种都是木本植物，有单叶和长柔荑花序。

美洲鹅耳枥的果实是小坚果。每个小坚果呈三角形，有纵向肋纹。小坚果顶部常常有来自花的宿存萼片和花柱。美国鹅耳枥的种子需要冷藏处理才能萌发，因为它们有生理休眠现象。

科	桦木科
分布范围	北美洲
生境	落叶林
传播机制	哺乳动物和鸟类
备注	美洲榛的葇荑花序会被火鸡和松鸡吃掉
濒危指标	无危

种子尺寸

直径 ⅜–½ in
(10–12 mm)

美洲榛
Corylus americana
American Hazelnut
Walter

美洲榛是分布在北美洲的一种落叶大灌木。它作为观赏植物种植了两个世纪，对于野生动物也很重要，既提供食物又提供庇护所。除了动物外，人类也食用它的坚果，通常烤熟或磨粉后制作面包。美洲原住民将它们用作汤羹调料，还用在治疗痢疾、花粉热和出牙期疼痛的药物中。来自种子的油脂用于化妆品。这种灌木通过种子和根出条两种方式繁殖。

相似物种

榛属（*Corylus*）有 17 个物种，统称榛树（hazels）。所有物种都产生可食用的种子，但原产欧洲的欧榛（358 页）是最常用于这个目的的物种——有证据表明，早在九千年前，人类就已经食用榛子了。如今，它们还被用来制作干果糖和其他糕点糖果。

实际尺寸

美洲榛的种子生长在叶状苞片中，这些坚果太重，无法由风力传播，而是由小型哺乳动物和鸟类将它们带离植株。这种灌木的雄花生长在葇荑花序中，而雌花较不显眼，生长在芽里。

科	桦木科
分布范围	欧洲（含俄罗斯的欧洲部分）、俄罗斯的亚洲部分和中亚
生境	林地、绿篱、草甸和牧场，以及溪流岸边
传播机制	动物
备注	属名 Corylus 来自希腊语单词 korus，意为"头盔"，指的是坚果壳的外形特征
濒危指标	无危

种子尺寸

长 %₁₆–
(15–20 mm)

358

欧榛
Corylus avellana
Common Hazel
L.

欧榛通常是落叶林地中的下层小乔木。雄花是葇荑花序，年初产生花粉。雌花微小，有标志性的深红色柱头和花柱。坚果对睡鼠、松鼠和林鸽等动物极具吸引力。欧榛因其坚果而得到广泛栽培，而榛子经济支撑着全世界八百万人的生计。土耳其是最大的生产国，意大利和美国紧随其后。欧榛平茬后萌生的矮灌丛传统上提供编条用以建造抹灰篱笆墙，还用于修建羊圈和用作桶箍、栅栏和绿篱桩。

相似物种

榛属有 17 个物种，分布于欧洲、亚洲和北美洲的北方温带地区。土耳其榛（*C. colurna*，英文通用名 Turkish Hazel）和美洲榛（357 页）也因其可食用的坚果而得到栽培，不过种植规模较小。榛子通常是野生动物的重要食物来源。榛属与桦木属和桤木属同属一科，它们的坚果是最清晰的区分特征。

欧榛的坚果是含有 1 粒种子的干燥果实，2—4 枚簇生。坚果内的种子呈乳白色。坚果的苞片扩大形成一个尺寸与坚果大致相同且顶端深裂的总苞，或称外壳。苞片表面有毛。

实际尺寸

科	桦木科
分布范围	巴尔干半岛，包括希腊和土耳其西部
生境	林地
传播机制	动物
备注	这种树以圣菲利贝尔（St. Philibert）的名字命名，他是法国早期修道院的一位院长
濒危指标	无危

种子尺寸

长 1⁵⁄₁₆ in
(24 mm)

大果榛
Corylus maxima
Filbert

Mill.

大果榛是一种野外常见的落叶小乔木，并因其可食用的坚果而得到广泛栽培。由于千百年来的大规模种植，它作为野生树木的确切分布范围已无法确定。大果榛可能起源于欧榛（358 页）的一个为栽培而选育的品种。雄葇荑花序呈淡黄色，微小的雌花呈红色。叶片多毛，有锯齿状边缘。叶片呈深紫色的品种'紫叶榛'（'Purpurea'）是一种很受欢迎的花园植物。土耳其是大果榛榛子的最大生产国，该种坚果可以完整食用，或者榨取一种用于烹饪的食用油。

相似物种

榛属有 17 个物种，分布于欧洲、亚洲和北美洲的北方温带地区。欧榛与大果榛亲缘关系紧密，是为了获取可食用坚果而加以栽培的主要物种。榛子通常是野生动物的重要食物来源。

大果榛的坚果 3—5 个簇生，每个坚果都包裹在由叶状苞片构成的多毛管状总苞中，总苞的长度超过坚果。光滑的棕色坚果呈宽卵圆形，一端钝平。坚果的坚硬外壳里是乳白色的可食用胚乳。

实际尺寸

科	葫芦科
分布范围	原产非洲；如今种植在许多国家，包括中国、日本和土耳其
生境	热带和亚热带草原、稀树草原和灌丛带
传播机制	动物（包括鸟类）和水流
备注	日本农民种出了方形西瓜
濒危指标	未予评估

种子尺寸

长 ⁵⁄₁₆ in
(8 mm)

360

西瓜
Citrullus lanatus
Watermelon
(Thunb.) Matsum. & Nakai

有一种都市传说声称，吞下西瓜的种子会让植物在你的肚子里生长。这让很多人不敢吃西瓜种子，但它们实际上充满养分。在种子发芽之后，这些养分会更容易消化，而且这个过程还能去除无法入口的坚硬外种壳。西瓜有超过 1200 个品种，果肉颜色不一，从红色到黄色再到橙色都有。早至五千年前的古埃及象形文字就已经描绘了西瓜的样子。

相似物种

卡费尔西瓜（*Citrullus lanatus* var. *caffer*）是西瓜的一个变种，野生于非洲的卡拉哈里沙漠，被当地人称为 Tsamma。对于生活在卡拉哈里沙漠的一些布须曼人和动物而言，这些瓜是持续数月的旱季中唯一的水分来源。只有在卡费尔西瓜大量结实的年份，长途旅行才有可能实现。一个人可以靠只吃卡费尔西瓜生存六周。

实际尺寸

西瓜有坚硬的卵形黑色种子，一旦干燥，可用于制作首饰。果实的每一部分都可食用，包括西瓜皮。如今已经为消费者培育出了不育植株，它们甜美的果实里没有种子。

科	葫芦科
分布范围	非洲、亚洲和澳大利亚的热带地区
生境	栽培用地和荒地
传播机制	鸟类和其他动物
备注	甜瓜的种子作为咸味零食食用，或者用于烹饪
濒危指标	未予评估

甜瓜
Cucumis melo
Honeydew
L.

种子尺寸

长 ⅜ in
(10 mm)

361

甜瓜被认为原产非洲和亚洲的热带地区，作为一种水果作物广泛栽培于自然分布区之外。该物种至少从青铜器时代就得到种植，有许多不同的栽培品种。甜瓜是一年生攀缘植物，茎多毛有棱，花小，黄色。授粉后结硕大的果实。它们的大小和形状差异很大。名为白兰瓜（Honeydew）的品种拥有白色果实，果皮光滑而坚硬。果肉为淡绿色，肥厚多汁，有很受欢迎的甜味。其他品种有罗马甜瓜（Cantaloupe）或香瓜（Musk Melon）。

相似物种

甜瓜属于葫芦科，同属该科的其他食用植物包括黄瓜（*Cucumis sativus*，英文通用名 Cucumbers）、西葫芦(*Cucurbita pepo*，英文通用名 Marrows) 和南瓜（*Cucurbita* spp.，英文通用名 squashes）。西瓜（360 页）也属于葫芦科，因其油脂丰富的种子而栽培于西亚的白子瓜（*Cucumeropsis edulis* 和 *Cucumeropsis mannii*）也一样。

实际尺寸

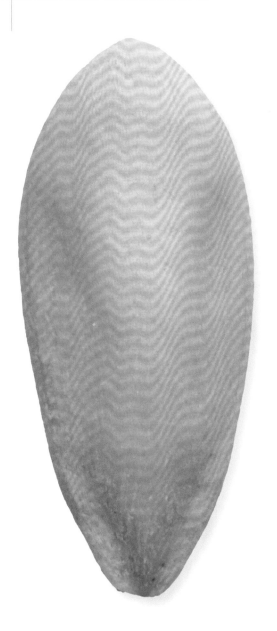

甜瓜果实的中央充满椭圆形白色种子。种子基部是圆的，另一端是尖的。种子有坚硬的种皮，去除种皮后可食用。胚胎被外种皮和透水的外胚乳封闭。

科	葫芦科
分布范围	非洲；在亚洲和美洲有栽培
生境	林地、灌木丛和草原
传播机制	人类
备注	葫芦在海水里漂浮了几个月后，从中挖出来的种子仍有生活力
濒危指标	未予评估

种子尺寸

长 ½ in
(12 mm)

362

葫芦
Lagenaria siceraria
Calabash
(Molina) Standl.

葫芦被认为原产非洲，大约一万年前扩散到亚洲和美洲。传播可能与人类的迁徙有关，但野生物种很有可能也会自由迁徙，因为其硕大的果实可以漂过海洋。野生种群的驯化被认为曾经发生在世界上的不同地区。葫芦有多种用途。生长中的嫩茎和幼嫩的绿色果实作为蔬菜烹饪食用。然而，一些品种有苦味，可能有毒。

相似物种

葫芦属（*Lagenaria*）的其他三个物种全都分布于非洲。葫芦是该属唯一的栽培物种。人们在野外采集其他物种所结的葫芦。

实际尺寸

葫芦有大小和形状不一的木质化果实。它们含有扁平的白色或棕色种子，两侧各有一条浅棱纹。种子呈倒卵形或三角形，顶端截平。

科	葫芦科
分布范围	非洲坦桑尼亚
生境	热带和亚热带湿润阔叶林
传播机制	动物，包括鸟类
备注	种子的味道像澳洲坚果（248页）和南瓜种子的混合
濒危指标	未予评估

牡蛎瓜
Telfairia pedata
Oysternut

(Sm.) Hook.

种子尺寸

长 1⅝ in
(42 mm)

363

通过在树木上寻找支撑攀缘生长，牡蛎瓜的植株可以长到 30 米长。这种常绿攀缘植物开有粉色边的花。它会结硕大的果实，每个果实重达 15 千克，包含大约 50—70 粒可食用的种子。这个物种原产坦桑尼亚，还作为食用作物种植在非洲的许多其他国家。种子富含油脂，可生食或烤熟后食用，还可以做成一种酱。人们将它当作怀孕或哺乳期妇女的良好营养来源。牡蛎瓜尚未被评价为受威胁物种，但它正在从其自然生境快速消失。

实际尺寸

相似物种

牡蛎瓜属于葫芦科。该科有将近 1000 个物种，其中有许多物种可食用，包括黄瓜、南瓜和西瓜（360页）。黄瓜含有超过 95% 的水，外敷可冷却皮肤和血液。这是英文短语 cool as a cucumber① 的出处。

牡蛎瓜的种子是顽拗型的，因此不能干燥或冷冻。硕大的盘状种子呈黄色或棕色，覆盖着一层网状纤维材料。它们在播种 1—2 周内就会轻易萌发。

---

① 译注：字面意思"凉如黄瓜"，意为"十分冷静，镇定自若"。

科	卫矛科
分布范围	中国、日本和朝鲜半岛；已在北美洲东部归化
生境	混交林、林缘，以及草地山坡上的灌木丛
传播机制	鸟类
备注	这种攀缘植物正在结果的树枝极具观赏性
濒危指标	未予评估

种子尺寸

长 ³⁄₁₆ in
(5 mm)

364

南蛇藤
Celastrus orbiculatus
Oriental Bittersweet
Thunb.

实际尺寸

南蛇藤是落叶攀缘植物，圆形叶片在秋天变成奶油黄色。不显眼的绿色花结出圆形的橙黄色果实。它是一种漂亮的观赏植物，在原产地中国广泛分布，其成熟果实用在中药里。南蛇藤在 19 世纪引入美国，如今遍布该国东部，是开阔林和草甸中的入侵物种。它在好几个州都被列为有害杂草。

相似物种

南蛇藤属（*Celastrus*）包括大约 30 个来自马达加斯加、亚洲、澳大利亚和南北美洲的物种。中国有 25 个物种，其中 16 个为中国特有。灯油藤（*C. paniculatus*，英文通用名 Intellect Tree）在印度是一种重要的药用植物，它在那里受到过度开发的威胁。从种子中提取的油脂用于改善记忆和提高注意力。美洲南蛇藤（*C. scandens*，英文通用名 American Bittersweet）是该属的唯一北美物种。它的绿色夏季叶片漂亮、有光泽，落叶后结橙红两色果实和种子。卫矛属（*Euonymus*）是它的近缘属。

南蛇藤的橙黄色果实分为数瓣，其中含有略扁平的椭圆形种子。种子呈红棕色，有称为假种皮的橙红色附属结构。该物种的种子很容易萌发，不会在土壤里保存很长时间。

科	卫矛科
分布范围	欧洲和西亚
生境	温带阔叶林和混交林
传播机制	动物，包括鸟类
备注	这种灌木鲜艳的粉橙双色果实像爆米花
濒危指标	未予评估

欧洲卫矛
Euonymus europaeus
Spindle
L.

种子尺寸

长 ¼ in
(6 mm)

实际尺寸

欧洲卫矛的英文名之所以是 Spindle（"纺锤"），是因为它的木材传统上用于制作纺织羊毛的纺锤。这种坚硬的乳白色木材还用于制造牙签、烤肉签子和毛衣针，而且还能制作优质美术焦炭。这种落叶大灌木的深绿色叶片在秋天变成鲜红色。它的花不起眼，结有翅的橙粉色果，开裂后露出橙色种子。果实会在落叶很久之后的冬季仍然留在枝头。

相似物种

卫矛属（*Euonymus*）属于卫矛科（Celastraceae）。该科有大约 1350 个物种，从常绿和落叶灌木至小乔木都有，大多数原产亚洲。卫矛科物种的花呈黄绿色，小团簇生。

欧洲卫矛有裂为四瓣的亮粉色果实，隐藏在果实中的橙色种子在成熟时变成棕色。果实像爆米花，因为它们会裂开，露出颜色鲜艳的种子 —— 种子对鸟类和传播它们的其他动物有吸引力。欧洲卫矛的种子必须经历冷暖循环的周期才能萌发。

科	卫矛科
分布范围	欧洲、北非、北美，以及亚洲北部和中北部
生境	沼泽、泥沼、泥炭沼泽、泥炭地、沙丘凹地[①]，以及短草草原
传播机制	风力和水流
备注	梅花草可作为药物治疗肝病、治愈外伤，以及制成洗眼液
濒危指标	无危

种子尺寸

长 ½₂ in
（1 mm）

366

梅花草
Parnassia palustris
Grass-of-Parnassus

L.

实际尺寸

梅花草有数量众多但尺寸微小的椭圆形种子，生长在卵圆形四瓣开裂性蒴果中。每粒种子表面有光泽，都有一个充满空气的类似气囊的结构。

梅花草是一种漂亮的小型多年生植物，心形叶片丛生，绿白色蜡质花有蜂蜜的气味。每朵花有 5 枚花瓣和 5 枚萼片，花瓣上有精致的绿色脉纹。在野外，梅花草生长在湿地中，广泛分布于几乎整个北半球。例如它在美国分布得相当广泛。梅花草的另一个英文名是 Bog Star（"泥沼之星"）。

相似物种

梅花草属（*Parnassia*）有大约 70 个物种，大多数生长在中国。须边梅花草（*P. fimbriata*，英文通用名 Fringed Grass-of-Parnassus）广泛分布于美国西部和加拿大。这种花的花瓣内边缘呈长须状。近缘植物地精草（*Lepuropetalon spathulatum*，英文通用名 Petiteplant）的分布范围不同寻常，包括彼此分离的两个地区，一个是美国东南部，另一个是乌拉圭至智利中部。这个物种是最小的开花植物之一。

---

①译注：沙丘凹地，指沙丘之间的低洼地带，通常在沙丘背风侧，有时会积水形成湿地，是许多植物和动物物种的重要栖息地。

科	酢浆草科
分布范围	北美洲
生境	林地、草甸以及受扰动的地方
传播机制	喷出
备注	直果酢浆草被美洲原住民用作药物，治疗发热和恶心
濒危指标	未予评估

种子尺寸

长 ½₂ in
(1 mm)

367

实际尺寸

直果酢浆草
Oxalis stricta
Common Yellow Wood Sorrel
L.

直果酢浆草是多年生草本植物，茎分叉，浅绿色。叶片似车轴草，互生。每片复叶由三枚小叶构成，小叶在夜晚合拢，日出时打开。小叶的上表面和下表面都呈浅绿色；上表面光滑或近光滑，而下表面覆盖短毛。2—6朵黄色花组成的小伞形花序从叶腋中长出。每朵花有5片花瓣。叶片的味道相当酸，有时用在沙拉中。

相似物种

酢浆草属（*Oxalis*）有大约800个物种。直果酢浆草和其他酢浆草的不同之处在于，结种子的蒴果在茎的分枝上笔直上翘。丰塔纳酢浆草（*Oxalis fontana*）是一个亲缘关系紧密且外表相似的物种；它有时被处理为直果酢浆草的同物异名，其英文名也是Common Yellow Wood Sorrel。

直酢浆草有五棱圆柱形蒴果，每个蒴果都有鸟喙状末端。成熟时，蒴果裂开成五个部分，将种子喷出到距离母株数尺之外的地方。种子微小，呈红棕色至棕色，宽椭圆形，较为扁平；它们有几条常常呈白色的横向脊线。

科	酢浆草科
分布范围	美国伊利诺伊州和田纳西州，以及墨西哥
生境	林地、田野以及北美大草原
传播机制	喷出
备注	堇色酢浆草有许多传统医药用途，据称能够治疗早期癌症
濒危指标	未予评估

种子尺寸

长 ⅓₂–⅟₁₆ in
(1–1.5 mm)

368

堇色酢浆草
Oxalis violacea
Violet Wood Sorrel

L.

实际尺寸

堇色酢浆草有细长尖锐的蒴果。这些干燥的果实在成熟时裂成五个部分，将淡棕色种子喷出到距离母株数英寸之外。堇色酢浆草还通过小鳞茎扩散，小鳞茎呈玫瑰色，与根相连。

堇色酢浆草是无地上茎的多年生球根植物，叶片具长柄，花梗比叶柄更长且不长叶片，叶片和花都直接从鳞茎长出。似车轴草的叶片有三枚心形小叶，上表面绿色，下表面紫色。花在春天开放，有 5 片白色、粉色或紫色花瓣，花瓣喉部泛绿。花和叶都在阳光下展开。叶片由于草酸的存在而有酸味，有时加入沙拉中。堇色酢浆草是一种漂亮的花园植物，种植在岩石园和花境中。

相似物种

酢浆草属物种遍布热带和温带地区。该属在南非经历了迅速的物种形成，如今那里有大约 200 个物种得到鉴定，其中超过三分之二是南非特有物种，不过许多物种足够耐寒，可以在气候更冷凉的地方栽培。开白花的白花酢浆草（ *O. acetosella*，英文通用名 Wood Sorrel ）是一种林地春花，原产欧洲和亚洲。

科	杜英科
分布范围	印度和斯里兰卡
生境	低地和山地雨林
传播机制	动物和人类
备注	锡兰橄榄的叶片用于治疗头皮屑
濒危指标	未予评估

锡兰橄榄
Elaeocarpus serratus
Ceylon Olive
L.

种子尺寸

长 ⅞ in
(22 mm)

369

锡兰橄榄是一种有棕色树皮的常绿乔木，可以长到20米高。树干基部的大型拱形结构上长有气生根，卵圆形叶片硕大有光泽。这种树簇生有褶边的花朵，每朵花有 5 枚绿色萼片和 5 枚边缘呈流苏状的花瓣。花有香味，吸引多种昆虫。人们在野外采集树皮、树叶和果实，用作医药。锡兰橄榄还在美国某些地区作为观赏植物栽培种植。

相似物种

杜英属（*Elaeocarpus*）有超过 300 个物种。蓝果杜英（*E. reticulatus*，英文通用名 Blueberry Ash 或 Fairy Petticoats）是一种作为观赏植物种植的澳大利亚本土物种。杜英属有 26 个物种在 IUCN 红色名录上列为濒危物种。

实际尺寸

锡兰橄榄有光滑的绿色果实，看上去很像真正的橄榄果，也就是油橄榄（*Olea europaea*，574 页）的果实。每个果实含有 1 粒棕色种子。果实可食用，在斯里兰卡当作街头小吃被人采摘售卖。种子具观赏性，用于制作念珠。

科	金虎尾科
分布范围	美国南部和墨西哥；已引入巴西和加勒比海地区
生境	热带稀树草原、林地和森林
传播机制	动物
备注	该物种的另一个英文名是 Barbados Cherry（"巴巴多斯樱桃"）
濒危指标	未予评估

种子尺寸

长 ⅜ in
(10 mm)

370

凹缘金虎尾
Malpighia emarginata
Acerola
DC.

凹缘金虎尾是一种灌丛状常绿灌木或小乔木，可以长到 6 米高。叶片呈卵圆形或椭圆形，幼嫩时长有刺激性的白色丝状毛。叶片成熟时会失去这些毛，变成深绿色且有光泽。这种植物开粉色花或淡紫色花，花有 5 枚带褶边的匙形花瓣。它因其形似樱桃的果实而得到栽培，果实可生吃或做成炖菜，还用来为冰激凌和饮料调味。它们含有非常丰富的维生素 C，因此用于维生素补品和药物中。

相似物种

金虎尾属（*Malpighia*）有大约 45 个物种，全部原产热带美洲。光滑金虎尾（*Malpighia glabra*）原产从美国得克萨斯州延伸至巴西的一片地区。它和凹缘金虎尾的英文名一样，也叫 Acerola 和 Barbados Cherry。四个牙买加特有物种被 IUCN 红色名录列为受威胁类别：茎花金虎尾（*M. cauliflora*）、哈里斯金虎尾（*M. harrisii*）、钝叶金虎尾（*M. obtusifolia*）和普罗克托里金虎尾（*M. proctorii*）。

实际尺寸

凹缘金虎尾的鲜红色果实似樱桃，果皮薄且有光泽，果肉十分多汁。果实有 3 粒小而圆的黄色种子，每粒种子都有一小两大一共 3 片有凹槽的翅。种子或果核不可食。

科	金莲木科
分布范围	东非；今已广泛栽培于热带花园并在夏威夷归化
生境	常绿森林和灌木丛林地
传播机制	鸟类
备注	种加词来自英国博物学家、医生和探险家约翰·柯克爵士（Sir John Kirk）的姓
濒危指标	未予评估

星洲金莲木
Ochna kirkii
Mickey Mouse Plant
Oliv.

种子尺寸

长可达 ⅜ in
(10 mm)

371

实际尺寸

星洲金莲木是常绿灌木或小乔木，叶片呈卵圆形或椭圆形。它硕大的黄色花有 5 枚圆而宽展的花瓣。它的果实由 1—5 枚卵形黑色小核果构成，这些小核果生长在红色肉质圆盘也就是花托上，花托围绕长长的红色花柱，并被宿存的红色花萼（花最外层的结构）包围。该物种的英文名 Mickey Mouse Plant（"米老鼠树"）来自由小核果构成的大果实，像米老鼠的黑耳朵。这种富有装饰性的植物常种植在热带花园中，并已在夏威夷归化。

星洲金莲木的每个小核果含有 1 粒种子，种子没有任何营养组织（胚乳）。种子很容易萌发，而且植株几乎不需要养护。

相似物种

金莲木属（*Ochna*）有大约 86 个物种。星洲金莲木和齿叶金莲木（372 页）非常相似，但前者叶片和花更大。金莲木（*O. integerrima*，英文通用名 Vietnamese Mickey Mouse Plant）原产东南亚；它在越南是一种很受欢迎的栽培植物，因为其花期恰逢越南的新年。

科	金莲木科
分布范围	原产非洲东南部；已在澳大利亚和新西兰部分地区归化
生境	森林和草原
传播机制	鸟类和水流
备注	根被祖鲁人用作药材
濒危指标	未予评估

种子尺寸

长 ¼ in
(7 mm)

372

齿叶金莲木
Ochna serrulata
Carnival Ochna
(Hochst.) Walp.

齿叶金莲木通常是小灌木，但偶尔作为小乔木种植，株高可达6米。通常用作观赏植物，它有细长的树干、光滑的棕色树皮，以及有光泽的卵圆形革质叶片。它的树枝表面覆盖着隆起的浅色小圆点，鲜艳的黄色花有5枚花瓣，有香味，对蜂类和蝴蝶很有吸引力。果实包括数个生长在花托上的光滑闪亮的小核果，它们周围是红色至深酒红色萼片，后者构成花萼。齿叶金莲木在澳大利亚东部和新西兰被认为是一种杂草。

齿叶金莲木的每个小核果含有1粒种子。种子不含任何营养组织（胚乳）。在澳大利亚东部和新西兰，它们通常由鸟类传播，萌发后形成难以清除的茂密灌丛。

相似物种

金莲木属（*Ochna*）有大约86个原产非洲和亚洲的物种。齿叶金莲木和星洲金莲木（371页）非常相似，但叶片和花较小。纳塔莉亚金莲木（*O. natalitia*，英文通用名Showy Plane）是另一种被认为有很大观赏潜力的南非植物。

实际尺寸

科	藤黄科
分布范围	原产马来西亚；广泛栽培于东南亚和美洲部分地区
生境	栽培用地
传播机制	人类
备注	莽吉柿的种子不是有性授精产生的，实生苗是母株的克隆
濒危指标	未予评估

种子尺寸

长 $1\frac{3}{16}$ in
(20 mm)

莽吉柿（山竹）
Garcinia mangostana
Mangosteen
L.

373

实际尺寸

　　莽吉柿是一种生长缓慢的热地常绿乔木，可以长到20米高。它原产马来西亚，但因其味美的可食果实而广泛栽培于东南亚，规模通常较小。它在中美洲和美国也有种植。果实被一些人称为"水果王子"，含糖量高。它们通常生吃，或者用在沙拉、果泥或冰冻果子露中。莽吉柿树有互生革质单叶和有香味的粉色花，它们的木材用于制作家具和木雕，植株的各个部位还作药用。

相似物种

　　藤黄属（*Garcinia*）的分类学尚不确定，物种数量也有争议。与莽吉柿亲缘关系较近的一些藤黄属物种会生成一种黄色树脂，用作药物和染料，而且许多物种的木材用于建筑工程和家具制造。

莽吉柿的果实包括5—7枚三角形瓣，每一瓣都有一块较大的扁桃形肉质白色果肉（假种皮）。果肉味道酸甜。果实可能无籽，或者有1—5枚附着在果肉上的扁平种子。种子含有最多15%的油脂，紫红色外壳（外果皮）不可食。种子属于顽拗型。

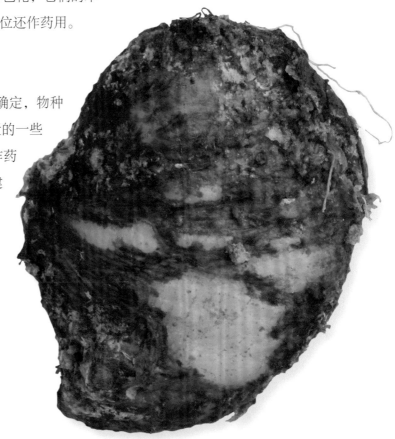

科	金丝桃科
分布范围	欧洲和亚洲
生境	绿篱、草甸和开阔林
传播机制	风力，水流，鸟类及其他动物
备注	按照传统，贯叶金丝桃是一种魔法植物，用于抵御精灵捣乱和巫术作祟，还是一种与施洗者约翰有关联的神圣植物
濒危指标	未予评估

374

种子尺寸

长 ½ in
(1 mm)

贯叶金丝桃
Hypericum perforatum
St. John's Wort
L.

实际尺寸

贯叶金丝桃拥有黏稠的种荚，由分为三段的蒴果组成，在成熟时变成深红棕色。小而圆的黑色种子闻起来有松节油气味，种子有凝胶状种皮，末端短而尖。一棵植株每年能结出 33000 粒种子。

　　贯叶金丝桃是一种多年生植物，可以长到 1 米高，有簇生开放的黄色花。花瓣边缘有黑色小圆点，叶片表面散布半透明腺体。贯叶金丝桃是一种重要的药用植物。叶片和花瓣含精油，用于顺势疗法和治疗抑郁。这种常见的植物曾用作伏特加、草药茶、化妆品和染料的成分。贯叶金丝桃在美国又称 Klamath Weed[①]，在 7 个州被认定为有害杂草，而且在其他许多国家也有入侵性。

相似物种

　　金丝桃属（*Hypericum*）有大约 400 个物种。加那利金丝桃（*H. canariense*，英文通用名 Canary Islands St John's Wort）原产加那利群岛；这种灌木作为观赏植物广泛栽培。矮金丝桃（*H. mutilum*，英文通用名 Dwarf St. John's Wort）是一个北美物种。

---

① 译注：意为"克拉马斯杂草"。克拉马斯是美国境内的印第安部落。

科	可可李科
分布范围	非洲热带
生境	落叶林地
传播机制	动物
备注	许多野生动物食用这种非洲树木的果实
濒危指标	未予评估

种子尺寸

长 1¹⁄₁₆ in
(27 mm)

375

怀春李
Parinari curatellifolia
Mobola Plum

Planch. ex Benth.

怀春李是常绿大乔木，可以长到 20 米高。它有革质叶片和有香味的白色花，果实味美，可生食、做粥，或者制成果汁和酒精饮料。种子捣碎后用在羹汤里，或者作为扁桃的替代品食用。种仁产生的油脂用于制造肥皂、涂料和清漆。怀春李的木材用于制造独木舟和其他产品，小枝可以当作牙刷使用。树叶和树皮用于制作染料，以及治疗多种病症。

怀春李的每粒种子都包含在一个似李子的可食果实中，果实呈黄色至橙色，成熟时有灰色斑点。果实通常在 10 月至次年 1 月落到地上之后成熟。种子被果盖封闭。随着果盖的老化，它会允许水分进入，从而促进种子萌发。这个过程可以长达两年。

相似物种

怀春李属（*Parinari*）有大约 40 个物种，其中 6 个分布在非洲；其余物种分布在东南亚、太平洋地区，以及中南美洲。另一个非洲物种开普怀春李（*P. capensis*，英文通用名 Dwarf Mobola）的可食用果实和种子，有时也从野外采收供当地人享用，这种植物的茎还可以提取抗疟疾的化学物质。

实际尺寸

科	西番莲科
分布范围	非洲东部和南部
生境	森林和稀树草原
传播机制	重力
备注	胶脂蒴莲用卷须爬到其他植物上
濒危指标	未予评估

种子尺寸

长 ³⁄₁₆ in
(4 mm)

376

胶脂蒴莲
Adenia gummifera
Monkey Rope

(Harv.) Harms

胶脂蒴莲是半木质化攀缘植物或藤本植物。嫩茎有蓝绿色条纹，较老的茎常常覆盖着一层白粉。叶片通常呈灰绿色，三裂，从基部长出独特的三条脉纹。绿色的雄花和雌花开在不同的植株上，雄花序比雌花序更大更茂密。在它的自然原产地，胶脂蒴莲的茎、根和叶用在各种传统药材以及与魔法有关的用途中，并在非洲南部的市场上大量出售。叶片当作蔬菜食用，缠绕茎可提取一种胶水。

相似物种

蒴莲属（*Adenia*）物种包括草本植物、藤蔓、灌木和乔木。一些物种如刺腺蔓（*A. spinosa*）和球腺蔓（*A. globosa*）有膨大的壶形主干，深受多肉植物收藏家的喜爱。该属的不同物种会有很大的变异，这让它们难以鉴定和区分。

实际尺寸

胶脂蒴莲的果实是浅绿色卵圆形蒴果，每个蒴果包括 5 个隔舱。每个果实含有 30—50 粒种子。圆形种子呈黑色，表面坑洼不平，而且每粒种子都有肉质假种皮。

科	西番莲科
分布范围	原产南美洲南部；已在美国归化，并在新西兰、部分太平洋岛屿和夏威夷成为入侵物种
生境	森林
传播机制	哺乳动物和鸟类
备注	为阿根廷的几种本土鸟类（包括食蝇霸鹟、嘲鸫和鸫）提供食物
濒危指标	未予评估

西番莲
Passiflora caerulea
Blue Passion Flower
L.

种子尺寸

长 ³⁄₁₆ in
(4 mm)

实际尺寸

377

西番莲是藤本植物，因此依靠其他树木提供支撑。不过只要有合适的树，它可以长到 20 米高。该物种花朵招人喜爱，因而吸引人去栽培，但是在某些岛屿——包括新西兰和夏威夷，它被认为是入侵物种，因为它会在竞争中击败本土物种，令它们的幼苗无法存活。果实用于制作果酱、炖菜和冰激凌，花可以制成香草茶或者用作镇静剂。西番莲是巴拉圭的国花。

西番莲的种子微小，呈银棕色。该物种结橙色浆果，很像它的近亲物种鸡蛋果。然而这种果实没有味道。这种植物在热带地区全年开花。种子由哺乳动物和鸟类传播，这会导致该物种从自然分布区之外的栽培地逃逸到野外。

相似物种

西番莲属（*Passiflora*）有超过 500 个物种。虽然西番莲由大型蜂类授粉，但该属部分成员——包括混合西番莲（*P. mixta*）——的花已经进化到由蜂鸟和其他特化授粉者授粉。该属的一个成员龙珠果（*P. foetida*，英文通用名 Wild Maracuja）是原食虫植物（protocarnivorous），用有黏性的毛捕捉昆虫，然后将其溶解。鸡蛋果（*P. edulis*，英文通用名 Passion Fruit；又名百香果）因其果实而得到栽培。

科	西番莲科
分布范围	原产墨西哥等中美洲国家，以及南美洲的安第斯山脉；已在热带地区广泛归化
生境	森林，主要是热带高地区域
传播机制	动物，包括鸟类
备注	叶片提取物有杀菌功效
濒危指标	未予评估

种子尺寸

长 ¼ in
(7 mm)

378

甜西番莲
Passiflora ligularis
Granadilla

Juss.

实际尺寸

甜西番莲是一种藤本植物，最以美味的果实闻名。因为这个原因，它被进口到世界各地，包括非洲南部和东南亚。果实可以切成两半，果肉和种子生吃，或者用于制作果汁和为甜点调味。这种藤本植物的吸引力不只在于食用，还在于观赏，其引人注目的花长着带紫色水平横纹的白色花丝。不幸的是，该物种在世界部分地区成了入侵物种，包括萨摩亚群岛、加拉帕戈斯群岛和海地，它会完全覆盖本土植被。

甜西番莲的种子扁平，呈棕色至黑色，生长在外表硬而脆的黄色果实中，果实被传播种子的鸟类和其他动物食用。这种藤本植物还可以进行营养繁殖：茎会在接触地面时长出根系。在该物种的自然分布区，授粉通过蜂鸟完成。

相似物种

西番莲属有超过五百个物种。许多物种也因其果实而得到栽培，其中栽培最广泛的是鸡蛋果。来自新热带区的大果西番莲（*P. quadrangularis*，英文通用名 Giant Granadilla）有该属最大的果实，长达 30 厘米。粉色西番莲（*P. incarnata*，英文通用名 Maypop）是一个用于制作果酱的美洲物种，而且是能够忍耐 −20℃ 低温的少数植物之一。

果实

科	西番莲科
分布范围	哥伦比亚、厄瓜多尔、墨西哥、秘鲁、委内瑞拉；广泛栽培于夏威夷、新西兰和澳大利亚并具有入侵性
生境	受扰动的土地；是森林、种植园和河边生境中的一种杂草
传播机制	哺乳动物、鸟类和水流
备注	为了控制这个物种，人们在夏威夷采取了几种生物控制手段，包括蛾类和真菌，但都收效甚微
濒危指标	未予评估

种子尺寸

长 ¼ in
(6 mm)

香蕉西番莲
Passiflora tarminiana
Banana Passion Flower

Coppens & V.E. Barney

379

香蕉西番莲是一个南美藤本物种。它的英文通用名指的是细长的橙色果实，看上去很像香蕉。该物种广泛栽培于南美洲，如今人们要么认为它是栽培作物，要么认为它是杂草。作为入侵物种，香蕉西番莲正在导致一场浩劫。在夏威夷，它已经影响了至少5万公顷的天然林，而且能够压垮高大的乔木和阻止森林再生。它在新西兰和澳大利亚有类似的破坏效果。

相似物种

在西番莲属的500个成员中，有几个是麻烦的入侵物种。与香蕉西番莲不同，龙珠果主要影响作物而不是自然植被。它在世界各地被认为是20个作物物种的杂草，这些作物物种包括玉米（223页）、陆地棉（454页）和油棕（168页）。另一个物种细柱西番莲（*P. suberosa*，英文通用名 Corkystem Passionflower）影响桉树和甘蔗商业种植园。

香蕉西番莲的种子呈红棕色，生长在香蕉形果实的橙色果肉中。水流、哺乳动物和鸟类传播种子。在夏威夷，种子的主要传播者是野化家猪。将这种动物从该地区清除，能够阻止该物种的进一步扩散。美丽的粉色花也有观赏价值。

实际尺寸

科	杨柳科
分布范围	原产非洲及亚洲部分地区；已引入加勒比海地区
生境	干旱的热带落叶林和棘刺林
传播机制	鸟类
备注	刺篱木属的叶片和树皮用于为朗姆酒调味
濒危指标	未予评估

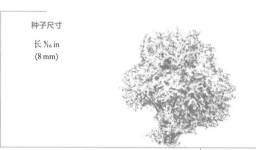

种子尺寸

长 ⁵⁄₁₆ in
(8 mm)

380

刺篱木
Flacourtia indica
Batoko Plum
(Burm.f.) Merr.

实际尺寸

刺篱木的种子被包裹在深红色或紫色果实里，果实圆润多肉。每个果实含有多达 10 粒浅棕色种子，种皮皱缩。

刺篱木是灌木或乔木，可以长到 10 米高。它的灰色树皮呈片状剥落，露出浅橙色斑块。叶片幼嫩时呈红色或粉色，并随着成熟逐渐变为革质。它沉重、坚硬的木材用于制作犁、柱子、建筑杆、粗梁、拐杖，以及制造车工工艺品，还用于生产燃料和焦炭。果实可食用，并在非洲东部的当地市场上销售；它们可生吃或用于烹饪，也常常干制储存。这种树的叶片、树皮和根都用作药材。

相似物种

刺篱木属（*Flacourtia*）有大约 20 个物种。云南刺篱木（*F. jangomas*，381 页）、罗比梅（*F. inermis*，英文通用名 Lovi-lovi）和大叶刺篱木（*F. rukam*，英文通用名 Rukam）是同样因其可食用果实而得到栽培的相关物种。在印度尼西亚，这些果实通常用在加了香料的水果沙拉中，这种水果沙拉名为 *rujak*。

科	杨柳科
分布范围	据信原产印度；已在热带地区广泛栽培和归化
生境	栽培用地
传播机制	鸟类和其他动物
备注	该物种的另一个英文名是 Indian Coffee Plum（"印度咖啡李"）
濒危指标	未予评估

云南刺篱木
Flacourtia jangomas
Indian Plum

(Lour.) Raeusch.

种子尺寸

长 ¼ in
(6 mm)

381

实际尺寸

云南刺篱木的种子包裹在圆润多肉的深棕红色或紫色果实中，果实像樱桃。每个果实里有大约 5 粒星状排列的种子。

云南刺篱木是一种热带落叶灌木或乔木，可以长到 10 米高。它有低矮的分枝和尖锐、有光泽的叶片，而且年幼植株的树干上有尖刺。花小，有蜂蜜气味，白色至泛绿。该物种被种植在村庄周围以收获其可食用的果实，并在热带地区广泛归化，尤其是在非洲东部、印度、东南亚和澳大利亚。果实经商业化生产制成果酱和泡菜，可用于国际贸易；据报道，果实和叶片可用于治疗多种病症。木材也可利用。

相似物种

刺篱木属有大约 20 个物种。刺篱木（380 页）、罗比梅和大叶刺篱木是同样因其可食用的果实而得到栽培的相关物种。大叶刺篱木的叶片也可以食用，这个物种还作药用。罗比梅原产菲律宾。

科	杨柳科
分布范围	美国和加拿大
生境	河岸、低洼林地、湿地以及沼泽
传播机制	风力
备注	每粒种子都有一大团浓密的棉花状毛，有助于种子的传播，而它的英文名（意为"东部棉花木"）也由此而来
濒危指标	未予评估

种子尺寸

长 ⅛ in

(3 mm)

382

美洲黑杨
Populus deltoides
Eastern Cottonwood
W. Bartram ex Marshall

实际尺寸

美洲黑杨的每粒种子都带有一团长而柔软的白色纤维，这有助于种子借风力传播。这些纤维在蒴果裂开时出现，仿佛大团棉花。杨属物种的种子只能维持非常短暂的生活力，一旦成熟几乎立刻萌发。

美洲黑杨是一种生长迅速的落叶大乔木。该物种雌雄异株，意味着雄花和雌花长在不同的树上。只有雌树产生种子，届时它会用棉花状纤维覆盖四周。在人工造景区域，这会形成很不雅观的场面，所以观赏种植通常只使用雄株。美洲黑杨一般不出现在城市环境中，因为它们的根系能毁坏地下管道和人行道。木材脆弱，只能用来制造板条箱、胶合板和木浆——在北美种植园里，种植这个物种就是为了制造木浆。

相似物种

杨属（*Populus*）包括三角叶杨（cottonwoods）、杨树（poplars）和山杨（aspens）。该属有大约35个物种，遍布北温带地区。杨属物种都产生大量被棉毛包裹的种子。它们的叶片在秋天变成明艳的黄色，因此是很受欢迎的造景物种（不过通常只限于雄株）。该属物种的叶片有长柄，被风吹动时发出独特的窸窸窣窣的声音。

科	杨柳科
分布范围	欧洲、亚洲和北非
生境	冲积平原
传播机制	风力
备注	在古希腊神话中，当太阳神赫利俄斯的女儿赫利阿得斯三姐妹为哥哥法厄同的死哀悼时，她们被众神变成了黑杨
濒危指标	无危

黑杨
Populus nigra
Black Poplar
L.

种子尺寸

长 ⅟₁₆ in
(2 mm)

383

实际尺寸

黑杨是一种株高可达 30 米的大乔木，可以活 200 年。它是一个生长速度很快的物种，常常用在造林工程中，以及用作观赏植物。树皮厚且有裂纹，深棕色，但常常呈黑色。绿色叶片有光泽，心形，有长尾尖和一股温和的香脂气味。嫩叶覆盖微小的细毛。雄性和雌性葇荑花序生长在不同的树上。雄性葇荑花序为红色，而风媒授粉的雌性葇荑花序是黄绿色。

黑杨的种子松软似棉絮，从果实中脱落时会产生所谓的"杨絮雪"。每粒种子都呈圆形，浅棕色，覆盖着蓬松的绒毛（照片中已去除）。种子由雌葇荑花序产生。黑杨的种子很轻，易于传播，但它们的生活力较低。

相似物种

杨属（*Populus*）有大约 30 个物种，通常生长在温带地区的湿润至潮湿生境。黑杨的心形叶片令它区别于银白杨（*P. alba*，英文通用名 White Poplar），后者有五裂圆形叶片，下表面覆盖一层白色绒毛。

科	杨柳科
分布范围	北美洲西海岸和墨西哥西北部
生境	河滨生境以及山坡上的湿润林地
传播机制	风力
备注	在欧洲常常种植在高速公路旁
濒危指标	未予评估

种子尺寸

长 ¹⁄₁₆ in
(2 mm)

384

实际尺寸

毛果杨
Populus trichocarpa
Black Cottonwood

Torr. & A. Gray ex Hook.

毛果杨是最大的美洲杨树，也是北美西部最大的阔叶树。它的叶片有细齿，这一点令它区分于其他三角叶杨（cottonwood species）。作为一个有商业价值的材用树种，它的木材被用来制造刨花板、胶合板、饰面板和锯制板，且还是制造木浆的宝贵材料。这种木浆用于制造纸巾以及图书杂志所用的优质纸。美洲原住民使用从该物种的芽中分泌的树脂治疗咽喉酸痛、咳嗽、肺病和风湿病，而且它至今仍然用在一些现代天然健康药膏中。内树皮曾经用于制作肥皂。

毛果杨的每粒种子都有一簇白色丝状长毛（照片中已除去），因而它们能够轻易被风吹走。种子生长在圆形蒴果中，蒴果成熟时开裂。在自然条件下，种子寿命很短，但如果土壤湿润，它们会大量萌发。

相似物种

杨属（*Populus*）有大约30个物种，它们通常生长在温带地区的湿润至潮湿生境。有8个物种原产北美，它们在那里有重要的生态和经济价值。美洲山杨（*P. tremuloides*，英文通用名 Quaking Aspen）是在北美分布最广泛的本土树种。

科	杨柳科
分布范围	欧洲、西亚、日本及朝鲜半岛
生境	林地、绿篱和灌木丛林地，以及更加潮湿和开阔的地面，例如湖泊、溪流和运河附近
传播机制	风力
备注	这个物种有时被称为 Pussy Willow（"猫咪柳"），因为灰色丝状雄花像猫的爪子
濒危指标	未予评估

黄花柳
Salix caprea
Goat Willow
L.

种子尺寸

长 ½₂ in
(1 mm)

实际尺寸

385

　　黄花柳是一种常见的多分枝速生灌木或小乔木，生长在多种生境中。与大多数柳属植物不同，这个物种的肥厚叶片呈卵圆形，而不像同属其他物种的叶片那样长而薄。这些叶片上表面无毛，下表面覆盖着一层灰色细毛，而且每一枚叶片都有一个弯向一侧的尾尖。柔荑花序出现的时间非常早，并且是授粉者的重要食物来源。黄花柳还有重要的经济价值：既能提供编织篮子的原材料，还能用于制造鞣酸。在饥荒年代，磨碎的树皮可用来充饥。

相似物种

　　柳属（*Salix*）包括400—500个木本物种，自然分布于除澳大利亚和南极洲之外的所有大陆。该属物种很容易互相杂交。柳树和杨树（*Populus* spp.）的亲缘关系很近，被认为是共同祖先的后代。大多数柳树可进行压条繁殖，也就是将树枝压低到地面，然后这些树枝就会生根。

黄花柳的雌柔荑花序一旦借助风力成功授粉，就会产生带绒状长毛的微小种子。种子寿命短，包含在短小多毛的蒴果里（见下图）。

蒴果

科	大戟科
分布范围	新几内亚的俾斯麦群岛
生境	热带和亚热带干旱阔叶林
传播机制	喷出
备注	只有雌株作为观赏植物种植
濒危指标	未予评估

386

种子尺寸

长 ½ in
(1 mm)

实际尺寸

红穗铁苋菜的种子会长成雌性或雄性植株，因为这个物种是雌雄异株的，即雄性和雌性繁殖器官生长在不同植株上。除非同时将两种性别的植株种在一起，否则雌株无法被授粉，不会产生种子。

红穗铁苋菜
Acalypha hispida
Chenille Plant
Burm.f.

红穗铁苋菜的另一个英文名是 Red-hot Cat's Tail（"炽热猫尾巴"），因为它下垂的红色花序和猫尾巴的形状很像。花的排列方式让下垂的花序看上去毛茸茸的；花序可以长到 45 厘米长。该物种作为观赏植物而得到广泛栽培。人们只种植雌株，因为雄株没有观赏价值。在支撑物的帮助下，植株可以长到 2 米高。

相似物种

铁苋菜属（*Acalypha*）物种的叶片像荨麻——希腊语中的荨麻一词就是 *akalephes*。红穗铁苋菜常与尾穗苋（494 页）混淆。后者有一个有趣的英文别名 Love-Lies-Bleeding（"爱－谎言－流血"），人们认为这个名字指的是耶稣的受难。它是红穗铁苋菜的良好替代品，因为它也能在温带地区良好生长。

科	大戟科
分布范围	亚洲热带和温带、澳大利亚昆士兰州，以及波利尼西亚群岛西部
生境	热带和亚热带湿润阔叶林
传播机制	动物，包括鸟类
备注	石栗坚果拥有令人惊诧的光泽，甚至看上去像宝石
濒危指标	未予评估

石栗
Aleurites moluccanus
Candlenut
(L.) Willd.

种子尺寸

长 1¹⁄₁₆ in
(27 mm)

387

石栗的种子或坚果含有大量油脂。在夏威夷，人们曾经将这种油脂提取出来，用在石头灯和叶鞘工具中。去壳的坚果还可以焚烧以提供光源。石栗的树干用于制造独木舟，焚烧坚果产生的灰烬用作文身墨水，用烤熟坚果制成的一种面糊被洒在水面上扩散，起到镜头的作用，为渔民提高水中的能见度。作为夏威夷的州树，石栗是保护、和平和启蒙的象征。

实际尺寸

相似物种

石栗属（*Aleurites*）是一个由乔木物种组成的小属，属于大戟科。属名 *Aleurites* 来自希腊语中意为"粉状"的单词，指的是该属物种叶片的下表面。石栗属的成员是常绿植物，分布范围从印度延伸至东南亚。

石栗的球形果实不会轻易开裂。果实直径约 50 毫米，有粗厚且坚硬的绿色外壳，壳很难与果实里的种子分离。每个果实含有 1 到 2 粒种子，未成熟时为白色，成熟时为黑色。

科	大戟科
分布范围	墨西哥以及中南美洲；已在其他地方归化
生境	湿地、栽培耕地、牧场以及路缘
传播机制	鸟类和水流
备注	其他英文名包括 Mule's Ears、Bird's Eye 和 Texas Weed
濒危指标	未予评估

种子尺寸

长 ⅛ in
(2.5–3 mm)

388

沼生地榆叶
Caperonia palustris
Caperonia
(L.) A.St.-Hil.

沼生地榆叶是一年生植物，长而窄的叶片互生于高可达 3 米的茎上。叶片有深脉纹，有独特的锯齿边缘，叶片和茎都覆盖着粗毛。沼生地榆叶的花是白色的，有 5 枚花瓣，生长在总状花序或穗状花序上。该物种被认为是稻田和其他农业用地上的杂草。在美国，它从 1920 年起就出现在得克萨斯州，如今还生长在阿肯色州和佛罗里达州。按照传统，沼生地榆叶在它的自然分布区内用作药物植物，治疗肾脏失调和背痛。

相似物种

地榆叶属（*Caperonia*）有 34 个物种，生长在美洲和非洲的热带地区。沼生地榆叶的外表与墨西哥地榆叶（*C. castaneifolia*，英文通用名 Mexican-weed）相似，但后者是多年生植物，有光滑的茎。

实际尺寸

沼生地榆叶的果实有 3 个小室，每个小室内有 1 粒种子。种子是深受鸟类喜爱的食物来源，因此它的另一个英文名是 Bird's Eye（"鸟眼"）。棕色球形种子表面布满小坑。

科	大戟科
分布范围	欧洲、北非和亚洲
生境	温带草原、稀树草原和灌丛带
传播机制	喷出
备注	花序朝向太阳
濒危指标	未予评估

种子尺寸

长 ⅟₁₆ in
(2 mm)

389

泽漆
Euphorbia helioscopia
Sun Spurge
L.

实际尺寸

泽漆开黄绿色小花，花的构造很有趣。它们没有花瓣，而是有 4 片卵圆形绿色裂片。花序呈碗形，呈现美丽的对称。花一旦受精，就会发育出干燥的三裂果实，果实在成熟时爆裂并散播种子。你可以看到这种植物的花茎朝向太阳转动，这个物种的种加词 *helioscopia* 就是由此而来，它来自希腊语单词 *helios* 和 *skopeo*，前者的意思是"太阳"，后者的意思是"观看"。泽漆通常生长在田野和花园里。

泽漆的毒性极强 —— 仅仅 1 粒小种子就含有足以杀死一个儿童的氰化物。这种植物只用种子繁殖，花发育为三裂果实。种子微小，被植株喷出传播。这让该物种难以控制，因此通常被当成杂草。

相似物种

大戟属（*Euphorbia*）物种的汁液会在阳光下引起皮肤光敏性炎症，令受害者的皮肤起水泡。种子的毒性很强，不过最近的一项药物测试发现，它们产生的毒素可以有效抵御皮肤癌，可能用在未来的治疗中。

科	大戟科
分布范围	南美洲亚马逊地区
生境	热带雨林
传播机制	喷出
备注	全球橡胶产业建立于 1876 年。在这一年，英国邱园使用从巴西走私出来的种子种植的橡胶树幼苗被运送到斯里兰卡
濒危指标	未予评估

种子尺寸

长 1³⁄₁₆ in
(20 mm)

橡胶树
Hevea brasiliensis
Rubber

(Willd. ex A. Juss.) Müll.Arg.

橡胶树是一种可以长到 40 米高的落叶乔木。树干有光滑的棕色树皮，近基部常常膨大。肥厚革质叶片呈螺旋状生长，有三枚小叶。花小，黄色，没有花瓣，散发强烈的气味。这种树在树干中生成大量白色或米色乳液，采集后用于制造橡胶。亚马逊盆地的野生橡胶树至今仍有人采集，但如今东南亚的种植园生产全世界最多的橡胶。橡胶树的木材是种植园的副产品，用于制造家具。

相似物种

橡胶树属（*Hevea*）有 11 个物种，包括另外两个同样生产橡胶的物种（圭亚那橡胶树［*H. guianensis*］和边沁橡胶树［*H. benthamiana*］），不过它们的生产规模达不到商业级。其他有重要经济价值的大戟科植物包括木薯（393 页）和蓖麻（394 页）。

实际尺寸

橡胶树的种子呈斑驳的灰棕色。它们生长在硕大的爆裂性三裂蒴果中。种子较大，呈扁椭圆形。种子含有的油脂可用于制作油漆和肥皂；种子虽然有毒，但是经过处理之后可以在饥荒时期充当食物。

科	大戟科
分布范围	中美洲
生境	温带草原、稀树草原和灌丛带
传播机制	水流和动物
备注	因其在生物燃料方面的潜力，这个物种被称为"绿色黄金"
濒危指标	未予评估

种子尺寸

长 1¹/₁₆ in
(17 mm)

麻风树
Jatropha curcas
Jatropha
L.

391

麻风树是一种毒性很强的灌木，因此它能抵御大部分害虫和病害，而且它还耐干旱。绰号"绿色黄金"，它曾被认为是生产生物燃料的最佳候选——种子含油量高达 40%。然而，这个物种的产油量差异很大，取决于植株所处的具体生境。因此，麻风树要想成为一种成功的生物燃料作物，只能种植在已经覆盖天然森林或者已经栽培其他作物的区域。

麻风树的种子在蒴果从绿色变成黄棕色时成熟。在较湿润的气候条件下，植株全年结果。种子的萌发与成熟程度相关，来自棕色果实的种子萌发率较高。每个果实有 3 粒深棕色至黑色种子，它们在25℃的条件下萌发状况特别良好。

相似物种

大戟科内部存在令人不可思议的差异——一些成员像仙人掌，而另一些是小型草本植物。仙人掌状大戟科物种可以通过将水储存在膨大的茎中忍耐长期干旱。这些植物的形态适应还有助于它们在干旱环境下保存水分。

实际尺寸

科	大戟科
分布范围	非洲、北美洲和南美洲、亚洲，以及澳大利亚
生境	热带和亚热带湿润阔叶林
传播机制	喷出，水流，人类、鸟类及其他动物
备注	这个物种的种荚有毒
濒危指标	未予评估

种子尺寸

长 ⁵⁄₁₆ in
(7.5 mm)

392

棉叶麻风树
Jatropha gossypiifolia
Bellyache Bush
L.

实际尺寸

棉叶麻风树的种荚呈卵圆形，表面光滑，含有 3—4 粒颜色略斑驳的棕色种子。种荚在成熟时爆裂，将种子传播到远离母株的地方。种荚有樱桃般大小，有毒。

棉叶麻风树在澳大利亚被认为是一种有害植物，因为它宽阔的树冠常常让这个物种在竞争中击败本土植物。因此，西澳、北领地和昆士兰都禁止在没有许可的情况下将它出售、转让或者释放到环境中。它的英文名 Bellyache Bush（"腹痛灌丛"）指的是它的医药用途。该物种是用于民间药物的一种多用途药材。它的叶片在幼嫩时呈紫色并稍有黏性，但随着叶片的成熟，它们会变成鲜艳的绿色。

相似物种

棉叶麻风树常常与蓖麻（394页）混淆，后者也属于大戟科。这两个物种都常见于同样的生境。麻风树属的属名 *Jatropha* 来自希腊语单词 *jatros* 和 *trophe*，前者意为"医生"，后者意为"食物"。

科	大戟科
分布范围	原产南美洲；广泛栽培于热带和亚热带地区
生境	栽培用地
传播机制	人类
备注	尼日利亚、泰国和巴西是木薯的主要生产国
濒危指标	未予评估

种子尺寸

长 ⁷⁄₁₆ in
(11 mm)

木薯
Manihot esculenta
Cassava

Crantz

393

木薯是最重要的热带食用作物之一。作为一种株高可达 2 米以上的灌木，它有木质化的茎，茎段用于这种作物的繁殖，叶 3—7 深裂。花橙红色，略带绿色，并常有紫色脉纹。膨大的块茎状根富含淀粉，是这种植物的主要食用部位，叶片也作为蔬菜食用。木薯的新鲜块根和叶片都含有氰化物，食用之前必须小心处理，去除这些毒素。

相似物种

木薯属（*Manihot*）有大约 100 个物种，包括乔木、灌木和少量草本植物。它们原产南北美洲，有几个物种的分布范围向北延伸进入美国。沃克木薯（*M. walker-ae*，英文通用名 Walker's Manioc）野生于得克萨斯州，被"公益自然"列为危急物种，并受美国环保部门的保护。

实际尺寸

木薯的种子呈菱形，种皮干而脆。种子长在果实内，果实呈绿色，微微皱缩，有 6 枚翅。只有大约一半的种子会发芽，所以农业生产不使用这种方法繁殖，而是用茎段扦插。

科	大戟科
分布范围	厄立特里亚、埃塞俄比亚、肯尼亚，索马里
生境	干旱和半干旱生境、草原、荒地，以及引入地的其他受扰动区域
传播机制	爆发性喷出，蚂蚁
备注	种子有很强的毒性，含有蓖麻毒素
濒危指标	未予评估

种子尺寸

长 %₆ in
(15 mm)

394

蓖麻
Ricinus communis
Castor Oil
L.

实际尺寸

蓖麻是一种有美观叶片的多年生灌木。叶片大，掌裂，有齿状边缘。花小，绿色，无花瓣。果实是圆形多刺蒴果，常泛红，含有最多3粒有光泽的光滑种子。种子含有蓖麻油，由于蓖麻毒素的存在，这种油脂一开始是有毒的。在榨油过程中，需要用热量破坏这种毒素。这种油脂自古以来就用于治疗便秘，还有很多工业用途。蓖麻作为温室盆栽植物种植，或者作为半耐寒一年生植物种植在花境中。蓖麻有多个品种，部分品种有深红色叶片。

相似物种

蓖麻是该属的唯一物种。它是大戟科成员，该科还包括橡胶树（390页）、观赏大戟属植物，以及一品红（*Euphorbia pulcherrima*，英文通用名 Poinsettia）。

蓖麻的种子呈黑色并有棕色斑纹。人们认为种皮的斑驳外表会在种子落在地面上时提供伪装，防止种子被小型哺乳动物吃掉。蓖麻种子有一个名为油质体的附属结构，它富含脂肪和营养物，对蚂蚁很有吸引力。蓖麻种子的胚乳细胞在它们储存的油脂和蛋白质被利用殆尽之后就会死亡。

科	大戟科
分布范围	非洲南部
生境	热带和亚热带草原、稀树草原和灌木丛林地
传播机制	动物
备注	这种树在冬天脱落叶片以保持水分
濒危指标	未予评估

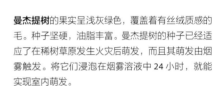

种子尺寸

长 1¼ in
(31 mm)

曼杰提树
Schinziophyton rautanenii
Manketti Tree

(Schinz) Radcl.-Sm.

395

曼杰提树在非洲是许多农村社区的重要食物来源。赞比亚人常常将它称作他们最宝贵的树，因为植株的所有部位都有用。种子应该是这种树最重要的部位，因为它们含有大量用于食品和化妆品的油脂。果实可食用，味道像欧洲李。果壳用作燃料，叶片用作动物饲料，内层树皮用于制作渔网上的绳线。

曼杰提树的果实呈浅灰绿色，覆盖着有丝绒质感的毛。种子坚硬，油脂丰富。曼杰提树的种子已经适应了在稀树草原发生火灾后萌发，而且其萌发由烟雾触发。将它们浸泡在烟雾溶液中 24 小时，就能实现室内萌发。

相似物种

大戟科被认为是被子植物中最大的科之一，包括大约 7800 个物种，归入将近 300 个属和 5 个亚科，分布在全球各地。这些物种常出现在热带和亚热带环境。它们中许多有重要的经济价值，其中就包括热带地区的主食木薯（393 页），以及橡胶树（390 页）。

实际尺寸

科	大戟科
分布范围	中国和日本；广泛引入
生境	森林
传播机制	鸟类和水流
备注	乌桕树叶和浆果中的乳汁有毒
濒危指标	未予评估

396

种子尺寸

长 ¾₁₆ in
(4.5 mm)

乌桕
Triadica sebifera
Chinese Tallow
(L.) Small

实际尺寸

乌桕是一种生长迅速的落叶乔木，可以长到 15 米高。树枝长而下垂，叶片似山杨（*Populus* spp.）叶片。绿黄色花构成穗状花序。乌桕因其种子已在中国栽培了一千多年。种子可生产用于制造蜡烛和肥皂的蜡质油脂，以及用作灯油和制造清漆和油漆的桕子油。这种乔木已被引入全世界的许多其他地方。它对美国东南部的生态系统造成了巨大影响，在那里被认为是一种杂草。

相似物种

乌桕属（*Triadica*）有 3 个物种，全都原产中国。山乌桕（*T. cochinchinensis*）的种子油也用于生产肥皂。这个物种原产中国和东南亚，木材柔软，用于生产火柴，根和树叶用作传统药材。

乌桕的果实是蒴果，含有 3 粒圆形种子。种子有一层白色蜡质覆盖物，称为假种皮，含有一种名为"中国素兽脂"（Chinese vegetable tallow）的固态油脂；种仁含有桕子油。每棵树产生数千颗种子，它们会在树上宿存数周，并且能够多年保持休眠状态。

科	大戟科
分布范围	原产地中海地区和中亚
生境	如今主要见于栽培
传播机制	喷出
备注	亚麻籽油富含欧米伽 -3 脂肪酸
濒危指标	未予评估

亚麻
Linum usitatissimum
Linseed
L.

种子尺寸

长 ³⁄₁₆ in
(4.5 mm)

实际尺寸

亚麻广泛栽培于全世界，提供纺织亚麻布所需要的纤维，还是一种食物来源。最古老的栽培证据可以追溯到 3 万年前的格鲁吉亚。它是一种草本多年生植物，开小而轻盈的蓝色花，所以常常作为观赏植物种植。亚麻籽油从种子中提取，富含欧米伽 -3 脂肪酸。它可以用于处理木材，制作肥皂，以及防水雨衣和油布。此外，它还用于防止路面结冰和治疗皮下脓肿、咳嗽和痤疮。

相似物种

亚麻属（*Linum*）有 141 个物种。它们常常因为美丽的花作为观赏植物种植，花色不一，从黄色至蓝色和红色都有。该属广泛分布于世界温带和亚热带地区。弗雷里安纳岛亚麻（*L. cratericola*，英文通用名 Floreana Flax）是加拉帕戈斯群岛的特有物种，并在 IUCN 红色名录上列为极危类别。

亚麻的种子小，呈棕色。自花授粉，不过也可以由蜂类授粉。该物种容易栽培，种子可用于烘焙食品。施肥会减少开花，不过这没有必要，因为植株一旦扎根土壤，就很容易养护而无须施肥。亚麻的种子是耐干燥的，可以长期储存在种子库中而不损失生活力。

397

科	叶下珠科
分布范围	马达加斯加
生境	开阔林地
传播机制	动物
备注	在过去，柱根茶林地被当地人按照信仰和传统进行可持续的管理，但现在它们正面临越来越大的压力
濒危指标	未予评估

种子尺寸

长 ⅜–½ in
(10–12 mm)

398

柱根茶
Uapaca bojeri
Tapia

Baill.

柱根茶生长在马达加斯加的中部高地，并且是那里的柱根茶森林植被中的优势物种。它有很厚的防火树皮，因此能够忍耐正在摧毁马达加斯加丰富本土植物群的频繁火灾。不幸的是，柱根茶的幼苗不耐火灾。柱根茶的果实落到地面之后会被当地人采集，但采摘树上的果实是禁忌。与这种树关系密切的一种枯叶蛾（*Borocera madagascariensis*）会吐丝，它的茧会被当地人收集起来制丝。果实和丝都是当地人的收入来源。

相似物种

柱根茶属（*Uapaca*）有大约 27 个物种，其中 12 个只分布在马达加斯加。其他有可食用果实的物种包括柯克柱根茶（399 页）和窄叶柱根茶（*U. lissopyrena*，英文通用名 Narrow-leaved Mabohobo），都分布在非洲南部。属名 *Uapaca* 来自马达加斯加语单词 *voa-paca*，是该属在这座岛屿上最先得到植物学家描述的物种的当地名字。

柱根茶的果实是核果，成熟时呈棕色并有黏稠的果肉。每个果实含有 3 粒种子。在恢复马达加斯加高地的衰退天然林时，理解柱根茶种子的萌发机制至关重要。柱根的茶种子是干燥敏感型（顽拗型）种子，意味着它们不能储存在低温低湿的种子库里。

实际尺寸

科	叶下珠科
分布范围	非洲中南部
生境	开阔林地
传播机制	动物
备注	大象和狒狒等野生动物会吃柯克柱根茶的树叶和果实
濒危指标	未予评估

柯克柱根茶
Uapaca kirkiana
Mahobohobo
Müll. Arg.

种子尺寸

长 1¹³⁄₁₆ in
(20 mm)

399

柯克柱根茶是一种树干粗壮的乔木，单叶簇生在小枝末端。淡黄色雄花和雌花单生在不同的树上。柯克柱根茶的果实有甜味，味道像梨，很受欢迎。它在农村地区是一项重要的收入来源，并在马拉维和赞比亚用于商业酿酒。柯克柱根茶是一种用途广泛的树，提供木柴、木材和单宁，还可以用根系制造一种蓝色染料。另外，还可以提供治疗痢疾和消化不良的药物。

实际尺寸

相似物种

柱根茶属有大约 27 个物种。柯克柱根茶是其中分布最广泛也最著名的物种。马达加斯加有 12 个特有物种，包括柱根茶（398 页）。

柯克柱根茶的果实呈圆形，黄褐色，有粗糙的果皮和肉质果肉。每个果实含有 3 或 4 粒白色种子。种子含水量高，不能储存在寒冷干燥的传统种子库中。据报道，只有新鲜的柯克柱根茶种子才能良好萌发。

科	牻牛儿苗科
分布范围	欧洲和亚洲
生境	草原
传播机制	喷出
备注	蒴果据说像鹤的喙，英文名（意为"草甸鹤嘴"）由此而来
濒危指标	未予评估

种子尺寸

长 ³⁄₁₆ in
(4 mm)

草甸老鹳草
Geranium pratense
Meadow Crane's-Bill
L.

实际尺寸

草甸老鹳草拥有干燥开裂性蒴果，它是分为 5 瓣的多毛分果（schizocarp），鸟喙状末端在果实成熟时向上卷起，喷出种子。每个独立的分果瓣（mericarp）含有 5 粒种子。种子呈卵圆形，表面有浅窝。

草甸老鹳草是一种草本多年生植物，引人注目的蓝紫色花有深红色脉纹。花有 5 枚花瓣，吸引多种授粉者。它是粗糙草地、干草草地和轻度放牧牧场的典型物种。叶片大，几乎深裂至基部，裂片窄，秋天变成红色。草甸老鹳草是一种常见于种植的花园植物，有多个品种可用。在斯堪的纳维亚地区，这个物种被叫作"仲夏花"。

相似物种

老鹳草属（*Geranium*）有超过 400 个物种，原产温带地区尤其是地中海东部，以及热带地区的山坡上。血红老鹳草（*G. sangineum*，英文通用名 Bloody Crane's-bill）是另一种原产欧洲的野花，开洋红色花朵。纤细老鹳草（*G. robertianum*，英文通用名 Herb-Robert）是一种极为常见、气味强烈的植物，尺寸小得多。天竺葵属（*Pelargonium*；该属的栽培植物常被称为 geraniums）也属于牻牛儿苗科。

科	牻牛儿苗科
分布范围	南非
生境	海滨和多肉矮灌木丛
传播机制	风力
备注	这种非常受欢迎的花园植物于 1700 年首次在欧洲种植，并在 1774 年被苏格兰植物学家弗朗西斯·马森（Francis Masson）引入英国
濒危指标	未予评估

种子尺寸

长 ¾₆ in
(4 mm)

盾叶天竺葵
Pelargonium peltatum
Ivy-Leaved Pelargonium
(L.) L'Hér.

401

实际尺寸

盾叶天竺葵是半肉质攀缘多年生植物，在其自然生境蔓生在其他植物上。作为深受喜爱的窗台花箱和吊篮观赏植物，如今市面上出售的许多"常春藤叶天竺葵"（英文名的字面意思）是杂交品种，盾叶天竺葵是它们的亲本之一。形似常春藤的叶片是该物种的特征，而且这些叶片有时有带状斑纹。花簇生，颜色不一，从淡紫色到浅粉色或白色都有。在它的原产地南非，盾叶天竺葵有很多传统用途；汁液用于治疗喉咙酸痛，以及用作消毒剂；芽和嫩叶可食用；花瓣用于制作纺织物的蓝灰色染料，或者用于绘画。

相似物种

天竺葵属（*Pelargonium*）有大约 400 个物种，落叶和常绿物种都有，还有一些肉质植物。刺天竺葵（*Pelargonium crithmifolium*）是一种类灌木多肉植物，生长在纳米比亚南部、理查德斯维德以及纳马夸兰的沙漠地区。

盾叶天竺葵的果实由 5 枚分果瓣环绕位于中央的内圆柱排列而成。每个分果瓣包括一个蒴果和一根细芒，蒴果基部含有种子，芒可以将种子带到很远的地方。

科	使君子科
分布范围	坦桑尼亚至南非
生境	林地、稀树草原及草原
传播机制	风力
备注	纳米比亚的赫雷罗人（Herero）和阿瓦博人（Aawambo）认为这种树的叶片和果实有魔力
濒危指标	未予评估

种子尺寸

长 ⅞ in
(22 mm)

402

风车木
Combretum imberbe
Leadwood
Wawra

实际尺寸

风车木是一种寿命很长的大乔木，木材坚硬致密，用于制造家具和雕塑。它有蛇皮状树皮、灰绿色树叶，以及有甜香气味但不起眼的浅绿色穗状花序。这种树的各个部位都可入药，用于治疗多种病症。一种可食用的树胶会从茎的受损部位流出来，它是非洲南部布须曼人的日常饮食的一部分。风车木燃烧后剩下的灰烬用作牙膏。它对筑巢鸟类，如受威胁的红脸地犀鸟（*Bucorvus leadbeateri*）是一种很重要的树木。

相似物种

风车子属（*Combretum*）是热带的一个大属，包括乔木、灌木和攀缘植物，大部分物种生活在非洲。非洲南部的大果风车子（*C. zeyheri*，英文通用名 Large-fruited Bushwillow）有芳香的花，以及非常大的叶片和果实。朱君藤（*C. coccineum*，英文通用名 Flame Vine）是一个原产马达加斯加的观赏物种，已广泛引种栽培。

风车木的每粒种子都包含在一个单生果实中，果实是长着4枚翅的不开裂假果。果实在成熟时呈浅黄绿色，干燥后变成浅棕色。根据记录，具翅果实可以传播到距离母株50米的地方。照片显示，风车木的果实无法与里面的种子分离。

科	使君子科
分布范围	澳大利亚、柬埔寨、印度、日本、老挝、马来西亚、泰国和越南
生境	沙地和岩石海岸
传播机制	鸟类、蝙蝠和海
备注	榄仁有助于稳定海滨生态系统，减少风暴造成的侵蚀
濒危指标	未予评估

榄仁
Terminalia catappa
Bengal Almond
L.

种子尺寸

长 1½–1⁹⁄₁₆ in
(38–40 mm)

403

榄仁是可以长到 20 米高的落叶乔木。叶片互生，有光泽，螺旋状排列在树枝末端。树叶在凋落之前变成红色。花小，无花瓣，绿白色，排列在细长的穗状花序上。原产澳大利亚和亚洲部分地区，榄仁如今广泛种植于热带沿海地区。它是很受欢迎的观赏树木，木材也有用。榄仁的多个部位皆可入药，用于治疗多种病症。种子生吃或烤熟后食用，味道像扁桃。

实际尺寸

相似物种

榄仁属（*Terminalia*）有大约 200 个物种，全都分布在热带。许多物种提供有价值的木材，例如科特迪瓦榄仁（*T. ivorensis*，英文通用名 West African Black Afara）。尖叶榄仁（*T. acuminata*）是一个已经在野外灭绝的巴西物种，不过还有一些个体种植在植物园里。属名 *Terminalia*[①] 指的是叶片排列在树枝末端。

榄仁的圆柱形种子包裹在坚硬的纤维质外壳中，连壳一起生长在果实的肉质果皮里。坚硬的卵形果实有两条表面脊线，成熟时果实为黄色或泛红。种子即使漂浮在海水中，也能长期保持生活力，而且容易萌发。

---

① 译注：对应于英语单词 terminal，意为"末端"。

科	使君子科
分布范围	非洲中部和南部
生境	落叶林地和稀树草原植被
传播机制	风力
备注	大象和长颈鹿有时吃这个物种的树枝
濒危指标	未予评估

种子尺寸

长 1 in
(25 mm)

404

绢毛榄仁
Terminalia sericea
Silver Terminalia

Burch. ex DC.

实际尺寸

绢毛榄仁通常是灌丛或灌木，但有时会长成高达23米的乔木。它有多毛银色叶片、粗糙的灰色树皮以及浅黄色花，花有异味，由蝇类授粉。绢毛榄仁的木材用于建筑工程，以及制作家具和栅栏柱子。剥落下来的条状树皮用作悬挂蜂箱的绳索。树根也切成条状，用作建造小屋的结实绳索。此外，这个物种还可以提供优质焦炭和木柴，制造一种可食用的树胶，并用在传统医药中。在雨季，以它的树叶为食的毛毛虫是当地人的重要食物来源。

相似物种

榄仁属是一个遍布于热带的属，有大约200个物种。有30个物种原产热带非洲，35个物种分布在马达加斯加。19个物种在IUCN红色名录上列为受威胁类别，还有1个巴西物种记录为野外灭绝。

绢毛榄仁的每粒种子都生长在卵圆形带翅果实中（这里展示的是果实），果实成熟时呈粉色至玫红色，随着老化变成棕色。果实有时会被寄生，变得扭曲、变形和多毛。种子的萌发率在自然条件下较低。为了提高这种有用树木的萌发率，人们测试了各种技术和手段，例如提前浸泡。

科	千屈菜科
分布范围	原产伊朗和印度北部的喜马拉雅山区；如今广泛栽培于全世界
生境	亚热带石灰岩土壤
传播机制	哺乳动物、昆虫和鸟类
备注	常见于故事传说，包括古希腊神话
濒危指标	无危

种子尺寸

长 ¼ in
(6.5 mm)

石榴
Punica granatum
Pomegranate
L.

405

石榴是灌木或小乔木，广泛栽培于世界各地，不过它起源于伊朗和中亚。种子含有大量维生素 C 和纤维素，作为一种香料用在印度和巴基斯坦菜肴中。石榴的果实在世界各地有重要的文化意义，种子也出现在故事传说中。在关于女神珀尔塞福涅（Persephone）的古希腊神话中，冥王哈迪斯（Hades）诱骗她吃下石榴籽，每年都将她困在冥界数月之久。种子还被视为生育力和成功的象征。

实际尺寸

相似物种

石榴属（*Punica*）只有两个物种。另一个物种索科特拉野石榴（*P. protopunica*，英文通用名 Pomegranate Tree）是也门沿海的索科特拉岛的特有物种，并在 IUCN 红色名录上列为易危物种。它没有得到广泛栽培，因为它的果实不如石榴的果实甜。千屈菜科的其他成员主要是草本植物。

石榴的种子数量很大——通常而言，每个果实（如图所示）有 200—1400 粒种子。每一粒种子都包含在多汁的果粒中。石榴花可自花授粉，但也由昆虫授粉。种子由鸟类、哺乳动物和昆虫传播，且很容易萌发；它们甚至能在松散的砂砾中存活。

果实

科	千屈菜科
分布范围	原产欧洲、非洲局部、亚洲中部和东部；广泛引入世界各地
生境	池塘、沼泽和缓速溪流
传播机制	水流
备注	欧菱作为一种食物来源，已经在中国种植了数千年
濒危指标	无危

种子尺寸

Width 1 1/16–1 1/2 in
(27–38 mm)

406

欧菱（菱角）
Trapa natans
Water Caltrop
L.

实际尺寸

欧菱的果实（如图所示）像公牛的头，有两只弯曲的角。这两根牛角状的刺非常尖锐，每个果实含有1粒硕大且富含淀粉的种子。种子可生吃和烤熟食用，以及磨成粉用于药物和烹饪。

欧菱是一种漂浮水生植物，生长在流速缓慢的水里，它的茎通过非常细的根固定在土壤中。水面上的叶片呈三角形，有锯齿状边缘。每片叶都通过充气膨大的叶柄与茎相连。沉水叶片呈羽毛状。花小，白色，有4枚花瓣。这种水生植物广泛栽培于世界各地作观赏之用。如今它在一些国家被认为是麻烦的入侵物种，在宽阔的水面上形成几乎没有缝隙的浓密垫状结构，在竞争中击败本土植物并阻碍水道。

相似物种

菱属（*Trapa*）的两个成员欧菱和乌菱（*T. bicornis*）的英文名都是 Water Caltrop（"水中铁蒺藜"）。乌菱通常被认为是欧菱的异名。菱属两成员又称 Water Chestnut（"水栗子"），但与英文名为 Chinese Water Chestnut（"中国水栗子"）的荸荠（*Eleocharis dulcis*）没有亲缘关系，后者因其可食用的块茎而得到栽培。

科	柳叶菜科
分布范围	北美洲、欧洲和亚洲
生境	石南灌丛、森林空地、荒地，以及受扰动的区域
传播机制	风力
备注	爱斯基摩人的一支尤皮克人会将柳兰的茎保存在海豹油里，以便全年食用
濒危指标	未予评估

柳兰
Chamerion angustifolium
Fireweed
(L.) Scop.

种子尺寸

长 ¹⁄₁₆ in
(1.5 mm)

实际尺寸

柳兰是一种很常见的温带野花，被园丁当作杂草。它是占领受扰动土壤的首批植物之一，例如它会生长在发生过火灾的地方。柳兰的叶片细长如柳叶。独特的花呈洋红色、深粉色或玫红色，生长在高大的穗状花序上。每朵花有4枚大小不一的花瓣和4枚又长又细的红色萼片。柳兰的嫩叶、嫩茎和花可食用。花用于制作一种果冻，而在俄罗斯，叶片用于制作一种茶。柳兰在传统药材中还有多种应用。

柳兰的果实是拥有多粒种子的细长蒴果。果实在成熟时开裂，释放出种子，每粒种子的尖端有一簇长长的白毛。种子表面呈网状。

相似物种

柳兰属（*Chamerion*）是一个小属，一些专家认为它只有一个物种。宽叶柳兰（*C. latifolium*，英文通用名 Dwarf Fireweed）是另一个广泛分布于北半球的物种，而且是格陵兰岛的岛花。柳叶菜属（*Epilobium*）是个亲缘关系很近的属；它拥有数量更多的物种，统称 willowherbs（"柳叶菜"）。

科	柳叶菜科
分布范围	美国西部
生境	干旱的多岩石生境、沙漠、灌丛带，以及森林
传播机制	鸟类
备注	这个物种分布广泛，目前已经鉴定出了 5 个不同的植物学变种
濒危指标	未予评估

种子尺寸

长 ½₂ in
(1 mm)

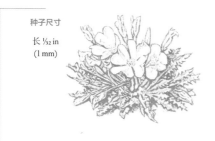

408

实际尺寸

丛生月见草的果实是蒴果，成熟时变成深棕色并木质化，此时它会开裂，释放出棕色种子。种子是许多鸟类的食物。萌发率通常较低。

丛生月见草
Oenothera caespitosa
Tufted Evening Primrose
Nutt.

　　丛生月见草是一种植株低矮的无茎二年生或多年生植物。叶片呈灰绿色，窄披针形，多毛，有波状边缘，基部丛生。漂亮的白色花有香味，有 4 片心形花瓣和黄色雄蕊，夜晚开放，在正午的阳光下合拢。它们由夜行性昆虫如蜂类和天蛾授粉。这种漂亮的植物可以生长在贫瘠的土壤中且只需要很少的水，因此已经成为一种很受欢迎的沙漠花园植物。根捣碎后用在传统医药中。

相似物种

　　丛生月见草是柳叶菜科（Onagraceae，英文名 evening primrose family）的成员，该科成员开醒目的花，主要包括草本植物，还有部分灌木或乔木。在美国有大约 280 个物种。加州月见草（*O. californica*，英文通用名 California Evening Primrose）是一个相似物种；它的叶片较小，通常隐藏在硕大的白花之下。

科	桃金娘科
分布范围	塔斯马尼亚的特有植物；世界各地广泛种植
生境	林地
传播机制	风力
备注	这种树的发酵树液有一股君度甜酒（Liqueur Cointreau）的味道
濒危指标	未予评估

冈尼桉
Eucalyptus gunnii
Cider Gum

Hook.f.

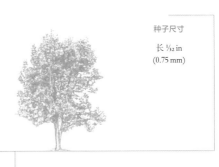

种子尺寸

长 ¹⁄₃₂ in
(0.75 mm)

409

实际尺寸

冈尼桉是一种大型常绿乔木，塔斯马尼亚的特有物种。然而，由于它对低温的忍耐力（它可以在 −15℃的低温下存活），该物种广泛栽培于世界各地。这种树的树叶与槭树糖浆相似，可以发酵酿造一种像苹果酒的饮料，这也是该物种英文名（意为"苹果酒树胶"）的来历。由于木材和树叶都含有大量树脂，这个物种还作为柴火来源而得到种植。

冈尼桉的种子很小。当种荚成熟时，种子被释放出来并由风力传播。这种树的生长速度很快，因此作为观赏植物是很有吸引力的选择。花由蜂类授粉。种子可长期保持生活力，只需要一段短暂的寒冷时期就能萌发。

相似物种

桉属（*Eucalyptus*）有超过 800 个物种，遍布澳大利亚，分布范围延伸至新几内亚和菲律宾群岛，并构成澳大利亚乔木植被的一大部分。最古老的桉属化石出现在南美洲，可追溯至 5200 万年前，而这个属已经在南美洲灭绝很久了。由于叶片释放挥发性的萜烯，桉属森林常常看上去雾蒙蒙的，桉属植物的独特气味也来自这种物质。

科	桃金娘科
分布范围	原产澳大利亚的新南威尔士州和昆士兰州
生境	沼泽区域、河流和海岸附近
传播机制	风力
备注	"茶树精油"（Tea Tree oil）的来源
濒危指标	未予评估

410

种子尺寸

长 ¼₄ in
(0.5 mm)

实际尺寸

互叶白千层
Melaleuca alternifolia
Tea Tree

(Maiden & Betche) Cheel

互叶白千层原产澳大利亚，是一种生长在沼泽区域和海滨的灌木或小乔木。它有商业种植，以生产从叶片和小枝中蒸馏提取的"茶树精油"[①]。这种树在传统习俗中被原住民用作药材——他们咀嚼叶片以缓解疼痛，吸入精油以减轻感冒和咳嗽症状。由于抗菌功效，这种"茶树精油"还广泛用于化妆品和传统医药。

相似物种

白千层属（*Melaleuca*）有超过 260 个物种，大多数原产澳大利亚。和桃金娘科其他成员一样，白千层属的几种乔木也因其精油而得到栽培：白千层（411 页）和其他物种生产白千层精油（cajeput oil），而绿花白千层（*M. viridiflora*，英文通用名 Broad Leaf Tea-tree）生产绿花白千层精油（niaouli oil）。这两种精油都作药用。五脉白千层（*M. quinquenervia*，英文通用名 Paperbark Tree）在佛罗里达大沼泽地是入侵物种，通过驱逐本土动物和植物物种的方式损害当地生态系统。

互叶白千层的种子真的很小，每克种子包含 5 万粒。它们生长在直径为 2—3 毫米的杯形果实中，由风力授粉。这种树还因开蓬松的白色花而作为观赏植物种植。种子不需要提前处理就能萌发。

---

① 译注：互叶白千层的英文名直译成汉语是"茶树"。

科	桃金娘科
分布范围	澳大利亚、新几内亚和所罗门群岛
生境	森林和河滨生境
传播机制	风力和水流
备注	原住民用树皮为它们的小屋做防水
濒危指标	未予评估

种子尺寸

长 ½₂ in
(1 mm)

411

实际尺寸

白千层
Melaleuca leucadendra
Cajeput Tree
(L.) L.

白千层长着低垂的枝叶，可以长到 14 米高。白千层精油从叶片和小枝中浸提，用于杀虫和杀菌灯等用途。这种树属于蜜源植物，它的花能被蜜蜂酿成清澈的蜜，而且它的木材耐水湿，是造船的好材料。白千层的另一个英文名是 Weeping Paperbark Tree（"垂枝纸皮树"），这个名字既指在树干上薄片状剥落的树皮，也指它"低垂"的枝叶。

相似物种

白千层属（*Melaleuca*）有 265 个物种，许多物种都产生宝贵的精油，包括互叶白千层（410 页）。虽然这个属主要分布在澳大利亚，但有 7 个物种只生长在新喀里多尼亚岛上。许多物种用作观赏植物，因为它们有漂亮的花、树皮和低垂的枝叶。

白千层的种子非常小，呈棕色，生长在木质化的蒴果中。当蒴果开裂时，风力和水道传播种子。白色花似毛刷，吸引从鸟类到蝙蝠等在类的多种动物。这种植物每年至少开两次花。

科	桃金娘科
分布范围	原产中南美洲；可能在古代被引入西印度群岛，如今在热带地区广泛栽培
生境	稀树草原和受扰动的土地
传播机制	蝙蝠和其他哺乳动物，以及鸟类
备注	番石榴富含维生素 C
濒危指标	未予评估

种子尺寸

长 ⅛ in
(3 mm)

412

番石榴
Psidium guajava
Guava
L.

实际尺寸

番石榴是常绿灌木或乔木，最以果实闻名，因此广泛栽培于热带。美味的果实可以从树上摘下生吃，但更常用于制作甜点、饮料和果酱。番石榴曾在加拉帕戈斯群岛和夏威夷造成巨大的破坏，因为它有渗透本土森林生境的能力。它会形成浓密的灌丛，阻止本土物种生长，因此在好几个国家被认为是入侵物种。一种治疗肠胃不适的草药茶是用番石榴的叶片制作的。

相似物种

番石榴属（*Psidium*）有 112 个物种，全都原产西半球。虽然番石榴是最具商业价值的物种，但该属还有许多其他物种结可食用的果实。在该属物种中，产自牙买加的杜马番石榴（*P. dumetorum*）已经因为生境的彻底清除而横遭灭绝。根据 IUCN 的记录，其他物种也受到威胁，包括产自波多黎各的极危物种小叶番石榴（*P. sintenisii*，英文通用名 Hoja Menuda）和产自古巴的濒危物种哈瓦那番石榴（*P. havenense*）。

番石榴的种子生长在卵圆形黄色果实的肉质果肉中。蝙蝠、其他小型哺乳动物和鸟类吃下果实后传播种子。蜂类为它的白花授粉。这种树在全年大多数时候开花，结出大量果实。

科	桃金娘科
分布范围	原产孟加拉国、印度、斯里兰卡、东南亚以及澳大利亚昆士兰州；世界各地广泛引入
生境	河边生境
传播机制	动物和水流
备注	肯氏蒲桃是印度教中的一种圣树，通常种植在寺庙附近
濒危指标	未予评估

种子尺寸

直径 ⁵⁄₁₆ in
(8 mm)

413

肯氏蒲桃
Syzygium cumini
Java Plum

(L.) Skeels

实际尺寸

肯氏蒲桃是一种生长迅速的热带和亚热带乔木。常绿叶片有光泽，散发出一股松节油的气味。花有香味，簇生，随着成熟从白色变成玫粉色。肯氏蒲桃的宝贵之处在于多汁且味道相当酸的果实以及它的木材。它还作为观赏植物种植。这种树原产南亚，如今已广泛引入世界各地，并在佛罗里达州成为入侵物种。由于生长迅速而且砍伐后能够萌发出小灌木林，肯氏蒲桃长成浓密的群丛，完全遮挡住本土植被的光照。

相似物种

蒲桃属（*Syzygium*）是一个生活在热带的属，有超过一千个物种，主要是乔木和灌木。几个物种结可食用的果实，称为 rose apples①。原产印度尼西亚马古鲁群岛的丁子香（*S. aromaticum*，英文通用名 Clove）是首批进入商业贸易的香料之一，其干制的花蕾用作烹饪调料和药物。

肯氏蒲桃的果实成簇生长，每簇多达 40 个。它们呈圆形或椭圆形，常常弯曲，成熟时为深紫色或近黑色，果皮薄而有光泽。每个果实通常有 1 粒椭圆形种子，呈绿色或棕色。种子被多汁的紫色或白色果肉包裹。

---

① 译注：字面意思是"玫瑰苹果"，中文称为蒲桃。

科	管萼木科
分布范围	南非
生境	森林、海滨矮灌木丛以及多岩石的山坡
传播机制	鸟类
备注	彩梨檀的搓碎叶片、树皮以及刚刚砍伐的木材有强烈的扁桃气味
濒危指标	未予评估

种子尺寸

长 ³⁄₁₆ in
(4–5 mm)

414

彩梨檀
Olinia ventosa
Hard Pear
(L.) Cufod.

实际尺寸

彩梨檀是一种漂亮的常绿森林乔木，可以长到 20
米高。成年树有薄而易剥落的红棕色树皮。树叶单生，
上表面呈有光泽的深绿色，下表面呈浅绿色。小花浓密
簇生，白色至浅粉色，有宜人香味。这种树的木材很结
实，有细腻的波状致密纹理，用于制作家具；过去，它
还是制造四轮马车的好材料。在南非，彩梨檀被认为是
一种良好的花园植物。

相似物种

彩梨檀属（*Olinia*）属于管萼木科（Penaeaceae），
有 8—10 个物种，分布在非洲东部和南部。非洲南部有
6 个物种，其中 3 个物种 [尖叶彩梨檀（*O. acuminata*）、
辐射彩梨檀（*O. radiata*）和凹叶彩梨檀（*O. emargina-
ta*）] 的英文名也是 Hard Pear。

彩梨檀有浆果状果实（核果），成熟时变成珊瑚粉
色至鲜红色。每个果实的尖端都有一个独特的圆形
疤痕。果实的坚硬木质中心含有数粒小种子。种子
难以萌发，因为它有一层非常坚硬的种皮。

科	四合椿科
分布范围	非洲中部和南部
生境	干旱矮灌丛地
传播机制	动物
备注	果实的汁液用作毒蛇咬伤后的解毒剂
濒危指标	未予评估

四合椿
Kirkia acuminata
White Syringa
Oliv.

种子尺寸

长 %₁₆ in
(14 mm)

415

四合椿是中型落叶乔木，在津巴布韦的某些地区被当作神树。叶片互生，幼嫩时有黏性，簇生于树枝末端附近。花小，呈泛绿的米色，着生在分叉花序上。四合椿的木材用于制作杆子、板材、饰面薄板和胶合板，还用于制作家具、马车和乐器。这个物种还常常种植成绿篱。来自树皮的纤维可做衣服。这种树还可入药：根的浸渍液用于治疗咳嗽，磨成粉末的根用作治疗牙痛的药物。

相似物种

四合椿属（*Kirkia*）有 5 个物种，通常生长在多岩石区域，遍布从埃塞俄比亚和索马里至南非的热带非洲。该属以约翰·柯克（John Kirk）爵士的名字命名，他是来自苏格兰的医生兼热忱的植物学家，曾陪伴 19 世纪探险家大卫·利文斯顿（David Livingstone）前往赞比西河冒险。

实际尺寸

四合椿的种子呈三棱形，一端圆一端尖。它们生长在略木质化的蒴果中。每个果实裂成 4 瓣，每瓣含有 1 粒种子，称为分果。种子被家畜食用。

科	野牡丹科
分布范围	原产中美洲和南美洲北部，以及加勒比海地区；世界各地广泛引入
生境	热带森林
传播机制	鸟类
备注	绢木的种子产量很大，因此这个物种在它成为入侵物种的地方很难清除
濒危指标	未予评估

种子尺寸

长 ⅟₃₂ in
(0.75–1 mm)

416

绢木
Miconia nervosa
Miconia
(Smith) Triana

实际尺寸

绢木是一种有攀爬习性的灌木或小乔木，在雨林中作为下层植物生长。叶片硕大具长柄，浅绿色，可以长到 25 厘米长，两端皆尖。它们有独特的脉纹；覆盖着长而浓密的粉色毛，因此它们看上去毛茸茸的。直立红色花茎着生白色小花，这些花全年开放。绢木作为一种花园植物从自然分布区扩散出来。如今它在一些国家是入侵物种，例如在澳大利亚，它被归为一级有害杂草。

相似物种

绢木应用于园艺时使用的拉丁学名是 *M. magnifica*，它是一种小乔木，因其漂亮的叶片而作为花园观赏植物种植。它如今被认为是全世界最恶劣的入侵植物之一，在塔希提岛和夏威夷危害大量本土物种，并在这些地方被称作"紫色瘟疫"。

绢木全年结大团簇生的多肉果实，果实在成熟时变成蓝紫色。每个果实含有多达 200 粒细小的种子。种子呈窄楔形，棕色，略有黏性。幼苗在受扰动的区域能迅速扎根土壤。

科	橄榄科
分布范围	阿曼、索马里，以及也门南部
生境	沙漠林地
传播机制	风力
备注	在古代，人们将阿拉伯乳香树脂燃烧后剩下的残渣磨成粉末，用于制造眼影
濒危指标	近危

阿拉伯乳香树
Boswellia sacra
Frankincense
Flueck.

种子尺寸

长 ¼ in
(6 mm)

417

阿拉伯乳香树是小乔木，高达 5 米，有纸状剥落树皮和簇生在小枝末端的羽状复叶。白色小花构成细长的穗状花序。阿拉伯乳香树精油是用割伤树皮后采集的油性树脂制作而成的。阿拉伯乳香树千百年来一直深受重视——焚烧树脂时产生的芳香烟气对于宗教和文化仪式非常重要，这种树脂还用在药物、化妆品和香水中，还可用作驱虫剂。它作为国际贸易商品的历史至少有 4000 年，最初由驴子和骆驼商队运输。过度开发和土地利用模式的改变正在导致该物种的衰退。

相似物种

乳香树属（*Boswellia*）有超过 20 个物种，生长在非洲和亚洲，其中 10 个在 IUCN 红色名录中列为受威胁物种。齿叶乳香树（*B. serrata*，英文通用名 Indian Frankincense）是一个有重要商业意义的物种，分布范围从北非和中东延伸至印度。

实际尺寸

阿拉伯乳香树的果实是 3—5 棱蒴果，通过 3—5 片瓣膜开裂。它有 4 个种室，每个种室里有 1 粒微小的带翅种子。种子呈棕色，形状扁平。阿拉伯乳香树种子的萌发率很低。

科	橄榄科
分布范围	从墨西哥至秘鲁的中美洲和南美洲，以及加拉帕戈斯群岛
生境	热带干旱森林
传播机制	鸟类、哺乳动物和蚂蚁
备注	在加拉帕戈斯群岛上以烈香裂榄种子为食的鸟类包括4种达尔文地雀
濒危指标	未予评估

种子尺寸

长 ⅛ in
(3 mm)

418

烈香裂榄
Bursera graveolens
Palo Santo
(Kunth) Triana & Planch.

烈香裂榄的种子小，黑色，覆盖着红色果肉（假种皮）。种子长在具绿柄的蒴果中。蒴果裂为两部分，果实成熟时都会落下。假种皮富含脂质，因此是很受蚂蚁、小型哺乳动物和鸟类青睐的食物来源。

烈香裂榄是一种生长迅速的落叶乔木，开微小的白色花。它是中南美洲干旱热带森林的常见物种。木材上的树脂和油脂数百年来一直用作熏香、药物和一种驱蚊剂。在更古老的时代，这些树脂和油脂从木材中提取出来，被香水行业利用。人们认为烈香裂榄在衰退森林的生态恢复方面有潜在应用价值，例如在采矿业毁灭植被的地方。

实际尺寸

相似物种

裂榄属（*Bursera*）有大约100个物种。小叶裂榄（*B. microphylla*，英文通用名 Elephant Tree）是索诺兰沙漠（Sonoran Desert）[①] 的标志性植物。英文名同样为 Elephant Tree 的芳香橄榄（*B. fagaroides*）有时被多肉植物爱好者种植。阿拉伯乳香树（417页）和可食没药树（420页）属于同一个科。

① 译注：位于美国加利福尼亚州。

科	橄榄科
分布范围	东南亚、巴布亚新几内亚以及澳大利亚
生境	低地热带森林
传播机制	动物
备注	卵橄榄的种仁是制作月饼（中国人中秋节期间食用的象征性甜点）的重要原料
濒危指标	易危

种子尺寸

长 2³⁄₁₆ in
(55 mm)

卵橄榄
Canarium ovatum
Pili Nut Tree
Engl.

419

卵橄榄是热带常绿物种。它通常作为观赏植物种植，并在菲律宾因其坚果而得到栽培。坚果可食用，人们认为它烤熟后味道比扁桃好。来自果肉的油脂用在多种食品中，还用于生产肥皂。这种树还生产一种类似蜂蜜质地的宝贵树脂，称为马尼拉榄香脂（Manila elemi），用于修理船舶，制造塑料、油墨和香水。过去，这种树脂曾出口欧洲，用作治疗外伤的药膏。

相似物种

橄榄属（*Canarium*）生活在热带，有大约 100 个物种。一些物种结出可食用的坚果，另一些物种是重要的木材来源。澳大利亚有 5 个物种，如雨林大乔木澳洲橄榄（*C. australianum*，英文通用名 Scrub Turpentine），结可食用的小果实。按照传统，它的木材曾用于制作独木舟和木雕。

实际尺寸

卵橄榄的果实是核果，有光泽的表皮随着果实的成熟从浅绿色变成紫黑色。在表皮内，富含纤维的肉质果肉包裹着一层坚硬的石质壳，壳内是一粒有棕色纸质种皮的种子。抛光并上清漆后，厚壳可以作为一种漂亮的装饰物。

科	橄榄科
分布范围	非洲东部和南部
生境	矮灌丛地
传播机制	动物，包括鸟类
备注	果实可食用，但味道不好
濒危指标	未予评估

种子尺寸

长 ⁹⁄₁₆ in
(15 mm)

420

可食没药树
Commiphora edulis
Rough-Leaved Corkwood

(Klotzsch) Engl.

实际尺寸

可食没药树是多干型落叶小乔木，有光滑的灰色树皮。灰绿色复叶有硬毛。这种树的花小，呈杯状，绿黄色，有香味。雄花和雌花开在不同的树上。授粉由小昆虫完成。可食没药树有许多地方性用途。树脂用作胶水，植株的各个部位都可入药，木材用作薪柴。这种树还能提供动物饲料。从生态学的角度看，这个物种的枯枝落叶有助于改善贫瘠地区的土壤。

可食没药树结卵圆形肉质果实（核果），成熟时变成橙红色。果实由 2 个分果组成，含有 4 粒种子。每粒黑色种子都有 1 个红色肉质附属结构，称为伪假种皮（pseudaril）。可食没药树容易用种子种植。这里的照片展示的是内果皮和肉质伪假种皮。

相似物种

没药树属（*Commiphora*）有大约 160 个物种。提供著名香料没药的物种是没药树（*C. myrrha*）。该属有 4 个物种名列 IUCN 红色名录，其中之一是极危物种怀特没药树（*C. wightii*，英文通用名 Guggul），分布于印度的拉贾斯坦邦和古吉拉特邦，以及与之毗邻的巴基斯坦地区。来自这个物种的树胶大量用于印度医药。

科	漆树科
分布范围	原产南美洲北部；广泛栽培于热带地区
生境	热带干旱和湿润森林
传播机制	动物，包括鸟类
备注	腰果的衍生物可用于治疗包括霍乱和疣在内的多种疾病
濒危指标	未予评估

种子尺寸

长可达 1¼ in
(31 mm)

腰果

Anacardium occidentale
Cashew

L.

421

腰果原产巴西东北海岸，早在欧洲人到来之前就已被当地人驯化。葡萄牙人在 1578 年首次记录腰果，并将该物种引入印度和东非。腰果的坚果通过膨大的柄与树相连，这个膨大的柄被称为腰果梨（cashew apple）。腰果梨的果肉有甜味，可食用和制作果汁、酒精饮料、糖果和果酱。来自坚果和腰果梨的衍生物用在治疗多种疾病和寄生虫的传统医药中。对于果树而言，不同寻常的是，腰果最常使用种子进行商业种植。

实际尺寸

相似物种

漆树科（Anacardiaceae）还有原产南亚的杧果（422 页）和大概原产中亚的阿月浑子（*Pistacia vera*，英文通用名 Pistachio；即开心果）。腰果属（*Anacardium*）有 8 个物种，全都原产热带美洲，但拥有重要经济价值的只有腰果。

腰果的坚果呈浅棕色，肾形，生长在坚硬的壳里。壳里的果仁被一层有毒的油包裹着，去壳前通过烘烤来清除这层油。腰果果仁是一种营养丰富的食物，富含蛋白质、脂肪、维生素 C 和矿物质。

科	漆树科
分布范围	印度、缅甸和孟加拉国；广泛栽培于热带地区
生境	热带森林
传播机制	蝙蝠、人类和其他动物
备注	杧果的果实是维生素 A 的重要来源
濒危指标	数据缺失

422

种子尺寸

长 2⅜ in
(60 mm)

杧果（芒果）
Mangifera indica
Mango
L.

杧果是常绿大乔木，可以长到 30 米高，狭窄的深绿色叶片生长得非常浓密。这种树很长寿，可以结果数百年。小花有 5 枚粉白色花瓣。杧果在大约 4000 年前驯化于印度北部。印度至今仍是这种深受人们喜爱的热带水果的主要生产国，它还在其他许多国家有商业种植。例如，它在 1861 年首次成功栽培于佛罗里达。果实主要供鲜食，但也可以做成蜜饯、罐头和酸辣酱。

相似物种

杧果属（*Mangifera*）有大约 60 个物种，其中几个物种有小规模栽培。有 22 个物种在 IUCN 红色名录上列为受威胁级别，还有另两个物种如今已经野外灭绝。对于商业化种植的杧果作物而言，野生近缘物种有重要的遗传改良价值。

杧果的果实有黄绿色果皮和可食用的橙色果肉，果肉中央包裹着一粒硕大的种子或果核。种子极为扁平，呈卵圆形，包含在名为内果皮的纤维状果实的白色内层中（如图所示），长度可达 10 厘米。种子不可食。

实际尺寸

科	漆树科
分布范围	北美洲
生境	公路 / 铁路路缘、田野、林地边缘以及荒地
传播机制	鸟类和哺乳动物
备注	光滑漆树的浆果为大约 300 个鸣禽物种提供冬季食物
濒危指标	未予评估

光滑漆树
Rhus glabra
Smooth Sumac
L.

种子尺寸

长 1/16–1/8 in
(2–3 mm)

实际尺寸

423

光滑漆树是落叶灌木，在干旱、陡峭和荒地生境中茂盛生长。它是一个生长迅速、极度耐旱的先锋物种，这意味着它可以占领裸露的或者受扰动的土地。它的树叶在秋天变成鲜艳的橙红色，与鲜艳的红色簇生浆果一起，令它成为一种很受欢迎的观赏植物。光滑漆树是雌雄异株的，雄花和雌花开在不同植株上。它很容易通过根出条繁殖，常常形成由一棵母株和众多根出条构成的单性种群。只有雌株产生多毛的鲜红色浆果，它们是野味鸟类、鸣禽和哺乳动物的重要冬季食物。

光滑漆树的种了呈深棕色，圆形， 端有凸起。这个凸起含有胚根和下胚轴，胚根在萌发时最先从种子里钻出，并向下生长形成植株的根，下胚轴形成植株的茎。两种情况会刺激种子的萌发：一种情况是穿过哺乳动物和鸟类的消化道，另一种情况是经历火灾。

相似物种

盐麸木属（*Rhus*）有大约 250 个物种。它们生活在暖温带和亚热带地区，可以生长在从沼泽和林地到干旱土壤的一系列不同生境中。盐麸木属物种的特征是：叶片拥有亮丽的秋色且有纹理，浆果呈鲜艳的红色。

科	漆树科
分布范围	撒哈拉以南的非洲地区
生境	有树木的草原、林地，以及灌木丛林地
传播机制	动物（包括鸟类）和水
备注	一个可疑的故事声称，大象在吃了伯尔硬胡桃的果实之后会变醉
濒危指标	未予评估

种子尺寸

长 1 in
(26 mm)

424

伯尔硬胡桃
Sclerocarya birrea
Marula
(A. Rich.) Hochst.

实际尺寸

伯尔硬胡桃在南非常被称为"生命之树"，因为它为当地人提供食物和药物。果实因其滋味和营养价值而备受青睐：同等重量下它的维生素 C 含量是柑橘的 2—3 倍，而种子富含蛋白质。果肉制成商业酒精饮料爱玛乐酒（Amarula）。伯尔硬胡桃的果实还被从大象到猫鼬的许多物种食用。伯尔硬胡桃树常常种植在农场以吸引授粉者，因为它的花蜜会引来多种昆虫。它们长得非常快——每年甚至可生长 1.5 米。

相似物种

伯尔硬胡桃和杧果（422 页）、阿月浑子和腰果（421 页）同属一科，这些物种的果实都是人类喜爱的食物。象李属（*Sclerocarya*）还有其他 3 个物种，全都分布在撒哈拉以南的非洲地区。和伯尔硬胡桃的广泛分布不同，吉莱蒂象李（*S. gillettii*）仅分布于肯尼亚东部的一小片地区，在 IUCN 红色名录上列为易危物种。

伯尔硬胡桃的果实为圆形或卵形。一层坚果味道的多汁果肉包裹着一颗坚硬的果核（照片中是果核），里面含有两粒白色卵形种子。种子富含蛋白质，种子油含有抗氧化剂。伯尔硬胡桃的果实只有从树上落下之后才会成熟，并从绿色变成黄色。

科	漆树科
分布范围	孟加拉国、印度以及所罗门群岛；已引入特立尼达和多巴哥
生境	落叶林和半常绿林
传播机制	动物
备注	坚果提取物有抗癌效果
濒危指标	未予评估

种子尺寸

长 1³⁄₁₆ in
(20 mm)

豆瓣肉托果
Semecarpus anacardium
Dhobi's Nut
L.f.

425

实际尺寸

豆瓣肉托果是生活在干旱热带地区的一种落叶乔木，可以长到10—15米高。它在印度全境都很常见。割伤后，灰色树皮会流出一种有刺激性的树液，凝固后变成树胶。单叶互生，叶片大，长30—60厘米，宽12—30厘米。豆瓣肉托果簇生开绿黄色花，花有5枚花瓣，由昆虫授粉。这种树的树胶、果实和种子在传统药材中用途广泛，而且种子的汁液可以做成一种染料，用于在洗衣之前为衣物做标记。

相似物种

由于分类学关系悬而未决，肉托果属（*Semecarpus*）的物种数量不确定。IUCN红色名录列出了15个受威胁物种。澳洲肉托果（*S. australiensis*，英文通用名 Australian Cashew Nut）是一个种子可食用的物种，原住民将种子小心处理后烤熟食用。腰果属是一个近缘属，包括腰果（421页）。

豆瓣肉托果有卵形黑色种子或坚果，黑色表面光滑且有光泽。种子生长在一个分成两部分的果实中。红橙色"假果"成熟时可食用，味甜，但长在假果末端的黑色核果有毒。种子在印地语中称为 *godambi*，用作女性避孕药。

科	无患子科
分布范围	原产欧洲（含高加索的欧洲部分），以及高加索的亚洲部分；在其他地区归化并有入侵性
生境	落叶林
传播机制	风力
备注	耐污染，所以常作为行道树种植
濒危指标	未予评估

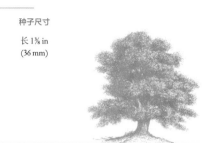

种子尺寸

长 1⅜ in
(36 mm)

426

欧亚槭
Acer pseudoplatanus
Sycamore

L.

欧亚槭是一个高大的乔木物种，原产欧洲（含高加索的欧洲部分），以及高加索的亚洲部分。因为耐污染，它常种植在城市街道旁；由于还能忍耐风和盐碱，还常种植在海滨地区。该物种在好几个国家和地区（包括加拿大、美国、澳大利亚和马德拉岛）被认定为入侵物种。它可以在竞争中击败本土植物，从而破坏自然生态系统，正如目前它正在马德拉岛上的常绿阔叶林所做的一样。在波兰，按照传统习俗人们会饮用来自这种树的新鲜树液，而木材用于制作家具。

相似物种

槭树属（*Acer*）有 164 个物种，包括红花槭（427页）在内的该属成员统称槭树（maples）。常见于欧洲的另一种槭树是栓皮槭（*A. campestre*，英文通用名 Field Maple），其木材密度是欧洲所有槭树中最大的。人们认为 18 世纪手工匠人安东尼奥·斯特拉迪瓦里（Antonio Stradivari）在制作其著名的小提琴时，用的就是栓皮槭木。其他原产欧洲的槭树包括巴尔干半岛特有物种巴尔干槭（*A. heldreichii*，英文通用名 Heldreich's Maple），以及分布在希腊和土耳其的常绿槭（*A. sempervirens*，英文通用名 Cretan Maple）。

欧亚槭的种子有长长的翅，因而能够被风远距离传播。这些带翅的果称为翅果。花小，绿黄色，由风和昆虫授粉。这个物种在背阴区域生长良好，所以能够占据郁闭森林，增加其入侵能力。

实际尺寸

科	无患子科
分布范围	美国东部和加拿大
生境	温带森林
传播机制	风力
备注	一棵树一年可以结超过 9 万粒种子
濒危指标	未予评估

红花槭
Acer rubrum
Red Maple
L.

种子尺寸

长 ¾ in
(19 mm)

427

作为一种中等大小的落叶乔木，红花槭是美国分布最广泛的本土物种之一。它可以大量扩繁，因为它的实生苗耐阴，而且虽然实生苗会在林冠完全遮蔽的情况下周期性地死亡，但它们会被新的实生苗取代，这些新苗会利用任何空隙求生。醒目的红色秋叶让这种树成为极受欢迎的观赏物种，如今它的身影已经遍布世界各地。红花槭是在秋天第一批变红的乔木之一，而且它的红色可以持续数周。木材使用不广泛，而且虽然树液富含糖分，但是一年当中可以从树干中接取树液制作槭树糖浆的时期非常短。

相似物种

槭树属（*Acer*）有 164 个物种，包括欧亚槭（426页），其多样性中心位于北美洲、欧洲和东亚。在列入 IUCN 红色名录的 6 个槭树属物种中，3 个被归为受威胁物种。用于生产槭树糖浆的主要物种是糖槭（*A. saccharum*，英文通用名 Sugar Maple）。加拿大国旗上有一片槭树叶。

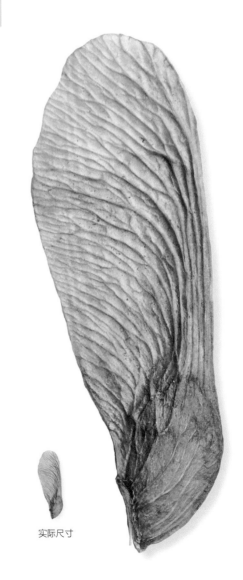

红花槭的种子小而具翅，很容易借助风力传播。种子对生，呈螺旋桨状，这种形状让种子能够被吹到远离母株阴影的地方。红色花由风力授粉。一棵树可以全部开雄花，全部开雌花，或者同时开两种单性花。

实际尺寸

科	无患子科
分布范围	原产阿尔巴尼亚、马其顿、希腊和保加利亚；广泛种植于温带地区
生境	混交落叶林
传播机制	重力
备注	欧洲七叶树的种子是传统儿童游戏"斗七叶树种子"中使用的玩具，称为 conkers
濒危指标	近危

种子尺寸

长 1³⁄₁₆–1⁹⁄₁₆ in
(20–40 mm)

428

欧洲七叶树
Aesculus hippocastanum
Horse Chestnut

L.

欧洲七叶树是一种华丽的落叶乔木，可以长到 40 米高，寿命长达 300 年。叶芽深红色，有光泽，而且有黏性。它们在春天展开，长成硕大的掌状复叶，小叶具齿。叶片凋落时会在小枝上留下带"钉孔"的马蹄铁形疤痕。这种树有直立生长的穗状花序。单花有 4—5 片白色须边花瓣，基部有粉晕。虽然野外分布范围有限，但欧洲七叶树作为观赏植物以及公园和城市区域的造景树而广泛种植。这种树还用于提供木材，从种子里提取的医药制品用于治疗胃病和血管病。

实际尺寸

欧洲七叶树的果实是球状开裂蒴果，覆盖着尖锐的刺。每个果实里有一或两枚硕大、有光泽的红棕色种子，种子包裹在一层浅棕色革质外壳中。每粒种子都有一个泛白的种痕。种子以及植株的其他部位都有毒。

相似物种

七叶树属（*Aesculus*）有大约 16 个物种。印度七叶树（*A. indica*，英文通用名 Indian Horse Chestnut）是一种较小的乔木，原产喜马拉雅山地区，在 1851 年引入欧洲。北美物种在英文中通常称为 buckeyes。红花七叶树（*A. pavia*，英文通用名 Red Buckeye）是来自美国东部的灌木或小乔木，已与欧洲七叶树杂交，创造出开红花的种类。

果实

科	无患子科
分布范围	中国中部
生境	湿润山地森林
传播机制	风力
备注	金钱槭在 20 世纪初引入欧洲栽培
濒危指标	近危

种子尺寸

长 1⅛–1³⁄₁₆ in
(28–30 mm)

金钱槭
Dipteronia sinensis
Chinese Money Maple
Oliv.

429

金钱槭是一种落叶灌木或小乔木，有漂亮而硕大的对生羽状复叶，每片复叶有 5 对小叶。不显眼的绿白色花发育出一大串漂亮的浅绿色果实，果实成熟时变成红棕色。在野外，小片零散的成年树木群丛生活在山区。由于过度砍伐和再生状况不佳，这种树正日益稀少。幸运的是，它在植物园里种得很多，这为该物种的生存提供了保障。

相似物种

除金钱槭外，金钱槭属（*Dipteronia*）只有另外一个物种云南金钱槭（*D. dyeriana*）。这两个物种都在野外面临威胁，而且尽管有观赏性，但很少见人栽培。金钱槭属和槭树属（426 页和 427 页）的亲缘关系较近。

实际尺寸

金钱槭有淡红棕色翅果。翅果有两粒圆形种子，包裹种子的膜状结构就是扁平的翅。这层膜有助于让翅果借助风力在空中旋转，实现种子的传播。

科	无患子科
分布范围	南北美洲、非洲、亚洲和澳大利亚
生境	森林、滩涂和受扰动的区域
传播机制	风力
备注	在传统习俗中，人们会咀嚼车桑子的叶片治疗牙痛
濒危指标	未予评估

种子尺寸

长 ⅛ in
(3 mm)

430

车桑子
Dodonaea viscosa
Hopbush
(L.) Jacq.

实际尺寸

车桑子的果实是纸质蒴果，每个果实有 3 或 4 枚翅。每个果实含有 2—3 粒光滑的黑色种子。果实成熟时，蒴果表面变成红色或紫色。种子产量大，因而车桑子在部分地区成为蔓延性强的杂草。

车桑子是一种变异程度高的常绿灌木或小乔木，广泛分布于南半球。它可以长到 5 米高，叶片有光泽而且有黏性。雄花和雌花单生，小，有黄绿色萼片，没有花瓣。带翅的红色或紫色果实富于装饰性，使得车桑子成为一种受欢迎的花园植物。木材有多种用途，包括在农村地区建造房屋。这种植物的几个部位还用在非洲和亚洲传统医药中，治疗多种病症。澳大利亚的早期欧洲殖民者用它的果实替代啤酒花酿啤酒，所以这种植物的英文名意为"啤酒花灌木"。

相似物种

车桑子属（*Dodonaea*）是一个主要分布在澳大利亚的属，该属物种遍布澳大利亚各州，生长在许多不同生境。该属一共有 69 个物种，其中 60 个是澳大利亚特有物种。大多数物种是小灌木。车桑子是一种相当流行的花园植物，因其漂亮的叶片和鲜艳的果实而得到种植。

科	无患子科
分布范围	原产中国东南部；栽培于全球热带和亚热带地区
生境	栽培用地；广泛野生于河流岸边
传播机制	鸟类、其他动物以及人类
备注	荔枝的种子可能大而圆且有光泽，也可能小而皱缩；后者称为"鸡舌"
濒危指标	未予评估

种子尺寸

长 ⅞ in
(23 mm)

荔枝
Litchi chinensis
Lychee

Sonn.

荔枝受到人类重视由来已久——这种树和它的果实出现在中国最早的一些文字记录中。该物种历史上曾在中国栽培，如今同时作为观赏树木和水果作物广泛分布于世界各地。荔枝树会长成漂亮的穹顶形，黄白色花成簇开放，然后结粉色或红色果实。荔枝的果实呈卵圆形或心形，果皮革质，多瘤。里面的种子被一层滋味甜香的白色果肉包裹。荔枝果和柑橘一样，富含维生素C和钾。

相似物种

荔枝是荔枝属（*Litchi*）的唯一成员。无患子科（Sapindaceae）的英文名是 soapberry family（肥皂浆果科），因为它的许多物种会产生起泡化合物皂苷，可用作肥皂。许多无患子科物种有独特的果实。红毛丹（432页）的果实像多毛的荔枝，而且它的英文名来自马来语中意为"多毛"的单词。龙眼（*Dimocarpus longan*，英文通用名Longan）的果实与荔枝相似，但果皮呈黄色或棕色。果实内部的构造——白色果肉包裹着一粒黑色种子——使它拥有另一个英文通用名 Dragon's Eye[①]。

荔枝的种子有光泽，呈浅棕色或巧克力棕色。种子的大小和形状有差异——并不罕见的是，荔枝会发育出非常小的皱缩种子，称为"鸡舌"。有鸡舌种子的果实备受青睐，因为它们拥有更大比例的多汁果肉。有几个用于商业种植的品种也有较小的种子。

①译注：该英文通用名的意思也是"龙眼"。

实际尺寸

科	无患子科
分布范围	马来西亚
生境	热带森林
传播机制	动物
备注	红毛丹的果实富含维生素 C
濒危指标	无危

种子尺寸

长 1³⁄₁₆ in
(20 mm)

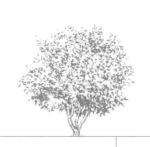

432

红毛丹
Nephelium lappaceum
Rambutan
L.

红毛丹是常绿乔木，可以长到 25 米高。羽状复叶互生，黄色小花没有花瓣，簇生成毛茸茸的花序。它广泛栽培于东南亚的热带低地区域，常在村庄和小农场中与其他乔木作物混合种植，还种植在小规模种植园中。红毛丹的坚硬红色木材用于建筑工程，从叶片和果实中提取的一种红色染料用于为蜡染布上色。果实常常鲜食，有时做成果酱，煮在炖菜里，或者做成罐头保存。

相似物种

韶子属（*Nephelium*）有超过 20 个物种，大多数原产婆罗洲岛。原产菲律宾的其他几个物种有小规模栽培，例如易变韶子（*N. mutabile*，英文通用名 Pulasan）。红毛丹是另一个深受喜爱的热带水果物种荔枝（431 页）的近亲。

红毛丹的独特果实，大小约莫相当于一个欧洲李，表面覆盖柔软的毛状刺。薄薄的黄色或红色革质果皮覆盖着半透明果肉（假种皮），其中包裹着一粒扁卵圆形种子。种子富含油脂，主要成分是油酸。

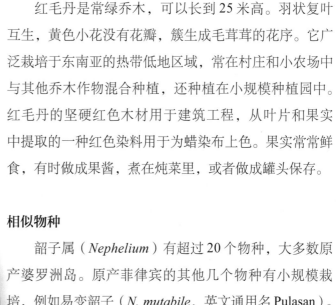

实际尺寸

科	无患子科
分布范围	巴西、哥伦比亚、乌拉圭及委内瑞拉
生境	热带雨林
传播机制	鸟类
备注	瓜拉纳是巴西国民饮料中的主要成分
濒危指标	未予评估

种子尺寸

长 ⅜–½ in
(10–12 mm)

瓜拉纳
Paullinia cupana
Guarana

Kunth

433

瓜拉纳是一种攀缘灌木，可以长到 12 米高。叶片为复叶，花序下垂，簇生黄色小花。该物种原产亚马逊地区，特别集中于巴西的玛瑙斯（Manaus）和帕林廷斯（Parintins）周围。生活在雨林里的部落按照传统将瓜拉纳用作兴奋剂和药物，并认为这个物种有魔力。如今这种植物得到全球性的应用，全世界 80% 的商业生产发生在巴西的雨林。瓜拉尼印第安人（Guaraní Indians）手工收获种子并将它们加工成一种酱。

瓜拉纳的果实小而圆，鲜红色，簇生。随着每个果实的成熟，它会开裂并露出一粒黑色种子。种子基部覆盖着一层白色假种皮，让它看上去像一只眼睛。瓜拉纳的种子是顽拗型的，所以不能储存在使用传统冷冻和干燥技术的种子库里。

相似物种

醒神藤属（*Paullinia*）是分布在新热带区的一个属，有大约 200 个物种，主要是藤本植物和灌木。瓜拉纳之外的其他物种可作药物或毒药。例如，来自中南美洲和加勒比海地区的藤本植物库鲁鲁醒神藤（*P. cururu*）提供涂抹在箭头上的毒药。

实际尺寸

科	玉盘桂科
分布范围	马达加斯加
生境	低地亚热带和热带森林
传播机制	鸟类
备注	这个物种的原地保护正在进行
濒危指标	未予评估

种子尺寸

长 ¼–⁵⁄₁₆ in
(7–8 mm)

434

岛盘桂
Tambourissa religiosa
Tambourissa

A.DC.

　岛盘桂是马达加斯加的特有物种，分布在低地潮湿森林区域。这种小乔木的木材曾用于制造棺材，这可能是种加词 *religiosa* 的来历。这种树会产出一种有香味的树脂。这种植物的提取物可用于治疗外伤。这种树的马达加斯加语名字是 *ambora*。

相似物种

　岛盘桂属（*Tambourissa*）属于玉盘桂科（Monimiaceae），它与最古老的开花植物科之一樟科（Lauraceae）关系紧密。该属有超过 40 个物种，分布在马达加斯加和马斯克林群岛。该属植物进化出了任何其他植物都没有的几个独特性状，如在杯状花冠口形成"高柱头"（hyperstigma），花在这个位置而非心皮处受粉。

岛盘桂是雌雄同株树种，雄花和雌花开在同一植株上。花色橙红相间，形似无花果。果实成熟时直径接近 2 厘米，长度可达 6 厘米，且成熟时开裂并露出种子。

实际尺寸

科	芸香科
分布范围	非洲东部和南部
生境	山地森林与河边灌木丛
传播机制	鸟类和哺乳动物
备注	属名 *Calodendrum* 来自希腊语单词，意思是"美丽的树"
濒危指标	未予评估

种子尺寸

长 ⁹⁄₁₆–¹³⁄₁₆ in
(15–20 mm)

丽芸木
Calodendrum capense
Cape Chestnut

(L.f.) Thunb

丽芸木是落叶乔木，可以长到 20 米高，并有向四周伸展的树冠、光滑的树皮，以及无毛单叶。叶片有香味，点缀半透明油脂腺。丽芸木壮观的硕大粉色花值得一看，5 枚长而窄的弯曲花瓣长在独具特色的花序上。花有一股淡淡的柠檬味松香，吸引蜂类。丽芸木广泛种植在非洲东部和南部的花园里。木材用于制造家具和车床木工，树皮用作化妆品中的成分。

相似物种

丽芸木属（*Calodendrum*）有两个物种。另一个物种埃克基丽芸木（*C. eickii*）是一种珍稀森林乔木，只生长在坦桑尼亚的乌萨姆巴拉山（Usambara Mountain），在 IUCN 红色名录上列为极危物种。它的植株比丽芸木小，果实更大且具长刺。木材用于制作杆子和工具手柄，根可入药。

实际尺寸

丽芸木的果实很大，是有 5 个小室的木质化蒴果，表面多瘤。蒴果裂成 5 部分，释放出有棱角的亮黑色种子。从种子里提取出的黄色油脂有苦味，其英文名为 Cape Chestnut 或 yangu oil，用于制作肥皂和美发用品。

科	芸香科
分布范围	原产印度和巴基斯坦；如今栽培于世界各地的温暖气候区
生境	栽培用地
传播机制	人类
备注	公元 9 世纪，阿拉伯商人将柠檬从印度运到阿拉伯半岛。古罗马时代的欧洲人见过柠檬，但直到 600 年之后它才得到大规模栽培
濒危指标	未予评估

种子尺寸

长 ¼–⅜ in
(6–10 mm)

436

柠檬
Citrus limon
Lemon
(L.) Osbeck

柠檬是一种多刺常绿小乔木，可以长到 6 米高。它起源于亚洲（很可能是在印度和巴基斯坦），是酸橙（*Citrus × aurantium*，英文通用名 Sour Orange）和香橼（437 页）的杂种。为了收获它们的果实，柠檬如今在世界各地都有栽培，中国、印度和墨西哥是主要生产国。这种植物的椭圆或卵圆叶片呈深绿色，革质。花芽泛紫，5 枚白色花瓣的外表面仍然泛紫。花有温和的香味。柠檬果汁中的柠檬酸带来独特的酸味。

相似物种

柑橘属（*Citrus*）有 25 个物种，原产亚洲、澳大利亚和太平洋群岛。这些物种容易杂交，已经产生了许多品种。许多栽培种类如今已广泛归化于气候温暖的国家。澳大利亚有 6 个本土物种，包括栽培种指橙（*C. australasica*，英文通用名 Australian Finger Lime）

实际尺寸

果实

柠檬的果实为黄色，球形至椭圆形，果皮光滑或凹凸不平，点缀着油脂腺。肉质酸味果肉包裹着白色小种子，种子卵圆形，末端尖锐。乳白色子叶生长在种子里。

科	芸香科
分布范围	被认为起源于中国，如今广泛栽培
生境	栽培用地
传播机制	人类
备注	在犹太节日住棚节上，会使用一种名叫 *etrog* 的香橼
濒危指标	未予评估

种子尺寸

长 ⅜–⁷⁄₁₆ in
(10–11 mm)

香橼
Citrus medica
Citron

L.

437

香橼是一种多刺的小乔木，可以长到 3 米高。它有革质单叶和芳香的花，每朵花有 5 枚带粉晕的白色花瓣。人们认为香橼是两千多年前从中国引入地中海地区的首批柑橘类植物之一，将它们带来的是亚历山大大帝的军队。在古代，香橼一开始被叫作"波斯苹果"（Persian Apple），这个名字后来变成"柑橘苹果"（Citrus Apple），然后才是今天的 Citron。如今它在希腊、西西里岛和科西嘉岛有小规模的商业种植。

相似物种

柑橘属（*Citrus*）有大约 25 个物种。其他重要的水果物种包括甜橙（438 页）、酸橙、橘子（*C. reticulata*，英文通用名 Mandarin Orange）、柚子（*C. maxima*，英文通用名 Pomelo）、柠檬，以及来檬（*C. aurantifolia*，英文通用名 Lime）。葡萄柚（*C. ×paradisi*，英文通用名 Grapefruit）很可能是甜橙和柚子的杂种。

实际尺寸

香橼的种子生长在有粗厚表皮的果实中，果实呈浅黄色，最多分为 15 瓣。有酸味的果肉包裹着种子。种子小，种皮光滑，含有乳白色子叶。

科	芸香科
分布范围	原产中国；栽培于世界各地
生境	原产亚热带森林；如今栽培于热带、亚热带和温带气候区的果园
传播机制	鸟类、其他动物以及人类
备注	甜橙是种植最广泛的果树和全世界最受欢迎的水果，不过绝大多数种植出的甜橙被加工成了果汁
濒危指标	未予评估

种子尺寸

长 %₆ in
(14 mm)

甜橙
Citrus sinensis
Orange
(L.) Osbeck

这种多刺的常绿小乔木开有香味的白花，已经被人类栽培了数千年之久。如今全世界有数百个甜橙品种，结出不同形状、颜色和大小的果实。血橙的深红色是果实在发育过程中暴露在寒冷温度下一段时间实现的。脐橙的名字来自果实底部标志性的痕迹，它无籽，容易剥皮，是最常作为完整果实出售的种类。所有甜橙果实都富含钾元素以及维生素 A 和 C。甜橙的果皮布满许多微小的腺体，其中的油脂用于生产香水。

甜橙的种子形状不规则，不过种皮通常光滑。甜橙种子油可用于烹饪，并有多种健康益处：它含有抗氧化剂，且已被发现能降低血糖水平。这种油有时还用作塑料制造中的成分。

相似物种

虽然甜橙贡献了全球大部分柑橘产量，但橘子较小的果实有更松散的果皮，容易剥下。橘子是一些更受欢迎的柑橘类水果的起源。例如，萨摩蜜柑（Satsuma）生产无籽且果皮较紧的果实，最先产于日本。蜜橘（Tangerine）是另一种类，果实颜色较深，味道更浓。

果实　　　　　　　　实际尺寸

科	芸香科
分布范围	美国阿拉巴马州和墨西哥东北部
生境	干旱沙地生境，包括沙丘、松林泥炭地和林地
传播机制	鸟类
备注	刺椒木的英文名还包括 Hercules' Club（"赫拉克勒斯的大棒"）、Prickly Ash（"多刺白蜡"）和 Toothache Tree（"牙疼树"）
濒危指标	未予评估

种子尺寸

长 ³/₁₆ in
(4–5 mm)

刺椒木
Zanthoxylum clava-herculis
Pepperwood
L.

439

刺椒木是落叶小乔木，可以长到大约 10 米高。光滑的灰棕色树皮上有独特的栓质角锥状突起，末端带刺。这种突起结构会随着树木的成年而脱落。咀嚼其有苦味的芳香树皮可缓解牙痛。刺椒木的复叶由厚且有光泽的小叶构成。叶片是鹿的食物，而美洲大芷凤蝶（*Papilio cresphontes*）被花吸引。低垂、分叉的花序着生小小的白色花，每朵花有 3—5 枚花瓣。刺椒木常用作草药，植物材料从野外获取。这种植物的所有部位都含有一种名为花椒油素（xanthoxylin）的苦味芳香油。

刺椒木的果实是平均分成两半的粗糙蒴果，每一半都含有几粒圆而有光泽的黑色种子。种子用作调料。要想用储存的种子进行繁殖，需要进行一定时间的低温处理，或者弄破种皮。

相似物种

美洲花椒（*Zanthoxylum americanum*）是一种近缘树木，同样分布在美国东部，英文名同样包括 Prickly Ash 和 Toothache Tree。另一个近缘物种黄心花椒（*Z. flavum*，英文通用名 West Indian Satinwood）生长在佛罗里达和加勒比海地区，由于木材砍伐的影响而被 IUCN 红色名录列为易危物种。

实际尺寸

科	苦木科
分布范围	原产中国北方和中部；已引入全世界的许多国家
生境	森林、路缘以及河岸
传播机制	风力
备注	一棵臭椿树一年可以产多达一百万粒种子
濒危指标	未予评估

种子尺寸

长（不包括翅果）³⁄₁₆ in
(5 mm)

440

臭椿
Ailanthus altissima
Tree of Heaven

(Mill.) Swingle

臭椿的英文名（意为"天空之树"）源自它的生长速度；一年通常可以长高 2 米。它从 18 世纪起作为一种材用树和观赏植物引入北美洲、欧洲和大洋洲，但是已经变成贪婪的入侵植物。在城市地区，它庞大的根系会破坏下水道和建筑结构。这种树所产生的化学物质有化感作用（除草活性），会杀死它周围的植物或者阻止它们生长。这种树的花和受损部位散发一种异味，因此该物种的另一个英文名是 Stinktree（"臭树"）。

相似物种

臭椿属（*Ailanthus*）有大约 10 个乔木物种，原产东南亚和大洋洲。其中的 5 个是中国特有物种。臭椿属所有物种的生长速度都很快；在东南亚，人们从野外采集数个物种，种在种植园里收获木材。臭椿属植物的木材有很多用途，如建造船舶和房屋，制作刀剑把手和火柴。

实际尺寸

每一粒**臭椿**种子都包含在一个螺旋形扭曲的翅状红棕色结构中，这种结构叫翅果。一大串翅果成簇悬挂在树上。臭椿生产的几乎所有种子都有活力，而且很容易萌发。除了生产大量种子，臭椿还可以通过根出条繁殖，形成浓密的灌丛并排挤本土植物。

科	楝科
分布范围	被认为起源于缅甸
生境	灌木林
传播机制	蝙蝠和鸟类
备注	印度苦楝树的小枝被当作牙刷使用
濒危指标	未予评估

印度苦楝树
Azadirachta indica
Neem
A. Juss.

种子尺寸

长 %6 in
(14 mm)

441

印度苦楝树是一种耐旱的小乔木，树干直立。它有许多不同的用途。树叶挂在房屋外面，提醒人们屋内有得了麻疹或水痘等疾病的人，并铺在屋内的地板上和病人的床下。从种子中提取的油脂用于化妆品和医药，以及用作杀虫剂。人们将印度苦楝树的叶片晒干，用于衣物和人体防虫，不过这种用途的应用规模较小。接触印度苦楝树籽油时应当小心，因为据说它会影响生育能力。

相似物种

印楝属（*Azadirachta*）只有另外一个物种。菲律宾楝树（*A. excelsa*，英文通用名 Philippine Neem Tree）分布在东南亚的森林里。这种树的许多用途和印度苦楝树一样；然而，它在商业上的重要性不如对方。这两个物种都生长迅速，并用于森林恢复项目。菲律宾楝树有观赏价值，并可作为遮阴树种植。

实际尺寸

印度苦楝树的种子生长在小小的椭球形绿色果实中，果实成熟时变成黄色或紫色。大多数果实含有1粒种子，种子由食用新鲜果实的蝙蝠和鸟类传播。昆虫为该物种的白色两性花授粉。种子可以在背阴处萌发和生长，这增加了该物种的扩张能力。

科	楝科
分布范围	撒哈拉以南非洲
生境	森林
传播机制	风力
备注	这种树的果实会开裂成星形，释放出种子
濒危指标	易危

种子尺寸

长 1¹⁄₁₆ in
(27 mm)

442

尼亚萨兰非洲楝
Khaya anthotheca
Nyasaland Mahogany
(Welw.) C. DC.

尼亚萨兰非洲楝是生活在撒哈拉以南非洲的一种森林乔木，因其木材而得到大规模采伐。红棕色木材用于制造装饰结构例如饰面薄板和嵌板。由于对木材的开发，这种树被 IUCN 认定为易危物种。为了保护尼亚萨兰非洲楝，多个国家建立了针对该物种出口和砍伐的管控机制。树皮的一种制品用于治疗咳嗽和感冒，而种子产生的油用于杀灭头虱。这个物种还有观赏用途，可作遮阴树或风障。

相似物种

非洲楝属（*Khaya*）有 6 个物种，全都只生长在非洲和马达加斯加。非洲楝属的其他物种因其木材而得到开发。非洲楝（*K. senegalensis*，英文通用名 African Mahogany）是该属物种中最坚硬的，也因为砍伐而成为易危物种。马达加斯加非洲楝（*K. madagascariensis*，英文通用名）是该属受威胁最严重的物种，归入濒危类别，同样是因为它漂亮的木材。

尼亚萨兰非洲楝的种子储存在球形木质化果实中，果实裂开并释放出硕大的具翅种子，种子由风力传播。这种乔木的花是白色的，由昆虫授粉。全球树木保护运动（Global Trees Campaign）正在非洲使用这个物种进行森林恢复实验，这有助于改善它的保护状况。

实际尺寸

科	楝科
分布范围	加勒比海岛屿和佛罗里达州南部
生境	热带干旱或湿润森林
传播机制	风力
备注	桃花心木曾得到 18 世纪英国家具制造商托马斯·齐本德尔（Thomas Chippendale）和乔治·赫波怀特（George Hepplewhite）的大规模使用
濒危指标	濒危

桃花心木
Swietenia mahagoni
Mahogany
(L.) Jacq.

种子尺寸

长 1⅞–2 in
(48–50 mm)

桃花心木是加勒比海地区的一个材用树种，可以长到 30 米高。它有复叶和簇生黄绿色花，花由昆虫授粉。自从最早的殖民探险时期以来，这个物种就一直在供给国际市场。木材深受造船业和高级家具制造业的青睐。人们建立种植园以生产木材，但这些种植园受到了桃花心木斑螟（*Hypsipyla grandella*）的不利影响。在整个加勒比海地区，桃花心木都被认为是一种有效的药用植物。它在印度作为行道树种植。

相似物种

桃花心木属（*Swietenia*）有 3 个物种，全都生产用于国际贸易的真正的桃花心木。大叶桃花心木（*S. macrophylla*，英文通用名 Big Leaf Mahogany）是如今主要的商用物种。自 2002 年以来，该属所有 3 个物种都被列入 CITES 附录二，这有助于确保它们的木材贸易是合法的且可持续的。

桃花心木的种子生长在硕大的卵圆形直立木质化蒴果中，蒴果表面呈银白色。每个蒴果分为 5 瓣，从基部向上开裂，释放出大约 20 枚具长翅的扁平棕色种子。桃花心木通常用种子繁殖，因为种子可以在多种环境条件下萌发。种子不能储存在传统种子库干燥冷冻的环境下。

实际尺寸

① 译注：列入 CITES 附录二的均为较濒危的动物和植物物种，其国际贸易要受到特殊的管理和限制。

科	楝科
分布范围	原产东南亚、巴布亚新几内亚以及澳大利亚；已引入其他地方
生境	潮湿地点例如河岸或沼泽，有时生长在稀树草原上
传播机制	风力
备注	它的木材可用于栽培香菇（*Lentinula edodes*）
濒危指标	无危

种子尺寸

长 ⁷⁄₁₆ in
(11 mm)

444

红椿
Toona ciliata
Toon Tree
M. Roem.

红椿可以长到 40 米高。这种树的坚硬木材备受青睐，因此这个物种在世界各地都有种植。它被用于生产乐器、家具和船只。花用于制作布料所使用的红色和黄色染料。虽然该物种在其自然分布范围内被归入无危类别，但由于过度开发，如今澳大利亚的大树已经非常罕见。红椿在森林里的开阔空间生长迅速而且十分茂盛。在南非，它通过竞争击败了本土植物，被认定为入侵物种。

相似物种

香椿属（*Toona*）有 5 个物种，分布范围覆盖亚洲并延伸到澳大利亚北部。该属属于楝科（Meliaceae）。香椿属另外 3 个物种的硬木木材也有商业化用途：菲律宾椿（*T. calantas*，英文通用名 Calantas）用于制造饰面薄板，红楝子（*T. sureni*，英文通用名 Suren Toon）用于制造家具，而香椿（*T. sinensis*，英文通用名 Chinese Mahogany）用于制造电吉他。

香椿的种子呈浅棕色，储存在薄且干燥的蒴果中。种子两端的翅让它能够被风长距离传播。香椿有单生雄花和雌花，它们都很小，呈米色，由蛾类和蜂类授粉。

实际尺寸

科	楝科
分布范围	非洲
生境	河边森林和灌丛
传播机制	重力
备注	帚木的种皮有很强的毒性
濒危指标	未予评估

帚木
Trichilia emetica
Natal Mahogany

Vahl

种子尺寸

长 ⅜ in
(10 mm)

帚木是常绿乔木，基部膨大，树冠茂密且开展。深绿色复叶有 9—11 枚小叶，叶片上表面有光泽，下表面有毛。奶油绿色小花成簇开花。人们收获木材，用于制作木雕、乐器和家庭用品，叶片和树皮入药。从种子里提取的油脂用于小规模肥皂生产，并且是莫桑比克的出口商品。帚木作为观赏行道树和花园树木被广泛种植，还可作为风障。

相似物种

林帚木（*Trichilia dregeana*，英文通用名 Forest Mahogany）是另一个原产非洲南部的物种，拥有类似的特征和用途。帚木属（*Trichilia*）有 28 个物种在 IUCN 红色名录上列为受威胁物种。

帚木的种子呈黑色，每粒种子几乎完全被一层鲜红色假种皮包裹。果实是毛茸茸的圆形开裂性蒴果。种子的假种皮可直接食用，或者压碎制成一种乳状饮料，而种子产生的油脂用于烹饪和制作肥皂。

实际尺寸

科	锦葵科
分布范围	巴西和乌拉圭
生境	热带雨林
传播机制	风力和重力
备注	花像中国灯笼
濒危指数	未予评估

种子尺寸

长 ¹⁄₁₆ in
(2 mm)

446

红萼苘麻
Abutilon megapotamicum
Trailing Abutilon
(Spreng.) St. Hil. & Naudin.

红萼苘麻是似藤蔓的灌木，高达 2 米，原产南美洲部分地区。它的花期从春末延续到整个夏天。红色和黄色花从茎上垂下。由于半常绿的叶片和美丽的花，红萼苘麻在园艺中很受欢迎。它是最耐寒的苘麻属物种之一，不过种植在墙边也有利于它的生长。该物种的花可以作为蔬菜烹饪食用。它们还会吸引寻找花蜜的野生动物，包括蜂鸟和蜂类。

相似物种

苘麻属（*Abutilon*）有 216 个物种。该属的许多其他成员用作观赏。这个类群有时称为"开花槭"（flowering maples），因为它们的叶片形状像真正的槭树。苘麻属物种的叶片会对某些人造成过敏反应。该属有一系列不同的花色。由于放牧和外来植物物种的竞争所带来的压力，夏威夷特有的 3 个物种如今被认定为极危物种。

红萼苘麻的种子生长在分果中，它是一种干燥的果实，裂成多个部分。每一部分开裂后释放出一粒种子。风可以将种子从果实里晃出来，果实也可以自然分解，释放出种子。花由昆虫授粉。

实际尺寸

科	锦葵科
分布范围	非洲的热带地区和南部,以及阿拉伯半岛
生境	干旱森林和有树木的草原
传播机制	动物
备注	据说喝下浸泡种子的水之后,鳄鱼就不敢近身了
濒危指标	未予评估

种子尺寸

长 ⅜ in
(10 mm)

猴面包树
Adansonia digitata
Baobab
L.

猴面包树广泛分布于非洲南部,中东也在它的分布范围之内。它的果实是维生素 C 的重要来源;黏浆状果肉可以加入粥或软饮料中,或者单独食用。种子本身也用于烹饪,可提取油脂或为汤羹增稠,还可以入药治疗咳嗽和发热。据说如果人喝下浸泡种子的水,就能避免鳄鱼袭击。

相似物种

猴面包树属(*Adansonia*)还有其他 8 个物种,其中 6 个是马达加斯加的特有物种,1 个是澳大利亚的特有物种。它们都是落叶树,在树干里储存水分以度过干旱时期。由于生长区的木材砍伐和缓慢的更新速度,马达加斯加的 3 个物种在 IUCN 红色名录上列为受威胁物种,它们是格兰迪迪尔猴面包树(448 页)、大果猴面包树(*A. perrieri*,英文通用名 Perrier's Baobab)和灰岩猴面包树(*A. suarezensis*,英文通用名 Suarez Baobab)。

猴面包树的种子非常坚韧,被非洲象(Loxodonta africana)和黑犀(Diceros bicornis)等动物传播到很远的地方。花由蝙蝠、灌丛婴猴和昆虫授粉,结出的硕大果实每个含有 100 粒种子。种子深棕色至黑色,有坚硬种皮,在热水里浸泡几个小时之后很容易萌发。

实际尺寸

科	锦葵科
分布范围	马达加斯加
生境	干旱森林和灌木丛林地
传播机制	动物
备注	这个物种的树干能够膨大，以储存额外的雨水
濒危指标	濒危

种子尺寸

长 ½ in
(13 mm)

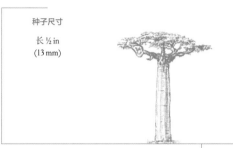

448

格兰迪迪尔猴面包树
Adansonia grandidieri
Grandidier's Baobab

Baill.

格兰迪迪尔猴面包树的种子呈肾形，生长在硕大的干燥果实中。种子可以捣成浆状，制成一种饮料。这个物种有白色的花，由夜行性动物如狐猴和果蝠授粉。全球树木保护运动正在和当地物种多样性保护组织"马达加斯加守护者"（Madagasikara Voakajy）开展合作，保护这个拥有重要文化意义的标志性物种。

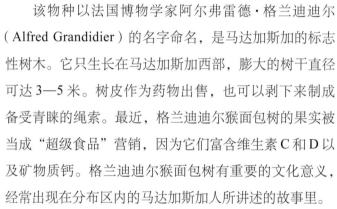

该物种以法国博物学家阿尔弗雷德·格兰迪迪尔（Alfred Grandidier）的名字命名，是马达加斯加的标志性树木。它只生长在马达加斯加西部，膨大的树干直径可达 3—5 米。树皮作为药物出售，也可以剥下来制成备受青睐的绳索。最近，格兰迪迪尔猴面包树的果实被当成"超级食品"营销，因为它们富含维生素 C 和 D 以及矿物质钙。格兰迪迪尔猴面包树有重要的文化意义，经常出现在分布区内的马达加斯加人所讲述的故事里。

相似物种

猴面包树属（*Adansonia*）有 9 个物种，其中 6 个原产马达加斯加。属名纪念的是另一位法国博物学家米歇尔·阿当松（Michel Adanson）。此外，大果猴面包树（*A. perrieri*，英文通用名 Perrier's Baobab）以法国植物学家皮埃尔·德拉巴齐（Perrier de la Bâthie）的名字命名，而灰岩猴面包树（*A. suarezensis*，英文通用名 Suarez Baobab）以葡萄牙探险家迪奥戈·苏亚雷斯·德阿尔贝加里亚（Diogo Soares de Albergaria）的名字命名。

实际尺寸

科	锦葵科
分布范围	从印度和尼泊尔到澳大利亚北部
生境	落叶林，河边以及稀树草原
传播机制	风力
备注	种子可烤熟食用
濒危指标	未予评估

木棉
Bombax ceiba
Cotton Tree
L.

种子尺寸
长 ¼ in
(7 mm)

木棉的分布范围遍及东南亚，可以长到 40 米高。幼树的茎上有尖锐的刺，而较老的树有光滑的树皮，并随着年龄的增长而出现裂纹。因附着在种子上的大量白毛而得名。[①]这种毛在纺织行业中称为丝棉（silk cotton），用于填充坐垫、被子和救生衣。虽然原产亚洲和澳大利亚，不过如今这种树在美国作为观赏植物种植。从种子里提取的油脂会被添加到肥皂和燃料中。

木棉的种子小且多油，表面有白毛（照片中已除去），方便风力传播。它们储存在硕大的木质化果实中。过目难忘的红色花让这种树极具观赏价值，并吸引鸟类授粉。

相似物种

木棉属（*Bombax*）有 9 个物种。有 2 个物种分布在非洲：一个是来自非洲热带的西非木棉（*B. buonopozense*，英文通用名 Gold Coast Bombax），另一个是中肋木棉（*B. costatum*，英文通用名 Red-flowered Silk-cotton Tree）。这两个物种都曾因为它们的"棉花"而得到开发，年出口量多达 1000 吨；如今它们只在当地有应用。木棉属的另一个物种分布在亚洲。

实际尺寸

---
① 译注：英文通用名意为"棉花树"。

科	锦葵科
分布范围	整个新热带区至西非
生境	雨林
传播机制	风力
备注	吉贝是危地马拉的国树
濒危指标	未予评估

种子尺寸

长 ¼ in
(7 mm)

450

吉贝
Ceiba pentandra
Kapok

(L.) Gaertn.

吉贝是一种雨林乔木，可以长到 60 米高。它因其包裹在种子周围的棉状纤维而得到广泛栽培，采收下来的纤维用于填充坐垫和救生衣。人们认为这种"棉花"比木棉（449 页）的更好。吉贝的木材纹理笔直，可用于制造棺材和独木舟。玛雅人将它视作神树，并且相信它的树枝通向天堂。作为林冠中高度突出的乔木，吉贝是附生植物如凤梨和兰花的家园。

相似物种

吉贝属（*Ceiba*）是一个热带乔木类群，有 21 个物种。该属其他物种的种子也被"棉花"包裹，不过吉贝的纤维是该属最优质的。只有一个物种被 IUCN 红色名录列为受威胁类别：玫红吉贝（*Ceiba rosea*，英文通用名 Pochote），它分布在从巴拿马至哥伦比亚的美洲地区，由于人类的扰动而被认定为易危物种。

吉贝的种子呈球形，生长在木质蒴果中。这些蒴果在水中不会沉底，每个果实可能含有多达 200 粒种子。包裹着种子的棉花状纤维（在这张照片中已经除去）让它们能够被风力传播得很远。花色粉白相间，由蝙蝠授粉。

实际尺寸

科	锦葵科
分布范围	西非
生境	热带森林
传播机制	动物和人类
备注	种子是可乐饮料中的成分
濒危指标	未予评估

种子尺寸

长 1³⁄₁₆ in
(20 mm)

可乐果
Cola acuminata
Kola Nut
(P. Beauv.) Schott & Endl.

可乐果是常绿森林乔木，有深绿色肉质叶片。白色或米色杯状花成簇开放，花上有红色斑纹。最初原产西非，如今广泛栽培于热带非洲和其他热带地区。种子（可乐果）收获后供当地人使用和国际贸易。可乐果含咖啡因和可可碱，这些令人兴奋的东西可以预防疲劳，减轻饥饿和口渴，在非洲常用来咀嚼提神。种子用在传统药物中，还被现代制药业使用。在某些地区，人们会为每个新生儿种下一棵可乐果。

实际尺寸

相似物种

光亮可乐果（*Cola nitida*）是一个亲缘关系很近的物种。与可乐果相比，它的种子咖啡因含量更高，因此它是参与全球贸易的主要商用物种。其他可乐果物种也结用于咀嚼提神的种子，但这些种子的品质较差，有时被称为"猴子可乐果"（monkey colas）。

可乐果属（*Cola*）的果实内部是一团排列成星形的棕色种荚（心皮）。每个心皮里的种子列为两行，覆盖一层白色薄皮。种子通常为粉色或红色，有一层软骨质种皮。

果实

科	锦葵科
分布范围	据信原产印度和中国
生境	栽培用地
传播机制	人类和重力
备注	黄麻是应用第二广泛的天然植物纤维，仅次于棉花
濒危指标	未予评估

种子尺寸

长 ¹⁄₁₆–¹⁄₈ in
(2–3 mm)

452

黄麻
Corchorus capsularis
Jute

L.

实际尺寸

黄麻的果实是圆形蒴果，有纵向脊线，顶部有一处凹陷。蒴果表面粗糙而且有纹路。蒴果内有 5 个小室，其中含有楔形棕色种子。黄麻的种子会产生一种名为黄麻因（corchorin）的苦味物质，可入药。

黄麻是一年生草本植物，有细长直立的茎和黄色的花。它作为纤维作物广泛栽培于热带地区。纤维从茎的韧皮部提取，用于编织粗麻布以及制造麻线和地毯纱线。提取纤维后剩下的髓用于造纸业和生产酒精。叶片的浸提液作药用，根、果实和种子也可入药。叶片可作为蔬菜食用。

相似物种

黄麻属（*Corchorus*）有超过 40 个原产热带和亚热带地区的物种。长蒴黄麻（*C. olitorius*，英文通用名 White Jute）是一个与之相似的物种；它也制造黄麻纤维，而且人们认为这种纤维更软。长蒴黄麻的食用极为常见并作为蔬菜买卖，在非洲更是如此。

科	锦葵科
分布范围	东南亚，从马来西亚至巴布亚新几内亚
生境	雨林
传播机制	哺乳动物
备注	种子烤熟后可当糕点食用
濒危指标	未予评估

榴梿（榴莲）
Durio zibethinus
Durian
L.

种子尺寸

长 1 ¹⁵⁄₁₆ in
(49 mm)

榴梿是一种可以长到 45 米高的乔木。它的果实被认为是全世界气味最臭的，然而里面的果肉非常美味，用于制作甜点。事实上，它的果实气味如此糟糕，以至于被禁止带上公共交通工具，一些酒店也禁止携带。科学家一直在努力培育果实没有臭味的品种。它的果实还用于消化道驱虫。榴梿的木材可以用于制作廉价家具。

相似物种

榴梿属（*Durio*）有 32 个物种，全都结相似的果实，但只有部分物种的果实可食用。其他物种有地方性的栽培销售，但只有榴梿的果实用于国际贸易。由于整个东南亚的生境丧失和森林砍伐，榴梿属有 6 个物种被 IUCN 划为易危物种。

实际尺寸

榴梿的种子呈棕色，包裹在果实的美味果肉中。果实硬而多刺（马来语中的刺就是 *duri*）。花为白色，在夜晚由一系列昆虫和蝙蝠授粉。种子由包括麝猫和亚洲象在内的哺乳动物传播。

科	锦葵科
分布范围	原产北美洲南部和中美洲；如今广泛栽培于世界各地
生境	未知，如今几乎只存在于栽培中
传播机制	未知，因为栽培品种不再需要传播。从前很可能由风力传播
备注	棉花是种植规模最大的非食用作物
濒危指标	未予评估

种子尺寸

长 ⅜ in
(10 mm)

454

陆地棉
Gossypium hirsutum
Cotton

L.

陆地棉是一种灌木，人们认为它原产中北美洲和墨西哥，最古老的人类栽培证据可以追溯到公元前 6000 年。人们用包裹在种子上的纤维纺织棉线。这种植物曾经造成许多世事变迁和苦难。面向美洲的奴隶贸易的主要驱动力就是棉花种植园的劳动力需求。英国工业革命也是靠棉花厂的技术革新启动的，然而工作环境非但没有改善，反而更加恶劣。陆地棉植株的长纤维可纺织成布料，而短纤维用作食品和其他产品，如冰激凌和牙膏等的增稠剂。

相似物种

棉属（*Gossypium*）有 54 个物种。陆地棉贡献了全球棉花产量的 90%；栽培规模名列第二的是海岛棉（*G. barbadense*，英文通用名 Sea Island Cotton）。这个物种又称埃及棉（Egyptian Cotton），尽管它原产南美洲。用于棉花商业种植的另两个物种是来自印度的亚洲棉（*G. arboretum*，英文通用名 Tree Cotton）以及来自北非和阿拉伯半岛的草棉（*G. herbaceum*，英文通用名 Levant Cotton）。

实际尺寸

陆地棉的种子生长在一种名为圆荚（boll）的结构里面的纤维中。这种圆荚含有数粒种子，它在完全干燥时会开裂，方便收获纤维。米色的花只开放一天就枯萎，由昆虫授粉。每朵花同时拥有雄性和雌性器官。

科	锦葵科
分布范围	原产喜马拉雅地区，但广泛栽培于东南亚
生境	落叶林
传播机制	动物
备注	捕鱼木在菲律宾和澳大利亚是入侵物种
濒危指标	未予评估

种子尺寸

直径 ⅛–³⁄₁₆ in
(3–4 mm)

捕鱼木
Grewia asiatica
Phalsa
L.

捕鱼木是灌木或小乔木，因其紫色果实而得到栽培，果实用于制作甜点和饮料。叶片有抗菌效果，用在染病皮肤上，果实用于治疗脱水和炎症，还用作催情药。虽然捕鱼木只是一种小乔木，但收获的木材可以制作高尔夫球杆、长矛的柄和弓。树皮中的纤维可以制成绳索，从树皮中提取的汁液用于生产红糖时澄清甘蔗（*Saccharum officinarum*）汁的工序。

实际尺寸

捕鱼木的种子生长在红色或紫色核果中 —— 大多数核果有 1 粒种子，但部分较大的核果有 2 粒种子。种子小而坚硬，呈半球形。动物食用浆果后可将种子传播到很远的距离之外。花很小，黄色，由昆虫授粉。

相似物种

扁担杆属（*Grewia*）有 321 个成员，其中还有一些也是可食用物种。来自非洲南部的水莲木（*G. occidentalis*，英文通用名 Crossberry）的果实会被加到山羊奶里做成一种酸奶饮料或者羊奶酒。双色扁担杆（*G. bicolor*，英文通用名 False Brandy Bush）同样来自非洲，它的果实可以发酵制成酒精饮料，还可以加到麦片粥里。

科	锦葵科
分布范围	东南亚、中国及澳大利亚
生境	开阔地和受扰动区域，以及森林中的多岩石区域
传播机制	重力
备注	来自黄葵种子的油脂有一股强烈的麝香气味
濒危指标	未予评估

种子尺寸

长 ³⁄₁₆ in
(4–4.5 mm)

456

黄葵
Abelmoschus moschatus
Abelmosk

Medik.

实际尺寸

黄葵是热带草本植物，可以长到 2 米高。叶片深裂，边缘有锯齿，花似木槿，黄色或紫色，由昆虫授粉。它有两个得到认可的亚种，其中一个主要分布在亚洲，另一个主要分布在澳大利亚沿海地区。它有花色不一的多个品种。植株的不同部位用作食物，还用在传统药物和补药中。黄葵油是香水制作中的重要成分，但如今通常被人工合成的麝香油取代。人们使用它的茎制造纤维。

相似物种

秋葵属（*Abelmoschus*）有大约 15 个物种。人们栽培秋葵（*A. esculentus*，英文通用名 Okra 或 Ladies' Fingers），收获其未成熟的果实并当作蔬菜食用。陆地棉（454 页）也和黄葵有亲缘关系。锦葵科（Malvaceae）有大约 4200 个物种，包括苘麻属、木槿属（*Hibiscus*）和花葵属（*Lavatera*）这三属的栽培观赏植物。

黄葵的种子包含在有棱且多毛的纸质蒴果中。黑色或棕色种子呈肾形。可从种皮中提取油脂，种子中没有以胚乳的形式储存的养料。黄葵的种子被认为有药效。

科	锦葵科
分布范围	印度和东南亚
生境	干旱林地和森林
传播机制	重力
备注	香苹婆的种子可以生吃或烤熟后食用，味道像栗子
濒危指标	未予评估

香苹婆
Sterculia foetida
Java Olive Tree
L.

种子尺寸

长 ¾–1 in
(20–25 mm)

457

香苹婆是一种落叶乔木，可以长到 40 米高，拥有光滑的浅灰色树皮和富含纤维的内层树皮。大型羽状复叶簇生在树枝末端。花朵有臭味，钟形，有 5 枚裂片。花开放时为黄绿色，后来变成深红色。香苹婆的木材被当地人使用，树皮纤维用于制作绳索。来自这种树的一种树胶用于图书装订。叶片、树皮和种子入药。从种子中提取的苹婆油有治疗糖尿病的潜力。

相似物种

苹婆属（*Sterculia*）有 100—150 个物种。它们全都是生活在热带和亚热带地区（特别是在亚洲）的乔木和灌木。某些物种的树皮纤维用于制作绳索、纸张和袋子，例如来自亚洲的假苹婆（*S. lanceolata*，英文通用名 Lance-Leaved Sterculia），以及五裂苹婆（*S. quinqueloba*，英文通用名 Egyptian Plane Tree）。

实际尺寸

香苹婆的种子呈蓝黑色，表面光滑，木质化，椭圆形或长方形，每个果实都带有一个小小的黄色假种皮。它们生长在鲜红色果实中。每个果实由最多 5 个向外伸展的蓇葖果构成，沿着它们的内边缘长着刺人的刚毛。蓇葖果开裂后释放出大约 15 粒种子，种子会附着在内边缘上。

科	锦葵科
分布范围	东南亚
生境	热带湿润林
传播机制	重力
备注	胖大海是老挝的重要出口作物，仅次于咖啡。每年的野外采集有配额限制
濒危指标	未予评估

种子尺寸

长 1¹⁄₁₆ – 1⅛ in
(27–28 mm)

458

胖大海
Sterculia lychnophora
Malva Nut Tree

Hance

胖大海是常绿阔叶大乔木，高达 25 米。木材非常坚硬且沉重，但容易砍伐和加工。果肉浸泡在水里会膨胀成一种发红的凝胶状物质；将它与糖、冰和浸泡过的罗勒（599 页）种子混合在一起，可制成一种在老挝、柬埔寨和越南很受欢迎的饮料。种子在英文中称为 mal-va nut，在传统中医药中用于治疗肠胃失调和咽喉酸痛。砍伐树木采集果实的活动正在威胁该物种的野生种群。

相似物种

苹婆属（*Sterculia*）是一个主要分布在热带的属，有 100—150 个乔木和灌木物种。部分物种，包括印度的绒毛苹婆（*S. villosa*）和刺苹婆（*S. urens*），以及非洲的刚毛苹婆（*S. setigera*），可以生产一种名为卡拉牙树胶（gum karaya）的重要原料。卡拉牙树胶用于制药和食品行业。

胖大海的果实呈卵形，黄绿色，并随着成熟变成深棕色。棕色种子呈扁卵圆形，表面粗糙。种子外表皮薄而脆。

实际尺寸

科	锦葵科
分布范围	孟加拉国、印度、斯里兰卡和马来西亚
生境	干旱森林或多岩石生境
传播机制	鸟类
备注	这种树产生的树胶用作牙科黏合剂
濒危指标	未予评估

种子尺寸

长 ¼ in
(6 mm)

刺苹婆
Sterculia urens
Gum Karaya
Roxb.

459

刺苹婆是一种中等大小的乔木，原产印度、斯里兰卡和马来西亚。这个物种的英文名指的是从树皮伤口中收集的树胶。传统的采集方法常常会将树木杀死，不过科学家发现，对这种树施加生长激素可以刺激树胶分泌并有助于伤口愈合，防止死亡。这种树胶用于化妆品和食品加工，还可用作泻药。种加词 *urens* 来自拉丁语单词 *uro*，意思是"刺人的"，指的是花上蜇人的硬毛。

相似物种

苹婆属（*Sterculia*）有 100—150 个物种，有时统称 tropical chestnuts（"热带栗子"）。属名来自罗马神话中的施肥和粪肥之神斯特尔库留司（Sterculius），形容的是有异味的花。该属的一个物种已经灭绝，它就是印度特有物种卡西亚苹婆（*S. khasiana*），灭绝原因是农业扩张和生境丧失。

刺苹婆的种子生长在坚硬的红色果实里，果实有 5 枚表面覆盖硬毛的心皮。种子由鸟类食用和传播，还会被人类烤熟食用。昆虫为绿黄色花授粉。实生幼苗耐阴。

实际尺寸

科	锦葵科
分布范围	南美洲北部
生境	热带雨林
传播机制	哺乳动物
备注	阿兹特克人和玛雅人将可可豆当作货币使用
濒危指标	未予评估

种子尺寸

长 ⅞ in
(22 mm)

460

可可
Theobroma cacao
Cocoa
L.

可可是常绿乔木，生长在雨林林冠的荫凉下。巧克力是用该物种压碎的种子（可可豆）制作的。早在两千年前，中美洲的原住民就在使用可可制作巧克力了。在16世纪，这个物种被西班牙人出口，从此以后在全世界大规模种植，如今它的商业生产主要集中在非洲。可可豆在玛雅和阿兹特克仪式中非常重要，届时人们会用它制作热巧克力饮品，并以辣椒和香荚兰调味。

相似物种

可可属（*Theobroma*）有22个物种，属名直译过来的意思是"神的食物"。可可属的其他物种也用于制作食品。阿兹特克人还使用二色可可（*T. bicolor*，英文通用名 Macambo Tree）制作巧克力。大花可可（*T. grandiflorum*，英文通用名 Cupuaçu）也可食用，果实中的果肉会被添加到甜点和糖果中。

可可的种子生长在名为可可豆荚（cocoa pod）的硕大果实的白色果肉里。每个可可豆荚有大约40粒种子，它们由食用果实的哺乳动物传播。白色花从树干和大树枝上笔直长出，这种特征称为老茎开花。它们由蠓虫授粉，尽管会有许多花不受粉，但受过粉的花会长成硕大的果实。

实际尺寸

科	锦葵科
分布范围	欧洲
生境	林地
传播机制	风力
备注	使用这种树的干花制成的椴花茶用于治疗多种病症
濒危指标	无危

种子尺寸

长 ⅜ in
(10 mm)

大叶椴
Tilia platyphyllos
Large-Leaved Lime
Scop.

461

实际尺寸

大叶椴是一种长寿落叶乔木，可以长到 35 米高。叶片呈心形，末端尖锐，边缘有锯齿。它们的触感似软绒，叶柄多毛。花有香味，绿黄色，有 5 枚花瓣，下垂簇生，每簇花最多有 10 朵。大叶椴的木材是木雕的热门材料，小枝和小分枝可编织篮子，内层树皮的纤维传统上用于制作悬挂教堂钟的绳索。在某些地方例如英格兰南部，大叶椴在传统习俗中会被平茬，萌发出的矮灌丛用于生产啤酒花支杆[①]和焦炭。

大叶椴在树龄达到大约 30 年时首次结种子。果实是具明显肋纹的坚果，含有 1—3 粒种子。果实附着在带状苞片上，苞片起到翅的作用。种子有坚硬的种皮，萌发速度较慢。

相似物种

椴属（*Tilia*）有大约 30 个物种。该属的欧洲物种杂交可育，天然杂种十分常见。大叶椴和心叶椴（*T. cordata*，英文通用名 Small-leaved Lime）是欧洲椴（*T.×europaea*，英文通用名 Common Lime）的亲本，后者是一个广泛栽培的天然杂交种，常用作行道树。银毛椴（*T. tomentosa*，英文通用名 Silver Lime 或 Silver Linden）是一个漂亮的物种，来自欧洲东南部和中部。

---

① 译注：啤酒花是雌雄异株的藤本植物，攀爬在树木或支杆（或者说支架）上，可以长到十多米高。雌花和雄花分别长在不同的植株上，但只有雌株的果实能用来酿啤酒。

科	锦葵科
分布范围	中美洲、南美洲北部、撒哈拉以南非洲，以及南亚和东南亚；如今有栽培，并且是泛热带区杂草
生境	栽培用地和荒地、林地、沼泽，以及牧场
传播机制	人类、动物和水流
备注	地桃花在非洲和亚洲被认为是一种有魔力的植物，用在典礼仪式上
濒危指标	未予评估

种子尺寸

长 ³⁄₁₆ in
(4 mm)

462

地桃花
Urena lobata
Caesar's Weed

L.

实际尺寸

地桃花是一种木质化多年生草本植物或小灌木，可以长到 3 米高。这个物种有杂草习性，茎和互生单叶上覆盖星状毛。地桃花的花很小，单生，似木槿花，玫红色或粉红色，生长在短花梗上。这个物种在非洲部分地区以及巴西和马来西亚有栽培，生产一种名为 jute 或 Congo jute 的纤维，用于制造地毯和绳索。叶片、根和花用在亚洲热带地区的传统医药中，治疗多种病症。地桃花还是一种食物来源。

相似物种

梵天花属（*Urena*）是一个小属，有大约 6 个物种。波叶梵天花（*U. sinuata*）是一个类似的近缘杂草状物种，果实会附着在动物和衣服上，但是叶片形状相当不同。梵天花（*U. procumbens*）是中国的一种小灌木，开漂亮的粉色花，作为观赏植物栽培。

地桃花的果实是小且多刺的蒴果。每个果实分成 5 个部分，每一部分含有一粒棕色肾形种子。种子含有极少量的营养组织（胚乳）和高度折叠的子叶，而且它们有很高的休眠几率。

科	红木科
分布范围	中美洲、南美洲以及加勒比海地区
生境	热带和亚热带湿润阔叶林
传播机制	动物，包括鸟类
备注	种子表面的黏浆用作一种红色染料
濒危指标	未予评估

种子尺寸

长 ¼ in
(6 mm)

红木
Bixa orellana
Lipstick Tree
L.

463

这种小型灌木或乔木可以长到 15 米高，并在它的鲜红色心形果实中结出大量种子。其英文名 Lipstick Tree（意为"口红树"）指的是种子表面的黏浆可用于化妆，这种黏浆能够生产出一种鲜艳的红色染料。这种染料在玛雅人那里有多种用途，包括用作身体彩绘的颜料、书写经文的墨水，以及可可饮料中的红色着色剂。如今，这种黏浆仍然用作食品和纺织品的染料，例如替代从番红花（138 页）中获取的香料番红花。

实际尺寸

相似物种

红木属于红木科（Bixaceae）。红木属（*Bixa*）只有另外 4 个物种——树红木（*B. arborea*）、卓越红木（*B. excelsa*）、大果红木（*B. platycarpa*）和胭脂树（*B. urucurana*，英文通用名 Annatto），它们全都原产中美洲、南美洲和加勒比海地区。该属所有成员都有鸟喙状种子。属名 *Bixa* 最有可能来自葡萄牙语单词 *bico*，意思是"喙"。

红木的种子有尖锐棱角，被一层橙红色黏浆包裹。这层黏浆鲜艳的颜色吸引鸟类和其他传播种子的动物。种子不能长期储存，生活力不太可能维持数年以上。红木的结实量非常大：一棵小树每年能结出 5 千克重的种子。

科	红木科
分布范围	墨西哥、中美洲及南美洲北部
生境	热带干旱林
传播机制	风力
备注	这个漂亮物种的另一个英文名是 Silk Cotton Tree
濒危指标	未予评估

种子尺寸
长 ³⁄₁₆ in
(5 mm)

464

弯子木
Cochlospermum vitifolium
Buttercup Tree
(Willd.) Spreng.

实际尺寸

弯子木的果实是球形棕色蒴果，分为 5 瓣，表面略呈丝绒状。叶片在旱季掉落，然后蒴果开裂，释放出许多卷曲的坚硬棕色小种子。种子上有白色绒毛（绒毛在这张照片上已除去）。

弯子木是落叶乔木，通常会长到 10 米高。叶片硕大，互生，有裂片，常常在落叶之前变红。花簇生，单花硕大，碗状，呈有光泽的黄色。每朵花有 5 枚大花瓣和 5 枚杯形棕色萼片。花中央有一束很长的雄蕊，雄蕊数量多，末端呈黄色。花由蜂类授粉。弯子木的木材有橙黄色树液，用于为布料染色。这种树有多种医药用途，还作为观赏植物和绿篱得到种植。

相似物种

弯子木属（*Cochlospermum*）分布在热带，包括大约 12 个物种。另一个物种圣弯子木（*C. religiosum*）的英文名也是 Buttercup Tree（"毛茛树"）或 Silk Cotton Tree（"丝绵树"），它的花在印度用作献给寺庙的供奉。果实中的丝状棉用于填充枕头，据说有镇静催眠的功效。

科	龙脑香科
分布范围	孟加拉国、柬埔寨、印度、老挝、马来西亚、缅甸、泰国及越南
生境	热带常绿林
传播机制	风力
备注	香坡垒的树脂混合蜂蜡和赭石，用于将箭头固定在箭杆上
濒危指标	易危

香坡垒
Hopea odorata
Ta-Khian
Roxb.

种子尺寸
长约 2 in，含翅
(50 mm)

465

香坡垒是一种树冠巨大的热带常绿材用树，可以长到 45 米高。笔直的树干一直到大约 25 米高都没有分枝，基部有明显的板状根。叶片光滑无毛。香坡垒的黄白色小花有甜香气味。它们生长在偏向一侧的圆锥花序上。香坡垒的木材以坡垒木（merawan）的商品名出售，非常坚硬且沉重。它用于建筑工程和建造船舶。香坡垒还产生一种名为"岩达马脂"（rock dammar）的树脂，用于为船只做防水和制作绘画颜料。这种树脂还可入药，治疗溃疡和外伤。

相似物种

坡垒属（*Hopea*）有大约 100 个物种。它们是亚洲热带雨林的标志性树种，作为木材的重要来源，拥有重大经济价值。与同属的大多数成员相比，香坡垒的自然分布范围更广。由于森林砍伐和不可持续的利用，该属的许多物种正面临灭绝威胁。

香坡垒的棕色小果实是有翅的坚果。坚果含有 1 粒种子，呈卵形，末端尖锐，有时覆盖着一层有光泽的树脂。每个坚果有 2 只长翅和 3 只短翅，翅具细脉纹。香坡垒的种子很容易萌发，但却是顽拗型的，因此不能用传统方法储存在种子库里。

实际尺寸

科	龙脑香科
分布范围	孟加拉国和印度
生境	落叶干旱林和湿润林，以及常绿湿润林
传播机制	风力
备注	多达三千万名森林地区居民依靠娑罗双的种子、叶片和树脂维持生计
濒危指标	无危

种子尺寸

长 1⁷⁄₁₆–1¹⁵⁄₁₆ in，含翅
(36–50 mm)

466

娑罗双
Shorea robusta
Sal
C. F. Gaertn.

娑罗双是落叶大乔木，可以长到 50 米高。它的叶片有光泽，呈宽卵圆形，末端长且渐尖。它的黄白色花组成硕大的顶生或腋生圆锥花序。娑罗双是一种非常有用的树，生产木材和树脂，而且从其种子里提取的一种宝贵的油也有多种用途，包括用作生物燃料。叶片用于制作餐盘和杯子，还是一种动物饲料。超过 1100 万公顷的娑罗双森林在印度、尼泊尔和孟加拉国以各种方式得到人们的管理。

相似物种

娑罗双属（*Shorea*）是一个主要分布在东南亚热带森林中的乔木属，属名以 18 世纪印度总督约翰·肖尔爵士（Sir John Shore）的名字命名。这种树有重要的经济价值，因为它大量供应木材，娑罗双木的英文商品名是 meranti 或 Philippine mahogany（"菲律宾桃花心木"）。该属有将近 200 个物种，其中 138 个物种生活在婆罗洲。

娑罗双的种子含有 14%—15% 的脂肪。种子可榨油，还可以烤熟当零食吃。每粒种子都有薄而脆的荚以及有利于它们传播的翅。种仁分为 5 瓣，它们覆盖着胚。每 3—5 年出现一次结果大年 —— 所有树同时结种子。

实际尺寸

科	辣木科
分布范围	印度和巴基斯坦境内的喜马拉雅山麓
生境	干旱热带森林
传播机制	风力和水流
备注	未成熟的种子晒干后食用，味道像花生
濒危指标	未予评估

辣木
Moringa oleifera
Drumstick Tree

Lam.

种子尺寸

长 1¹⁄₁₆ in
(27 mm)

辣木在印度、菲律宾以及非洲部分地区是特别重要的作物物种，不过它广泛栽培于世界各地。作为一种作物，它的主要价值在于它的荚果，食用方法和芦笋一样（157页）。种子可提取辣木油（Ben oil），这种油脂用在化妆品中，还是一种食品添加剂。榨油之后剩下的辣木籽油饼可用作肥料，或者用于净化水源——它会导致水中的杂质凝结成沉淀物，便于过滤出去。辣木还是未来发展生物能源的候选。

实际尺寸

相似物种

辣木科（Maringaceae）有 13 个物种，从草本植物到乔木都有，拉丁学名来自泰米尔语中意为"鼓槌"（drumstick）的单词。只有另一个物种同样栽培广泛，它就是非洲辣木（*Moringa stenopetala*，英文通用名 Cabbage Tree）。生长在马来西亚的辣木近缘种——象腿树（*M. drouhardii*）和大叶辣木（*M. hildebrandtii*）——的膨大树干令人想起猴面包树（447页）。

辣木的种子呈圆形，深棕色，生长在细长的下垂果实中。在白色纸质翅的帮助下，它们由风力和水流传播。这种树需要无霜条件才能生存，而且在温暖半干旱环境下长得最好。种子的萌发率非常高。

翅中的种子

科	番木瓜科
分布范围	墨西哥和中美洲
生境	低地热带森林
传播机制	鸟类
备注	番木瓜的茎可以在一年之内长高 3 米
濒危指标	未予评估

468

种子尺寸
长 ¼ in
(7 mm)

番木瓜
Carica papaya
Papaya
L.

实际尺寸

番木瓜的种子大小如小子弹，表面皱缩，生长在果实中央的空腔里。果实表面呈蜡质，黄色至橙色果肉肥厚多汁。每个果实里有很多种子。每粒种子都有一层胶质包膜，内含油脂丰富的营养组织（胚乳）和一个笔直的胚。

番木瓜因其美味的果实广泛栽培于热带地区，并在超过 30 个国家有大规模种植。番木瓜有中空的绿色或紫色非木质化茎，可以长到 9 米高。叶片有长柄，并深裂为 5—9 段。番木瓜会生成木瓜蛋白酶，这种酶可以从幼树中提取，用于帮助消化和嫩化肉类。木瓜蛋白酶还有药用价值，用于治疗溃疡和减少术后皮肤粘连。它还有杀菌效果，并用于啤酒酿造和皮革加工。

相似物种

番木瓜属（*Carica*）有 21 个物种，其中超过 6 个物种已经引种栽培。山木瓜（*C. candamarcensis*，英文通用名 Mountain Pawpaw）原产安第斯山脉高地，果实较小，烹饪食用或者做成果酱，而不像番木瓜那样可以生吃。其他拥有可食果实的物种是徒木瓜（*Vasconcellea pubescens*）和托叶番木瓜（*C. stipulata*）——番木瓜一开始可能是这两个物种的杂交种。

科	刺茉莉科
分布范围	非洲、阿曼，以及印度和巴基斯坦的干旱地区
生境	沙漠冲积平原、矮灌木丛，以及稀树草原
传播机制	动物和人类
备注	牙刷树有重大生态价值，用于恢复衰退区域
濒危指标	未予评估

牙刷树
Salvadora persica
Toothbrush Tree
L.

种子尺寸

长 ⅛–³⁄₁₆ in
（3–4 mm）

实际尺寸

牙刷树的果实在成熟过程中从粉色变成紫红色，成熟时呈半透明状。每个圆形肉质果实含有 1 粒种子（植物学上称为核果）。种子有苦味。

　　牙刷树是一种常绿乔木或灌木，可以长到 7 米高，树枝下垂，叶片略呈肉质，对生。绿色的花很小，不显眼。这种树可以在严酷干旱的环境下生长，而且用途广泛。叶片有胡椒味道，可食用；同样用作食物的还有果实，人们将果实收获后制成一种发酵饮料。种子可以提供一种宝贵的油，这种油用于制造肥皂和洗涤剂，以及治疗风湿病。全球有数百万人咀嚼牙刷树制成的木棍以清洁牙齿。

相似物种

　　橄榄牙刷树（*Salvadora oleoides*）是一个同样用于制造牙刷和牙签而且同样有可食用果实的近缘物种。南方牙刷树（*S. australis*，英文通用名 Narrow-leaved Mustard Tree）分布在非洲南部。它用在传统医药中，还被高角羚（*Aepyceros melampus*）等动物食用。

科	山柑科
分布范围	地中海地区
生境	岩石和石墙的裂缝和缝隙
传播机制	人类
备注	花蕾（caper）和果实（称为 caper berries）一样会被腌制食用
濒危指标	未予评估

种子尺寸

长 ⅛ in
(3 mm)

470

刺山柑
Capparis spinosa
Caper
L.

实际尺寸

刺山柑是一种长势凌乱的耐寒多年生灌木，原产南欧、中东和北非。未开的花蕾用于烹饪已经有超过5000年的历史，是地中海饮食中的一种常见配料。它们和果实一样腌制加工后食用。刺山柑的灌丛高约1米，有粗糙的圆形叶片。漂亮的花长在叶片之间的长梗上，有白色花瓣和许多长长的紫色雄蕊。每朵花通常只开一天，但树枝上的花会连续开放。在刺山柑的自然分布区域，当地人仍然在采集野生植株上的花蕾。该物种还可入药。

相似物种

山柑属（*Capparis*）有超过 200 个物种，主要分布在全世界的热带和亚热带地区，包括灌木、乔木和藤本植物。落叶山柑（*C. decidua*，英文通用名 Kair）是一种重要的药用灌木，生长在非洲、中东和南亚的干旱地区。旱金莲（*Tropaeolum* spp.）的种荚在腌制后，外表和味道都很像刺山柑的花蕾，因此有时被称为"穷人的刺山柑"（poor man's capers）。

刺山柑的果实呈长椭圆形，里面有许多种子。种子很小，红棕色，形状像圆豆子。种子富含蛋白质、油脂和纤维素。

科	十字花科
分布范围	中国、爪哇、马来西亚半岛、菲律宾、萨哈林岛（库页岛）；栽培广泛
生境	受扰动的区域，如今广泛栽培
传播机制	人类
备注	芥菜有许多叶色不同的品种。所有物种都有独特的胡椒味道
濒危指标	未予评估

芥菜
Brassica juncea
Indian Mustard
(L.) Czern.

种子尺寸

直径 ¹⁄₁₆ in
(2 mm)

471

●

实际尺寸

芥菜是一种遍布世界各地的重要食用植物。叶片当作蔬菜食用，种子是重要的油脂来源。和白芥（475 页）的种子一样，芥菜种子也可作为芥末调料的成分。芥菜被认为是黑芥（*Brassica nigra*，英文通用名 Black Mustard）和芸薹（*B. rapa*；它包括栽培亚种小白菜［Pak Choi］[①] 和芜菁［Turnip］）的杂交种，大概起源于东欧和中国之间同时存在这两个物种的某个地方。它有时作为绿肥种植，而且在世界上的很多地方被认为是一种杂草。

相似物种

芸薹属（*Brassica*）有大约 35 个物种，包括欧洲油菜（472 页）和甘蓝（473 页）。有 3 个物种被 IUCN 红色名录列为受威胁物种。保护野生物种很重要，因为它们的基因资源对于作物育种很有价值。

芥菜的种子生长在成熟时开裂的长角果里（长角果是一种细长的种荚）。每个果瓣含有 6—15 粒种子。种子呈棕色或黄色，种皮有蜂窝状脊纹。

---

① 译注：又名上海青、瓢儿白等。

科	十字花科
分布范围	英国、荷兰以及瑞典
生境	田野（作为一种作物）、路缘以及荒地
传播机制	喷出和人类
备注	欧洲油菜是一种容易辨认的作物，在春天和初夏将田野染成一片鲜黄，而且其挥发性化合物散发一股独特的气味
濒危指标	未予评估

种子尺寸

直径 ¹⁄₁₆ in
(2 mm)

472

欧洲油菜
Brassica napus
Canola
L.

实际尺寸

欧洲油菜是一种重要的农业作物，用于从种子里提炼油脂。它被认为是甘蓝（473页）和芸薹的杂交种，后者包括栽培蔬菜小白菜和芜菁。欧洲油菜的野生形态分布在瑞典、荷兰和英国，并在1660年首次在英国得到野外记录。自1980年以来，亚种甘蓝型欧洲油菜（*B. napus* subsp. *oleifera*，英文通用名 Oilseed Rape）的栽培规模大幅提升。欧洲油菜的一些种类作为蔬菜和动物饲料种植。小花淡黄色，有4枚花瓣，呈十字形。

相似物种

芸薹属（*Brassica*）有大约35个物种。欧洲油菜的亲本物种据信是甘蓝和芸薹，而且这个杂交物种可能是在不同地点由这两个亲本的不同形态杂交发育而成的。其他芸薹属植物包括芥菜（471页）。

欧洲油菜的长角果是蒴果，棕色，成熟时开裂。每个果实有一个短圆锥形喙部。种子呈黑色或红棕色，附着在一层薄薄的白色假隔膜上。

科	十字花科
分布范围	法国、德国、西班牙和英国；已在美国加利福尼亚州归化
生境	石灰岩和白垩悬崖；陡峭草坡；开阔的多岩石区域；内陆采石场；荒地
传播机制	喷出
备注	中国是最大的卷心菜生产国，大约占全球产量的一半
濒危指标	数据缺失

种子尺寸

长 ¹⁄₁₆ in
(2 mm)

473

甘蓝
Brassica oleracea
Wild Cabbage

L.

实际尺寸

甘蓝是栽培卷心菜（Cabbage）、甘蓝菜（Kale）、球芽甘蓝（Brussels Sprouts）、西兰花（Broccoli）和花椰菜（Cauliflower）的祖先，首次得到栽培应该是在地中海地区。野生种群如今正在衰退。甘蓝在英国非常罕见，在那里它通常只生长在悬崖生境中。在德国，它只分布在一个地方，并且受法律保护，法国的野生种群也是受保护的。该物种已在美国加利福尼亚州的沿海地区归化。硕大的蜡质叶片呈灰绿色。花有4枚排列成十字形的柠檬色大花瓣和4枚萼片。拥有粉色或白色叶片的羽衣甘蓝（Ornamental Cabbages）已经成为很受欢迎的冬季花坛植物。

甘蓝的长角果有一个短圆锥形且常常不含种子的喙部。长角果从下往上裂成两半，释放出种子，种子沿着居中的一道隔膜生长。每个果瓣有 10-20 粒棕色种子。种皮有网状脊纹。

相似物种

芸薹属（*Brassica*）有大约 35 个物种，包括欧洲油菜（472 页）、芥菜（471 页），以及它们的祖先物种。有 3 个物种被 IUCN 红色名录列为受威胁物种。保护野生物种很重要，因为它们的基因资源对于作物育种很有价值。①

---

① 译注：这句话是对第 471 页最末一句的重复，足见作者对野生物种保护工作的重视。

科	十字花科
分布范围	原产南欧；广泛归化
生境	荒地和受扰动的区域
传播机制	风力
备注	19世纪曾经出现过在银扇草种荚上画微缩场景的时尚
濒危指标	未予评估

种子尺寸

直径 ⅜ in
(9 mm)

474

银扇草
Lunaria annua
Honesty

L.

银扇草是一种很受欢迎的村舍花园植物，观赏价值主要在于春天和初夏有香味的鲜红色花至紫色花，以及用于插花的独特半透明种荚。每朵花都有4片排列成十字形的花瓣。银扇草是一种容易种植的二年生植物，通常可自播种，而且为蜂类和蝴蝶提供优良的花蜜。作为花园逸生种，它已经在欧洲和北美洲广泛归化。无论是边缘有锯齿的绿色心形叶片，还是它的花，吃起来都有卷心菜的味道。种子可以替代芥末。在美国，这种植物通常被称为 Silver Dollar（"银元草"）。

相似物种

多年生银扇草（*L. rediviva*，英文通用名 Perennial Honesty）是银扇草属（*Lunaria*）的三个物种之一。它的茎多毛，淡紫色花至白色花松散簇生，也有标志性的半透明种荚。多年生银扇草常常生长在潮湿林地中，喜欢花园里的背阴处。

实际尺寸

银扇草的果实——植物学上称为短角果（silicles）——是半透明且扁平的钱币状种荚。每个种荚含有3粒极大的圆盘形种子；种子里的子叶呈依伏状，即它们紧贴着胚根的一边。

科	十字花科
分布范围	欧洲，广泛分布于亚洲；栽培于世界各地
生境	耕地和荒地
传播机制	人类
备注	在亚洲、北非和欧洲，白芥已经作为一种草药种植了数千年。古希腊人和古罗马人将种子做成酱或粉食用
濒危指标	未予评估

种子尺寸

直径 ¹⁄₁₆ in

(2 mm)

白芥
Sinapis alba
White Mustard
L.

实际尺寸

白芥是一年生植物，可以长到 1 米高，茎叶多毛，花色淡黄，有 4 枚花瓣。这个物种大概起源于地中海地区，但如今世界各地都有栽培。黄色种子是常见的芥末调料中最重要的成分，还用作泡菜中的防腐剂。只有在磨碎的种子和一种液体混合时才会产生刺激的芥末风味。芥末的香味消失得很快，因此人们常用醋或柠檬汁保存这种风味。白芥的叶片在某些国家也会被食用。

白芥有坚硬的圆形浅黄色种子。种子生长在有刚毛的种荚内，种荚有长而弯曲的扁平喙部。每粒种子的表面都有细微的蜂窝状纹路。

相似物种

白芥属（*Sinapis*）有 5 个物种。在十字花科内，即使是不同属内的"芥菜"（mustards）和"卷心菜"（cabbages），区分起来也会很困难。芥菜（471 页）的种子和白芥的种子一起用在芥末调料中。白芥还有一个异名 *Brassica alba*。[1] 分布广泛的杂草物种田野白芥（*Sinapsis arvensis*，英文通用名 Charlock）和它的亲缘关系很近，开鲜黄色花，种子也用于制作芥末。

---

[1] 白芥属物种曾被归入芸薹属（*Brassica*），因此在白芥属物种独立成属之前，白芥的拉丁学名曾是 *Brassica alba*，如今作异名处理。

科	铁青树科
分布范围	非洲东部和南部
生境	干旱林地、灌丛地以及草原
传播机制	动物
备注	将种子捣碎并烘烤，可以得到一种黏稠的油，用于拉直头发和为头发上色
濒危指标	未予评估

种子尺寸

长 1¹⁄₁₆ in
(17 mm)

476

酸李海檀木
Ximenia caffra
Sour Plum
Sond.

酸李海檀木是一种分枝稀疏的多刺灌木或小乔木，可以长到6米高。它有形状不整齐的树冠，卵圆形单叶呈革质，蓝绿色。这个物种有簇生绿色至乳白色小花，有时带粉色晕至红色晕，而且它的果实有多种用途。虽然味道酸，但果实可以生吃，而且去皮去核之后，可以用来做粥或果酱。这种树的坚硬木材用于建筑工程和制造器皿，还可当作燃料。根和种子都入药。

相似物种

海檀木属（*Ximenia*）有大约10个物种。海檀木（*X. americana*，英文通用名 Blue Sourplum 或 Yellow Plum）的分布范围比酸李海檀木更广泛，延伸至热带美洲地区和佛罗里达州，并且也拥有可食用的果实。这个物种是一种用于护理头发和软化皮肤的油脂的主要商业来源，这种油脂大部分产自纳米比亚。

酸李海檀木的每个果实里有1粒种子。果实多汁，表面光滑泛绿，成熟时变成鲜红色并有白色斑点。从种子里提取的油脂用于软化皮革，还用在化妆品、药膏和护发产品中。

实际尺寸

科	檀香科
分布范围	原产印度、孟加拉国、东南亚岛屿；栽培于并有可能原产于澳大利亚
生境	干旱落叶和灌丛林
传播机制	鸟类和其他动物
备注	檀香是半寄生植物：它的根会连接在其他乔木物种的根上吸收营养
濒危指标	易危

檀香
Santalum album
Indian Sandalwood
L.

种子尺寸

长 ⅜ in
(10 mm)

477

实际尺寸

檀香最以有香味的木材和檀香油闻名，后者用在香水、化妆品和药物中。这种常绿小乔木的心材是制作家具和木雕最受青睐的材料，而檀香油可以从心材和根中提取。不幸的是，檀香制品的巨大需求和高昂价格正在威胁这个物种的野生种群。虽然印度禁止出口檀香木，但这个物种仍然受到非法采伐。除了木材和油，檀香还结可食用的果实，果实呈红色或紫色，拥有多汁的果肉，含有 1 粒种子。

相似物种

檀香属（*Santalum*）有 25 个物种，分布于东南亚和澳大利亚；在澳大利亚，它们通常被称为 quandongs（或可音译为"框档树"）。该属的许多物种因其有甜味的果和/或有香味的木材和油脂受到重视。来自澳大利亚的光叶檀香（*S. acuminatum*，英文通用名 Sweet Quandong）用于蜜饯和甜点的商业化生产。另一个澳大利亚物种澳洲檀香（*S. spicatum*，英文通用名 Australian Sandalwood）用于提取檀香油，不过人们通常认为，来自这个物种的檀香油的品质不如从檀香中提取的檀香油。

檀香的种子圆，木质化种皮上有小坑。树长到大约第 4 年时开始结有生活力的种子；然而有价值的心材要等到树龄至少 30 年时才会发育出来。种子也可以提取油脂，但与心材和根中的油不一样，这种油用于制作颜料。

科	檀香科
分布范围	中国、印度、东南亚，以及澳大利亚北部
生境	森林
传播机制	鸟类
备注	寄生性开花植物有超过 4000 个物种，它们全都有连接在寄主植物输导组织上的变态根（称为吸器）
濒危指标	未予评估

种子尺寸

长 1/16 in
(2 mm)

扁枝槲寄生
Viscum articulatum
Leafless Mistletoe
Burm. f

478

实际尺寸

扁枝槲寄生的果实是光滑圆润的白色或绿白色浆果。果实里的种子呈绿色，随着成熟而变成棕色，有半透明的种皮，有时还附着一根刺毛。种子表面的一层黏稠物质 —— 槲寄生素 —— 让它附着在宿主植物上。

扁枝槲寄生是一种寄生性植物，枝条扁平，叶片退化成微小的鳞片。它悬挂在乔木的分枝上，是其他寄生性物种 —— 尤其是桑寄生科（Loranthaceae）植物 —— 的寄生植物。扁枝槲寄生有彼此独立的雄花和雌花，两种花都很小。它在中国和印度入药，治疗高血压等病症。在尼泊尔，它的果实被认为有通便、催情和强心效果。在喜马拉雅山地区，野生扁枝槲寄生会被采收，主要供当地人使用。

相似物种

槲寄生属（*Viscum*）有超过 70 个物种，统称 mistletoe。白果槲寄生（*V. album*，英文通用名 Mistletoe）通常生长在欧洲，分布区延伸至亚洲，而且与圣诞节有紧密的联系。油杉寄生（*Arceuthobium* spp.，英文通用名 Dwarf mistletoes）是北美森林中的一大危害，因为它们会降低宿主植物的长势、木材质量、种子产量和寿命。

科	柽柳科
分布范围	希腊、爱琴海东部岛屿、吉尔吉斯斯坦、克里米亚半岛、俄罗斯，以及乌克兰
生境	河边，淡水和半咸水湿地周围，以及运河边
传播机制	风力和水流
备注	这个物种的一个栽培品种名为'粉瀑布'（Pink Cascade），是一种很受欢迎的花园植物
濒危指标	无危

多枝柽柳
Tamarix ramosissima
Salt Cedar

Ledeb.

种子尺寸

长 ³⁄₁₆ in
(4–5 mm)

479

实际尺寸

多枝柽柳是一种形成丛林的落叶灌木或小乔木，通常长到 5 米高。枝条细长，弯曲如拱；叶片小，似鳞片，灰绿色；微小的粉色花构成浓密的蓬松花序。它的木材广泛用于制作家具，这种树还提供木柴和单宁。多枝柽柳作为观赏植物种植，但它已经在美国西南部成为入侵物种，对河边生境产生了有害影响。大柽柳粗角萤叶甲（*Diorhabda carinulata*）的幼虫以多枝柽柳为食，这个物种已经作为生物防治的手段引入得克萨斯州部分地区，而且一些生境正在被本土植被缓慢恢复。

相似物种

柽柳属（*Tamarix*）有大约 55 个物种，全都制造大量小花和丰富的种子。这些植物都可以在盐碱环境生长。在被黄色小昆虫软蜡蚧（*Coccus maniparus*）刺穿时，甘露柽柳（*T. mannifera*，英文通用名 Middle Eastern Manna Tamarix）的小枝会产生一种有甜味的可食用白色树胶，称为甘露蜜（manna）；据说这就是《圣经》中提到的天降甘露。

多枝柽柳的种子生长在披针形至卵圆形的干蒴果中。种子很小，一端有长约 2 毫米的单细胞毛。种子没有营养组织（胚乳）。这种树结大量易于传播的种子，但它们的生活力只能维持几天。

科	蓼科
分布范围	日本、中国东北，以及朝鲜和韩国；引入广泛并有强烈的入侵性
生境	自然分布范围内的山区、河岸和牧场；世界各地的受扰动区域
传播机制	风力
备注	虎杖以穿透坚硬建筑结构的能力闻名，是令人恐惧的杂草，而且几乎无法清除
濒危指标	未予评估

种子尺寸

长 ¹⁄₁₆–³⁄₁₆ in
(2–4 mm)

480

虎杖
Fallopia japonica
Japanese Knotweed

(Houtt.) Ronse Decr. 1988

实际尺寸

虎杖是健壮的丛生多年生植物，地上茎一年生，高大似竹，呈浅绿色，常带红色斑点。它可以长到 3 米高，而且每年都从粗壮且极具穿透力的地下根状茎上长出新的地上茎。叶片呈宽卵圆形。每根叶柄基部都有一个分泌花蜜的腺体。簇生白花生长在直立花茎上，成熟时花茎下垂。虎杖是全世界入侵性最强的植物之一。最初作为一种观赏植物引种多个国家，它主要通过营养繁殖的方式扩散，给当地生态造成了相当大的破坏。

相似物种

大虎杖（*Fallopia sachalinensis*，英文通用名 Giant Knotweed）是一个植株更高、叶片更大的近缘种，但通常不会是如此令人棘手的问题植物。多穗蓼（*Polygonum polystachyum*，英文通用名 Himalayan Knotweed）也是亲缘关系较近的物种，有略带毛的茎和更为细长的叶片。

虎杖有带翅的果实，其中包含小瘦果。瘦果呈深棕色，有光泽。通常而言，虎杖在其引种区内是不可育的，它们借助极为强壮的根状茎而非瘦果进行扩张。

科	蓼科
分布范围	孟加拉国和喜马拉雅地区
生境	高山灌木丛林地和草甸
传播机制	风力
备注	每棵植株可以结出多达 7000 粒种子
濒危指标	未予评估

种子尺寸

长 ³⁄₁₆ in
(5 mm)

高山大黄
Rheum nobile
Sikkim Rhubarb

Hook. f. & Thomson

481

高山大黄是一种令人印象深刻的圆锥形草本植物，矗立在喜马拉雅地区的灌木丛林地和草甸中。它可以长到 2 米高，全身覆盖薄薄的黄色半透明苞片。这些苞片阻隔紫外线，只允许可见光透过。这会形成加温效应，保护这种植物免受高海拔地区的寒冷气温和高紫外线辐射的伤害。苞片下面的温度可以比植株周围高 10℃。

相似物种

大黄属（*Rheum*）有 44 个成员。该属的几个物种可食用，包括高山大黄，它有一种酸味，作为蔬菜食用。更常见的波叶大黄（482 页）是栽培最广泛的可食物种，但圆叶大黄（*R. tataricum*，英文通用名 Tartarian Rhubarb）可以代替水果用在甜点中，掌叶大黄（*R. palmatum*，英文通用名 Chinese Rhubarb）也可以。

实际尺寸

高山大黄的种子生长在果实里，果实较小，只有在苞片凋落之后才会露出来，让风力传播种子。这种植物的绿色花也受苞片保护，加温效应有助于授粉和成功结籽。

科	蓼科
分布范围	原产中国北方、蒙古和西伯利亚
生境	干草原
传播机制	风力
备注	在中国栽培了至少 2700 年
濒危指标	未予评估

种子尺寸

长 ½ in
(12 mm)

482

波叶大黄
Rheum rhabarbarum
Rhubarb

L.

波叶大黄是一种草本多年生植物，作为食用作物广泛栽培。人们收获的是它的叶柄。波叶大黄至少在 2700 年前就在中国有种植了，并用于治疗发热和身体损伤。这种植物的叶片有毒，因为它们含有大量草酸。人们通过限制光照的方式人工催熟波叶大黄促使其提高产量，这样会导致叶柄迅速生长，并且产生更浓郁的滋味。为了保护嫩叶，人们会限制光照，点起蜡烛采收这种人工催熟的波叶大黄。

相似物种

大黄属（*Rheum*）有 44 个物种。原产喜马拉雅地区的高山大黄（481 页）可以长到 1—2 米高，分布在高山生境中。掌叶大黄因其令人难忘的叶片而用于观赏，尽管它可以长得非常大。容易引起混乱的是，英文名为 Giant Rhubarb（"大大黄"）的物种属于另一个属——大根草属，其物种拉丁名是 *Gunnera tinctoria*。

实际尺寸

波叶大黄的种子是瘦果，由风力传播。波叶大黄的花很小，米色，由昆虫授粉。波叶大黄容易栽培。它是一种耐寒植物，所以能够忍耐一定程度的霜冻，叶柄在早春采摘。

科	茅膏菜科
分布范围	美国北卡罗来纳州和南卡罗来纳州
生境	海滨平原上的松树稀树草原
传播机制	水流和鸟类
备注	博物学家查尔斯·达尔文认为这个物种是"全世界最奇妙的植物之一"
濒危指标	易危

种子尺寸

长 1/32 in
(1 mm)

捕蝇草
Dionaea muscipula
Venus Flytrap

J. Ellis

483

实际尺寸

捕蝇草是一种著名的食虫植物。它的叶片高度特化，分为两瓣，边缘有齿，可以捕捉并消化昆虫。昆虫被花蜜和红色吸引，它们的动作会诱发叶片的两瓣突然合拢。在野外，捕蝇草生长在非常特殊的生境中。它受生境损失和过度采集的威胁，因此在 IUCN 红色名录上列为易危物种。商业生产如今通过微体繁殖①的方式进行。捕蝇草的簇生白花生长在从丛生叶片中央伸出来的花茎上。

捕蝇草有很多小而有光泽的黑色种子，每粒种子生长在扁平的蒴果中。种子微小，形状像茄子，一端扁平。每粒种子里的胚胎一端被帽状结构包裹，种子里含有大量胚乳。黑色外种皮覆盖着一层薄薄的内种皮。

相似物种

捕蝇草属（*Dionaea*）只有一个物种。茅膏菜（*Drosera* spp.；484 和 485 页）和露松（*Drosphyllum lusitanicum*，英文通用名 Portuguese Sundew）是同属一科的其他食虫植物。全球各地的湿地分布着大约 100 个茅膏菜物种，专业收藏者对其中的很多物种有很大的兴趣。

---

① 译注：微体繁殖，又称微繁殖。指利用体外培养方法使植物在试管中增殖，然后移植到温室或农田，繁殖出大量幼苗的一种植物组织培养技术。

科	茅膏菜科
分布范围	澳大利亚南部和东部，以及新西兰
生境	泥沼、沼泽、砂质湿地，以及酸性土壤上的排水不良的牧场
传播机制	风力
备注	食虫植物有大约 600 个物种，分布在 17 个属内
濒危指标	未予评估

种子尺寸

长 ¹⁄₁₆ in
(2 mm)

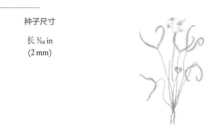

叉叶茅膏菜
Drosera binata
Fork-Leaved Sundew
Labill.

484

(
实际尺寸

叉叶茅膏菜的名字很贴切，因为它是唯一一个叶片分叉的茅膏菜物种。在野外，它常见于澳大利亚的海滨地区，分布在那里的沼泽，以及新西兰的低地区域。叉叶茅膏菜通过叶片分泌物捕捉昆虫。具柄腺体渗出有吸引力的花蜜、黏稠的化合物以及消化酶；落在叶片上的昆虫会被困住并消化。叉叶茅膏菜的白色花有 5 枚花瓣。它是最常种植的茅膏菜之一。

相似物种

茅膏菜属（*Drosera*）有大约 100 个物种，分布在世界各地的湿地。由于生境丧失，部分物种在野外面临威胁。例如，开硕大深粉色花的帝王茅膏菜（*Drosera regia*，英文通用名 King Sundew）只生长在南非的少数几个地方。一些物种作为药用植物得到采集，包括宽叶茅膏菜（*D. burmannii*，英文通用名 Burmese Sundew）和印度茅膏菜（*D. indica*，英文通用名 Indian Sundew）。

叉叶茅膏菜的种子很小，在种荚干燥开裂后借助风力传播。种子略弯曲，细长，棕色，中间部分颜色较深。

科	茅膏菜科
分布范围	美国北部和加拿大
生境	湿地，以及河流和湖泊边缘
传播机制	水流
备注	线叶茅膏菜在一年之中的 9 个月里保持休眠
濒危指标	无危

线叶茅膏菜
Drosera linearis
Slenderleaf Sundew

Goldie

种子尺寸

长 ¼₄ in

（0.5 mm）

485

实际尺寸

线叶茅膏菜被认为是一种难以栽培养护的植物。在野外，这个食虫物种生长在含有黏土和石灰的碱性土壤中。和其他茅膏菜一样，它的叶片表面覆盖着末端有粘液的毛，用于吸引和捕捉昆虫。叶片狭窄（约 2 毫米宽），边缘笔直而平行。叶在基部丛生，有独特的叶柄和叶片。花白色，有 5 枚花瓣。叶片是区分线叶茅膏菜和生长在同一地区的其他茅膏菜的主要特征。

相似物种

茅膏菜属（*Drosera*）有大约 100 个物种，分布在全球各地的湿地。北美的特有物种有两个：一个是线叶茅膏菜；另一个是绿丝叶茅膏菜（*D. tracyi*，英文通用名 Tracy's Sundew），分布在美国东南部的墨西哥湾沿岸平原。它的植株较高，开淡紫色花。

线叶茅膏菜的种子生长在蒴果里。它们是黑色的，呈长菱形或椭圆至倒卵球形，表面有火山口状小坑。萌发需要寒冷条件，因此在栽培中，人们通过将种子和栽培基质一起放进冰箱里几个月来复制这种条件。

科	猪笼草科
分布范围	菲律宾
生境	苔藓森林
传播机制	风力
备注	食虫植物有大约 600 个物种，分布在 17 个属内
濒危指标	无危

种子尺寸

长 ⁹⁄₁₆ in
(14 mm)

486

翼状猪笼草
Nepenthes alata
Pitcher Plant

Blanco

实际尺寸

翼状猪笼草的种子轻盈，表面有
毛状突出。每粒种子里有 1 个细
小的胚胎，还有胚乳。种子生长
在革质蒴果中。

翼状猪笼草是多年生食虫攀缘植物。这个物种的
变异程度很高，有时被认为是一群不同的物种。植株用
卷须攀缘，卷须是叶中脉的延伸。捕虫笼生长在卷须末
端，每个笼子都有一个上盖。昆虫被花蜜的气味吸引到
捕虫笼里，而且一旦进去就无法逃脱，因为内表面覆盖
一层细腻的蜡质鳞片。昆虫会淹死在捕虫笼里的液体分
泌物中，然后被植株消化。略泛红的绿色雄性和雌性花
序生长在不同植株上。

相似物种

猪笼草属（*Nepenthes*）有大约 120 个物种，属于猪
笼草科（Nepenthaceae）。在野外，它们生长在马达加
斯加到太平洋地区，而且全部列入 CITES 公约，因为它
们遭到大肆采集，用于国际贸易。猪笼草科和茅膏菜科
（Droseraceae）的亲缘关系很近，后者也是食虫植物构
成的科，包括捕蝇草（483 页）。

科	猪笼草科
分布范围	马达加斯加
生境	湿地，包括泥沼、沼泽和泥炭沼
传播机制	风力
备注	两个蜘蛛物种和这种植物有共生关系
濒危指标	易危

种子尺寸

长 ¼ in
(6 mm)

马达加斯加猪笼草
Nepenthes madagascariensis
Madagascar Pitcher Plant
Poir.

487

马达加斯加猪笼草是一种大型捕虫植物，只分布于马达加斯加。捕虫笼硕大，红黄双色，形成于叶片末端，用气味和花蜜吸引昆虫。当昆虫落上去时，它们无法抓住光滑的瓶口边缘，便会跌入捕虫笼。等待它们的是一滩消化酶溶液，消化酶将受害者的尸体降解，为植物提供营养。这种适应性特征帮助该物种在营养贫瘠的环境中生存。

相似物种

猪笼草属（*Nepenthes*）分布在东半球热带地区。马达加斯加的其他特有物种只有 1 个——马索亚拉半岛猪笼草（*N. masoalensis*），而且它在 IUCN 红色名录上列为濒危物种。这两个马达加斯加物种都被列入 CITES 的附录二，这意味着它们的贸易是受管控的。

马达加斯加猪笼草的种子很小，储存在棕色种荚中，每棵植株结大量种子。种子被释放到空中，可以旅行相对较远的距离。雄株和雌株都开小花，由昆虫授粉。植株每年有 9 个月是不长捕虫笼的。

实际尺寸

科	石竹科
分布范围	欧洲和西亚
生境	绿篱和受扰动的土地
传播机制	重力
备注	种子的萌发速度很快
濒危指标	未予评估

488

种子尺寸

长 1/16 in
(1.5 mm)

实际尺寸

拟花石竹
Dianthus armeria
Grass Pink
L.

　　拟花石竹是一种开粉色花的小型草本植物，原产欧洲。它可以长到 60 厘米高。英文中的 pink（意为"淡红色"）这个单词，被认为源自拟花石竹的花。而 to pink 这个动词词组的意思是"用穿孔图案做装饰"——拟花石竹和其他石竹属（*Dianthus*）物种的花拥有 5 枚末端呈锯齿状的花瓣。属名 *Dianthus* 源自希腊语中意为"神圣之花"的单词，而且该属物种在传统习俗中用于编织花环和花冠。

相似物种

　　石竹属（*Dianthus*）属于石竹科（Caryophyllaceae），是一个拥有大约 300 种开花植物的属。常被称为康乃馨（Carnation；即香石竹［*D. caryophyllus*］）的物种也是该属成员。人们认为康乃馨起源于地中海地区，不过它确切的自然分布范围已经无法确定，因为它已经广泛栽培了至少 2000 年。

拟花石竹的果实质地如纸，棕色。当它们成熟时，顶端的 4 条缝裂开并露出种子，种子在夏末传播。拟花石竹结出大量的种子，每棵植株的产量多达 400 粒。种子的形状和西瓜（360 页）的种子相同，但是非常小，而且中央有凹痕。

科	石竹科
分布范围	欧洲和摩洛哥
生境	温带阔叶林和混交林
传播机制	重力
备注	种子表面多刺
濒危指标	未予评估

异株蝇子草
Silene dioica
Red Campion
(L.) Clairv.

种子尺寸

长 ½ in
(1 mm)

●

实际尺寸

异株蝇子草是一种生长在林地、绿篱和路缘的小型草本植物。它的花会产生一种泡沫，有助于捕捉授粉昆虫例如蝴蝶和蝇类所带来的花粉。种加词 *dioica* 的意思是这种植物是雌雄异株的，每棵植株只有雄花或雌花，不能二者兼具。在民间故事中，异株蝇子草和蛇有关系，而且据说将花扔向蝎子就会让它们变得无害。

相似物种

蝇子草属（*Silene*）是石竹科最大的属，有大约 700 个物种，主要分布在北半球。属名 *Silene* 来自希腊神话中的西勒诺斯（Silenus），他居住在森林里，是酒神狄俄尼索斯（Dionysus）的同伴。该属植物的根中含有化合物皂苷，很长一段时间以来一直用来洗衣服。

异株蝇子草从 7 月开始结果。未成熟的紫绿色果实呈卵圆形，充满种子。随着蒴果的成熟，它会变干并变成棕色，像是一个桶。具有 10 个齿的果实顶部向后翻卷，露出豆形种子。种子表面多刺，并随着成熟而从浅棕色变成深棕色。

科	石竹科
分布范围	原产欧洲、西亚和北非；引入东亚、澳大拉西亚及南北美洲
生境	开阔生境和荒地
传播机制	风力和动物（包括鸟类）
备注	开阔生境的一种常见野花
濒危指标	未予评估

种子尺寸

长 1/16 in
(1.5 mm)

490

叉枝蝇子草
Silene latifolia
White Campion
Poir.

●

实际尺寸

叉枝蝇子草的果实呈瓮形，每个果实含有约 100 粒种子。种子呈肾形，表面布满隆起。一棵植株可以生成多达 24000 粒种子，当干燥的果实被动物或风摇动时它们就会散播出来。

叉枝蝇子草原产欧洲，但已引入东亚、澳大拉西亚及南北美洲。它可以长到 1 米高，雌雄异株，意味着它有雄株和雌株之分。两种性别的植株都开漂亮的 5 花瓣白色花。花通常在白天闭合，夜晚开放，吸引包括蛾类在内的夜行性昆虫。在西欧，叉枝蝇子草的种子会被夜行性蛾类的幼虫吃掉。虽然叉枝蝇子草可以在多种条件下生长，但它更喜欢排水良好、阳光充足的地点。

相似物种

叉枝蝇子草属于石竹科，该科有大约 2625 个物种。蝇子草属是最大的属，有大约 700 个开花植物物种。蝇子草属植物的英文名包括 Campion 和 Catchfly。大多数蝇子草属物种原产北半球，不过也有少数物种源自南美和非洲。

科	石竹科
分布范围	美国亚拉巴马州、田纳西州和伊利诺伊州
生境	林地和北美大草原
传播机制	重力
备注	皇家蝇子草对蝴蝶和蜂鸟很有吸引力，它们是这种花的授粉者
濒危指标	未予评估

种子尺寸

长 1/16 in
(2mm)

491

皇家蝇子草
Silene regia
Catchfly

Sims

实际尺寸

这个华丽的物种在英文中又称 Royal Catchfly（"皇家捕蝇草"）或 Prairie Fire（"草原之火"）。它是多年生植物，披针形多毛叶片丛生，可以长到 1 米高。皇家蝇子草有小簇开放的星形鲜红色花，每朵花有 5 枚花瓣。这种花的黏性花萼可以困住或"捕捉"小昆虫，这正是它英文名的来历。由于生境丧失，皇家蝇子草正在美国部分地区的野外遭受威胁。这个物种的国家种质资源库保存在俄亥俄州科特兰（Kirtland）的霍尔登树木园（Holden Arboretum），以确保它的长期保育。

皇家蝇子草的果实是卵形蒴果，两端狭窄。每个果实有 20—40 粒种子，种子呈深红棕色，有光泽，肾形。这个物种的种子萌发率高，在野外的萌发受到土壤扰动和火灾的刺激。

相似物种

蝇子草属（*Silene*）有大约 700 个物种，其中 70 个原产北美。还有一些物种是从别的地方引入北美的，包括仙翁花（*S. flos-cuculi*，英文通用名 Ragged Robin）。与皇家蝇子草相似并且也开红花的一个物种是火红蝇子草（*S. virginica*，英文通用名 Fire Pink），另一个花色鲜红的近缘种是裂瓣雪轮（*S. laciniata*，英文通用名 Mexican Pink）。

科	石竹科
分布范围	欧洲西部、中部和北部
生境	温带阔叶林和混交林
传播机制	喷出和动物（包括鸟类）
备注	林地生境中的常见野花且数量繁多
濒危指标	未予评估

种子尺寸

长 ¹⁄₁₆ in
(2 mm)

硬骨草繁缕
Stellaria holostea
Greater Stitchwort
L.

实际尺寸

硬骨草繁缕是一种多年生植物，常见于欧洲，生长在绿篱和林地中，亦见于路缘。它在4月至6月开花，开直径20—30毫米的白色花。虽然花看上去有10枚花瓣，但实际上它们只有5枚带凹口的花瓣，凹口深度不一。尽管四棱形茎十分细弱，但硬骨草繁缕可以长到50厘米高。当果实受到扰动时，种子会利用爆发性机制传播出去，并发出一个爆音。英文名中的 stitchwort（"岔气草"）是因为它们过去用于治疗岔气（side stitches）。

相似物种

硬骨草繁缕是石竹科（英文名 pink family）成员，该科有81个属和2625个物种。繁缕属的属名 *Stellaria* 意为"星形"，指的是花的形状。繁缕属有90—120个小型草本物种，有些物种的英文名是 chickweeds，另一些物种的英文名是 starworts。繁缕属的部分物种可被人类食用。

硬骨草繁缕的球形蒴果含有许多种子。当果实被拂动或挤压时，它们会伴随砰的一声释放出种子。种子呈椭圆肾形或逗号形，浅黄色，布满隆起。

492

科	苋科
分布范围	原产非洲大部、印度、中国、东南亚、太平洋群岛和澳大利亚；如今遍布热带地区
生境	受扰动的区域、荒地和农田
传播机制	动物和人类
备注	种子含有的化合物可能拥有应用于减肥药的价值
濒危指标	未予评估

种子尺寸

长 ³⁄₁₆ in
(4 mm)

土牛膝
Achyranthes aspera
Devil's Horsewhip
L.

土牛膝是一种草本植物或小灌木，茎坚硬，基部木质化。细长的穗状花序上开着许多小花，单生卵圆形叶片两端渐尖。每朵花有 5 枚白色或泛绿萼片，还有白色花丝。随着花的衰老，它们向下弯曲，紧紧贴住茎秆。环绕成熟花朵的苞片末端尖锐，让花序摸上去很扎手。[1]土牛膝在印度是一种非常重要的药用植物，不过它在许多热带国家被认为是一种杂草。

相似物种

牛膝属（*Achyranthes*）有大约 10 个物种，分布在全世界的热带和亚热带地区。牛膝（*A. bidentata*，英文通用名 Ox Knee）和尖叶牛膝（*A. japonica*，英文通用名 Japanese Chaff Flower）在亚洲部分地区也作药用。华丽牛膝（*A. splendens*，英文通用名 Maui Chaff Flower）是夏威夷特有物种，作为观赏植物种植，但在野外受到威胁，并在 IUCN 红色名录上列为易危物种。

实际尺寸

土牛膝的种子呈卵形，棕色。它们被包裹在这种植物末端尖锐的果实中，果实是橙色至红紫色或黄棕色蒴果（如照片所示），并被带刺的苞片包围。果实会附着在动物皮毛上，让它们帮助传播种子。

---

① 译注：英文名意为"魔鬼的马鞭"。

科	苋科
分布范围	最初来自安第斯山脉，今已广泛栽培
生境	野外未发现
传播机制	人类
备注	尾穗苋是印加人和阿兹特克人的主粮作物，安第斯山脉的坟墓中曾经发现四千多年前的栽培证据
濒危指标	未予评估

种子尺寸
直径可达 ½₂ in
（1 mm）

494

尾穗苋
Amaranthus caudatus
Kiwicha

L.

●
实际尺寸

尾穗苋的一棵植株可以结出多达 10 万粒种子。每个果实含有 1 粒直径通常不足 1 毫米的种子。种子通常是白色，但也可以是黑色至红色。种子表面有光泽，里面是弯曲环绕小胚乳的胚。种子容易收获且营养价值很高，富含蛋白质，而蛋白质含有植物通常缺少的赖氨酸。

尾穗苋是一种可以长到 2 米高的一年生植物。虽然这个物种已经不存在于野外，但一些品种在南美洲至今仍是重要食物来源，另一些品种以 Love-Lies-Bleeding（"爱－谎言－流血"）之名作为很受欢迎的花园植物而得到栽培。尾穗苋的花序形似苋黄花序，鲜红色，低垂。雄花和雌花都开在同一棵植株上，风媒授粉。种子用在汤羹、薄煎饼和粥里，而且可以磨成粉，用于制作无酵饼。尾穗苋的叶片可生吃，或者作为绿叶菜烹饪食用。

相似物种

苋属（*Amaranthus*）有大约 70 个物种。除了尾穗苋，另外两个物种——籽粒苋（495 页）和千穗谷（496 页）——都因其营养丰富的籽粒而得到栽培，它们的蛋白质含量通常比水稻和小麦等谷物高 30%。其他物种作为叶用蔬菜种植。

科	苋科
分布范围	墨西哥和中美洲；今广泛栽培
生境	野外未发现
传播机制	人类
备注	用籽粒苋的花和叶片制作的一种红色染料很受霍皮族印第安人的喜爱
濒危指标	未予评估

籽粒苋
Amaranthus cruentus
Blood Amaranth
L.

种子尺寸

直径 ½₂ in
(1 mm)

495

实际尺寸

籽粒苋是一年生草本植物，它的不同形态作为食用植物或观赏植物种植。这个物种是籽粒作物，早在 6000 年前，中美洲的人类就用野草绿穗苋（*Amaranthus hybridus*，英文通用名 Green Amaranth）驯化出了它。籽粒苋至今仍在拉美作为谷物种植，而且在美国、阿根廷和中国的炎热干旱地区有商业生产。该物种的另一个主要用途是叶用蔬菜；非洲热带、亚洲热带和加勒比海地区常为此种植籽粒苋。红色花序硕大鲜艳的常见栽培类型广泛作为观赏植物种植。

籽粒苋的种子很小，呈白色、米色或金色。它们表面光滑，形似凸透镜。种子的营养价值很高。

相似物种

苋属（*Amaranthus*）包括大约 70 个物种。有 12 个物种作为食用作物种植，籽粒苋是其中提供谷粒的 3 个物种之一（又见千穗谷；496 页），其他物种是重要的叶用蔬菜。籽粒苋的外表和绿穗苋非常相似，后者起源于北美东部，如今在农田和受扰动的生境中十分常见。

科	苋科
分布范围	起源于人类的栽培（起源地很可能是中美洲）；如今在全世界广泛归化并在部分地区成为入侵物种
生境	野外未发现
传播机制	人类
备注	英文名（意为"威尔士亲王羽毛"）反映了花序的外表，因为它很像英国皇室纹章中的羽毛
濒危指标	未予评估

种子尺寸

直径 ½₂ in
（1 mm）

496

千穗谷
Amaranthus hypochondriacus
Prince of Wales Feather

L.

•

实际尺寸

千穗谷的每棵植株可以结多达10万粒种子。种子颜色不一，有米色、白色，或者金色至黑色。种子微小，表面光滑，有光泽，近球形或凸透镜形。在种子里，胚环绕着富含淀粉的营养组织——胚乳。

千穗谷是一种很受欢迎的花园植物，有宽披针形紫红色或绿色叶片。醒目的花序直立如刷子，鲜切花和干花都可用于插花。由于生长失调，这些深红色花序常常长成奇怪的冠状。这个物种最开始是人类为了生产食物通过杂交选择培育而成的，起点地很可能是美国西南部。和其他作为谷物的苋属植物一样，它的营养价值很高，在中国、印度和美国的种植规模越来越大。这种植物的嫩叶可以像菠菜一样食用。

相似物种

苋属（*Amaranthus*）有大约70个物种。千穗谷和另外两个物种（包括籽粒苋；495页）作为谷类作物栽培。和千穗谷亲缘关系最近的野生物种据信是鲍氏苋（*A. powellii*，英文通用名 Powell's Amaranth），原产美国西南部和墨西哥。这个物种如今已广泛归化，叶片和种子可食用，还用于制作黄色和绿色染料。

科	苋科
分布范围	澳大利亚；已在美国部分地区、墨西哥和非洲南部等地归化
生境	沙漠、灌木丛林地及桉树林地
传播机制	重力和动物
备注	这种强悍的植物可以忍耐干旱、涝渍、霜冻和盐碱土壤
濒危指标	未予评估

种子尺寸

长 ³⁄₁₆ in
(5 mm)

大洋洲滨藜
Atriplex nummularia
Old Man Saltbush
Lindl.

497

大洋洲滨藜是可以在极端盐碱性土壤中良好生长的沙漠植物。该物种用于喂牛和绵羊，并种在农场附近，为牲畜提供庇护所。它还被用来恢复因为采矿而衰退的植被。大洋洲滨藜原产澳大利亚，已在全世界的其他干旱地区归化，包括美国的亚利桑那州和加利福尼亚州、墨西哥，以及非洲南部。这种灌木的叶片呈银灰色，在花园中造成迷人的颜色对比。风媒花很小。雄花和雌花通常簇生在不同植株上。

大洋洲滨藜的种子小，呈棕色，被澳大利亚的原住民食用。种子被包裹在果实的扇形小苞片中，产量大。大洋洲滨藜的繁殖可通过播种带小苞片的果实进行。

相似物种

滨藜属（*Atriplex*）是一个大属，有超过250个物种，生活在全世界大部分地区，通常是土壤含盐的干旱地区。榆钱菠菜（*A. hortensis*，英文通用名 Red Orache）是一种观赏植物，还因其可食用的类似菠菜的叶片而得到种植，叶片用在沙拉中食用。它原产欧洲和亚洲。

实际尺寸

科	苋科
分布范围	西亚、南欧，以及非洲；已引入美国加利福尼亚州
生境	栽培用地、沙漠、草原及林地
传播机制	风和动物
备注	该物种最初被归入碱猪毛菜属（*Salsola*），但是根据遗传学研究的结果，如今它被转移到珍珠柴属（*Caroxylon*）
濒危指标	未予评估

498

种子尺寸

长 1¹⁄₁₆ in
(17 mm)

猪毛菜
Caroxylon vermiculatum
Mediterranean Saltwort
(L.) Akhani & Roalson

猪毛菜在英文中又称 Shrubby Russian Thistle（"灌木状的俄罗斯蓟草"），在地中海国家和中东被认为是一个珍贵的牧场物种。它是一种灌木，叶片小而多毛，鳞片状。它被牛、绵羊、山羊、骆驼和野生动物食用，并在干旱地区广泛种植。它耐盐碱土。猪毛菜在 1969 年作为一种实验性牧草从叙利亚引入美国加利福尼亚州，如今在那里被认定为有害杂草。这个物种不起眼的花没有花瓣，但萼片呈粉色。

实际尺寸

相似物种

这个物种最初被归入碱猪毛菜属（*Salsola*），这个属是 1753 年卡尔·林奈首次命名的，如今已经被分成了不同的属。苏打猪毛菜（*S. soda*，英文通用名 Opposite-leaved Saltwort）在意大利有种植（它在那里的名字是 *agretti* 或 *roscano*），叶片用在沙拉里或者当作蔬菜烹饪食用。刺猪毛菜（*Kali turgidum*，英文通用名 Prickly Saltwort）是一种拥有肉质叶片的小型植物，生长在英国的沙滩上，北欧的大部分地区也是它的原产区。它已在其他地方归化。

猪毛菜的每一粒种子都包含在名为胞果（utricle）的绿灰色果实构造中。胞果被宿存萼片环绕（如这张照片所示），萼片构成了帮助种子传播的翅。种子小，或多或少地呈圆形，略扁平。每粒种子有一层半透明膜质种皮，可以透过种皮看到卷曲的胚。

科	刺戟木科
分布范围	马达加斯加
生境	干旱灌木丛林地和森林
传播机制	动物
备注	该物种及其近缘种有时被称为"旧世界的仙人掌"
濒危指标	未予评估

亚龙木
Alluaudia procera
Madagascar Ocotillo

(Drake) Drake

种子尺寸

长 ⅛ in
(3 mm)

499

亚龙木是一种多刺肉质植物，可以长到 15 米高。它的分枝非常稀少，有时呈圆柱形，有灰白色树干和灰色的刺。卵圆形或圆形肉质叶片在茎上对生。花呈泛黄或泛白的绿色，成簇开放于树枝末端。这个物种的木材在当地称为 *fantsilotra*，锯成木板用于修建房屋。这种木材还用于制作箱子和板条箱，还可充当木柴或者制造焦炭。亚龙木作为观赏植物的需求很大，是种植在世界各地的多肉植物收藏中最常见的刺戟木科（Didiereaceae）物种。

相似物种

刺戟木科有 4 个属（亚龙木属 [*Alluaudia*]、枝龙木属 [*Alluaudiopsis*]、曲龙木属 [*Decarya*] 和刺戟木属 [*Didierea*]）和大约 11 个物种，全都是马达加斯加的特有植物。它们是这座岛屿上的干旱棘刺林的重要组成部分，并和其他多肉植物，例如芦荟属和大戟属物种生长在一起。刺戟木科的所有物种都名列 CITES 公约附录二，意味着这些植物的贸易都是受管控的。

实际尺寸

亚龙木的果实呈坚果状，形状像陀螺，并被这种树的宿存苞片和被片包裹（见照片）。每个坚果里有一粒种子，种子有一层薄种皮，连接点旁边有一个白色突起。果实和叶片都是狐猴的食物。

科	仙人掌科
分布范围	美国南部和墨西哥
生境	灌木丛林地、草原及松栎混交林
传播机制	动物
备注	该物种的另一个英文名是 Cactus Apple
濒危指标	无危

种子尺寸

长 ³⁄₁₆ in
(3.5 mm)

500

天人团扇
Opuntia engelmannii
Cow's Tongue Cactus
Salm-Dyck ex Engelm.

天人团扇是一种分布广泛、常见且变异程度高的仙人掌，有时长得和树一样大。它的垫状变态茎段呈浅绿色或蓝绿色，表面簇生长达 6 厘米的白色刺，每簇刺多达 6 根，从散布在垫状茎段上的小突起（纹孔）上长出。花大，通常为黄色，有时泛红。该物种是宝贵的观赏植物，还用作绿篱和动物饲料。果实用于制作果汁和糖浆。仙人掌属（*Opuntia*）的这个物种已经引入地中海国家、非洲和澳大利亚，而且如今在很多地方被认为是入侵物种。

相似物种

仙人掌属（*Opuntia*）是仙人掌科分布最广泛的属，也是最大的属，该属物种原产从加拿大到中国和智利的许多个国家。如果栽培物种逃逸，它们会在当地归化，很多如今已经成了入侵物种。

实际尺寸

天人团扇的种子呈黄褐色或灰色。它们形状扁平，有一条突出的脊，或称环带（girdle）。种子生长在可食用的深红色至紫色桶形果实中。这些有甜味的果实受到许多动物的偏爱，包括会传播种子的郊狼（*Canis latrans*）。

科	仙人掌科
分布范围	被认为起源于墨西哥；今已广泛栽培
生境	栽培用地
传播机制	人类和动物
备注	在墨西哥，梨果仙人掌滋味甜美的果实被称为 *tunas*，茎段被称为 *nopalitas*
濒危指标	数据缺失

种子尺寸

宽 ⅛ in
(3 mm)

501

梨果仙人掌
Opuntia ficus-indica
Indian Fig Opuntia
(L.) Mill.

实际尺寸

梨果仙人掌是仙人掌属的一个常见物种。它在原产地墨西哥有漫长的应用历史，而且因为这个物种早在数千年前就已经被驯化，它的自然分布范围如今已不确定。梨果仙人掌广泛种植于全球各地，用作观赏植物，提供可食用的果实、汁液和茎段，以及用作动物饲料。这种仙人掌还用来喂养胭脂虫（*Dactylopius coccus*），从后者体内提取的红色色素非常宝贵。此外，人们还将这种植物收获、干制，最后制成一种用于治疗糖尿病的粉末。它在许多引入地区是入侵物种。

梨果仙人掌有坚硬而细小的浅棕色种子，种皮有 3 层构造。种子近圆形，有一道突出的脊线（环带），并且生长在多刺的可食用果实中。果实呈黄色、白色或红色。它们以营养价值著称，富含氨基酸。

相似物种

仙人掌属（*Opuntia*）是仙人掌科最大的属，有超过 300 个物种。它们大小不一，有的大如树木，有的植株微小。在栽培中特别受欢迎的一个小型物种是黄毛掌（*O. microdasys*，英文通用名 Bunny Ear Cactus 或 Polka Dot Cactus）。

科	仙人掌科
分布范围	美国南部和墨西哥
生境	草原、干旱灌木丛林地和浓密树丛、岩石悬崖，以及峡谷岩壁
传播机制	动物
备注	仙人镜的种子晒干后磨成粉末，用于烹饪
濒危指标	无危

502

种子尺寸

长 ³⁄₁₆ in
(4.5 mm)

仙人镜
Opuntia phaeacantha
Tulip Prickly Pear

Engelm.

仙人镜是一种生长缓慢的大型俯卧或蔓生仙人掌，花大且颜色多变，但通常为鲜艳的黄色。和仙人掌属的其他物种一样，它拥有扁平的垫状茎段，并在纹孔上长出一簇刺。这个物种在野外分布广泛，十分常见。果实可食用，可以生吃或烹饪，也可以做成果干。从垫状茎段中提取的一种树胶按照传统用于制作蜡烛。仙人镜是一个耐寒物种，有数个品种。

相似物种

仙人掌属（*Opuntia*）有超过 300 个物种，其中的 5 个被 IUCN 红色名录列为受威胁物种。在野外，仙人镜很容易和仙人掌属的一系列其他物种杂交，包括天人团扇（500 页）、梨果仙人掌（501 页）和修罗团扇（503 页）。

实际尺寸

仙人镜的种子呈圆形、卵圆形或肾形，有一条突出的脊线（环带）。它们生长在可食果实内的卵圆形腔内，果实为甜菜红色。

科	仙人掌科
分布范围	北美西部
生境	草原、松柏林、山艾树林、灌木丛林地，以及峡谷岩壁
传播机制	动物
备注	北美原住民将修罗团扇用作食物和药品来源。它的刺用来做鱼钩
濒危指标	无危

修罗团扇
Opuntia polyacantha
Plains Prickly Pear
Haw.

503

修罗团扇是一种分布广泛的仙人掌，遍布北美洲西部的多种不同生境。这种植物可以长到将近 1 米高，并且能够通过压条的方式以及从掉落茎段上萌发的方式大面积扩散。花硕大，有许多黄色、粉色或紫色花瓣。修罗团扇很容易用扦插的方法繁殖，是旱地花园和造景的热门选择。这个物种耐霜冻。修罗团扇为野生动物提供重要的食物来源，但在过度放牧的牧场会造成麻烦。

相似物种

仙人掌属（*Opuntia*）的所有物种都有标志性的扁平茎段——称为叶状茎（cladodes），以及钩毛（glochidia）——生长在纹孔上并向后弯曲的小刚毛。如果碰到的话，这些刚毛很容易从植株上脱落，并对皮肤造成强烈的刺激。包括柔毛仙人掌（*O. pubescens*）和普西亚拉仙人掌（*O. pusialla*）在内，许多物种有可怕的刺，可以作为屏障种植在地界线上。

实际尺寸

修罗团扇的果实是棕色干蒴果，成熟时开裂，暴露出里面的种子。黄褐色至棕色种子扁平，椭圆形，有一条突出的脊线（环带）。它们需要 1—2 年才能萌发。

科	蓝果树科
分布范围	美国东南部
生境	沼泽
传播机制	水流
备注	Tupelo 这个词来自美洲原住民克里克人的语言，意为"沼泽树"
濒危指标	未予评估

种子尺寸

长 ⅞ in
(22 mm)

504

沼生蓝果树
Nyssa aquatica
Water Tupelo
L.

沼生蓝果树是一种树干膨大的大乔木。正如种加词 *aquatica*（意为"水生的"）所暗示的那样，这种树生长在沼泽的水里或者排水不良的土壤中。花可酿造美国南方各地都有销售的蓝果树蜜，而木材用于制作木雕、板条箱和家具。这种树的果实可以生吃或者做成果酱。它们还是深受多种动物 —— 包括鹿和林鸳鸯 —— 喜爱的食物来源，包括鹿和林鸳鸯。

相似物种

蓝果树属（*Nyssa*）有 9 个物种。属名来自希腊神话中水之精灵宁芙仙女居住的尼萨山（Mt. Nyssa），反映了这些树对潮湿生境的耐力。云南蓝果树（*N. yunnanensis*，英文通用名 Yunnan Tupelo）在 IUCN 红色名录上列为极危物种，原因是伐木。它生长的地方如今受到保护；然而这个种群的规模非常小。

实际尺寸

沼生蓝果树的种子生长在小型红紫色泪珠状核果中。成熟时，核果从树上落入下面的水里，种子的生活力可保持长达 1 年。每个核果含有 1 粒种子。照片上的是包裹种子的内果皮，即果核。这种树开微小的绿色花，花由风和蜂类授粉。

科	蓝果树科
分布范围	美国东部和加拿大
生境	冲积林地和高地林地
传播机制	哺乳动物、鸟类以及重力
备注	种子是旅鸫（*Turdus migratorius*）、嘲鸫和啄木鸟等鸟类的重要能量来源
濒危指标	未予评估

种子尺寸

长 ⅜ in
（9 mm）

多花蓝果树
Nyssa sylvatica
Black Tupelo

Marshall

505

多花蓝果树是一种大乔木，美国特有物种。尽管并不产生任何类似树胶的物质，但它还是被称为 Black Gum（"黑树胶"）—— 这指的是它的深色叶片。这种树有令人难忘的秋色，树叶从绿色变成深红色，这个特点让它用作观赏植物。木材可以用来制作饰面薄板、托板和容器。这种树在死去后变得中空，可以为筑巢动物提供家园。

相似物种

蓝果树属（*Nyssa*）有 9 个物种。其中几个也是美国特有物种，包括：沼生蓝果树（504 页）；只分布在佐治亚州、南卡罗来纳州和佛罗里达州的欧吉齐蓝果树（*N. ogeche*，英文通用名 Ogeechee Tupelo）；以及双花蓝果树（*N. biflora*，英文通用名 Swamp Tupelo），它在美国南方有更大的分布范围。美国本土只有 1 个物种被认为受到威胁：熊蓝果树（*N. ursina*，英文通用名 Bear Tupelo），它被"公益自然"列为 G2（濒危）级别。

多花蓝果树的种子生长在小型黑色核果中，小型哺乳动物和鸟类吃掉果实并传播种子。这张照片展示的是包裹种子的内果皮，即果核。果实可被人类食用，不过它们的味道是酸的。花小且绿，但含有大量花蜜。雄花和雌花开在不同的树上，不过偶尔会出现两性花。昆虫和风为花授粉。

实际尺寸

科	山茱萸科
分布范围	美国和加拿大
生境	森林、溪岸以及田野
传播机制	鸟类和哺乳动物
备注	该物种的另一个英文名是 Alternate-leaf Dogwood
濒危指标	未予评估

种子尺寸

长 ³⁄₁₆ in
(5 mm)

506

互叶山茱萸
Cornus alternifolia
Pagoda Dogwood
L.f.

实际尺寸

互叶山茱萸在红色枝条上结蓝黑色果实（核果）。每个肉质果实含有 1 或 2 粒表面有沟槽的圆形种子。果实有苦味，但被鸟类、老鼠、花栗鼠和鹿食用，种子由这些动物传播。

互叶山茱萸是落叶小乔木或大灌木，可以长到 3 米高。它是北美森林中的下层乔木。鹿和棉尾兔吃叶片和小枝；当这种木本植物长在水边时，美洲河狸（*Castor canadensis*）会吃它的树枝。互叶山茱萸有独特的水平分层树枝，末端向上翘起。它的扁平花序由小而有香味的黄白色花构成，每朵花有 4 枚花瓣，吸引多种蜂类和蝴蝶。互叶山茱萸的叶片呈卵圆形，上表面深绿色，下表面颜色较浅或发白，有非常短的毛；它们在秋天变成红紫色。

相似物种

山茱萸属（*Cornus*）有大约 50 个物种，在英文中统称 dogwoods。大多数物种的叶片是对生的，而互叶山茱萸的叶片是互生的，这就是它的种加词 *alternifolia* 的来历。红瑞木（*C. alba*，英文通用名 White Dogwood）、红枝山茱萸（*C. sericea*，英文通用名 Red Osier Dogwood）和欧洲红瑞木（*C. sanguinea*，英文通用名 Common Dogwood）都因为枝条在冬天颜色鲜艳而被种植。

科	山茱萸科
分布范围	北美洲、格陵兰、东亚
生境	森林
传播机制	哺乳动物、鸟类和无脊椎动物
备注	其他英文名包括 Creeping Dogwood 和 Creeping Jenny
濒危指标	未予评估

加拿大山茱萸
Cornus canadensis
Canadian Dwarf Cornel
L.

种子尺寸

长 ⅛ in
(3 mm)

507

实际尺寸

加拿大山茱萸是草本匍匐多年生植物，卵圆形叶4片一组，绿色小花被醒目的白色苞片环绕。它在背阴处生长良好，被认为是一种有用且漂亮的地被植物。在野外，果实被包括熊在内的多种动物食用，而叶片为北美驯鹿、加拿大马鹿和鹿提供食物。果实是因纽特人的传统食物，有时保存在熊的脂肪中，而叶片曾用来代替烟草（566页）。加拿大山茱萸如今广泛见于园艺栽培。

加拿大山茱萸的种子成对生长在红色浆果状核果中。虽然加拿大山茱萸天然生长在森林地被层，但人们发现增加光照水平可以提高种子产量。种子可以在天然的"土壤种子库"里保存数年，经历一段寒冷会提高其萌发率。

相似物种

山茱萸属（*Cornus*）有大约50个物种，在英文中统称 dogwoods。欧洲山茱萸（509页）在春天簇生黄花。北美四照花（*C. florida*，英文通用名 Flowering Dogwood）是一种漂亮的落叶小乔木。山茱萸属的其他落叶物种因其鲜艳的茎色而得到种植，它们在冬天尤其醒目。

科	山茱萸科
分布范围	美国和加拿大东部，以及墨西哥北部
生境	温带阔叶林和混交林
传播机制	动物，包括鸟类
备注	北美四照花是许多哺乳动物和鸟类的食物来源
濒危指标	未予评估

种子尺寸

长 ⅜ in
(9 mm)

508

北美四照花
Cornus florida
Dogwood
L.

北美四照花是一种灌丛状小乔木，原产美国东部和墨西哥北部。它可以长到 10 米高，宽度通常大于高度。它常常作为观赏树木种植在花园和公园里，因为它有红色浆果和醒目的白色花，而一朵"花"其实是由变态叶环绕的许多小花所构成的花序。这种树的树皮有深棱纹，像鳄鱼的皮肤，而且它的木材非常坚硬，用于制作高尔夫球杆头和工具手柄等物件。

相似物种

北美四照花属于山茱萸科（Cornaceae），该科有 2 个属和 85 个开花植物物种。山茱萸属有大约 50 个木本物种，统称 dogwoods。大部分山茱萸属成员是落叶植物（不过有一些是常绿植物），可以通过浆果、花和树皮区分种类。该属物种分布在北半球的温带地区。

实际尺寸

北美四照花结红色果实，它们是核果，2—10 个一簇，每个核果含有 1 粒种子。种子表现为生理休眠，这意味着它们需要处在潮湿且寒冷的环境中一段时间才能萌发。果实是许多鸟类的食物来源。

科	山茱萸科
分布范围	中欧、南欧以及西亚
生境	灌木丛和林地
传播机制	鸟类和其他动物
备注	与柑橘相比，欧洲山茱萸果实的维生素 C 含量高得多
濒危指标	未予评估

欧洲山茱萸
Cornus mas
European Cornel
L.

欧洲山茱萸是一种分枝茂密的落叶灌木或小乔木，叶片卵圆形，早春时节在光秃秃的树枝上开成串的黄色小花。樱桃状红色肉质果实可食用。在伊朗和土耳其等国的野外，它们会被采集，并用于果酱、饮料和酒精饮料。有时果实会被腌制，从前它们还会被保存在卤水中，像吃油橄榄一样食用。这种植物的种子烘焙以后可以代替咖啡。欧洲山茱萸还可入药。

相似物种

山茱萸属的开花物种因其春天鲜艳的花、夏天繁茂的枝叶、秋天的果实和叶色以及冬天的树皮而受到园丁的喜爱。山茱萸属有大约 50 个物种，全都称为 dog-woods。山茱萸（*Cornus officinalis*）的外表与欧洲山茱萸相似，但是簇生黄花的开放时间稍早一些。红瑞木、红枝山茱萸和欧洲红瑞木因为冬天鲜艳的茎色而得到种植。北美四照花是一种非常漂亮的落叶小乔木。

实际尺寸

欧洲山茱萸的果实不但颜色鲜艳，而且富含营养，每个果实含有 1 粒大种子（果核）。果核呈长卵圆形。欧洲山茱萸种子的脂肪酸组成类似于常见植物油，例如来自向日葵（620 页）、玉米（223 页）和南瓜（*Cucurbita* spp.）种子的油。种子还被认为有药用价值。

科	凤仙花科
分布范围	原产巴基斯坦、印度和尼泊尔境内的喜马拉雅山麓；在欧洲、北美洲和新西兰广泛栽培和归化
生境	原产温带、高山和泛滥草原
传播机制	喷出
备注	爆发性的蒴果可以将种子喷到 7 米之外
濒危指标	未予评估

种子尺寸

长 ¼ in
(5.5 mm)

510

喜马拉雅凤仙花
Impatiens glandulifera
Himalayan Balsam
Royle

实际尺寸

喜马拉雅凤仙花是一年生植物。一棵植株可以结多达 4000 粒种子，由爆发性的种荚传播出去。由于其醒目且有香味的花，该物种已经作为观赏植物引入自然分布区之外的许多地方。它的花含有大量花蜜，吸引多种授粉者。在它的自然分布范围内，喜马拉雅凤仙花小规模簇生并和其他自然植被生长在一起。与之相反，在欧洲、北美洲和新西兰的引种区，它有强烈的入侵性，会在河边、潮湿林地中和荒地上形成巨大的单一种群。

相似物种

凤仙花属（*Impatiens*）物种遍布北半球和热带地区。属名 *Impatiens*（意为"性急的"）指的是该属所有植物采用的爆发性种子传播机制。这些物种的英文名 Touch-Me-Not（"别碰我"）也来自蒴果在被触碰时可能爆炸的倾向。

喜马拉雅凤仙花的种子呈黑棕色，圆形且一端渐尖。它们在干燥时有浮力，让它们在从母株喷出之后可以借助水力传播。种子需要冷冻才有生活力。该物种在野外曾经记录到高达 80% 的萌发率。

科	凤仙花科
分布范围	非洲东部，从肯尼亚至莫桑比克；已在澳大利亚和美国的部分地区归化
生境	灌木丛林地、河边和溪边，以及湿地边缘
传播机制	喷出
备注	非洲凤仙是美国最重要的花坛植物
濒危指标	未予评估

种子尺寸

长 ¹⁄₁₆ in
(2 mm)

非洲凤仙
Impatiens walleriana
Busy Lizzie
Hook. f.

511

实际尺寸

非洲凤仙是一种非常受欢迎的短命多年生花园植物，开鲜红色的花，花有距。茎半肉质，肉质叶片的边缘有锯齿。它有许多花色不同的品种。该物种野生于非洲东部的灌木丛林地，以及水道沿岸和背阴处的湿地边缘。它在肥沃、湿润的土壤中生长良好，而且喜欢背阴或半阴环境。在澳大利亚和美国的部分地区，尤其是在潮湿、背阴处，非洲凤仙已经归化。

非洲凤仙的果实是光滑的蒴果，中央膨大，形成一个三棱圆柱。种荚成熟时爆发，释放出许多小小的棕色种子。种子有细颈，形似逗号。

相似物种

凤仙花属（*Impatiens*）有超过 480 个物种。凤仙花（*I. balsamina*，英文通用名 Rose Balsam）是另一种很受欢迎的花园植物。它容易种植，而且和非洲凤仙不同的是，它不容易感染霜霉病。喜马拉雅凤仙花（510 页）在欧洲、北美洲的部分地区以及新西兰成了一个危害严重的入侵物种，沿着溪流与河岸扩散。凤仙花属的 18 个成员在 IUCN 红色名录上列为受威胁物种。

科	福桂树科
分布范围	墨西哥下加利福尼亚半岛和索诺拉州
生境	多岩石山坡和冲积平原
传播机制	风力
备注	这种树以刘易斯·卡罗尔（Lewis Carroll）的诗《猎鲨记》（*The Hunting of the Snark*）中的神话生物命名
濒危指标	未予评估

种子尺寸

长 ⅜ in
(10 mm)

512

观峰玉
Fouquieria columnaris
Boojum Tree
(Kellogg) Kellogg ex Curran

观峰玉是一种墨西哥多肉植物，可以活到 500 岁。植株能够长到 18 米高，每棵树都有一根逐渐变尖的树干，形状像上下颠倒的胡萝卜。树干有白色树皮和短分枝，枝上覆盖着落叶性小叶片。地衣和铁兰属（*Tillandsia*）的小型凤梨植物常常生长在大型观峰玉上。这种与众不同的植物开有香味的管状花。它们呈米色至黄色，成簇生长在茎的末端。花由多种昆虫授粉。

相似物种

福桂树属（*Fouquieria*）有大约 11 个物种，是福桂树科的唯一一个属。观峰玉是光亮福桂树（513 页）的近亲物种。它和福桂树属的另外两个墨西哥物种一起被列入 CITES 的附录一或附录二，它们的贸易是受禁止或限制的。

实际尺寸

观峰玉有扁平细长的种子，每粒种子的边缘有很薄的翅状结构。种子呈浅棕色。人们认为种子的萌发与大风暴和飓风的发生有关。在严酷的环境中，幼苗受成年植株的庇护，后者被称为"庇护植物"（nurse plants）。

科	福桂树科
分布范围	美国西南部和墨西哥
生境	沙漠草原、灌木丛林地，以及林地
传播机制	风力
备注	花由蜂鸟和蜂类授粉
濒危指标	未予评估

种子尺寸

长 ½ in
(12 mm)

光亮福桂树
Fouquieria splendens
Ocotillo

Engelm.

513

光亮福桂树是大灌木，长而不分枝的竹竿状茎上长有尖刺，在充足的降雨之后，还会长出绿色肉质小叶片。茂密的鲜红色花簇生在茎的末端。光亮福桂树是标志性的沙漠物种，和巨人柱（*Carnegiea gigantea*，英文通用名 Saguaro Cactus）生长在相同的生境中。它常常被种植成绿篱，还被美洲原住民用作草药，治疗多种病症。光亮福桂树的树皮含有树脂和蜡，因此这种灌木高度易燃。火灾频率和持续时间的增长会威胁这个物种的地方性种群，但它仍在全世界广泛分布。

相似物种

福桂树属（*Fouquieria*）有大约 11 个物种，它是该科仅有的一个属。原产墨西哥下加利福尼亚半岛的观峰玉（512 页）是一个近缘物种。观峰玉和福桂树属的另外两个物种一起被列入濒危物种国际贸易公约（CITES）。

光亮福桂树的果实是分成三瓣的蒴果，成熟时开裂，露出带翅的小种子。种子可食用，无法在自然条件下的土壤中存活很长时间，但它们能够忍耐非常高的温度。

实际尺寸

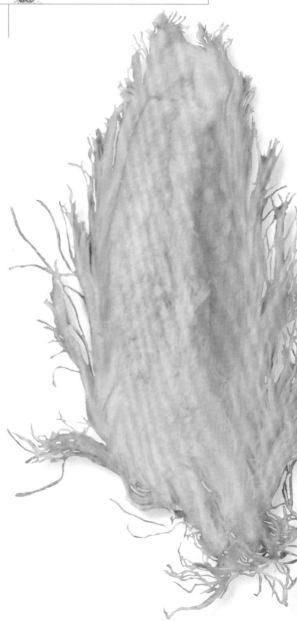

科	玉蕊科
分布范围	阿富汗、热带亚洲及澳大利亚昆士兰州
生境	湿地或沼泽区域
传播机制	重力或水流
备注	种子磨成粉后可以用来毒鱼
濒危指标	未予评估

种子尺寸

长 1³⁄₁₆ in
(30 mm)

红花玉蕊
Barringtonia acutangula
Indian Oak

(L.) Gaertn

514

虽然英文名如此（意为"印度栎"），但红花玉蕊的分布范围并不局限于印度，而是生长在从阿富汗到南亚再到菲律宾群岛和澳大利亚北部之间的广大区域。红花玉蕊是一种小乔木，最高可以长到 12 米。这个物种是重要的药用植物，植株的许多不同部位用于治疗多种病症。例如，种子磨成粉末，做成一种治头疼的药，而树皮制剂用于治疗疟疾。在印度，这种树用于产蜜。

相似物种

玉蕊属（*Barringtonia*）有超过 60 个物种，它们主要分布在南亚，有 2 个物种生长在欧洲。玉蕊属物种的种子用来做鱼的毒饵，因为它们含有皂苷。这些物种的木材用于建造房屋和船舶，以及制作厨房用具。有 3 个物种（密花玉蕊［*B. edulis*］、冬眠玉蕊［*B. novae-hiberniae*］和普罗塞拉玉蕊［*B. procera*］）因其可食用的种子而得到栽培，它们的英文名都是 Cutnut（"切坚果"）。

红花玉蕊的种子生长在富含纤维的果实中，每个果实含有 1 粒种子。种子由重力和水流传播。浅粉绿色花有醒目的粉色雄蕊，由多种昆虫授粉。雄花和两性花开在同一棵树上。

实际尺寸

科	玉蕊科
分布范围	非洲东部沿海、印度、东南亚、澳大利亚、美拉尼西亚，以及加勒比海地区
生境	红树林和多沙多岩石海岸
传播机制	水流
备注	这种树含有有毒的皂苷，用于捕杀鱼类
濒危指标	无危

种子尺寸

长 1¹/₁₆–1⁵/₁₆ in
(40–50 mm)

515

滨玉蕊
Barringtonia asiatica
Fish Poison Tree
(L.) Kurz

滨玉蕊是一种大乔木，可以长到 25 米高。革质叶片有光泽，花美且有香味，夜晚开放，吸引大型蛾类和以花蜜为食的蝙蝠。花序有多达 20 朵白色花，每朵花有 4 枚花瓣和 6 轮末端为红色的雄蕊。滨玉蕊常常种植在城市公园和街道旁，供人观赏，提供荫凉。种子用于清除蛔虫，叶片加热后用于治疗胃痛和风湿病。

相似物种

玉蕊属（*Barringtonia*）有超过 60 个物种。玉蕊（*B. racemosa*，英文通用名 Hippo Apple 或 Powder-puff Tree）是另一个分布广泛的海滨物种，也作为观赏植物种植。蓝果玉蕊（*B. calyptrata*，英文通用名 Blue-fruited Barringtonia 或 Cassowary Pine）原产澳大利亚、新几内亚和阿鲁群岛，果实是鹤鸵（cassowaries）—— 不会飞的鹤鸵属（*Casuarius*）大型鸟类 —— 的食物。

实际尺寸

滨玉蕊有硕大的椭圆形种子。每粒种子生长在表面光滑的宽角锥状果实中，果实顶部渐尖。果实（下图所示）有一层含气囊的中央海绵层，让它能够在海面上漂流很远。

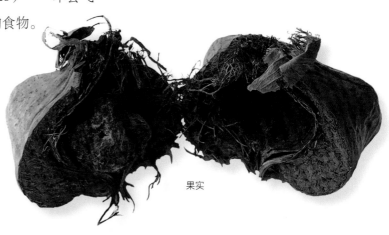

果实

科	玉蕊科
分布范围	南美洲热带
生境	雨林
传播机制	动物
备注	可持续地收获巴西栗为雨林的保护提供了经济上的激励
濒危指标	易危

种子尺寸

长 1 ¹⁵⁄₁₆ in
(50 mm)

516

巴西栗
Bertholletia excelsa
Brazil Nut

Bonpl.

巴西栗是可以长到 60 米高的大乔木。叶片单生，革质，有波状边缘。蜂类和蝙蝠为其乳白色的花授粉，花有 6 枚肉质花瓣。巴西栗拥有精美的木材，但它的主要商业用途在于它的坚果。全世界消费的几乎所有巴西栗都来自亚马逊地区的野生树木。关于种子的采集对种群更新的影响，人们所知甚少，但是在巴西栗的天然传播者刺鼠（*Dasyprocta* spp.）被捕杀或遭驱赶的地区，影响可能会是破坏性的。

相似物种

巴西栗是巴西栗属（*Bertholletia*）的唯一物种。玉蕊科（Lecythidaceae）的另一个成员是栽培广泛的炮弹树（*Couroupita guianensis*，英文通用名 Cannonball Tree）。这个物种有硕大的红色花，由蜜蜂和黄蜂授粉。授粉后结硕大的圆形木质化果实，因此其通用名叫炮弹树。

实际尺寸

巴西栗的果实是硕大的圆形木质化蒴果，外表像树皮。果实中含有 12—25 枚紧密堆叠的种子，种子有棱角，有坚硬的木质化外壳（见下图）和一层紧贴在种子上的棕色薄种皮。里面的白色种仁就是常见的可食用部分（见上图）。

果实

科	山榄科
分布范围	墨西哥、中美洲和哥伦比亚
生境	热带雨林
传播机制	动物
备注	在传统习俗中，阿兹特克人和玛雅人会咀嚼该物种所产生的糖胶树胶
濒危指标	易危

树胶铁线子
Manilkara chicle
Chicle
(Pittier) Gilly

种子尺寸

长 ⅞ in
(22 mm)

517

树胶铁线子是热带常绿乔木，可以长到 40 米高。单叶互生，2—5 朵白色或米色花簇生在一起。该物种的树干会流出乳白色树胶，称为糖胶树胶（chicle），曾用于口香糖的商业制造。糖胶树胶的收割者历史上称为 chicleros。大部分糖果公司如今使用合成树胶代替它，这种合成材料是在 20 世纪 60 年代引入以代替糖胶树胶的。该物种的果实和木材也有用途。曾有人试图在哥斯达黎加建立树胶铁线子的种植园。

相似物种

铁线子属（*Manilkara*）有大约 80 个物种，遍布全球热带和亚热带地区。它的成员能生产有用的木材、乳胶和果实。人心果（518 页）是另一个产生糖胶树胶的物种（据说是品质最优良的），还有可食用的果实。

实际尺寸

树胶铁线子的种子呈有光泽的黑色，似扁平的豆子。球形可食用果实里有红色果肉，果肉含有最多 6 粒种子。按照植物学的定义，它的果实属于浆果。

科	山榄科
分布范围	原产墨西哥南部、中美洲和哥伦比亚；栽培于全世界的热带地区
生境	热带雨林
传播机制	鸟类和其他动物
备注	来自人心果的糖胶树胶被阿兹特克人和玛雅人用作全世界的第一种口香糖
濒危指标	未予评估

种子尺寸

长 1³⁄₁₆ in
(20 mm)

518

人心果
Manilkara zapota
Sapodilla

(L.) P. Royen

人心果是一种巨大的雨林乔木，高度可达 30 米以上。这种树全年开花结果，果实含有 1—12 粒种子，但需要生长至少 4 个月才会成熟。人心果的果实拥有味甜多汁的黄色至棕色果肉，在中美洲很受人类和动物的喜爱，包括吼猴、果蝠和貘。人心果的树皮含有一种乳胶状树液，称为糖胶树胶，历史上用于制作口香糖。虽然如今合成乳胶正在迅速取代自然资源，但糖胶树胶在中美洲仍然有商业生产。在墨西哥，由于糖胶树胶价值昂贵，容易遭到过度采收，因此收割人心果树是非法的。

相似物种

铁线子属（*Manilkara*）有大约 85 个物种，分布在全球热带地区。另一个来自中美洲的物种树胶铁线子（517 页）用于收割作为商品出售的乳胶。来自这个物种的乳胶很短，难以塑形，因此不太适合生产口香糖；它被用来制作其他橡胶产品。虽然铁线子属的商用物种受到保护并且栽培广泛，但许多其他物种正因为树木砍伐和雨林清理而面临灭绝风险。

人心果的种子呈棕色或黑色，种皮有光泽。大量食用种仁会产生毒性，但它可用于制造一种利尿剂。种子储存在干燥环境下可保持数年生活力。萌发之后，人心果的幼苗生长得非常缓慢，6—10 年后才第一次开花。

实际尺寸

科	山榄科
分布范围	摩洛哥和阿尔及利亚
生境	石灰质半沙漠
传播机制	动物
备注	山羊榄油是化妆品中的重要成分；在摩洛哥生产的山羊榄油有 60% 是出口的
濒危指标	未予评估

山羊榄
Argania spinosa
Argan
(L.) Skeels

种子尺寸

长 1³⁄₁₆ in
(20 mm)

519

山羊榄是一种多刺常绿乔木，可以长到 10 米高。叶片小，卵圆形，簇生，花呈绿黄色。对于当地牧民而言，山羊榄千百年来一直是一种非常重要的植物，他们的山羊会爬上这种树吃树叶和果实。树叶还会被收割下来，充当动物饲料。山羊喜欢果实的外壳，但无法消化富含油脂的种子。种子被人采集，按照传统方式手工压榨出油脂，用于烹饪和用作皮肤保湿剂。

相似物种

山羊榄是山羊榄属（*Argania*）的唯一物种。同属山榄科（Sapotaceae）的其他有用物种包括乳油木（520页）、树胶铁线子（517页）和古塔胶木（*Palaquium gutta*，英文通用名 Gutta-percha）。山羊榄的果实像油橄榄（574页），但这两个物种在植物学上不相关。

山羊榄的种子生长在果实里，果实是卵圆形核果，表皮厚且有苦味，包裹着一层气味甜香但味道不佳的肉质果皮。很硬的坚果长在果皮中，含有 1 粒（偶尔是 2 或 3 粒）小且富含油脂的种子。果实需要生长一年以上才会成熟。

实际尺寸

科	山榄科
分布范围	非洲，从塞内加尔到埃塞俄比亚
生境	干旱稀树草原和林地
传播机制	鸟类、哺乳动物以及人类
备注	一种名为乳油木毛毛虫（Shea Tree Caterpillars；拉丁学名 *Cirina butyrospermum*）的昆虫幼虫
濒危指数	易危

种子尺寸

长可达 1¹⁵⁄₁₆ in
(50 mm)

520

乳油木
Vitellaria paradoxa
Shea Butter Tree
C. F. Gaertn.

实际尺寸

乳油木是落叶乔木，有栓质树皮和螺旋状排列的茂密簇生树叶。花序由最多一百朵乳白色花构成，花和果实都可食用。来自种子的雪亚脂（shea butter）在非洲是第二重要的作物油脂，仅次于棕榈油。它在国际上广泛用于制造肥皂、洗发液和护肤霜。这个用途多样的植物遭到过度开发，用于提供木材（传统上用于制作国王的棺材）、薪柴和制造焦炭。它的生境也正在遭受农业活动的侵占。如今人们正在建立乳油木的种植园。

相似物种

乳油木是乳油木属（*Vitellaria*）的唯一物种。同属山榄科的其他有用物种包括山羊榄（519页）、树胶铁线子（517页）和古塔胶木。这个科由热带植物物种组成，它们也生产木材和果实。

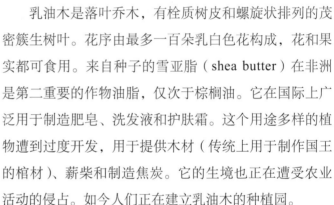

乳油木的种子被称为乳油木坚果（shea nuts）。黄绿色或黄色果实中，一层肥厚的黄油状黏液质果皮包裹着一粒卵圆形或圆形红棕色种子。种子有一层坚硬但易碎的壳，壳有光泽（在这张照片中已经除去）。乳油木的种子是顽拗型的，无法干燥冷冻后储存在种子库里。

科	柿科
分布范围	印度和斯里兰卡
生境	热带森林
传播机制	鸟类和其他动物
备注	黑檀的密度很大，会沉入水中
濒危指标	数据缺失

种子尺寸

长 ⅜ in
(10 mm)

斯里兰卡黑檀
Diospyros ebenum
Ceylon Ebony

J. Koenig

521

斯里兰卡黑檀是一种美丽的黑色硬木，其最优质的木材看上去像有光泽的黑色塑料。它常常用在乐器（特别是钢琴按键）和木雕中。数千年来，黑檀一直用作观赏木材，而且古埃及许多法老的陪葬品中都有黑檀木雕。由于过度开发，只有斯里兰卡和印度才有这个物种的出口。它的木材严重供不应求，这让斯里兰卡黑檀的价格非常昂贵。如今人们开始使用包括塑料在内的替代品取代它原来的位置。

相似物种

黑檀（ebony）是超过 300 个物种的通用名，其中有许多是柿属（*Diospyros*）成员。该属还包括柿树（522 页）和美洲柿（523 页）。主要栽培于日本、中国和朝鲜半岛，柿树的果实味甜可食，成熟时呈橙色至红色，可以生吃或烹饪后食用。

斯里兰卡黑檀的种子必须从似浆果的小果实中取出才能萌发。正如来自热带的许多其他物种一样，新鲜种子需要迅速播种，因为它们的生活力只能维持一段短暂的时间。种子会在播种一周之内萌发。

实际尺寸

科	柿科
分布范围	原产中国；今广泛栽培
生境	只见于栽培，包括花园和果园
传播机制	人类
备注	在中国，柿树被认为拥有4项"美德"：长寿，提供荫凉，供鸟类筑巢，以及不染害虫
濒危指标	未予评估

种子尺寸

长 ½ in
(13 mm)

522

柿树
Diospyros kaki
Persimmon
L.f.

柿树是落叶乔木，形状像苹果树。它有坚硬的卵圆形叶片和单生雄花和雌花。每朵花有4枚花瓣和4枚萼片。雌花呈奶油黄色，而雄花呈粉色。柿子在原产地中国是一种重要的水果，已有两千多年的栽培历史。它在中国和亚洲其他地区还作药用。柿树如今种植在南欧、以色列、巴西和美国。果实生吃或烹饪后食用，有时用在冰激凌和果酱里（它们有时以 Sharon Fruit 或 Korean Mango 的名字出售）。

相似物种

柿属（*Diospyros*）有超过 700 个物种，大约 60 个分布在中国。一些物种提供珍贵的黑檀木材，包括斯里兰卡黑檀（521 页）。其他柿类物种包括美洲柿（523 页）和君迁子（*D. lotus*，英文通用名 Date Plum 或 Caucasian Persimmon）。

实际尺寸

柿树的种子呈扁椭圆形，棕色。种子生长在有光泽的黄色或红色果实中，果实看上去像番茄。从压碎的果实和种子中提取的汁液有时用作驱虫剂和防水剂。

科	柿科
分布范围	美国中部和东部
生境	林地、河谷以及岩石山坡
传播机制	鸟类、其他动物以及水流
备注	这种树有许多传统用途，它的木材、叶片、果实和种子都很重要
濒危指标	未予评估

种子尺寸

长 %₆ in
(15 mm)

美洲柿
Diospyros virginiana
American Persimmon
L.

美洲柿是一种生长缓慢的落叶乔木，原产美国。它有时作为观赏植物种植，但通常更多地因为果实而受到重视。深灰色树皮非常独特，裂成长方形小块。卵圆形叶片有光泽，黄色钟形花有香味。美洲柿的果实被美洲原住民和早期殖民者食用，至今仍在野外被采集。如今，它们被人生吃或者用在蛋糕、布丁和饮料中。坚硬光滑的木材也有价值。已有数个品种被培育出来。

相似物种

拥有可食用果实的其他柿属植物包括柿树（522页）和君迁子。柿属有超过 700 个物种，其中一些提供珍贵的黑檀木材。部分马来西亚物种的种子会被压碎并制作鱼类毒饵。属名 *Diospyros* 来自希腊语中意为"宙斯之果"的单词。

美洲柿的果实是 20—50 毫米宽的橙色浆果，含有 1—8 粒扁平种子。每粒种子呈红棕色，椭球形，表面呈皱缩或起泡状。美洲柿的种子较大，烘焙研磨后可以代替咖啡。

实际尺寸

科	报春花科
分布范围	原产欧洲东南部和土耳其
生境	林地、矮灌木丛，以及多岩石区域
传播机制	动物
备注	受 CITES 附录二的保护
濒危指标	未予评估

种子尺寸

长 ⅛ in
(3 mm)

常春藤叶仙客来

Cyclamen hederifolium
Ivy-Leaved Cyclamen

Aiton

实际尺寸

常春藤叶仙客来的种子生长在种荚中，它们会开裂并露出里面黏稠的种子。种子对黄蜂和蚂蚁特别有吸引力，它们会吃掉黏稠的油质体，将种子丢弃在远离母株的地方。这种植物容易用种子种植，但实生苗三年后才会开花。

常春藤叶仙客来是一种开粉色花的常绿植物，叶片似常春藤，表面有银色图案。这种植物的块根在夏天休眠，秋天复苏并开花。该物种是该属最耐寒的物种，而且耐阴，因此它在栽培中很受欢迎。它的另一个英文名 Sowbread（"播种面包"）指的是它的硕大块茎在南欧用来喂猪。买块根时一定要谨慎，因为它们可能是从野外非法采集的。

相似物种

仙客来属（*Cyclamen*）有 20 个物种，全都名列濒危物种国际贸易公约（CITES）附录二。这意味着虽然它们目前在野外不受威胁，但它们的贸易受到管控。仙客来属植物被加入 CITES，以减少与园艺行业有关的野外采集。栽培最广泛的物种是仙客来（*C. persicum*，英文通用名 Persian Cyclamen），它的人工繁殖品种未列入 CITES，可以自由贸易。

科	报春花科
分布范围	中国、中亚和俄罗斯
生境	湿草甸、山谷沼泽以及溪流
传播机制	重力
备注	1776年，这个物种在东西伯利亚被德国植物学家彼得·西蒙·帕拉斯（Peter Simon Pallas）采集和描述
濒危指标	未予评估

雪山报春
Primula nivalis
Snowy Primrose
Pall.

种子尺寸

长 1/64 in
(0.5 mm)

实际尺寸

525

雪山报春是一个分布广泛且变异程度高的多年生物种，生长在高海拔地区，栽培难度很大。带状硬质叶片基部丛生，叶柄长且具翅。每丛叶片的中央伸出一枝花茎，顶端松散簇生3—25朵紫色花。该物种有几个变种，在植物园的收藏中相当常见。位于新西伯利亚市（Novosibrisk）的中央西伯利亚植物园正在研究该物种和西伯利亚的其他报春属物种，以便更好地保护它们。

雪山报春的果实是椭圆形蒴果，成熟时长达35毫米。每个蒴果只有1个小室，里面有许多微小的种子。和报春花属的许多其他物种不同，雪山报春在潮湿或涝渍土地上生长得最好。报春花属植物的种子耐干燥，可以储藏在种子库里，但是寿命相对较短。

相似物种

报春花属（*Primula*）有大约400个物种。除了东南亚和南美洲（包括马尔维纳斯群岛）的几个物种，该属的几乎所有成员都生长在北半球。欧洲报春（*P. vulgaris*，英文通用名Common Primrose）和黄花九轮草（526页）是两个深受喜爱的欧洲物种。仙客来属和该属同属一科。

科	报春花科
分布范围	欧洲温带地区以及亚洲部分地区
生境	草甸、悬崖及开阔田野
传播机制	风力和水流
备注	该物种的英文名可能指的是牛粪
濒危指标	未予评估

526

种子尺寸

长 1/16 in
(2 mm)

黄花九轮草
Primula veris
Cowslip

L.

实际尺寸

黄花九轮草的种子储存在种荚中，呈棕色或黑色。它们不会传播得很远，而是被风或雨滴从种荚里晃出来，然后落到距离母株很近的地面上。黄花九轮草的花由蝴蝶和蛾类等昆虫授粉。

作为一种常绿或半常绿多年生植物，黄花九轮草分布广泛，覆盖欧洲大部分地区和亚洲局部地区。它因为有香味的黄色花而在园艺行业备受重视，还因其止痉挛作用而入药。由于土地用途的变化和适宜生境的碎片化，近些年来该物种自然分布范围内的数量大大下降。伴随地面径流流失的肥料也对种群造成了不利影响。英文名Cowslip可能源自"cowslop"（牛粪），指的是它在牧场的生境，那里从不缺少牛粪。这种植物不耐阴，所以主要生长在开阔地。

相似物种

报春花属（*Primula*）有大约400个物种，生长在全世界的温带和高山地区。许多物种常见于园艺栽培，包括欧洲报春和高报春（*P. elatior*，英文通用名Oxlip）。该属变异程度高，有许多不同的花形、大小和花色。报春花属物种很容易杂交，所以人们培育出了许多园艺品种。

科	山茶科
分布范围	东南亚
生境	湿润亚热带山地森林和种植园
传播机制	人类
备注	红茶和绿茶都来自同一种茶树：红茶是将茶叶发酵制成的，绿茶只是将茶叶干制
濒危指标	未予评估

种子尺寸

长 ⅝ in
(16 mm)

527

茶
Camellia sinensis
Tea
(L.) Kuntze

茶是常绿灌木，在温暖湿润的环境下长得最好。它有两个变种：中国茶（*Camellia sinensis* var. *sinensis*）和普洱茶（*Camellia sinensis* var. *assamica*），前者用于生产绿茶和中国红茶，后者用于生产阿萨姆红茶或印度红茶。以这两个变种为起点，人们培育出了大约 3000 种类型的茶，它们的品质和风味在很大程度上取决于茶树的种植地点。在中国和日本，茶的应用历史可以向前追溯数千年，但如今最大的生产国是印度，满足了全球近三分之一的需求。在许多种植园，人们依然手工采茶，因为机械采摘会降低品质和风味。

相似物种

山茶属（*Camellia*）物种全都是原产东亚的常绿小灌木。许多物种是深受欢迎的观赏植物，自 18 世纪以来就因为它们有光泽的叶片和硕大的白色、粉色或红色花而得到栽培。源自山茶（*C. japonica*，英文通用名 Japanese Camellia）的品种是如今最著名且栽培最广泛的，许多品种有硕大的半重瓣花或重瓣花，结构上的复杂性与月季相似。相比之下，茶树的花一直是单瓣花，有一组白色花瓣和长长的黄色雄蕊。

实际尺寸

茶的种子呈圆形或扁平状，有一层坚果状木质化种皮。当种子准备好萌发时，潮湿条件会导致种皮开裂，这个过程通常需要 1—2 个月。一旦萌发，茶树可能需要三年才能成熟，此后它们每年可以长出数千枚叶片，

科	山茶科
分布范围	原产美国佐治亚州；种植在全球各地的花园和树木园里
生境	低地湿地
传播机制	人类
备注	在首次被发现之后不到50年的时间里，富兰克林树就从野外消失了
濒危指标	野外灭绝

种子尺寸

长 ¼ in
(6 mm)

528

富兰克林树
Franklinia alatamaha
Franklin Tree
Marshall

实际尺寸

虽然如今是一种很受欢迎的花园植物，但富兰克林树自从1803年之后就再也没有人在野外见过了。这个物种是在1765年发现的，并且仅在一个地点有过记录，那是在美国佐治亚州阿尔塔马哈河（Altamaha River）的河岸上。散发甜香气味的白色花和引人注目的鲜艳秋叶意味着它很快就成了一种备受青睐的观赏植物，但是在被发现之后的不到50年里，它就从野外消失了，尽管人们曾经付出大量努力，想将它重新安置到别的地方。富兰克林树的灭绝原因至今尚不清楚；从理论上推断，园艺行业的过度采集、自然生境的清理以及洪水泛滥都有可能导致它灭绝。

相似物种

洋木荷属（*Franklinia*）只有富兰克林树这一个物种，但它与山茶科（Theaceae）的其他几个属关系很近，包括山茶属（包括茶；527页）、紫茎属（*Stewartia*）和湿地茶属（*Gordonia*）。这些属的大部分物种分布在亚洲，但少数原产北美；大多数是乔木或灌木，拥有大而漂亮的叶片。德州紫茎（*Stewartia malacodendron*，英文通用名 Silky Camellia）和山紫茎（*S. ovata*，英文通用名 Mountain Camellia）都来自美国东南部，开硕大的白色花，分别有紫色和橙色雄蕊。来自美国南部的湿地茶（*Gordonia lasianthes*，英文通用名 Loblolly Bay）是一种常绿乔木，开有香味的白色花，花有黄色花心。

富兰克林树的种子呈半月形，有一层坚硬的木质化种皮。它们在萌发之前必须保存在湿润环境中。如今全世界的所有富兰克林树都来自首次记录该物种的植物学家们所采集的种子，这意味着该物种现存植株的遗传多样性非常低。

科	杜鹃花科
分布范围	原产地中海地区、加那利群岛、非洲和西亚；归化于不列颠群岛、澳大利亚和新西兰三地的部分地区
生境	灌木丛林地
传播机制	风力和水流
备注	树状欧石南是蜂蜜生产中重要的花粉来源
濒危指标	未予评估

树状欧石南
Erica arborea
Tree Heath
L.

种子尺寸

长 ½₂ in
(0.75 mm)

实际尺寸

529

树状欧石南是一种直立的常绿灌木或小乔木，通常会长到 4 米高。它有针状深绿色叶片，开大量白色钟形小花，花有蜂蜜气味。它是避钙植物，更喜欢生长在阳光充足的开阔地的酸性土壤中。树状欧石南已经在花园里种植了三百多年，人们培育出了多个不同品种，其中一些品种有黄色树叶。该物种如今已在英国、澳大利亚和新西兰三国的部分地区归化。按照传统，从年老植株的树根和树干之间长出的坚硬分枝用于制作烟斗、首饰和刀柄。

相似物种

欧石南属（*Erica*）有超过 800 个物种，其中大约四分之三分布在南非。大多数物种是小灌木。植株较高的其他欧石南属植物在英文中有时也叫作 Tree Heath，例如路西塔尼亚欧石南（*E. lusitanica*，英文通用名 Spanish Heath）和圣诞欧石南（*E. canaliculata*，英文通用名 Channeled Heath）。

树状欧石南的果实是红色干蒴果，每个果实含有许多微小的种子。每粒种子呈卵圆形，种皮光滑且有光泽。种子呈各种色调的棕色。果实硕大，一棵大型植株可以结数百万粒种子，种子在野外可以传播得很远。

科	杜鹃花科
分布范围	保加利亚、高加索、土耳其和西亚；已在自然分布范围之外的欧洲部分地区和新西兰归化
生境	山区河流和溪流岸边
传播机制	风力
备注	Rhododendron 这个名字来自希腊语单词 rhodon 和 rose，前者的意思是"月季"，后者的意思是"树"
濒危指标	未予评估

种子尺寸

长 ⅛ in
(3 mm)

530

实际尺寸

黑海杜鹃
Rhododendron ponticum
Common Rhododendron

L.

黑海杜鹃是一种常见的花园乔木或灌木，可以长到 3 米高。它的常绿叶片有光泽，与月桂叶相似，上表面深绿色，下表面铁锈色至棕色。一个花序包括 6—20 朵簇生在一起的漂亮紫色花。种加词 *ponticum* 来自土耳其历史上的蓬托斯地区（Pontus）。黑海杜鹃已经在比利时、法国、爱尔兰和英国归化，并且在英国成为入侵物种，被认为是一项很大的威胁。它的茂密枝叶会抑制本土物种的生长，从而减少本土无脊椎动物、鸟类和植物的数量。在新西兰，黑海杜鹃还是一种花园逸生植物。

相似物种

杜鹃花属（*Rhododendron*）有超过 1000 个物种，其中还包括一些在英文中统称 azaleas 的植物。在栽培环境中寻找杜鹃类植物的好地方包括位于苏格兰爱丁堡的皇家植物园，以及位于新西兰塔拉纳基的普凯堤植物园。

黑海杜鹃的果实是木质化蒴果。果实可以保存长达 3 年，它会结许多非常小的种子。一个花序可以长出多达 7000 粒种子。种子需要光照才能萌发，而且可以在土壤中保持生活力数年之久。

科	杜鹃花科
分布范围	美国和加拿大
生境	石南灌丛
传播机制	鸟类和其他动物
备注	马克·吐温的小说《哈克贝利·费恩历险记》（*The Adventures of Huckleberry Finn*，1884）中的主角就是以这种植物命名的
濒危指标	未予评估

伞房花越橘（北高丛蓝莓）

Vaccinium corymbosum
Northern Highbush Blueberry

L.

种子尺寸
长 ¹⁄₁₆ in
(2 mm)

531

实际尺寸

伞房花越橘结可食用的靛蓝色浆果，称为 blueberries（直译为"蓝莓"）或 huckleberries。浆果果皮上的银色光泽称为霜（bloom），是一层保护性的蜡质。美洲原住民栽培的就是这个蓝莓物种。这种浆果被认为是富含抗氧化剂的"超级食物"，经研究发现有改善认知功能的效果，还能帮助预防和衰老有关的记忆力衰退。人们认为野生浆果的味道优于栽培出的浆果。

相似物种

越橘属（*Vaccinium*）有 500 个物种，其中有几个可食用物种，包括黑果越橘（*V. myrtillus*，英文通用名 Bilberry）、越橘（*V. vitis-idaea*，英文通用名 Lingonberry）和大果越橘（532 页）。虽然该属植物遍布北半球，但大多数可食用物种原产北美洲。作为杜鹃花科（Ericaceae；英文名 heather family）成员，越橘属物种包括在酸性土壤中生长良好的灌木和矮灌木。

伞房花越橘的种子小，呈棕色，每个浆果里有 20—40 粒种子。要确保萌发，重要的是使用来自成熟果实的成熟种子。未成熟浆果呈浅绿色，在成熟过程中变成靛蓝色。

科	杜鹃花科
分布范围	美国和加拿大
生境	泥沼和泥炭湿地
传播机制	动物，包括鸟类
备注	按照传统，大果越橘是美国感恩节晚餐上的食物
濒危指标	无危

种子尺寸

长 ⅛ in
(2.5 mm)

532

大果越橘（蔓越橘）
Vaccinium macrocarpon
Cranberry

Aiton

实际尺寸

大果越橘的果实实际上是白色的。红色果皮赋予越橘属独特的颜色。每个果实有大约 30 粒种子，储存在 4 个气囊里。种子为橙红色，非常小，需要经过一段寒冷时期才能萌发。

大果越橘是一种适应湿地生境的植物，生长在砂质泥沼和沼泽中。这种矮灌木结带酸味的可食用红色浆果，果实小而圆。大果越橘的果实含气囊，能在水中漂浮，这让人们可以用水淹法收获它们。在成熟时，人们用水淹没大果越橘田，令浆果从灌木上脱离。浆果都漂浮在水面上，就很容收获了。这种植物被荷兰和德国定居者称为 "crane berry"（鹤浆果），因为它的浅色花像鹤的头和喙。

相似物种

越橘属（*Vaccinium*）是一个很大的植物类群，包括大约 500 个灌木物种，大多数物种结可食用浆果。这些物种属于杜鹃花科，该科成员还包括帚石楠（*Calluna vulgaris*，英文通用名 Common Heather）和伞房花越橘（531 页）。越橘属这个植物类群主要分布在北半球和更南边的高海拔地区。

科	茶茱萸科
分布范围	非洲、热带亚洲及澳大利亚昆士兰州
生境	海滨、内陆森林和灌木丛林地
传播机制	鸟类
备注	柴龙树的硬木材曾被用于建造四轮马车
濒危指标	未予评估

种子尺寸

长 ¼ in
(7 mm)

柴龙树
Apodytes dimidiata
White Pear

E. Mey. ex Arn.

533

实际尺寸

柴龙树是分布广泛的热带乔木，可以长到 20 米高，常绿叶片有光泽，下表面颜色较浅。它的白色小花簇生，有香味。树根的皮以及树叶入药，而在非洲，这种树被认为能够驱赶邪灵。木材非常坚硬，应用广泛。在非洲南部，柴龙树被认为是一种非常优良的庭院树木。科学家正在研究将该物种的叶片用作灭螺剂以控制血吸虫病的扩散，因为它们可以杀死非洲小泡螺（*Bulinus africanus*），这种淡水螺是令人类感染血吸虫病的寄生虫的中间宿主。

相似物种

柴龙树属（*Apodytes*）是一个小属，只有 8 个物种，全都是热带常绿乔木。短柱柴龙树（*Apodytes brachystylis*）是澳大利亚昆士兰州的特有物种，在那里的雨林，它是一种下层乔木。该属的所有物种都有革质叶片和白色小花。

柴龙树的每粒种子都生长在形状弯曲的黑色核果中，而果实有鲜红色肉质附属结构。果实的鲜艳颜色吸引传播种子的鸟类。果实不可被人类食用。种子繁殖的速度可能很慢，但方法简单。

科	茜草科
分布范围	原产中南美洲；如今广泛栽培于热带地区
生境	低地和山地雨林
传播机制	风力和人类
备注	1944 年首次人工合成奎宁之后，人们对毛金鸡纳树皮的需求大大降低
濒危指标	未予评估

种子尺寸

长 ⁷⁄₁₆ in
(11 mm)

534

毛金鸡纳
Cinchona pubescens
Red Cinchona

Vahl

实际尺寸

毛金鸡纳生产大量种子。它们生长在木质化蒴果中，蒴果成熟时从基部裂向顶部。每粒种子都长着有利于风力传播的纸质翅，不过人们发现种子通常落在母株附近。种子寿命短，很快就会丧失生活力。

毛金鸡纳是一种生长迅速且形态特征变异程度高的大乔木，可以长到 30 米高。毛金鸡纳开醒目的白色至粉色花，花有香味，并结木质化的果实。它最著名的是树皮，自从这个物种在 17 世纪 50 年代被西班牙耶稣会会士引入欧洲以来，树皮一直用于治疗疟疾。19 世纪 50 年代，英格兰植物学家理查德·斯普鲁斯（Richard Spruce）通过英国皇家植物园邱园在厄瓜多尔采集这个物种，用于种植在英国的各个殖民地，尤其是印度和斯里兰卡，以生产奎宁。毛金鸡纳如今广泛种植在热带地区。

相似物种

金鸡纳属（*Cinchona*）有大约 20 个物种，它们都生活在拉丁美洲。其他因为入药的树皮而拥有重要经济价值的物种是黄金鸡纳（*C. calisaya*，英文通用名 Peruvian Bark 或 Yellow Cinchona）和药金鸡纳（*C. officinalis*，英文通用名也是 Red Cinchona）。该属以西班牙的钦琼（Chinchón）女伯爵的名字命名，她是秘鲁总督的妻子，而且据说是首批使用奎宁治病的欧洲人之一。

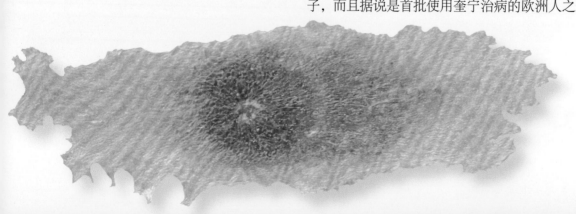

科	茜草科
分布范围	原产东非
生境	森林
传播机制	鸟类和哺乳动物
备注	2015 年 2 月至 2016 年 2 月，小粒咖啡的全球出口总量接近 7100 万袋
濒危指标	未予评估

小粒咖啡
Coffea arabica
Arabica Coffee

L.

种子尺寸

长 ⅜ in
(10 mm)

535

小粒咖啡是一种拥有重要经济价值的小乔木。它是饮料咖啡的商业生产使用的主要物种。人们认为这种植物生产咖啡因是为了不让昆虫吃它的叶片。随着叶片的脱落和分解，咖啡因还会阻止其他植物的萌发，从而减少竞争。然而咖啡因也造成了这个物种本身的衰退。这种树曾被英国皇家植物园邱园临时评估为易危物种，因为商业种群和野生种群的遗传多样性都很低，从而降低了该物种防御害虫、病害和气候变化的能力。

实际尺寸

小粒咖啡的种子通常称为咖啡豆。从红色小果实中取出后，种子必须经过碾压才能去除坚硬的保护层。然后它们经烘焙和研磨，才能制成饮料咖啡。这种树既可以自花授粉，也可以由蜂类授粉，而种子由哺乳动物和鸟类传播。

相似物种

咖啡属（*Coffea*）有 125 个物种。除小粒咖啡外，只有另外两个物种用于咖啡的商业生产：中粒咖啡（*C. canephora*，英文通用名 Robusta Coffee），以及应用更有限的大粒咖啡（*C. liberica*）。IUCN 红色名录上的所有 11 个物种都被认定为受到威胁，威胁来源包括砍伐、农业扩张以及放牧非本土牲畜。

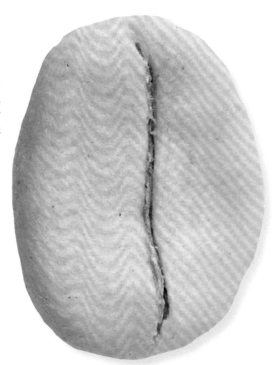

科	茜草科
分布范围	阿尔及利亚、欧洲以及温带亚洲
生境	林地
传播机制	动物
备注	这个物种的香味来自它含有的香豆素，这种物质能抑制食欲，因而会赶走觅食的动物
濒危指标	未予评估

种子尺寸

长 ⅛ in
(3 mm)

536

香猪殃殃
Galium odoratum
Sweet-Scented Bedstraw
(L.) Scop.

实际尺寸

香猪殃殃的每个果实是一对小坚果，表面长有大量带钩的刚毛，它们会附着在动物皮毛上传播种子。这个物种很容易在花园里自播，而且还可以使用根状茎分株繁殖。种子耐干燥，可以储存在低温低湿的种子库里。

香猪殃殃是一种垫状丛生的多年生植物，原产欧洲和亚洲。它是常见于种植的花园植物，常常用作背阴区域的地被。植株的深绿色披针形叶片有香味，沿着四棱形茎轮生，每轮 6—8 片叶，排列成星形。春季开花，有香味的白色小花构成簇生花序，每朵花有 4 枚花瓣。植株在叶片被压碎或切割时发出强烈的新割牧草或香荚兰气味。叶片的香味在干制后加强，自中世纪起干制后的叶片就用于为洗好的衣服和混合干花增添香味。植株还用在香水的商业生产中。

相似物种

拉拉藤属（*Galium*）有超过 600 个物种。它们常常有像尼龙搭扣一样多刺的茎，因而能够在植被中穿行蔓延。开黄色花的蓬子菜（*G. verum*，英文通用名 Lady's Bedstraw）在干燥后也有新割牧草的气味，在过去用于制作即将分娩的妇女所使用的秸秆床垫。①

---

① 译注：英文名的字面意思是"有香味的垫床用草"。

科	茜草科
分布范围	原产地中海的、欧洲的以及亚洲的部分地区；广泛栽培和归化
生境	绿篱和栽培用地
传播机制	动物，包括鸟类
备注	叶片会导致一种皮疹
濒危指标	未予评估

种子尺寸

长 ³⁄₁₆ in
(5 mm)

染色茜草
Rubia tinctorum
Madder

L.

染色茜草自古用作红色、黄色和棕色染料的来源，而且至今仍然用于为纺织品染色以及纯化颜料。它因为这种染料而得到栽培。染料通常在生长三年后提取自根状茎和膨大的肉质根。染色茜草的植株有常绿叶片，沿着茎 4—7 枚轮生，排列为星形。叶片和茎上的小钩帮助这种植物攀爬。它的簇生黄色小花有 5 枚花瓣。在法国，染色茜草曾用于酿造一种烈酒。叶片和根还作药用。

实际尺寸

染色茜草的种子像黑色小胡椒粒。只有新鲜种子才应该用于繁殖，因为储存过的种子萌发速度可能很慢。植株喜欢阳光充足、排水良好的土壤。

相似物种

茜草属（*Rubia*）有大约 80 个物种，它们是多年生攀缘草本植物和小灌木。茜草（*R. cordifolia*，英文通用名 Indian Madder）原产非洲和亚洲，生长在那里的森林边缘，也是染料植物和药用植物。野茜草（*R. peregrinia*，英文通用名 Wild Madder）是一个常见的欧洲物种，开黄绿色小花。

科	龙胆科
分布范围	欧洲中部和南部，以及土耳其
生境	山区牧场
传播机制	风力
备注	黄龙胆是一种可以活50年以上的多年生植物
濒危指标	未予评估

种子尺寸

长 ³/₁₆ in
(4 mm)

538

黄龙胆
Gentiana lutea
Yellow Gentian
L.

实际尺寸

黄龙胆是一种草本多年生植物，可以长到90厘米高。叶片硕大，有醒目的脉纹，星状黄色花簇生在高大的花茎上。黄龙胆很可能是第一种引种栽培的龙胆属植物。它长期以来一直是重要的药用植物，人们收获它的根，用于治疗消化道失调，以及为一种名为龙胆苦味酒（gentian bitters）的酒精饮料调味。过度采集导致黄龙胆在它的部分分布区受到威胁，而这个物种目前受欧洲法律的保护。这个药用物种在东欧和北美有一些商业种植。

相似物种

龙胆属（*Gentiana*）是一个大属，有大约450个物种，其中一半原产东亚。黄龙胆是该属中植株最高的物种。开蓝色花的春花龙胆（*G. verna*，英文通用名 Spring Gentian）是一种更常见于种植的花园植物。无茎龙胆（*G. acaulis*，英文通用名 Blue-flowered Trumpet Gentian）可入药，还用作花园植物。

黄龙胆的种子生长在蒴果里。每个椭圆形蒴果里有许多具宽翅的扁平卵圆形种子，种子在夏季成熟，呈浅棕黄色。播种是这个物种通常使用的繁殖方式。

科	龙胆科
分布范围	斯堪的纳维亚半岛和欧洲阿尔卑斯山地区
生境	高山和亚高山灌木丛林地、牧场，以及草原
传播机制	风力
备注	从紫龙胆的根中提取的苦味药剂用于为酒精饮料调味
濒危指标	无危

种子尺寸

长 ⅛ in
(2.5 mm)

紫龙胆
Gentiana purpurea
Purple Gentian
L.

539

实际尺寸

紫龙胆是一个漂亮的高山物种，直立钟形紫色花簇生，花瓣上有深紫色斑点。这些花开在顶生叶片的基部，花茎可以长到 45 厘米高。紫龙胆的叶片呈披针形或卵圆形，有明显肋纹。该物种的根有和黄龙胆根相似的药用效果（538 页），用作草药补剂，而过度采集已经在它的部分地理分布区内产生了威胁。它在德国全境和瑞士部分地区受法律保护。这种植物喜欢含钙量低的土壤。

相似物种

龙胆属（*Gentiana*）是一个大属，有大约 450 个物种，其中一半原产亚洲。黄龙胆是该属中植株最高的物种。春花龙胆是一个常见于种植的高山花园物种，无茎龙胆也是。

紫龙胆的种子呈浅棕色，具宽翅。它们生长在窄倒卵形蒴果中。种子是正常型的，意味着它们可以干燥后储存在种子库里，但它们有生理性休眠，需要暴露在低温下才会萌发。

科	马钱科
分布范围	孟加拉国、印度、斯里兰卡以及东南亚
生境	森林
传播机制	哺乳动物和鸟类
备注	植株的某些部位用于治疗多种疾病，包括抑郁、食欲减退和腹部疼痛
濒危指标	未予评估

种子尺寸

长 ¾ in
(19 mm)

540

马钱
Strychnos nux-vomica
Strychnine Tree

L.

实际尺寸

马钱是一种可以长到 30 米高的落叶乔木，原产东南亚的森林。它的种子含有两种有毒生物碱：马钱子碱和二甲氧基马钱子碱。马钱子碱可导致惊厥，会引起心脏病发作。它用于动物毒药的商业制造，还用在印第安人增高血压的传统医药中。除了毒药之外，种子还可以制成一种油脂和一种棕色染料。马钱的木材耐白蚁，因此用于建筑工程。

相似物种

马钱属（*Strychnos*）有大约 200 个物种。其他几个物种也能产生有毒物质，例如藤本植物毒马钱（*S. toxifera*），它含有箭毒（curare），亚马逊地区的原住民部落用它来制作毒箭。不那么凶险的物种是净水马钱（541 页），在印度和缅甸，它磨碎的种子被用来净化水质。

马钱的种子呈扁圆盘形，覆盖着一层毛。它们生长在硕大的肉质绿色或橙色果实中，每个果实含有 5 粒种子。绿白色两性花由昆虫授粉。果实被无法消化种子的小型哺乳动物和鸟类食用，因此它们不会受到毒素的影响。

科	马钱科
分布范围	非洲中部和东部、马达加斯加、印度、斯里兰卡，以及缅甸
生境	干旱落叶林
传播机制	动物
备注	种子入药，还用于净化水质
濒危指标	未予评估

种子尺寸

长 ½ in
(12 mm)

净水马钱
Strychnos potatorum
Clearing-Nut Tree
L.f.

541

　　净水马钱是一种小型至中型乔木，可以长到 18 米高。它拥有棕黑色栓质树皮和浓密的枝叶，叶片单生，上表面呈有光泽的深绿色，下表面颜色较浅。它的花呈白色至黄绿色，簇生在小树枝基部附近的具梗花序中。净水马钱是重要的药用植物。在治疗过敏的一剂药方中，它的树皮与草药和酸橙汁混合在一起，制成一种药膏。树皮和果实也用作鱼类毒饵，坚硬的木材用于制作运货马车和农业工具。

净水马钱的果实在成熟时呈紫黑色，果肉发白。它们有苦味，但会被动物食用。每个果实含有 1 粒圆形黄色种子，表面覆盖浓密的丝状毛。

相似物种

　　马钱属（*Strychnos*）有大约 200 个物种，全都分布在热带。马钱（540 页）原产印度和东南亚，是毒药马钱子碱的来源。毒马钱（*S. toxifera*，英文通用名 Curare）是箭毒这种毒药的来源，在南美洲按照传统用于处理吹镖的尖端。

实际尺寸

科	夹竹桃科
分布范围	南非和莫桑比克
生境	干旱林和海滨灌木丛
传播机制	鸟类和其他动物
备注	来自这种植物的毒药被布须曼人用在箭头上，对动物和人都有强烈的毒性
濒危指标	未予评估

种子尺寸

长 ½ in
(13 mm)

542

长圆叶长药花
Acokanthera oblongifolia
Poison Arrow Plant

(Hochst.) Benth. & Hook. f. ex B.D. Jacks

长圆叶长药花是常绿灌木或小乔木，叶片革质有光泽。星状小花茂密簇生，花呈白色并带粉晕，有香味。这种植物虽然有毒，但仍被认为拥有观赏价值，种植在全世界的许多不同地方。植株的某些部位用在传统药物中，例如治疗蛇咬和蛔虫，人们还相信它能驱赶邪灵。该物种的毒性导致它被用在自杀和谋杀事件中。长圆叶长药花的另一个英文名是 African Wintersweet（"非洲蜡梅"）。

相似物种

长药花属（*Acokanthera*）有 5 个物种，它们和许多很受欢迎的亚热带观赏植物属于同一个科，如钝叶鸡蛋花（547 页）和欧洲夹竹桃（546 页）也属于夹竹桃科。一个具有强烈毒性的相似物种是对叶长药花（*Acokanthera oppositifolia*，英文通用名 Common Poison-bush）。

实际尺寸

长圆叶长药花有 1—2 粒扁平光滑的坚果状无毛种子。它们生长在形似油橄榄果的肉质果实中，果实成熟时呈深紫黑色。种子和果实都有强烈的毒性，尤其是未成熟并呈绿色的果实。

科	夹竹桃科
分布范围	原产马达加斯加；栽培于许多热带和亚热带地区，今已广泛归化
生境	林地、森林、草原，以及受扰动的区域
传播机制	动物（包括鸟类），以及风力和水流
备注	20 世纪 50 年代在长春花中发现的长春新碱是一种抗癌化合物，将儿童白血病的存活率从 20 世纪 60 年代的仅仅 10% 提高到现在的 90%
濒危指标	未予评估

种子尺寸

长 ¹⁄₁₆ in
(1.5–2 mm)

543

长春花
Catharanthus roseus
Rosy Periwinkle
(L.) G. Don

实际尺寸

长春花最初用在治疗糖尿病的传统医药中，但是在 20 世纪 50 年代对这个物种的研究让科学家发现了对几种癌症（包括白血病和霍奇金氏淋巴瘤）有很好治疗效果的多种化合物。长春花如今得到制药业的商业化种植，使用这种植物制造的药物的全球销售额以百万美元计。它还在热带地区和部分亚热带地区用作观赏植物，因为它有漂亮的粉色或白色花。

相似物种

夹竹桃科（Apocynaceae）是一个大科，既有大型板根乔木和攀缘植物，也有长春花这样小而柔弱的植物。夹竹桃科的大部分物种分布在热带，许多物种有漂亮醒目的花，花有 5 枚花瓣，花瓣基部通常合生为漏斗状。包括长春花在内，夹竹桃科的许多成员会产生有毒乳汁。

长春花的种子小，椭圆形，黑色，生长在由两个细圆柱形蓇葖果构成的果实里。这个物种自花授粉，且有耐扰动能力，因而能从栽培中逃逸，在野外环境中自由生长。如今已经在世界上的许多地区归化。有观察发现，蚂蚁传播长春花的种子。

科	夹竹桃科
分布范围	印度、东南亚，以及澳大利亚昆士兰州
生境	河边，以及海滨湿地和红树林
传播机制	水流
备注	这种树的果仁含有海檬果毒素，这种毒药会中断心跳，导致死亡。因此这个物种的另一个英文名是 Suicide Tree（"自杀树"）
濒危指标	未予评估

种子尺寸

长 3⁹⁄₁₆ in
(90 mm)

544

海檬树
Cerbera odollam
Pong Pong Tree
Gaertn.

实际尺寸

海檬树是常绿小乔木，可以长到 6 米高。它有泛绿的棕色树皮，单叶互生，螺旋状排列，有光泽。有香味的白色花簇生在一起，有 5 枚花瓣，每朵花都有黄色的喉部。海檬树的果实是圆形或卵圆形核果，像小号杧果，幼嫩时呈绿色，随着成熟而变成鲜红色。果实有富含纤维的厚壳，能够在海水中漂浮。海檬树会产生乳汁。虽然令人恐惧地用于谋杀和自杀，但它仍然是一种漂亮的观赏植物。

相似物种

近缘物种海杧果（*Cerbera manghas*，英文通用名 Sea Mango）在马达加斯加有用作毒药的漫长历史，在那里，它们被当作一种神明裁决的手段，每年导致数千人死亡，直到这种仪式性毒药在 1863 年遭到禁止。夹竹桃科的其他一些成员是观赏植物，包括钝叶鸡蛋花（547 页）和欧洲夹竹桃（546 页）。

海檬树的果实（如图所示）含有 1 或 2 粒种子。每粒种子有薄薄的种皮和白色肉质种仁。种仁分成两瓣，暴露在空气中时先变成紫色，再变成棕色或黑色。种子毒性极强。

科	夹竹桃科
分布范围	非洲和阿拉伯半岛；栽培并归化于中国、澳大利亚、新西兰、印度、亚速尔群岛及毛里求斯
生境	稀树草原、受扰动的区域，以及废弃的田野
传播机制	风力和水流
备注	在它的自然分布区和引种区，钉头果为多个蝴蝶物种的毛虫提供食物
濒危指标	未予评估

种子尺寸

长 ³⁄₁₆ in
(5 mm)

钉头果
Gomphocarpus fruticosus
Milkweed

(L.) W. T. Aiton

实际尺寸

钉头果是一种细弱的常绿小灌木，可以长到 2 米高。植株的所有部位，尤其是茎，会在受损后渗出有毒的乳白色汁液。它独特的球形浅绿色果实上覆盖着一层柔软的刚毛，因而该物种拥有另一个英文名 Ballon Cotton（"气球棉花"）。虽然对牲畜和人类有毒，但钉头果在非洲的许多地方入药，用于治疗肺结核、头痛和胃痛。它在中国有时作为药用植物种植，但是在澳大利亚被归入对环境有害的杂草，并且已经在那里归化。

相似物种

英文名 milkweed（"乳汁草"）实际上指的是夹竹桃科的 3 个有乳汁的属：钉头果属（*Gomphocarpus*）、马利筋属（*Asclepias*）和绵轮藤属（*Xysmalobium*）。和钉头果属一样，绵轮藤属的物种也生长在非洲，而大部分马利筋属物种分布在美洲。这些物种进化出了高度特化的花，能够暂时困住访花昆虫，确保它们在不同的花之间传递花粉。

钉头果的种子生长在这种植物的气球状种荚中，种荚在成熟时开裂。种子扁平，呈棕色或黑色，一端覆盖着一簇白色丝状毛（在这张照片里已经除去）。这些毛有助于种子借助风力或水流传播。

科	夹竹桃科
分布范围	地中海地区、非洲部分地区、中东、亚洲以及印度
生境	栽培生境
传播机制	人类
备注	欧洲夹竹桃对人类、宠物、牲畜和鸟类有强烈的毒性。它的树液曾经用作老鼠药
濒危指标	无危

种子尺寸

长 ⅝ in
(16 mm)

546

欧洲夹竹桃
Nerium oleander
Oleander

(L.) W.T. Aiton

实际尺寸

欧洲夹竹桃是一种富于观赏性的灌木或小乔木，栽培广泛，而且长期以来一直和地中海地区联系紧密。它的种植可以追溯到古代（庞贝古城的古罗马壁画描绘了它的样子），野生起源尚不明确。在比较寒冷的条件下，欧洲夹竹桃是很受欢迎的温室植物。窄披针形常绿叶片通常三枚簇生，而管状花有5枚裂片。它有许多品种，分别开红色、白色、米色、黄色或紫色花，人们还培育出了重瓣品种；一些品种有香味。按照传统，叶片和根会被用在药物中治疗多种病症，尽管这种植物有毒。

相似物种

欧洲夹竹桃是夹竹桃属（*Nerium*）的唯一物种。含有观赏植物的夹竹桃科其他属包括生活在热带的鸡蛋花属（*Plumeria*），它的9个物种在英文中统称 frangipani（鸡蛋花），以及拥有5个物种的沙漠玫瑰属（*Adenium*）。鸡蛋花的花用香味吸引授粉蛾类；它们在夏威夷用于制作花环。

欧洲夹竹桃的种子呈椭圆形。它们的表面覆盖橙色至棕色毛，一端的毛更长。种子生长在细长的绿色或黄色蓇葖果中，蓇葖果在变成棕色并成熟时开裂，露出多毛的小种子。

科	夹竹桃科
分布范围	中美洲和加勒比海地区
生境	热带森林
传播机制	风力
备注	钝叶鸡蛋花的花在夏威夷用来制作花环和香水
濒危指标	未予评估

种子尺寸

长 1⅜ in
(35 mm)

钝叶鸡蛋花
Plumeria obtusa
Frangipani
L.

547

钝叶鸡蛋花的英文名还包括 Singapore Graveyard Flower 和 Pagoda Tree，因其独特的花而广泛栽培于热带地区，花簇生在肉质多瘤的树枝末端。钝叶鸡蛋花的花有 5 枚白色花瓣，它们排列成漏斗状并且呈现出黄色花心，散发美妙的香味。该物种的英文名来自一位 16 世纪意大利贵族的名字，他发明了一种气味类似的香水。虽然通常是落叶植物，但钝叶鸡蛋花在特定条件下可以全年保持有光泽的椭圆形深绿色叶片。

相似物种

鸡蛋花属（*Plumeria*）是一个小属，它的乔木和灌木物种原产美洲热带和亚热带地区。属名来自 17 世纪在西印度群岛游历广泛的法国植物学家夏尔·普卢米埃（Charles Plumier）。鸡蛋花（*P. rubra*，英文通用名 Red Frangipani）同样栽培广泛；它的植株比钝叶鸡蛋花大，花呈螺旋状。鸡蛋花通过名为"花拟态"的过程完成授粉：花不产生花蜜，而是通过模仿其他产蜜花的颜色图案和香味来吸引授粉者。

实际尺寸

钝叶鸡蛋花的种子呈浅棕色，具翅；和结出种子的花相比，种子显得相当乏味。它们生长在干燥的椭圆形蓇葖果里，后者沿着一侧开裂，释放出在风中传播的种子。栽培中的树很少结出种子，而且大部分新植株是使用来自成年树的插条繁殖的。

科	夹竹桃科
分布范围	原产欧洲南部；引入世界各地的热带、亚热带和温带地区
生境	林地、绿篱和河岸
传播机制	动物（包括鸟类），以及风力和水流
备注	蔓长春花的种子需要完全的黑暗才能萌发
濒危指标	未予评估

种子尺寸

长 1/16 in
(2 mm)

蔓长春花
Vinca major
Blue Periwinkle
L.

实际尺寸

蔓长春花是蔓生常绿植物，栽培广泛，以高度适应性和低养护要求闻名。它开紫蓝色花，5 片花瓣的基部合生成管状，正如夹竹桃科的许多物种一样。这种植物的花茎是直立的，而不开花的茎贴在地面上水平生长。它的长势非常健壮，可以扩散到 2.5 米宽。蔓长春花还有几种药用价值，无论是按照过去的传统还是如今的商业化应用，都用于治疗内出血、高血压和月经不调。

相似物种

小蔓长春花（*Vinca minor*，英文通用名 Dwarf 或 Common Periwinkle）和蔓长春花非常相似，但是叶片和花较小。小蔓长春花有相似的分布范围，而且这两个物种都有大规模栽培。在引入它们的某些地区例如美国、加拿大、澳大利亚和新西兰，这两个物种都可能表现出入侵性，在野生生境中繁茂生长，挤压本土物种的生存空间。小蔓长春花含有化合物长春胺，它是一种提升大脑功能的益智药。

蔓长春花的种子很小，椭圆形，黑色。在春天冷凉潮湿的地区，它们不容易萌发，但是一旦成功繁殖，它们的生长速度非常快。该物种是提供花园地被的热门选择，而且有多个花朵和不同叶片类型的品种。

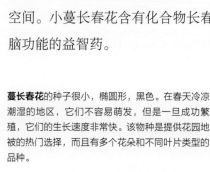

科	紫草科
分布范围	地中海地区；今广泛归化
生境	栽培用地、受扰动的路缘及荒地
传播机制	蚂蚁
备注	玻璃苣用于生产花园和盆栽植物所使用的液体肥料
濒危指标	未予评估

玻璃苣
Borago officinalis
Borage
L.

种子尺寸

长 ¼ in
(6 mm)

实际尺寸

玻璃苣是一种较大的多毛一年生植物，有卵圆形叶片和鲜艳的星形蓝色花，花直径 2 厘米。夏季开花，花期长。这些花的特点是有突出的黑色花药，它们在花心形成一个锥体，被称为花的"美人痣"。玻璃苣因其药用价值并作为烹饪用香草而在欧洲种植并广泛使用，因其油脂丰富的种子而得到商业化规模的栽培。虽然原产地中海地区，但该物种如今已经广泛归化于其他地区，包括美国。

相似物种

玻璃苣属（*Borago*）有 5 个物种，原产欧洲地中海地区和北非。匍匐玻璃苣（*B. pygmaea*，英文通用名 Prostrate 或 Corsican Borage）也有栽培并用作草药。紫草科（Boraginaceae；英文名 borage family）有大约 2000 个乔木、灌木和草本物种，包括勿忘草属（*Myosotis*）、肺草属（*Pulmonaria*）和蓝蓟属（*Echium*）的成员。

玻璃苣的果实是小巧的倒卵形瘦果，由 4 枚棕黑色种子或小坚果构成。木质化种子生长在多毛花萼内，由被果实上营养丰富的油质体吸引的蚂蚁传播。

科	紫草科
分布范围	地中海地区、欧洲、西亚和中亚；广泛归化
生境	干草原、河岸及沙丘
传播机制	重力、水流，或者动物
备注	该物种曾经用作治疗蛇咬的抗蛇毒药，其英文名 Viper's Bugloss（"毒蛇牛舌草"）因此而来
濒危指标	未予评估

种子尺寸

长 ¹⁄₁₆ in
(2 mm)

550

蓝蓟
Echium vulgare
Viper's Bugloss

L.

实际尺寸

蓝蓟的种子是生长在花萼内的小坚果，成熟时脱落。种子小，棕色或灰色，呈圆角锥形，表面坚硬而粗糙。每朵花结 4 粒种子。花没有特别的传播适应性特征。

蓝蓟是二年生植物，在高大花序上开鲜艳的蓝色花，花瓣粗糙，红色雄蕊呈舌状。叶片长，边缘呈波状，覆盖柔软的刚毛，簇生为扁平的莲座丛。第二年，这些莲座丛延长并长出一根或更多根粗壮的茎，花在侧枝上连续开放数周。一旦花期结束并结籽，每棵植株都会枯死。蓝蓟分布广泛，已在许多国家归化。它生长在干草原上，尤其是在有白垩质土的地方，而且常常分布在受扰动的区域，例如采石场和路缘。

相似物种

蓝蓟属（*Echium*）有大约 60 个物种，包括野蓝蓟（551 页）。丰花蓝蓟（*E. pininana*，英文通用名 Giant Viper's Bugloss 或 Tree Echium）原产加那利群岛。它的花茎可以长到 4 米高，无论是在野外还是在栽培中都十分壮观。在 IUCN 红色名录上，它和加那利群岛的其他 4 个蓝蓟属物种一起被列为受威胁物种。

科	紫草科
分布范围	加那利群岛
生境	干旱林地和森林
传播机制	风力
备注	每朵花看上去像闪闪发光的珠宝
濒危指标	未予评估

种子尺寸

长 ³⁄₁₆ in
(4 mm)

野蓝蓟
Echium wildpretii
Tower of Jewels
H. Pearson ex Hook. f.

551

实际尺寸

野蓝蓟原产加那利群岛，花茎高达 2—3 米。这个物种的英文名 Tower of Jewels（"珠宝塔"）来自植株的外表：花茎的形状像圆锥或"塔"，每枝花茎有数百朵粉红色花，而且每朵花有白色花药（花的雄性繁殖器官），好像闪闪发光的珠宝。花由蜂类授粉，但是由于这种昆虫的授粉方式，意大利蜜蜂（*Apis mellifera*）被引入特内里费岛——加那利群岛的岛屿之一——很可能对野蓝蓟的遗传多样性产生了负面影响。

野蓝蓟的种子需要在花期结束后生长 1 个月才能成熟。花由蜂类授粉，并结出大量种子。种子一旦成熟，最轻柔的一阵风也能让它们从植株上脱落，因此很难采集。种子小，棕色至黑色，果实呈矛形。

相似物种

蓝蓟属（*Echium*）有 60 个开花植物物种，部分物种已经在澳大利亚和非洲南部成为入侵物种。由于开醒目的花，许多物种用作观赏植物。在克里特岛上，意大利蓝蓟（*Echium italicum*）——当地名称是 Pateroi——细长的茎在煮熟或蒸熟后可供食用。

科	紫草科
分布范围	非洲南部
生境	草原、灌木丛林地及林地
传播机制	动物
备注	该物种的另一个英文名是 Cape Lilac
濒危指标	未予评估

种子尺寸

长 ³⁄₁₆ in
(3.5 mm)

552

南非厚壳树
Ehretia rigida
Puzzle Bush

(Thunb.) Druce

南非厚壳树是一种容易种植的多干型灌木或乔木，可以长到9米高，并且正在成为越来越受欢迎的花园植物。叶片光滑或覆盖硬毛；树皮在新枝上非常光滑且呈灰色，但在植株较老部位上则是粗糙的。漂亮且有甜香气味的花密集簇生在树枝上，呈淡紫色、蓝色或白色，雄花和雌花开在不同的植株上。南非厚壳树的根用在传统药物中，树枝用于制作捕捞篮和猎弓。

相似物种

厚壳树属（*Ehretia*）有大约50个物种，全都分布在热带地区。该属以18世纪德国植物插画师格奥尔格·狄俄尼索斯·埃雷特（Georg Dionysius Ehret）的名字命名。得州厚壳树（*E. anacua*，英文通用名 Knockaway 或 Anacua）在原产地得克萨斯州是一种很受欢迎的观赏植物，还生长在墨西哥南部。

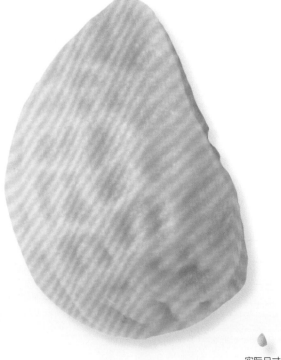

实际尺寸

南非厚壳树结可食用的圆形果实，果实为橙色至红色，成熟时变成黑色。每个果实含有4粒种子，种子表面有雕塑质感，呈椭球形。它们的一侧呈凸球形，另一侧有一个深空腔。栽培植株通常用种子繁殖。

科	紫草科
分布范围	非洲、马达加斯加、印度、爪哇,以及菲律宾群岛
生境	受扰动的土地、农业用地、路缘,以及砂质河床
传播机制	重力
备注	单峰骆驼(*Camelus dromedarius*)喜欢吃这个物种(因此它的英文名意为"骆驼灌丛"),而其他牲畜会躲避它
濒危指标	未予评估

种子尺寸

长 ⅛ in
(4 mm)

553

斯里兰卡毛束草
Trichodesma zeylanicum
Camel Bush

(Burm.f.) R. Br.

实际尺寸

斯里兰卡毛束草通常是一年生植物,可以长到 1.2
米高,不过它可能长成灌木状。它有许多分枝,表面粗
糙多毛,球根上还长着令人不悦的刺毛,它们在人接触
这种植物时会脱落并刺激皮肤。叶片上也有刺毛。花
单生,白色,或者浅蓝色并有白色花心,有 5 枚合生花
瓣。斯里兰卡毛束草有时从野外收获,例如被澳大利亚
原住民采集,用作食物和药物。叶片作为蔬菜烹饪食
用。从这种植物的花和种子里提取的油被称为"野玻璃
苣油"(wild borage oil),从澳大利亚出口到欧洲。

斯里兰卡毛束草的果实是棕色蒴果,每个果实里有
4 粒三棱形种子(小坚果)。灰棕色种子颜色斑驳,
内表面粗糙,背部光滑且有光泽。

相似物种

毛束草属(*Trichodesma*)有大约 40 个物种。在这
个属里,斯里兰卡毛束草是不同寻常的,因为它的花是
完全自花授粉的(该属的其他物种由昆虫授粉)。印度
毛束草(*T. indicum*,英文通用名 Indian Borage)的入药
方式和斯里兰卡毛束草类似,用于治疗多种病症。

科	旋花科
分布范围	原产非洲、亚洲和欧洲；已引入大多数国家，并常常在温带地区表现出入侵性
生境	栽培用地、花园及路缘
传播机制	水流和鸟类，偶尔是人类和牲畜
备注	美国大平原在 19 世纪 70 年代遭遇了一次田旋花泛滥，人们认为这是乌克兰移民无意间引入该物种造成的
濒危指标	未予评估

种子尺寸

长 ³/₁₆ in
(5 mm)

554

田旋花
Convolvulus arvensis
Field Bindweed
L.

实际尺寸

田旋花的种子有三条棱，大致呈椭圆形，两端渐尖。植株大量结种子，种子的生活力可以保持数年之久。种子有坚硬的种皮，包含在表面无毛的圆形蒴果中。蒴果有 2 个隔舱，每个隔舱含有 4 粒种子。

田旋花是多年生藤本植物，它的藤丛又深又广且难以清除的根系长出，且根系能够迅速地在新的地区定殖。白色根系硬而易碎，碎片留存在土壤中，很容易形成新的植株。为园丁熟知的田旋花是一种令人烦心且难以清除的杂草。它生长在大多数国家，但对温带地区的农业和园艺影响最大。它的茎细长，蔓生或逆时针缠绕生长，多分枝，通常大片生长而不是作为单株出现。漂亮的喇叭状花呈白色或粉色，单生。

相似物种

旋花（*Calystegia sepium*，英文通用名 Hedge Bindweed）也属于旋花科（Convolvulaceae），外表与田旋花相似，但它是一种长势更强健的攀缘植物，有更大的叶、花和种子。另一个常见的欧洲物种是森林打碗花（*C. silvatica*，英文通用名 Large Bindweed）。番薯属（*Ipomoea*；旋花科的另一个属）的几个物种与田旋花相似，但不同之处在于它们被人类作为一年生植物种植，而且一般开蓝色或紫色花。

科	旋花科
分布范围	非洲、亚洲、澳大拉西亚以及太平洋地区；如今广泛生长在热带
生境	湿地
传播机制	水流、动物及人类
备注	该物种的另一个英文名是 Swamp Morning Glory（"沼泽牵牛花"）
濒危指标	无危

种子尺寸

长 ¾₆ in
（5 mm）

蕹菜（空心菜）
Ipomoea aquatica
Water Spinach
Forssk.

555

蕹菜是一种蔓生水生植物，有漂浮在水中的中空茎秆和漂亮的粉色、米色或白色大花，常常带有淡紫色花心。该物种很可能起源于印度，如今遍布热带地区。蕹菜营养价值高且富含铁元素，在南亚和东南亚是一种很受欢迎的叶用蔬菜，还被种来喂养家畜。然而它在世界上的许多地方成了入侵物种，包括菲律宾以及美国的加利福尼亚州、佛罗里达州和夏威夷州。它会形成致密的垫状植被，压制本土植被并阻碍水流。

相似物种

番薯属（*Ipomoea*）是一个大属，有大约 500 个物种。番薯（556 页）是另一种非常重要的食用植物。作为在英文中名为 Morning Glory（牵牛花）[①] 的几个物种之一，三色牵牛（*Ipomoea tricolor*）是一种很受欢迎的花园植物，有许多品种，包括常见的'天蓝'（Heavenly Blue）。

实际尺寸

蕹菜的种子呈棕色或黑色，通常覆盖着软而短的毛。种子生长在圆形多毛蒴果中。新鲜的成熟种子表现出原生休眠的特点。它们需要经历一段后熟时期并且破坏种皮（通过微生物作用、土壤颗粒磨损或者动物的消化来实现）才会萌发。

---

① 译注：字面意思见"早晨的荣耀"。见 557 页。

科	旋花科
分布范围	被认为起源于中美洲或南美洲；如今广泛栽培，主要是在热带国家
生境	栽培用地
传播机制	人类
备注	和马铃薯（568 页）并无亲缘关系的番薯被认为像马铃薯一样，也是探险家克里斯托弗·哥伦布在 15 世纪末引入欧洲的
濒危指标	未予评估

种子尺寸

长 ³⁄₁₆ in
(5 mm)

556

番薯
Ipomoea batatas
Sweet Potato
(L.) Lam.

实际尺寸

人们认为番薯起源于中美洲和南美洲。它如今因其可食用块根而得到广泛栽培，有时还作为观赏植物种植。中国是这种攀缘作物的最大生产国，它有细长的茎和卵圆形或心形互生叶片。它的喇叭状花呈蓝紫色至淡紫色或白色，花瓣内侧常常颜色较深。名为 arrowroot（"竹芋"）的淀粉是许多食品的成分，它是用番薯的块茎制作而成的[①]；这种植物还用于制造工业酒精。它的块茎营养丰富，富含维生素 A。

相似物种

番薯属（*Ipomoea*）是一个大属，有大约 500 个物种。蕹菜（555 页）是该属另一种很受欢迎的食用植物。番薯属的一些品种在英文中统称 Morning Glory（'牵牛花'），是备受青睐的花园植物。它们包括紫牵牛（559 页）和三色牵牛，后者有许多品种，包括'天蓝'。

番薯的果实是干燥开裂卵形蒴果。它们包含光滑的棕色种子，种子表面有独特的脊线。植株很少结果实或种子，因此通常用茎插条或块根来繁殖。用种子播种的植株，可食用块根的产量较小。

---

① 译注：原文内容有误。据 wikipedia，arrowroot 的来源植物主要是竹芋，还有其他几个物种，唯独不包括番薯。

科	旋花科
分布范围	原产美洲和加勒比海群岛；在许多国家是入侵物种
生境	森林和草原
传播机制	风力和人类
备注	这种植物如果自交授粉或者接受近亲植株的花粉，就不会结种子
濒危指标	未予评估

种子尺寸

长 ³⁄₁₆ in
(4 mm)

557

变色牵牛
Ipomoea indica
Blue Dawn Flower
(Burm.) Merr.

变色牵牛是一种长势苗壮的藤本植物，开漏斗状蓝紫色花。它已经在许多国家成为入侵物种，包括新西兰，在那里繁殖、配送和销售这个物种都是违法的，因为它被《1993 年生物安全法案》认定为不受欢迎的生物。变色牵牛的生长速度很快，会爬上其他植物以寻求支撑。它可以迅速占领生境，而且生长在热带、亚热带和温带地区。

相似物种

在旋花科内，有超过 1000 个开花植物物种的英文名是 Morning Glory（字面意思"早晨的荣耀"）。这个名字指的是这些花在清晨开放，然后只持续几个小时。某些物种会在夜晚开花。番薯属的属名 *Ipomoea* 来自一个意为"似蠕虫"的希腊语单词，指的是该属物种的缠绕习性。

实际尺寸

变色牵牛的种子在摄入后有毒。它们最好在春天 18℃的环境下单粒播种；破皮或者将种子浸泡 24 小时可以提高萌发率。该物种的花自交不亲和，也就是说，它们需要亲缘关系较远的植株提供花粉才能结出种子。

科	旋花科
分布范围	巴西
生境	热带森林
传播机制	水流
备注	浸泡种子会促进萌发
濒危指标	未予评估

种子尺寸

长 ³⁄₁₆ in
（4 mm）

558

裂叶茑萝
Ipomoea lobata
Fire Vine
(Cerv.) Thell.

实际尺寸

裂叶茑萝的种子小而黑，形状像四分之一块来檬。种子坚硬，尖端有一白色小圆点，萌发速度慢，需要三周以上。建议播种前用温水浸泡过夜，而且浸泡前刻伤每粒种子的种皮能使水更快更彻底地进入。

裂叶茑萝是巴西本土植物，常作为观赏植物种植。它的另一个常用英文名是 Spanish Flag（"西班牙国旗"），因为它的红黄两色花只沿着茎的一侧生长，看上去像一面西班牙国旗。开花枝顶端的花呈红色，下面的花呈黄色。这些花呈管状，比旋花科其他物种的花小。

相似物种

旋花科（在英文中常称为 morning glory family）拥有分布在 50 个属里的超过 1000 个物种。该科成员以漏斗状花和攀缘习性闻名。旋花科的大部分物种是草本攀缘植物，但该科还包括乔木、灌木和香草。

科	旋花科
分布范围	非洲部分地区、亚洲热带、澳大利亚、北美洲南部和南美洲北部
生境	海滩和海滨植被
传播机制	动物和水流
备注	阿兹特克人相信，食用紫牵牛种子有助于他们和太阳神交流；这些种子至今仍然用在墨西哥的仪式上
濒危指标	未予评估

种子尺寸

长 ¼ in
(6 mm)

紫牵牛
Ipomoea violacea
Morning Glory
L.

559

紫牵牛是番薯属的多年生物种，遍布热带并生长在海滨地区。它在英文中还常被称为 Beach Moonflower（"海滩月亮花"）或 Sea Moonflower（"海月亮花"），因为它在夜晚开白色的花。花全年开放，由蛾类授粉。这种略木质化的藤本植物拥有细长的缠绕茎，茎上生长心形叶片。该物种在温带花园中通常作为一年生植物种植，根和叶用在传统医药中。

实际尺寸

相似物种

番薯属是一个大属，有大约 500 个物种。番薯（556页）是紫牵牛的近缘物种。另一种很受欢迎的观赏植物是三色牵牛，英文通用名也是 Morning Glory，它有许多品种。该属植物常常通过断裂的茎扩散，会变得像杂草一样四处丛生。

紫牵牛的种子是黑色的。坚硬的种子覆盖着柔软的短毛，而边缘处生长着较长的丝状毛。种子生长在浅棕色的光滑圆形蒴果中。种子可以在土壤中保持长达 20 年以上的生活力。

科	旋花科
分布范围	墨西哥、加勒比海地区，以及南美洲；已在许多太平洋岛屿上归化
生境	湿润森林
传播机制	水流
备注	早在 18 世纪时，植物学家就在交换这种植物的种子了
濒危指标	未予评估

种子尺寸

长 ¹¹⁄₁₆ in
(18 mm)

560

木玫瑰
Merremia tuberosa
Hawaiian Wood Rose

(L.) Rendle

木玫瑰是一种开黄花的攀缘藤本植物，覆盖着高大阔叶林的林冠。到 1731 年时，它已经被栽培在伦敦的切尔西药用植物园（Chelsea Physic Garden），并很快扩散到世界各地。它由于药用价值而得到广泛种植，因为它的根含有在欧洲和整个热带地区用作泻药的树脂。在这个物种的引种地区，它可能成为本土植被的威胁，因为它会通过遮蔽阳光而杀死它们。这已经导致它在许多国家和地区成为入侵物种，包括夏威夷。

相似物种

旋花科植物的种子含有麦角酰胺（LSA）——麦角酸二乙基酰胺（LSD）的一种天然变体。和 LSD 一样，LSA 也是一种以心理效应闻名的迷幻剂，它会在种子被摄入后发挥药效，产生幻觉等效果。这种次生代谢物还是一种植物防御机制，可以抵御食草动物的侵害。

实际尺寸

木玫瑰的植株结出大量种子，这个特点使它们更具入侵性。每个果实结 1—4 粒深棕色至黑色种子。种子必须经过破皮处理才能萌发，这样做才能让水穿透种皮。

科	茄科
分布范围	原产危地马拉和墨西哥；广泛栽培于世界各地
生境	热带森林和栽培用地
传播机制	鸟类和人类
备注	该物种在六千多年前被人类首次驯化
濒危指标	未予评估

种子尺寸

长 ³⁄₁₆ in
(4 mm)

辣椒
Capsicum annuum
Bell Pepper
L.

561

该物种最先在南美洲和中美洲栽培，然后被葡萄牙人和西班牙人运输到其他热带地区种植。如今这个物种有数千个品种，既有味甜或温和的甜椒，也有刺激火辣的辣椒。甜椒类品种结味道温和的大果实，广泛用于烹饪。辣椒的辣味品种包括'卡宴'（Cayenne）和'哈雷派尼奥辣椒'（Jalapeño Pepper），前者的果实还会被晒干磨碎制成香料。该物种还有观赏品种，包括'玻利维亚彩虹'（Bolivian Rainbow）和'圣诞辣椒'（Christmas Pepper）——前者结橙色、红色、黄色和紫色的小辣椒果，而后者同时结红色和绿色果实，非常有节日气息。

相似物种

辣椒属（*Capsicum*）被认为有大约 40 个物种。但是被人类驯化的物种只有 5 个：辣椒、浆果状辣椒（*C. baccatum*，英文通用名 Aji）、黄灯笼辣椒（*C. chinense*，英文通用名 Yellow Lantern Chili）、灌木状辣椒（562 页）和绒毛辣椒（*C. pubescens*，英文通用名 Rocoto）。除了绒毛辣椒，其他所有物种都可杂交，这在一定程度上造就了我们今天拥有的辣椒品种。黄灯笼辣椒是一些味道最辣的品种——包括'哈瓦那'（Habanero）——的亲本物种。

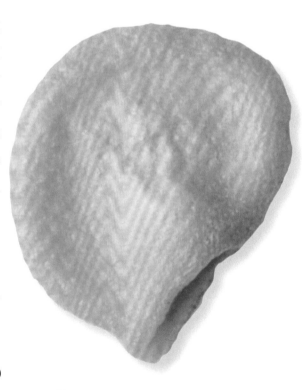

实际尺寸

辣椒的种子呈黄白色，圆形，扁平。它们生长在果实中央的核上。虽然如今栽培于全球各地，但辣椒的种子需要较高的温度（至少 20℃）才能萌发，这反映了它们的热带起源。

科	茄科
分布范围	原产南美洲热带
生境	热带雨林和栽培用地
传播机制	鸟类和人类
备注	灌木状辣椒制造味道火辣的化学物质以抵御动物，但这些化学物质对鸟类无害
濒危指标	未予评估

种子尺寸

长 ³⁄₁₆ in
(4 mm)

562

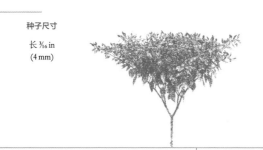

灌木状辣椒
Capsicum frutescens
Chili Pepper

L.

实际尺寸

灌丛状辣椒的种子呈黄白色，圆形，扁平。和大众的想法不同的是，辣椒最辣的部位不是种子，而是种子周围的白色肉质部分，称为胎座。灌丛状辣椒之所以生成有辣味的化学物质，部分原因是防止动物吃掉果实，因为种子在哺乳动物的消化道中会被破坏。

灌木状辣椒是几种辣味辣椒的起源，不过它的栽培不如辣椒（561页）广泛，多样性也不如辣椒高。最著名的灌木状辣椒品种是'塔巴斯哥辣椒'（Tabasco Pepper），用于制作滋味火爆的塔巴斯哥辣椒酱。其他品种包括种植在巴西亚马逊地区的'马拉盖塔辣椒'（Malagueta Pepper），以及'霹雳霹雳'（Piri Piri），又称'非洲魔鬼'（African Devil）。在灌木状辣椒中产生辣味的化学物质名为辣椒素；它溶于脂肪但不溶于水，因此牛奶和酸奶等乳制品长期以来一直用于缓解辣椒的辣味。

相似物种

不同辣椒品种的相对辣度传统上使用斯科威尔辣度指数（Scoville scale）测量，较辣的品种拥有更多斯科威尔辣度单位（Scoville heat unit，简称SHU）。甜椒的斯科威尔辣度指数是0；塔巴斯哥辣椒酱拥有2500—5000个SHU，而'哈瓦那'有100000—350000个SHU。全世界最辣的辣椒品种'特立尼达莫鲁加毒蝎辣椒'（Trinidad Scorpion Moruga）有2000000个SHU。

科	茄科
分布范围	很可能原产北美洲南部和加勒比海地区；已经扩散到全世界的温暖气候区
生境	暖温带、亚热带和热带气候区的农业用地和牧场，路缘以及荒地
传播机制	喷出和人类
备注	该物种全株有毒，尤其是种子
濒危指标	未予评估

种子尺寸

长 ⅛ in

(3 mm)

曼陀罗
Datura stramonium
Jimson Weed
L.

563

曼陀罗是一种常见但分布广泛的农业杂草，在历史上伴随着人类的农业活动扩散。该物种可以长到 1 米高，曾经在温带和热带的几乎 100 个国家作为杂草出现在超过 40 种作物的农田里。每棵植株结表面有刺的大种荚，因此它的另一个英文名是 Thorn Apple（"刺苹果"）。每个种荚由 4 个充满种子的蒴果组成 —— 当蒴果开裂时，它们会将种子喷出到 3 米之外。曼陀罗含有大量具有强烈麻醉效果的化学物质；植株的所有部位都用在民间药物和宗教仪式中，并被当作一种消遣性药物使用。

相似物种

茄科（Solanaceae；英文名 nightshade family）以其有毒的植物物种闻名。除了曼陀罗，这个科还包括颠茄（*Atropa belladonna*，英文名 Deadly Nightshade）和莨菪（*Hyoscyamus niger*，英文名 Henbane），它们都是毒性很强的植物，有致幻效果。该科还包括一些常见的食用植物，例如马铃薯（568 页）、番茄（*Solanum lycopersicum*）和茄（567 页）。这些物种的茎和叶含有茄碱，这种化合物有强烈的毒性，即使在剂量非常小的情况下。

曼陀罗的种子是黑色的，呈扁平的肾形，表面布满小坑。它们含有浓度非常高的糖苷生物碱，正是这种化学物质使该物种具有麻醉效果。在历史上伴随人类的活动扩散到世界各地，如今曼陀罗的种子是农业用种子和鸟食的常见污染物。埋在土壤里的种子可以多年保持活力，一旦土壤受到扰动就会萌发。

实际尺寸

科	茄科
分布范围	地中海地区
生境	开阔林地、田野和草甸，以及多岩石土地
传播机制	鸟类和其他动物
备注	J. K. 罗琳从这个物种得到灵感，创造了《哈利·波特与密室》中的虚构植物曼德拉草（Mandrake Plants）
濒危指标	未予评估

种子尺寸

长 ¼ in
(6 mm)

风茄
Mandragora officinarum
Mandrake
L.

564

实际尺寸

风茄的种子是黄色的，呈扁平的肾形，生长在较大的黄色浆果中。它们难以萌发，必须层积一段时间才能播种。这意味着要将它们保存在冷凉条件中，以模拟在野外促使种子萌发的冬季环境。

风茄是一种数百年来总是和迷信以及民间故事联系紧密的植物。它巨大的根可以长到1—1.2米深，数百年来被用作春药、安眠药和止痛药。实际上，风茄拥有和茄科的其他植物例如颠茄类似的效果，大剂量服用会产生强烈毒性。风茄曾经出现在《圣经》、莎士比亚的戏剧，以及更近的时期 J. K. 罗琳的《哈利·波特》系列奇幻小说里。关于风茄，一个广为人知的现象是当它从地里拔出来时会发出"尖叫"。人们曾经认为这声尖叫会对拔出风茄的人施加诅咒，所以通常用动物收获这种植物。

相似物种

茄参属（*Mandragora*）的物种数量如今尚不确定。部分专家承认一个原产地中海地区和西亚的物种，称其为秋风茄（*M. autumnalis*，英文通用名 Autumm Mandrake）。另一个物种茄参（*M. caulescens*，英文通用名 Himalayan Mandrake）分布在东亚，根也入药。

科	茄科
分布范围	美国得克萨斯州
生境	原产地生境不确定，但历史上从亚马逊雨林到北美洲平原都有种植
传播机制	人类
备注	黄花烟草含有大量尼古丁，其浓度是烟草（566页）的许多倍。口服摄入会导致幻觉
濒危指标	未予评估

黄花烟草
Nicotiana rustica
Mapacho
L.

种子尺寸
长 ½ in
(1 mm)

565

实际尺寸

黄花烟草是烟草（566页）的近亲物种，而且效果更强。它数千年来一直是美洲原住民文化的重要植物，而且至今仍然用在美洲各地的宗教典礼和仪式上。对于美洲原住民而言，该物种还是重要的药用植物，用作缓解蚊虫叮咬和牙疼的止痛剂，还用于治疗肾脏和消化系统疾病，以及发热。黄花烟草全株含有尼古丁，包括花和花蜜。由于尼古丁味道不佳，主要起驱赶动物的作用，因此黄花烟草的花不能被昆虫或其他动物授粉；相反，这个物种是自花授粉的。

相似物种

黄花烟草的叶片比烟草小，而且花通常比该属其他成员小得多，这反映的事实是它自花授粉，不需要吸引昆虫。烟草是今天用于栽培吸食的烟草属（*Nicotiana*）主要物种；黄花烟草也有栽培，但不是为了吸食——这个物种的高尼古丁含量让它成为一种有效的杀虫剂。

黄花烟草的种子呈红棕色，圆形，而且极小。它们生长在圆形小果实中，果实看上去像小苹果，气味也相似。黄花烟草的种子很容易萌发，不过幼苗无法在霜冻条件下存活。

科	茄科
分布范围	原产南美洲热带；栽培于世界各地
生境	原产热带或亚热带气候区，不过如今栽培于一系列气候区
传播机制	人类
备注	烟草的植株产生有毒化学物质尼古丁，以抵御吃叶片的动物，例如毛毛虫
濒危指标	未予评估

种子尺寸

长 ½ in
(0.75 mm)

566

烟草
Nicotiana tabacum
Tobacco
L.

实际尺寸

烟草全株含有尼古丁，这是一种没有气味和颜色的成瘾性化学物质，该物种以此闻名并得到广泛栽培。烟草有漫长的人类应用史：最先栽培它的是美洲原住民，他们将它用在仪式和宗教典礼上。这种植物在 16 世纪首次被欧洲人使用，一开始是药品，后来当作消遣性药物。如今，烟草的栽培和吸食已经扩散到全球各地，尽管有证据表明吸烟严重不利于健康。

相似物种

烟草属（*Nicotiana*）有大约 66 个物种。黄花烟草（565 页）被认为是欧洲人使用的第一个烟草属物种，但它的尼古丁含量过高，所以被烟草取而代之 —— 烟草的尼古丁含量较低，使用起来更安全。烟草属的几个物种因具有管状花而作为观赏植物种植，它们的花可能是白色、米色、粉色或红色的，而且常常有香味。常见的烟草属观赏物种是茉莉烟草（*N. affinis*，英文通用名 Jasmine Tobacco）和夜花烟草（*N. noctiflora*，英文通用名 Night-floweing Tobacco）。

烟草的种子非常小 —— 每粒种子比针头还小，生长在卵圆形蒴果中。烟草种子在 1556 年首次出口到欧洲，第一站是法国，然后抵达葡萄牙、西班牙和英格兰。虽然烟草在野外是多年生物种，但是被当作一年生植物来栽培，每年都用种子播种。

科	茄科
分布范围	原产印度、缅甸和中国的交界地区；广泛分布于亚洲和地中海地区
生境	栽培用地
传播机制	人类
备注	英文名 Eggplant（"鸡蛋植物"）源于该物种抵达欧洲的第一批早期物种，它们的果实小而白，像鸡蛋一样
濒危指标	未予评估

茄
Solanum melongena
Eggplant
L.

种子尺寸

长 ⅛ in
(3 mm)

567

实际尺寸

茄生长成灌木状，叶片硕大多毛，星状花呈淡紫色，有黄色雄蕊，人们认为它在大约两千多年前因具有可食用的果实而首次得到栽培。茄的果实实际上是一种浆果，有海绵状果肉和有光泽的光滑果皮。茄的驯化品种被人类从其自然分布范围向西运输，成为许多地区性菜肴中的重要食材，尤其是在印度和地中海地区。茄子品种数很多，结形状、大小和颜色不一的果实。

茄的种子扁平，黄色，形状像兵豆，不过在栽培中，茄的果实是在未成熟时采摘食用的，此时的种子尚未完全发育并变硬。茄可以种植在温带地区，但必须小心保护植株，防止冻害。

相似物种

虽然驯化茄起源于东南亚，但大多数野生茄类物种分布在非洲。一些非洲物种也是很受欢迎的食用作物——例如刚果茄（*S. aethiopicum*，英文通用名 Ethiopian Eggplant）和大果茄（*S. macrocarpon*，英文通用名 African Eggplant）。和其他茄类物种相比，这些物种的果实更像番茄（另一个茄科物种），有时被称为 mock tomato（"仿番茄"）。它们可以生吃，还可以用在风味菜肴和泡菜中烹饪食用。

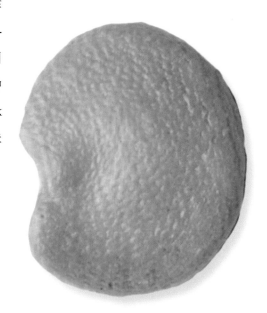

科	茄科
分布范围	原产秘鲁和玻利维亚；如今在全世界广泛栽培
生境	栽培用地
传播机制	人类
备注	除了块茎，植株的所有部位都有毒
濒危指标	未予评估

种子尺寸

长 ⅟₁₆ in
(1.5–2 mm)

568

马铃薯
Solanum tuberosum
Potato
L.

马铃薯的种子呈扁平的半圆形至卵圆形，浅黄棕色，种子生长在果实中，按照植物学定义，其果实是一种浆果。种子有时用于栽培，但这种作物通常使用名为种薯的块茎进行种植。

实际尺寸

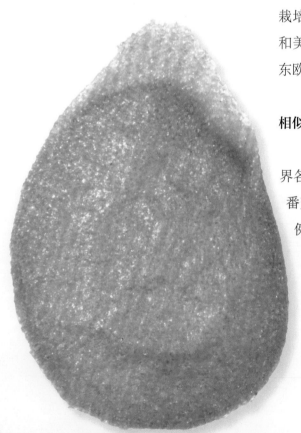

马铃薯是一种草本植物，茎健壮且有棱角，具分枝，可以长到 1.2 米高，还有地下茎，又称匍匐茎（stolon）。块茎是马铃薯的可食用部位。它们生长在匍匐茎末端，颜色、形状和大小不一。块茎上的腋芽称为"眼"。花白色或泛紫，果实像绿色或黄色的番茄。人们认为马铃薯首次引入欧洲栽培是在加那利群岛上。如今它广泛栽培于世界各地，主要生产国是中国、俄罗斯、印度和美国。人均摄入量最高的地区包括卢旺达、秘鲁和东欧。

相似物种

茄科有 90 个属和 3000—4000 个物种，分布在世界各地。除了马铃薯，其他重要作物包括茄（567 页）、番茄和辣椒（561 页）。茄科还包括毒性强烈的植物，例如颠茄、风茄（564 页）和莨菪。

科	木樨科
分布范围	美国东南部和古巴
生境	海滨及河流沼泽
传播机制	风力、水流以及鸟类
备注	北美大黄凤蝶（Papilio glaucus）将卡州白蜡用作幼虫宿主，而涉禽在它的树枝上筑巢
濒危指标	未予评估

种子尺寸

长 1¾ in
(46 mm)

卡州白蜡
Fraxinus caroliniana
Carolina Ash
Mill.

卡州白蜡是小乔木，可以长到大约 12 米高。复叶对生，由 5—7 枚有光泽的卵圆形小叶组成，不显眼的绿色小花在春天展叶之前成簇开放。它在古巴被认为是受威胁物种，因为伐木和焦炭生产致使其生境退化。在佛罗里达州，美洲原住民密科苏基部落用卡州白蜡的茎制作磨削和捶打工具，以及制作弓和箭。他们还将这种植物用作木柴以及药物来源。

相似物种

梣属（*Fraxinus*）有大约 60 个物种，其中 18 个原产美国。卡州白蜡是美国东部最小的白蜡。洋白蜡（*F. pennsylvanica*，英文通用名 Green Ash）的外表与其相似，但果实形状略有不同。白蜡窄吉丁（*Agrilus planipennis*）是北美白蜡种群所面临的主要威胁。

卡州白蜡的果是独特的三翅翅果，有时称为 keys，每个翅果都有扁平的种子部分。种子通常呈黄色或棕褐色，不过有时呈鲜艳的紫色；它们是鸟类的食物。

真实尺寸

科	木樨科
分布范围	遍布欧洲并延伸至俄罗斯、土耳其和伊朗
生境	林地、绿篱和灌丛带
传播机制	鸟类和哺乳动物
备注	欧洲白蜡的叶会在仍然是绿色时掉落
濒危指标	未予评估

种子尺寸

长 1⅜ in
(35 mm)

570

欧洲白蜡
Fraxinus excelsior
European Ash
L.

欧洲白蜡是一种高大的落叶乔木，尽管名叫欧洲白蜡，但并不只限于欧洲；它的分布范围延伸到伊朗。这种树得到大规模栽培，以收获耐腐蚀且极具弹性的木材，用于制造体育器械。欧洲白蜡目前受到白蜡树枯梢病的威胁，这种病害是名为白蜡拟白膜盘菌（*Hymenoscyphus fraxineus*）的真菌引起的，它会导致这种树不正常落叶，最后的结局通常是死亡。这种真菌由风力传播，因此难以控制，而且人们认为欧洲白蜡可能因为这种病害而遭到灭绝。

相似物种

梣属有 63 个物种。一种名为白蜡窄吉丁的甲虫通过货物包装箱从东亚意外引入美国和加拿大，并在那里摧毁了不同白蜡物种的种群。如今人们认为它已经扩散到了欧洲，考虑到白蜡树枯梢病所造成的麻烦，这让人更加为白蜡类物种担心。

欧洲白蜡的种子长而具翅，干燥，簇生。它们在冬天和春天从树上落下，并被哺乳动物和鸟类传播。果实在英文中叫作 keys。紫色花簇生于小枝末端。

实际尺寸

科	木樨科
分布范围	原产印度和东喜马拉雅地区；在亚洲和美洲部分地区广泛栽培和归化
生境	栽培用地
传播机制	人类
备注	常常种植在加温温室中，或者作为室内植物种植
濒危指标	未予评估

种子尺寸

长 ¼–⅜ in
(7–9 mm)

茉莉花
Jasminum sambac
Arabian Jasmine

(L.) Aiton

571

茉莉花大概原产东喜马拉雅地区。它是一种蔓生常绿灌木，茎有绒毛，叶片卵圆形，深绿色，在亚洲和美洲部分地区广泛栽培并归化。在有支撑的情况下，这个物种可以长成缠绕藤本植物。它的白色蜡质小花在夜间成簇开放，每簇 3—12 朵，产生一种非常特别的香味。在中国，茉莉花常见于种植，而且干制的花用于制作茉莉花茶。在夏威夷（该物种在那里的名字是 Pikake），它的花被用在花环里。这个物种是菲律宾的国花。

茉莉花在栽培中通常不结果或种子。在野外，它们的种子呈红棕色至黑色，有肋纹。含有种子的果实是紫色或黑色圆形浆果，每个果实分为两瓣。通常使用半成熟插条繁殖。

相似物种

素馨属（*Jasminum*）有大约 200 个物种。原产中国的迎春花（*J. nudiflorum*，英文通用名 Winter Jasmine）是很受欢迎的花园植物，有拱形长枝条、小叶片和黄色的花。

实际尺寸

科	木樨科
分布范围	原产中国和越南；已在包括美国南部和东部在内的其他地方归化
生境	溪流沿岸、沟谷中，以及混交林中
传播机制	鸟类和动物
备注	果实有毒
濒危指标	未予评估

种子尺寸

长 ³⁄₁₆ in
(5 mm)

572

小蜡
Ligustrum sinense
Chinese Privet
Lour.

实际尺寸

小蜡的果实呈蓝黑色，似浆果，并构成大型锥形果序。种子产量大。鸟和其他动物传播种子，种子可以在土壤中保持一年的生活力。

　　小蜡是灌木或小乔木，可以长到 10 米高，但高度通常不超过 3 米。它是常绿至半落叶植物，叶在茎上对生。叶柄多毛，叶片光滑。有香味的花构成带分叉的圆锥形花序，大量花序将这种灌木覆盖。小蜡是一种常见的花园植物，常用在绿篱中。它在 1852 年引入美国，如今在美国南部被认定为入侵性极强的物种。这个物种能形成根出条，除了依靠种子来扩散，还用营养繁殖的方式扩散。

相似物种

　　小蜡与欧洲物种欧洲女贞（*Ligustrum vulgare*，英文通用名 Common Privet）相似，后者普遍种植，并在美国东部和南部的温带地区归化。卵叶女贞（*L. ovalifolium*，英文通用名 Californian Privet）原产日本和朝鲜半岛，在美国、中美洲和欧洲是入侵物种。它在英国是最常见的绿篱植物。

科	木樨科
分布范围	非洲和亚洲
生境	林地、河岸以及岩石生境
传播机制	鸟类和哺乳动物
备注	该物种有时用作木樨榄（574页）的砧木
濒危指标	未予评估

种子尺寸

长 ¼ in
(6 mm)

非洲木樨榄
Olea africana (*Olea europaea* ssp. *africana*)
African Olive
Mill.

实际尺寸

非洲木樨榄是常绿乔木，叶片灰绿色，呈长卵圆形至长椭圆形，被野生动物和牲畜食用。它有漂亮的坚硬木材，用于制造家具、木雕和首饰。这种树的树皮、叶和根用在传统医药中，而来自果实的汁液用于制造墨水。花序由非常小的单花构成，花有香味，白色或米色。非洲木樨榄有时作为花园观赏植物种植，但如今它在澳大利亚被认为是杂草。

非洲木樨榄的果实是紫黑色核果。它们可食用，但是通常认为难以令人类下咽。每个果实含有1粒种子或果核，果核呈棕色，椭圆形，被富含油脂的果肉包裹。该物种主要通过种子繁殖。

相似物种

木樨榄属（*Olea*）有大约40个物种。植株更大且得到商业化种植的木樨榄（574页）是一个地中海物种，自古以来一直在烹饪中发挥重要作用。腺叶木樨榄（*O. paniculata*，英文通用名 Native Olive）原产澳大利亚和亚洲，出产一种硬木。同属一科的观赏植物包括素馨（*Jasminum* spp.）、丁香（*Syringa* spp.）和连翘属（*Forsythia*）物种。

科	木樨科
分布范围	原产地中海欧洲地区、非洲和亚洲；如今广泛见于栽培
生境	受扰动的区域、草原，以及灌木丛
传播机制	哺乳动物和鸟类
备注	举世皆知，木樨榄的树枝是和平的象征
濒危指标	未予评估

种子尺寸

长 ⁷⁄₁₆ in
(11 mm)

574

木樨榄（油橄榄）
Olea europaea
European Olive
L.

木樨榄是常绿乔木，可以长到 8—15 米高。人们认为它是在中东驯化的，不过它的分布范围由于人类的栽培而大大扩张了。该物种是重要的作物，果实作为油橄榄果食用，并可以压榨的方式制造橄榄油。木樨榄在澳大利亚被认为是入侵物种，它在那里从栽培中逃逸，很快就在竞争中盖过了本土物种。在英国，皇家植物园邱园有一件历史长达 3000 年的木樨榄叶片标本，是从古埃及法老图坦卡蒙的石棺中的一个花环上取下来的。

相似物种

木樨榄属（*Olea*）有 35 个物种，分布在热带和亚热带地区。开普木樨榄（*O. capensis*，英文通用名 Black Ironwood）拥有最硬的木材，这让它难以加工，很适合做铁轨枕木和结实耐用的地板。

木樨榄的种子是油橄榄果的果核。花由风授粉，因此这种树很容易引起过敏。种子由鸟类和哺乳动物传播，它们会将种子携带到很远的地方去。这种树对病害和不利天气条件很有抵抗力，而且可以活一千年。

实际尺寸

科	木樨科
分布范围	非洲热带
生境	落叶林地
传播机制	风力
备注	这种树的果实和温带地区种植的食用梨（*Pyrus* spp.）非常相似，英文名（意为"木梨树"）由此而来
濒危指标	未予评估

毛枝元春花
Schrebera trichoclada
Wooden Pear Tree
Welw.

种子尺寸

长 1¹⁄₁₆ in
(37 mm)

575

毛枝元春花是灌木或灌丛状乔木，可以长到 10 米高，有圆形的或者向四面伸展的树冠。树叶单生，卵圆形，有醒目的叶脉，白色至黄绿色花有深色毛，小团簇生。这种树生产一种坚硬而沉重的木材，被当作木柴，用于生产木炭，制作木杆和器皿。来自毛枝元春花树叶的苦味汁液入药，用于治疗蛇咬、咳嗽和胃痛。这种树的根也入药。

相似物种

元春花属（*Schrebera*）有 8 个分布在热带的物种，其中 5 个原产非洲。元春花（*S. alata*，英文通用名 Wing-leafed Wooden Pear 或 Tree Jasmine）是一种优雅的乔木，已在东非用于苗圃行业。它的花呈白色至深粉红色，有香味，吸引蝴蝶、天蛾和蜂类。

毛枝元春花的果实是梨形浅棕色蒴果，成熟时裂为两瓣，释放出种子。每个果实含有 4 粒种子，种子有翅，利于随风力传播。

实际尺寸

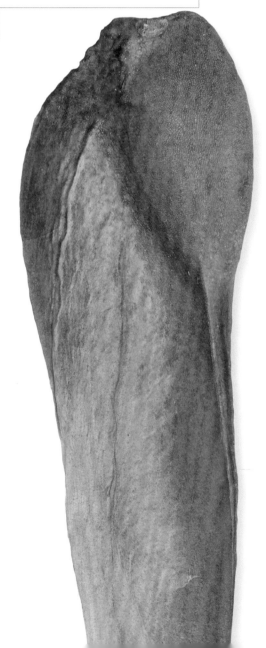

科	木樨科
分布范围	原产巴尔干半岛；今已归化于欧洲其他地区和美国
生境	多岩石地区
传播机制	风力
备注	欧丁香开花被美国农民用作特定农事活动的时间线索
濒危指标	未予评估

种子尺寸

长 ⅜ in
(9 mm)

576

欧丁香
Syringa vulgaris
Lilac
L.

实际尺寸

欧丁香是落叶灌木或乔木，巴尔干半岛的特有物种，但已经在欧洲其他地区和美国归化。由于开紫色花和散发甜香气味，它是一种备受重视的观赏植物。欧丁香的木材用于木雕，还可切削加工制作成弓。树叶和果实曾用于缓解发热和治疗蛔虫。欧丁香还种植成风障，而且这种植物常常用作观赏品种的砧木。

相似物种

丁香属（*Syringa*）有 13 个物种。欧洲还有另一个特有物种匈牙利丁香（*S. josikaea*，英文通用名 Hungarian Lilac），它被 IUCN 列为数据缺失类，但人们认为它在位于喀尔巴阡山脉（Carpathian Mountains）的自然分布范围内受到威胁。其他 11 个物种分布在亚洲。许多物种由于花朵艳丽，花色不一，因而可以在人类栽培植物的地界找到。

欧丁香的种子形状扁平，棕色，生长在木质化蒴果中。每个蒴果含有 4 粒种子，每粒种子有两片翅，让它们可以乘风力传播。这种树的花是完全花，即它们同时有雄性和雌性器官，并由蜂类和蝴蝶授粉。

科	车前科
分布范围	原产欧洲；已在美国、澳大利亚和新西兰归化
生境	林地、石南灌丛、绿篱，以及受扰动的区域
传播机制	风力
备注	含毛地黄毒苷，这种物质会降低心率
濒危指标	未予评估

种子尺寸

长 ½2 in
(1 mm)

577

毛地黄
Digitalis purpurea
Foxglove
L.

实际尺寸

毛地黄是恶名昭著的欧洲二年生草本植物。它曾经被认为具有致命的危险，如今只是被认为有毒性，不过在接触它们时仍要小心。这种植物含有毛地黄毒苷，一种用于控制心率的药物。毛地黄可以为花园增添鲜活的颜色，种加词 *purpurea* 形容的是令人难忘的紫色花。作为一种备受青睐的花园植物，毛地黄已经在美国成为入侵植物，并在新西兰等国家归化。

相似物种

毛地黄属（*Digitalis*）有 25 个物种，分布在欧洲、小亚细亚和非洲北部。属名形容的是手指状的花，*digitalis* 是拉丁语词，意为"手指的"。药用毛地黄毒苷的主要来源如今是狭叶毛地黄（*D. lanata*，英文通用名 Wolly 或 Grecian Foxglove），尽管毛地黄属的其他物种也含有这种化合物。许多物种用于观赏，并且培育出了大量花色丰富的品种和杂种。

毛地黄的种子呈长方形，棕色，由风力传播。花由熊蜂授粉。它是二年生植物，所以只会在第二年开花。包括种子在内，植株的所有部位都有毒。种子产量大，因此这种植物很容易扩散。

科	车前科
分布范围	欧洲大部分地区，向东延伸至亚洲北部和中国西部
生境	绿篱、草原、受扰动的区域、路缘，以及农业用地
传播机制	风
备注	对牲畜有毒
濒危指标	未予评估

种子尺寸

长 1/16 in
(2 mm)

578

柳穿鱼
Linaria vulgaris
Common Toadflax
Mill.

实际尺寸

柳穿鱼是多年生草本植物，生长在绿篱、草原和受扰动的区域。它的另一个英文名是 Butter and Eggs（"黄油和鸡蛋"），因为花朵呈对比鲜明的黄白两色。虽然通常被认为是一种野草，但柳穿鱼实际上因其花朵而得到栽培。它迅速扩张的根系会在竞争中压过本土植物，因此在美国和加拿大部分地区被认为是入侵物种，它在那里会影响商业作物的产量。这种植物历史上用于生产一种杀虫剂。

相似物种

柳穿鱼属（*Linaria*）有 98 个花色不一的物种。和柳穿鱼一样，其他物种也有入侵性。达尔马提亚柳穿鱼（*L. dalmatica*，英文通用名 Dalmatian Toadflax）正在南非和北美洲造成麻烦，主要影响的是草原或作物物种。柳穿鱼属物种对牲畜有毒，人们认为，这有利于它们富于侵略性地扩散。

柳穿鱼的种子呈圆盘形，而且虽然每个种荚里有多达 100 粒种子，但它们的生活力很低。花由大型蜂类和昆虫授粉，种子由风力传播。种子的萌发只需要一小段时间的低温处理。

科	玄参科
分布范围	原产中欧、中亚和中国西部
生境	林地
传播机制	风力
备注	种子非常轻（每克 7700 粒）
濒危指标	未予评估

种子尺寸

长 ½₂ in
(1 mm)

579

紫毛蕊花
Verbascum phoeniceum
Purple Mullein
L.

紫毛蕊花是多年生草本植物，自然分布范围非常广泛，覆盖整个中欧并延伸至亚洲。尽管名字带一个紫字，但花朵的颜色其实很多样。植株可以长到30—120厘米高。它很容易和毛蕊花属（*Verbascum*）的其他物种杂交，产生的植株在园艺界受到高度重视。在自然分布区之外，它生长在受扰动的土地上，而且常常是从花园里逃逸出来的。拉丁学名的种加词 *phoeniceum* 指的是这种植物曾被古腓尼基人（Phoenicians）用来制作一种紫色染料。

相似物种

毛蕊花属（*Verbascum*）有 116 个物种，全都原产欧洲和亚洲。许多物种用于园艺种植，并且有多种不同的花色。两千年前，毛蕊花（580 页）被首次建议用于治疗肺病。来自土耳其的两个毛蕊花属物种延叶毛蕊花（*V. decursivum*，英文通用名 Decurrent Mullein）和外高加索毛蕊花（*V. transcaucasicum*，英文通用名 Transcaucasian Speedwell）在 IUCN 红色名录上列为极危物种。

·
实际尺寸

紫毛蕊花的种子微小，生长在球形种荚中。该物种由食蚜蝇和熊蜂授粉，种子由风力传播。它容易种植，常常自播。种子的生活力高，萌发之前可以在土壤中储存很长时间。

科	玄参科
分布范围	欧洲、北非和西亚
生境	温带、地中海以及沙漠地貌
传播机制	风力
备注	毛蕊花是栽培最广泛的药用植物之一
濒危指标	未予评估

种子尺寸

长 ½₂ in
(1 mm)

580

毛蕊花
Verbascum thapsus
Common Mullein

L.

实际尺寸

对于我们的祖先而言，毛蕊花是一种重要资源。晒干后，布满绒毛的叶片可用作火绒，茎用作火把和烛芯。叶片还可以用来制作一种黄色燃料，或者和硫酸一起制作一种绿色染料。它还是一种传统药用植物，通常用在特制补药或汤剂中，内服以治疗多种疾病，包括气管炎、痢疾和牙痛。它还可以与橄榄油搭配使用，治疗耳道感染。

相似物种

毛蕊花属（*Verbascum*）是组成玄参科（Scrophulariaceae）的 76 个属之一。该属包括 116 个物种，大多数物种的分布范围与毛蕊花类似，并有类似的医药和传统用途。列入 IUCN 红色名录的毛蕊花属物种只有 4 个，其中 3 个是受威胁物种：来自葡萄牙的丽提毛蕊花（*V. litigosum*）被归为易危物种，而同时来自土耳其安纳托利亚地区的延叶毛蕊花和外高加索毛蕊花被归为极危物种。

毛蕊花有椭圆形棕色种子。和植株的其他部位一样，由于含有皂苷，它们有重要的医药用途。它们可以制成一种膏药，用以治疗冻疮和皲裂皮肤，以及用以拔出插入皮肤中的碎片。

科	角胡麻科
分布范围	原产美国南部和墨西哥
生境	受干扰的地区、路缘，以及农业用地
传播机制	动物和风力
备注	种子可像松子一样食用
濒危指标	未予评估

种子尺寸

长 ⅜ in
(10 mm)

小花长角胡麻
Proboscidea parviflora
Double Claw

(Wooton) Wooton & Standl.

581

小花长角胡麻是开粉色小花的一年生草本植物，分布在美国南部和墨西哥。英文名（"双爪"）形容的是种荚的形状，它有两个"爪"。人们认为它的种荚适合被大蹄哺乳动物传播。如今，随着该物种分布范围内大型哺乳动物数量的急剧减少，种荚现在更常通过附着于人类衣物和牧场动物皮毛的方式传播。种荚曾被美洲原住民采摘，用于编织篮子。

相似物种

长角胡麻属（*Proboscidea*）有 10 个成员，全都原产北美洲的沙漠和亚热带地区。这些物种全都结钩状种荚，因而一些物种得到了非常有趣的俗名，例如葵叶长角胡麻（*P. althaeifolia*，英文通用名 Desert Unicorn Plant ["沙漠独角兽草"]）和长角胡麻（*P. lousianica*，英文通用名 Ram's Horn ["公羊角"]）。长角胡麻属所有物种的种子都可食用，而且果实常做成泡菜。

小花长角胡麻的种子生长在钩状果实中，每个果实通常含有大约 40 粒种子。果实呈肉质，并在干燥后开裂，露出两个"爪"。花由大型蜂类授粉。种子应该在水里浸泡 8 小时再播种。扁平的翅状种子适合被风力传播到更远的地方。

实际尺寸

木兰门

科	芝麻科
分布范围	非洲南部
生境	干旱和半干旱沙漠
传播机制	动物
备注	爪钩草用作草药，以治疗炎症和缓解疼痛
濒危指标	未予评估

582

种子尺寸

长 ¼ in
(6 mm)

爪钩草
Harpagophytum procumbens
Grapple Plant
(Burch.) DC. ex Meisn.

爪钩草是一种疗效广泛的药草。在它的原产地卡拉哈里地区，它被用于治疗许多常见病痛，例如消化失调、感染和溃疡，但是在现代医药中，它只用于治疗关节炎和下背痛。干燥块茎的药效最强，从野外采集这些块茎是本地人的一项重要收入来源。这种植物无法有效栽培，所以采用可持续的收获方法变得越来越重要，只有这样才能同时保证该物种的种群更新和当地人的生计。拉丁学名种加词 *procumbens* 意为"俯伏"，形容的是这种植物在沙漠地面上匍匐生长的习性。

相似物种

爪钩草属（*Harpagophytum*）的 7 个物种统称 grapple plants（意为"爪钩草"）或 "devil claws"（意为"魔鬼爪"），因为它们都有多刺的果实。这些果实赋予了该属的属名——*Harpagophytum* 直译过来就是 grapple plant。

实际尺寸

爪钩草有深色椭圆形种子。它们生长在大得多的果实中，果实有弯曲的刺，是它的钩状臂。这些刺让果实能够附着在路过的动物身上，有利于广泛传播。在储存习性方面，这些拥有重要药用价值的种子是正常型的，并在邱园千年种子库里有 9 份收藏。

科	芝麻科
分布范围	非洲西南部
生境	干河床
传播机制	风力
备注	这种植物通常见于非洲西部的路边
濒危指标	未予评估

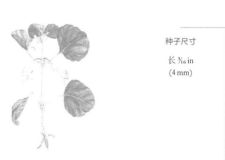

种子尺寸

长 ³⁄₁₆ in
(4 mm)

长花犀角麻
Rogeria longiflora
Desert Foxglove
(L.) J. Gay

583

实际尺寸

长花犀角麻是一种高大的草本植物，而且和真正的毛地黄（foxglove）一样，只有一根直立茎。卵圆形叶片在茎上对生，而且每对叶片的着生方向都和前一对相反，以避免重叠。这种叶片排列方式和这种植物的强烈气味让它非常特别。植株呈极深的绿色，令它的米色至白色花更加突出。这种花让该物种在纳米比亚当地被称为"白花犀角麻"。

相似物种

芝麻科（Pedaliaceae）物种的特点是覆盖细毛的长茎，这些毛让它们摸起来有一种黏稠感。该物种最重要的成员是芝麻（584页），它结的芝麻籽会被人类收获。它在亚热带广泛栽培，因为能够在严酷、干旱的环境中存活。

长花犀角麻有深色卵圆形小种子。它们大量聚集在细长的泪珠形木质化种荚中，种荚生长在紧挨着茎的部位，并且会在植株上保留很长时间。种子不用在传统医药中，但是植株的其他部位可以用来治疗创伤和烧伤。

科	芝麻科
分布范围	被认为在印度首次驯化，如今广泛栽培于热带地区
生境	未知。如今只出现在栽培中
传播机制	重力
备注	"芝麻开门"这个咒语可能来源于一种和芝麻有关的现象：蒴果自然开裂，露出里面的"财宝"，也就是种子
濒危指标	未予评估

种子尺寸

长 ⅛ in
(3 mm)

584

芝麻
Sesamum indicum
Sesame

L.

●

实际尺寸

芝麻是一年生草本植物，主要因其种子而得到广泛种植。2014 年，印度是全世界最大的芝麻种子生产国，产量超过 80 万吨。这种作物在热带的很大一部分地区都有种植，重要的生产中心包括缅甸、中国和苏丹。芝麻的种子富含热量，用于烹饪，还用在面包、蛋糕和寿司里。从种子中提取的油脂也用在烹饪中，还可用作泻药。芝麻的种子是一种已知过敏原。

相似物种

芝麻属（*Sesamum*）有 26 个物种，其中许多原产非洲。虽然该属中栽培最广泛的是芝麻，但其他物种也有烹饪用途。安哥拉芝麻（*S. angolense*，英文通用名 Mlenda）的叶片可晒成半干，加入食物中或者单独食用。黑芝麻（*S. radiatum*，英文通用名 Black Benniseed）的种子可生吃、烤熟，或者磨成一种膏状物。狭叶芝麻（*S. angustifolium*，英文通用名 Wild Simsim）种子的油脂会被加入汤和酱料中。

芝麻的种子小而扁平，棕色。它们储存在坚硬的蒴果中，蒴果开裂后释放出种子。种子和花的颜色根据品种不同而有差异。花呈管状，自花授粉，不过蜂类和昆虫会在它们的授粉中发挥一定的作用。

科	芝麻科
分布范围	马达加斯加
生境	稀树草原
传播机制	动物
备注	黄花钩刺麻的花是水平朝向的，以利于授粉
濒危指标	未予评估

种子尺寸

Width (excluding spines)
$1^{3}/_{16}$ in
(20 mm)

585

黄花钩刺麻
Uncarina grandidieri
Uncarina

(Baill.) Stapf

黄花钩刺麻是一种肉质灌木或乔木，可以将水储存在根和树干里，令它呈现出令人难忘的膨大外表。叶片上覆盖有细小短毛，令它们有丝绒触感，而且每片叶都有红色边缘。花黄色，花心颜色深，花心中的花药可能无法自主散粉。授粉是通过甲虫实现的，它们会落在扁平朝天的花上。当它们钻进花里觅食花蜜时，这些昆虫的身体会擦过花药，采集花粉并将其转移到其他植株上。

相似物种

钩刺麻属（*Uncarina*）的所有物种都分布在马达加斯加，在那里已经鉴定出了大约 12 个物种。所有物种的形态都拥有与黄花钩刺麻相似的形态，有黄色的花和膨大的茎。它们如今常见于园艺商店，因为它们可以成为优秀的室内植物。

黄花钩刺麻的种子生长在有多个附属结构的果实中（如照片所示），每个突出结构的末端都有结实的钩状刺。这让果实能够钩在路过的任何物体上 —— 它以很难从衣服上清除而臭名昭著。和大多数干旱地区的植物一样，种子耐干燥，可以在土壤中存活很长一段时间，直到适宜的条件令萌发成为可能。

实际尺寸

科	爵床科
分布范围	意大利至土耳其西部
生境	林地边缘、草甸、废弃田野，以及路缘
传播机制	喷出
备注	花对蜂类极具吸引力
濒危指标	未予评估

种子尺寸

长 ⁵⁄₁₆–³⁄₈ in
(8–9 mm)

586

刺老鼠簕
Acanthus spinosus
Bear's Breeches

L.

刺老鼠簕是一种漂亮的花园植物。这个引人注目的多年生物种可以长到 1.2 米高，叶片有光泽，深绿色，深裂且末端带刺。它有高大直立的穗状花序，春末和夏季开花，花为白色，有独特的白色至紫色兜状苞片。这种花适合作为切花，还用在干花插花中。这个物种被古罗马人当作药物使用，包括治疗痛风。17 世纪的药草学家尼古拉斯·卡尔佩珀（Nicholas Culpeper）认可这种植物的药用价值。

相似物种

老鼠簕属（*Acanthus*）在全世界有大约 30 个物种，大多数物种分布在欧洲南部和西亚。柔毛老鼠簕（*Acanthus mollis*）有和刺老鼠簕一样的英文名，以及类似的带紫色苞片的白色花，也是常见于种植的花园植物。两者的主要区别在于，柔毛老鼠簕通常长出数量更多的穗状花序，而且叶片较窄。

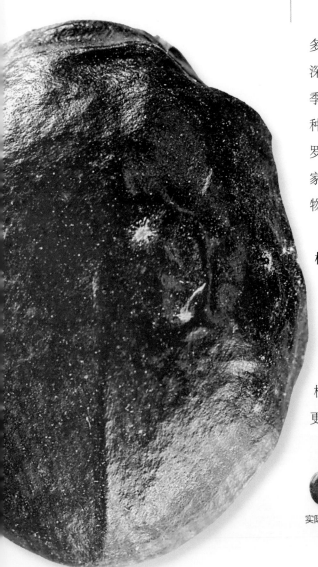

刺老鼠簕的种子小，深棕色，圆形，表面皱缩。在野外，当蒴果干燥开裂时，种子会被喷射到 6 米之外。

实际尺寸

科	爵床科
分布范围	美国南部至南美洲北部；非洲西部和中部
生境	海滨潮间带
传播机制	水流
备注	该物种与珊瑚礁生境联系紧密
濒危指标	无危

种子尺寸

长 ⅜–¾ in
(10–15 mm)

黑皮红树

Avicennia germinans

Black Mangrove

(L.) L.

587

潮间带拥有水淹、含盐和缺氧的土壤，是一种很独特的生态位，而黑皮红树非常适应在这里生活。为了在这些条件下存活，这种植物进化出了特殊的气生根，称为呼吸根。这种根伸到被水淹没的土壤之上，能让植株获得足够的氧气。它们的叶片也有适应性特征，可以通过腺体将多余的盐分分泌出来。黑皮红树发挥着重要的生态学作用，为产卵鱼类和甲壳类以及筑巢的鸟类提供庇护所和食物。它茂密的根系网有助于清除水体污染物，还可以吸收海浪的能量以减少海岸土壤受到的侵蚀。

相似物种

海榄雌属（*Avicennia*）是一个由红树植物组成的属。它有多达 10 个物种，都适合生存在盐碱潮间带。白骨壤（*A. marina*，英文通用名 Gray Mangrove）的分布区和黑皮红树处于同一纬度，但在地球的另外一侧，生长在东非、亚洲和澳大利亚。和近缘物种一样，白骨壤也拥有同样重要的生态学功能。

黑皮红树的种子是绿色的，质感似叶片，发育成熟时落入海水中。种子有浮力且耐海水腐蚀。种子在成熟时已经开始萌发，但根尚未穿透种皮。只有在种子漂浮到适宜生长的生境中时，这种情况才会发生。

实际尺寸

科	紫葳科
分布范围	美国中部和南部
生境	温带阔叶林和混交林
传播机制	风力
备注	种子长着有利于它们传播的翅
濒危指标	未予评估

588

种子尺寸

长 1⅛ in
(28 mm)

号角藤
Bignonia capreolata
Crossvine
L.

号角藤的果实是形状扁平、颜色泛绿的种荚状蒴果。每个蒴果含有数十粒种子，种子木质化，覆盖着一层棕色纸质外皮。种子有翅，因而能够被风力传播。它们不需要特殊处理就能萌发，且在播种后三周之内就会萌发。

号角藤的英文名（意为"十字藤"）来自切开茎时露出的十字形图案。这种漂亮的藤本植物原产美国中部和南部，醒目的喇叭状橙红色花对蜂鸟有吸引力。作为一种木质藤本植物，它的卷须生长得很快，因而它成为覆盖建筑物的热门选择。属名 *Bignonia* 是为了纪念让－保罗·比尼翁神父（Abbé Jean-Paul Bignon），他曾在 18 世纪初当过法国国王路易十四的图书管理员。

相似物种

号角藤属于紫葳科（Bignoniaceae；英文名 trumpet-creeper family）。该科的几乎所有物种都是木本植物，大多数物种分布在热带。由于漂亮的管状花，它们以观赏价值闻名。紫葳科有大约 800 个物种，其中几个物种有毒，能够杀死牲畜。

实际尺寸

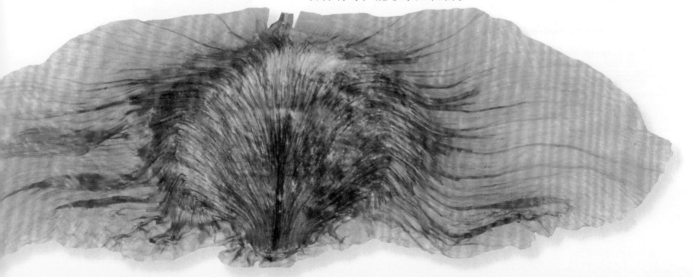

科	紫葳科
分布范围	阿根廷和玻利维亚；已在南非和澳大利亚昆士兰州归化
生境	山麓森林
传播机制	风力
备注	在英文中，蓝花楹有时称为 Fern Tree（"蕨树"）
濒危指标	易危

蓝花楹
Jacaranda mimosifolia
Jacaranda
D.Don

种子尺寸

长 ¼ in
(6 mm)

蓝花楹是一种落叶乔木，原产阿根廷西北部和玻利维亚。它生长的森林正在迅速改造成农田，这种威胁导致它在 IUCN 红色名录中列为易危物种。这个物种广泛栽培于热带和亚热带气候区，因为它开壮观的紫蓝色花，花长达 5 厘米，春天和初夏成串簇生在树枝末端。蓝花楹在某些地区是入侵物种。它的幼苗可以在人工种植的母株下面迅速形成灌丛，而且随着这个物种的扩散，它会驱逐其他植物。

实际尺寸

相似物种

蓝花楹属（*Jacaranda*）有 46 个原产中美洲和南美洲的物种，部分物种提供重要的木材。木蓝花楹（*Jacaranda arborea*）是一种原产古巴的小乔木，也在自然生境中受到威胁。巴西蓝花楹（*J. caroba*，英文通用名 Brazilian Caroba Tree）是一个入药的巴西物种。

蓝花楹有带翅的种子，种子形状扁平，呈棕色。壮观的花期过后，这种树会结 50 毫米长的扁平木质化蒴果，每个蒴果含有大量种子。

科	紫葳科
分布范围	撒哈拉以南非洲
生境	热带和亚热带河边森林，稀树草原，以及灌木丛林地
传播机制	动物，包括鸟类
备注	果实可干制和发酵，还用于为传统啤酒增添风味
濒危指标	未予评估

种子尺寸
长 ½ in
(12 mm)

590

吊灯树
Kigelia africana
Sausage Tree
(Lam.) Benth.

实际尺寸

吊灯树硕大的钟形花朵只在夜晚开放。它们分泌大量花蜜，吸引其授粉者非洲小狐蝠（*Micropteropus pusillus*）。对于一个在夜晚受粉的物种而言，不寻常的是，它的花是褐红色的而不是白色的。香肠形状的果实未成熟时有毒，成熟时也不宜被人类食用。[①] 然而它的种子可以在食物匮乏时烤熟食用。该物种已记录了超过 400 个方言俗名。在非洲——这种树的自然分布区，它的果实会被人挂在房屋周围，用以抵御猛烈的风暴。

相似物种

吊灯树是吊灯树属（*Kigelia*）的唯一物种，所以是单型的。属名 *Kigelia* 来自吊灯树在莫桑比克的名字，*kigeli-keia*，而种加词 *africana* 指的是该物种的地理分布。吊灯树属于紫葳科，该科有 800 个成员，几乎全部是木本植物。

吊灯树的果实很大，呈灰棕色，重达 9 千克，吊在长柄上。它们看上去就像香肠一样，长达 60 厘米；它们富含纤维且柔软多汁，含有许多坚硬的种子。就像黄瓜一样，种子位于果实中央。种子的主要传播者之一是黑犀（*Diceros bicornis*）。然而，由于生活在野外的犀牛数量如此之少，有人担心这种树的分布范围可能会越来越有限。

---

① 译注：成熟时无毒，但果实很硬，含有大量的木质纤维，且没有特殊味道，因此很少有人吃它。

科	紫葳科
分布范围	澳大利亚，昆士兰州东部至新南威尔士州北部
生境	雨林
传播机制	风力
备注	在温带地区，粉花凌霄种植在温室或阳光房内
濒危指标	未予评估

粉花凌霄
Pandorea jasminoides
Bower of Beauty

(Lindl.) K.Schum.

种子尺寸

长（含翅）1³⁄₁₆ in
(20 mm)

591

粉花凌霄是一种长势苗壮的木本常绿攀缘植物。它在澳大利亚的原产地常见于野外，而且在栽培中很受欢迎。花有香味，白色，喇叭形，有深粉色喉部，在春天和夏天小规模簇生。有光泽的深绿色叶片大部分对生，或者三枚轮生，长 12—20 厘米。每片叶由 4—7 枚小叶构成。

实际尺寸

相似物种

粉花凌霄属（*Pandorea*）有 6 个物种。另一个在栽培中备受青睐的澳大利亚物种是潘朵拉粉花凌霄（*P. pandorana*，英文通用名 Wonga Vine）。它的管状花呈乳白色，喉部有紫色或棕色斑纹。该物种分布广泛，生长在澳大利亚、印度尼西亚、巴布亚新几内亚，以及南太平洋的其他岛屿。

粉花凌霄拥有具柄椭圆形蒴果，成熟时是长约 75 毫米、宽 20 毫米的木质化种荚。船形种荚含有许多具翅纸质种子。种子通常直接播种在土壤中，而且萌发速度很快。

科	紫葳科
分布范围	非洲热带
生境	热带次生林、落叶过渡林及稀树草原林
传播机制	风力
备注	火焰树有时被认为是"开花乔木之王"
濒危指数	未予评估

592

种子尺寸

宽 $^{15}\!/_{16}$ in
(24 mm)

火焰树
Spathodea campanulata
African Tulip Tree
P.Beauv.

火焰树是一种美丽的开花乔木，广泛种植于全球热带地区。它会产生大量足球大小的簇生花序，花向上，呈鲜艳的橙色或黄色。在非洲，米色至白色木材用于木工，种子被食用，而植株提取物用在传统医药中。果实的中央坚硬部位可提取一种用于杀死动物的毒药。然而，该物种的果量大并结大量由风力传播的种子，这使得它在许多国家成为入侵物种，尤其是在热带岛屿上。

实际尺寸

火焰树的果实是细长的棕色荚状蒴果。它们在成熟时自然开裂，释放出小而轻的带翅种子。种子的纸质白色翅从中央的黄棕色心形种子上伸出，因而种子的外形非常独特。

相似物种

火焰树属（*Spathodea*）通常被认为是一个单种属，火焰树是它的唯一物种。同属一科的其他漂亮的热带开花乔木包括蓝花楹属和粉花凌霄属物种，以及吊灯树（590页）。

科	马鞭草科
分布范围	被认为原产中南美洲和加勒比海地区；世界各地栽培广泛，如今在许多国家是入侵杂草
生境	海滨沙丘、农业用地、森林、草原、牧场、路缘，以及受扰动的地区
传播机制	动物，包括鸟类
备注	马缨丹的花天然有多种花色，从黄色和橙色到粉色和白色都有，而且会随着时间推移而变色
濒危指标	未予评估

马缨丹

Lantana camara

Lantana

L.

种子尺寸

长 ³⁄₁₆ in
(4.5 mm)

593

马缨丹已经作为一种栽培灌木在全球的温带和热带地区栽培了三百多年。然而在很多热带地区，这个物种已经变成了一种主要的入侵杂草。在南非、印度和澳大利亚，它造成的麻烦尤其大，尽管人们采取了种种强硬的控制措施，它仍然占据了数百万英亩的土地。包括许多入侵性强的形态在内，该物种的某些种类在茎上长有皮刺。除了种子，马缨丹还可以通过营养繁殖的方式扩散，形成浓密的灌丛，成为植物害虫以及致人染病的昆虫的收容所。在某些国家，马缨丹会抑制周围本土物种的生长，这种效应称为植化相克作用（allelopathy）。它对牲畜有毒。

相似物种

马缨丹是一个高度变异的物种，很容易和该属的其他成员杂交。人们认为马缨丹在佛罗里达州污染了马缨丹属（*Lantana*）全部三个本土物种的基因库：灰毛马缨丹（*L. canescens*，英文通用名 Small-Headed Lantana）、纽扣马缨丹（*L. involucrata*，英文通用名 Buttonsage）和扁平马缨丹（*L. depressa*，英文通用名 Pineland Lantana）。它对佛罗里达州特有的扁平马缨丹造成了很大的麻烦——和马缨丹的杂交意味着该物种如今已沦落到濒危的境地。

实际尺寸

马缨丹的种子呈棕色，卵圆形，皱缩。它们需要高光照和湿度条件才能萌发：在野外，萌发通常发生在雨季开始的时候。果实（核果）簇生，似黑醋栗，每个果实里有 2 粒种子。马缨丹全年开花结果，果实产量通常很大。

科	马鞭草科
分布范围	中美洲、北美洲南部，以及加勒比海地区
生境	温和、潮湿生境
传播机制	风力
备注	这种植物有时俗称 Aztec Sweet Herb（"阿兹特克甜香草"）
濒危指标	未予评估

种子尺寸

长 1/16 in
(1.5 mm)

玛雅薄荷
Lippia dulcis
Mayan Mint

Trevir.

594

实际尺寸

玛雅薄荷是一种蔓生植物，最常见的形态是小灌木。尽管尺寸小，但这种植物充满了浓郁的甜味。从叶片中提取的油比蔗糖甜 1500 倍。这意味着它可以像甜菊糖（提取自植物甜叶菊 [*Stevia rebaudiana*]）一样用作健康的蔗糖替代品。它的锐尖绿色叶片可以直接用来装饰甜点，但只能少量使用，因为它们含有有毒的樟脑。玛雅薄荷开小白花，喜欢温和、潮湿的环境。

相似物种

龙至木属（*Lippia*）含有 200 个物种，包括墨西哥牛至（*L. graveolens*，英文通用名 Mexican Oregano），它也因其精油而得到栽培，分布在美国南部和墨西哥。生长在同一分布范围内的是灌丛席草（*L. alba*，英文通用名 Bushy Matgrass），它通常因开漂亮的粉色花而作为观赏植物种植。

玛雅薄荷有小而轻的棕色种子。它被大量栽培，种子常常播种在严酷的花园环境中，例如在岩床上。它还是吊篮的热门选择，吊篮很适合这种植物的蔓生习性。

科	唇形科
分布范围	原产欧洲大片地区、亚洲，以及北非部分地区
生境	林地、草甸及绿篱
传播机制	风力
备注	传统上用于治疗创伤
濒危指标	未予评估

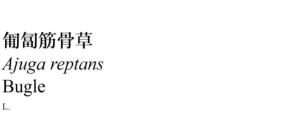

匍匐筋骨草
Ajuga reptans
Bugle
L.

种子尺寸

长 ⅟₁₆ in
(2 mm)

595

实际尺寸

　　匍匐筋骨草是一种拥有常绿叶片的草本植物，因其紫色的花和药用价值而得到栽培。它天然生长在潮湿的林地或牧场。在过去，这种植物传统上用于止血和治疗由肺结核所引发的咳嗽，所以栽培广泛以保证稳定的供应。人们认为它拥有和毛地黄（577 页）类似的降低心率的效果。花是两种蝴蝶——单银斑小豹蛱蝶（*Boloria euphrosyne*）和小豹纹蝶（*B. selene*）——的主要花蜜来源，它还是一种为吸引蜂类而建议种植的植物。

相似物种

　　筋骨草属（*Ajuga*）有 71 个物种，原产欧洲、亚洲、非洲和澳大利亚。两个澳大利亚物种是澳洲筋骨草（*A. australis*，英文通用名 Austral Bugle）和大叶筋骨草（*A. grandifolia*）。筋骨草（*A. chamaepitys*，英文通用名 Ground Pine）原产北非、地中海地区和欧洲，叶片似松针并且有同样的独特气味，这正是其英文通用名（意为"地松"）的由来。

匍匐筋骨草的种子小，呈棕色或黑色，不过这种植物常常通过横走茎繁殖。每朵花产生4粒种子，种子由风力传播。植株雌雄同株，由蜂类授粉。它们可以在浓阴下生长，但在全日照下有枯死的风险。

科	唇形科
分布范围	原产热带非洲和亚洲局部地区；如今是一种泛热带杂草
生境	受干扰的区域、路缘，以及栽培生境
传播机制	水流和人类
备注	该物种的英文名还包括 Klip Dagga 或 Christmas Candlestick
濒危指标	未予评估

种子尺寸

长 ⅛ in
(3 mm)

596

荆芥叶狮耳花
Leonotis nepetifolia
Lion's Ear

(L.) R.Br.

实际尺寸

荆芥叶狮耳花是一年生或短命多年生植物，可以长到3米高。茎呈四棱形，叶片柔软，有锯齿，橙色唇形花轮生于茎上，簇生成圆形。这种植物常常被当地人从野外采集，用作食物和药物。它在非洲、亚洲、加勒比海地区以及南美部分地区作为药用植物种植，还常种植为观赏植物。干制叶片用作大麻的替代品。荆芥叶狮耳花已经成为一种泛热带杂草，如今在美国东南部是一个引入和归化物种。

相似物种

狮耳花属（*Leonotis*）有9个物种。近缘物种狮耳花（*L. leonurus*）的英文名也是 Lion's Ear 或 Lion's Tail，在美国和澳大利亚的部分地区具有入侵性。与荆芥叶狮耳花的不同之处在于，狮耳花是一种灌木，且有披针形革质叶片的形状和触感。

荆芥叶狮耳花的果实是分成4瓣的蒴果，成熟时发育成4粒独立的"种子"（小坚果）。这些"种子"呈深棕色或暗黑色，卵圆形或三棱形。它们富含一种与橄榄油相似的油脂。

科	唇形科
分布范围	欧洲大部、南高加索，以及中东
生境	潮湿、受扰动的区域
传播机制	风
备注	水薄荷和留兰香杂交产生的物种
濒危指标	未予评估

种子尺寸

长 ½₂ in
(0.75 mm)

597

辣薄荷
Mentha × piperita
Peppermint
L.

实际尺寸

辣薄荷是一种有香味的多年生植物，开紫色花。它是水薄荷（*Mentha aquatica*，英文通用名 Watermint）和留兰香（*M. spicata*，英文通用名 Spearmint）的杂交物种，原产欧洲和亚洲，有时和亲本物种一起生长在野外。辣薄荷油是采用蒸馏法从这种植物的叶片中提取的；它的主要成分是薄荷脑。这种油有医药价值，用于缓解肠胃不适，减轻皮肤受到的刺激，以及消除感冒症状。由于独特的气味，它还常常用在化妆品中。

相似物种

薄荷属（*Mentha*）有 42 个成员，全部统称 mints（"薄荷"）。不同物种之间非常容易杂交，而且园艺工作者培育了许多味道不一的品种。许多物种因为它们含有的精油和在烹饪中的用途而得到广泛栽培，其中就包括田野薄荷（*M. arvensis*，英文通用名 Corn Mint）、唇萼薄荷（*M. pulegium*，英文通用名 Pennyroyal）和苹果薄荷（*M. suaveolens*，英文通用名 Apple Mint）。

辣薄荷的种子小，呈棕色。和薄荷属其他成员的种子一样，它们由风力传播。辣薄荷的生长速度很快，而且生长在湿润的花园土壤中时会通过营养繁殖的方式扩散。

科	唇形科
分布范围	原产欧洲和亚洲；已在北美洲归化
生境	绿篱和田野边缘
传播机制	风力
备注	以其对猫造成的影响而闻名
濒危指标	未予评估

种子尺寸

长 ½ in
(1 mm)

598

实际尺寸

荆芥（猫薄荷）
Nepeta cataria
Catnip

L.

荆芥是开白花的多年生草本植物，常种植为观赏植物。该物种原产欧洲和亚洲，并在北美洲归化。英文名（直译为"猫咬草"）指的是这种植物可能对猫造成的影响。荆芥会生成荆芥内酯，它会引起暂时性的欣快感 —— 猫会在植株中打滚或者啃食植株，以释放出这种化学物质。荆芥内酯据说还有杀虫功效，它还用作药物，治疗呼吸疾病和头痛等病症。

相似物种

荆芥属（*Nepeta*）有 251 个物种，它们在英文中又称 catmints（"猫薄荷"；即这些物种在汉语中常用的名字）。由于耐干旱且有驱虫效果，许多物种普遍种植。阿拉加茨山荆芥（*N. alaghezi*，英文通用名 Alaghezian Catmint）是亚美尼亚的特有物种，由于畜牧业对生境的侵占而被 IUCN 红色名录上列为极危物种。

荆芥的种子很小，由风力传播。这种香草由蜂类授粉，开两性花。它吸引多种动物，包括昆虫、蝴蝶和鸟类，以及猫。它不是特别耐阴，在全日照条件下生长得最好。它可以自播，所以会在花园环境中扩散。

科	唇形科
分布范围	非洲和亚洲的热带地区
生境	受扰动的土地和草原
传播机制	风力
备注	被称为"香草之王"
濒危指标	未予评估

罗勒
Ocimum basilicum
Basil
L.

种子尺寸

长 1/16 in
(2 mm)

599

实际尺寸

罗勒是一种有香味的一年生草本植物，开白花，被认为原产非洲和亚洲。它如今栽培广泛，并且已经成为重要的经济作物，有许多味道不一的品种。除了在世界各地都是重要的烹饪配料之外，罗勒还被认为有神圣的功效：印度教的葬礼传统包括将植株洒在棺材里。Basil 这个名字来自希腊语单词 *basilikos*，意思是"皇家的"，因此这个物种被称为"香草之王"。

罗勒的种子小而黑。它们生长在蒴果中，直到被风力传播。种子浸泡在水里时呈胶状，用在亚洲的饮品和甜点中。因为这种植物起源于热带地区，所以它不耐霜冻。

相似物种

罗勒属（*Ocimum*）有 66 个物种，许多物种入药。例如，*O. lamiifolium* 用在埃塞俄比亚药物中治疗创伤和发热，灰罗勒（*O. americanum*，英文通用名 Limehairy）被当作驱虫剂焚烧使用，丁香罗勒（*O. gratissimum*，英文通用名 Clove Basil）用于治疗中暑，亚马逊罗勒（*O. campechianum*，英文通用名 Amazonian Basil）在危地马拉用于清除寄生在鼻腔通道里的螺旋锥蝇幼虫。

科	唇形科
分布范围	亚洲热带和亚热带地区
生境	栽培用地
传播机制	重力和动物
备注	印度教克利须那派认为圣罗勒非常神圣，该教派的信徒不会拔掉或者伤害这种植物
濒危指标	未予评估

种子尺寸

长 ½ in
（1 mm）

圣罗勒
Ocimum sanctum
Holy Basil
L.

600

•

实际尺寸

圣罗勒是一种有香味的多分枝香草，可以长到 1 米高。这种小灌木有时泛紫，多毛，长着略带锯齿的卵圆形叶片。白色小花在圆柱形穗状花序上紧密簇生。对于印度教教徒而言，圣罗勒是一种重要的神圣植物，并作为盆栽种植在家庭和寺庙里。它还因药用价值而受到高度重视：这种植物的叶片、种子和根用于治疗多种病症。在泰国，它的叶片又称 *kaphrao*，用在烹饪中。

相似物种

罗勒属（*Ocimum*）有超过 60 个物种。罗勒（599页）也是一个非常重要的物种，拥有作为烹饪香草、精油来源和药物成分的经济价值。迷迭香（*Rosmarinus officinalis*，英文通用名 Rosemary）、鼠尾草（*Salvia officinalis*，英文通用名 Sage）和薄荷（*Mentha* spp.）是同属一科的其他烹饪用香草。

圣罗勒的果实含有 4 粒小小的卵圆形棕色小坚果，每个小坚果里有 1 粒种子。种子呈泛黄至红色。和罗勒的种子不同，圣罗勒的种子在水中不会产生黏胶。睡前饮用圣罗勒种子制成的茶，据说可以提高人做梦时的意识。

科	唇形科
分布范围	原产欧亚大陆，包括地中海地区和北非；广泛栽培于其他地区
生境	草原或矮灌木丛
传播机制	喷出、动物，以及风力
备注	意大利和希腊烹饪中的重要原料
濒危指标	未予评估

种子尺寸

长 ½₂ in
(1 mm)

牛至
Origanum vulgare
Oregano
L.

601

•

实际尺寸

牛至是一种半木质化的亚灌木，原产欧亚大陆。它因为在烹饪中的用途而得到广泛栽培，并在意大利和希腊烹饪中发挥特别重要的作用。因为这个原因，人们培育出了许多味道不同的品种。它还被种植为观赏植物，因为它有漂亮的花，花呈各种色调的白色和紫色，将多种昆虫吸引到花园里来。牛至在古希腊入药，治疗呼吸和消化疾病。温和的牛至茶可以安神催眠，而精油有防腐效果。

相似物种

牛至属（*Origanum*）有 56 个芳香物种。该属的另一个成员也是用于烹饪的重要香草，即马郁兰（*O. majorana*，英文通用名 Marjoram）。叙利亚牛至（*O. syriacum*，英文通用名 Syrian Marjoram）被广泛认为就是《圣经》中提到的牛膝草（Hyssop）。它曾被用于治疗心脏病、创伤和消化道疼痛。

牛至的种子小，数量多。除了由风和动物传播之外，它们还会从果实中喷出，果实裂为 4 个小坚果，每个小坚果含有 1 粒种子。萌发前，种子可以在土壤里保留很长时间。植株的芳香性质令其免遭食草动物的侵害。

科	唇形科
分布范围	亚洲热带
生境	栽培用地
传播机制	重力
备注	在20世纪60年代和70年代，广藿香油和熏香在美国和欧洲很受欢迎，这主要是嬉皮文化流行的结果
濒危指标	未予评估

种子尺寸

长 ½ in
(0.75 mm)

广藿香
Pogostemon cablin
Patchouli

(Blanco) Benth.

602

·

实际尺寸

广藿香是草本植物或小灌木，有直立的茎和淡粉色小花，花有浓郁香味。它是一种有重要经济价值的植物，广泛栽培以满足人类对其精油的需求。广藿香油广泛用于香精香料工业，还用在熏香、驱虫剂和医药制品中。它是用蒸馏法从干燥叶片中提取的。在从前，从中国前往中东的商人会将广藿香的干燥叶片放进他们运输的丝绸中以防止蛾类造成损坏。

相似物种

人们还栽培刺蕊草属（*Pogostemon*）的其他一些物种，用于生产广藿香油。广藿香和圣罗勒（600页）属于同一个科，而且这两种植物常常同时用在传统药方中。该科还有其他一些用作烹饪香草的植物，例如迷迭香、鼠尾草和薄荷。

广藿香的果实由4枚种子状小坚果构成。黑色种子微小，有光泽，生长在小坚果里，非常脆弱，呈卵圆形且一端有缺刻。

科	唇形科
分布范围	北美洲
生境	沼泽和湿地
传播机制	动物
备注	这种植物可能含有抗癌化合物榄香烯
濒危指标	无危

种子尺寸

长 1/16 in
(1.5 mm)

侧花黄芩
Scutellaria lateriflora
Blue Skullcap
L.

603

实际尺寸

　　侧花黄芩是小型草本植物，喇叭状花呈紫色至蓝色。虽然植株较小，但它的干制品有助于治疗神经系统问题，包括失眠、焦虑和谵妄，还能缓解女性的经期和乳房疼痛。它还可供分娩后的产妇服用，帮助排出胎盘；但不能让怀孕中的妇女服用，因为它会导致流产。这种植物的药用功效来自它含有的酚类和黄酮类化合物，这些化学物质在叶片中的含量最高。如果大量服用，这种植物会导致头晕、神经抽搐和精神混乱。

相似物种

　　黄芩属（*Scutellaria*）是唇形科（Lamiaceae，英文通用名 mint family）的众多属之一。该属成员在英文中统称 skullcaps（"盔帽"）[1]，而且有几个物种和侧花黄芩一样用作传统药材。它们分布在全世界的大部分温带地区。

侧花黄芩的种子小，卵圆形，黄色至淡棕色。当它们变湿时，会附着在动物体表和鞋底，从而被传播到很远的地方。这种药草只在分枝上开花，不在主茎上开花。

---

① 译注：因为该属植物的花形似欧洲士兵佩戴的盔帽。

科	唇形科
分布范围	从印度到印度尼西亚
生境	森林
传播机制	水流
备注	这种树是柚木木材的来源
濒危指标	未予评估

种子尺寸

长 %₁₆ in
(15 mm)

604

柚木
Tectona grandis
Teak
L. f.

柚木的种子小，呈球形。它们生长在木质化果实中（如下图所示），最终由水传播。白色纸质花由多种昆虫授粉，偶尔由风授粉。种子的储存习性是正常型的，常常长期留存在果实中而不失去生活力。

作为一种高达 40 米的乔木，柚木最以其产出的木材闻名。它原产东南亚的落叶林，但作为木材来源而得到大规模栽培。木材很受追捧，因为它耐水湿，所以常常用来制作桥梁或窗框。这种追捧正在导致其种群的衰退，虽然这个物种现在还算常见，但在未来可能会受到威胁。从柚木种子中提取的油用于刺激头发生长。

相似物种

虽然柚木是柚木属（*Tectona*）最常被利用的物种，但该属还有另外两个成员。菲律宾柚木（*T. philippinensis*，英文通用名 Philippine Teak）是菲律宾两座岛屿的特有物种，并且由于生境破坏和幼树遭到的砍伐而被 IUCN 红色名录列为极危物种。另一个物种汉密尔顿柚木（*T. hamiltoniana*）只分布在缅甸。

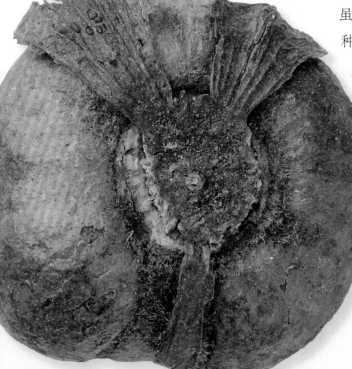

实际尺寸

科	列当科
分布范围	欧洲和北非
生境	温带阔叶林和海滨地带
传播机制	风力
备注	不含叶绿素，叶片呈紫色
濒危指标	未予评估

常春藤列当
Orobanche hederae
Ivy Broomrape
Duby

种子尺寸
长 ¼₄ in
(0.3–0.5 mm)

605

实际尺寸

常春藤列当寄生在常春藤（630页）的根上，这种寄生关系赋予了它这个名字。这种植物的寄生习性导致它的叶片不含叶绿素，完全依赖宿主提供营养。常春藤列当植株高大，有独特的紫色茎和叶，从常春藤灌丛中升起并在上方陈列簇生米色花。必须与宿主生长在一起，意味着它只能自然生长在严酷的环境下，例如海滨悬崖、采石场和多岩石的林地。

相似物种

列当属（*Orobanche*，英文名 broomrape genus）有200个草本寄生物种，它们缺乏叶绿素，原产北半球。分枝列当（*O. ramosa*，英文通用名 Branched Broomrape）的种子容易混入农田生产所使用的作物种子当中，造成污染，因此它正在成为传统农业生产方式的一大威胁。它已经大大超出位于地中海的自然分布范围，并且能够寄生全球各地的许多作物物种，影响它们的产量。

常春藤列当的植株是从细小的棕色种子长出来的，种子很容易乘风力传播。种子可以休眠多年，直到接触常春藤根系所释放的特定化学物质。常春藤的根会促进种子萌发，并为植株提供生长基质。

科	列当科
分布范围	欧洲、北美洲和亚洲
生境	草原
传播机制	风力
备注	这种植物半寄生在其他植物上
濒危指标	未予评估

种子尺寸

长 ³⁄₁₆ in
(4 mm)

606

小鼻花
Rhinanthus minor
Yellow Rattle
L.

实际尺寸

小鼻花分布在欧洲、北美洲和亚洲的草原上，是一种营半寄生生活的一年生草本植物 —— 这意味着它直接从其他植物的根系窃取它所需要的部分营养。尽管如此，人们却发现它起到了提高草甸生物多样性的重要作用，因为它会降低禾草成为压倒性的优势物种的能力。它直接插入禾草根系吸收营养，导致它们枝叶枯萎，让其他物种有发展的机会。这导致小鼻花被用在一些草原恢复项目中。

相似物种

小鼻花是列当科（Orobanchaceae）的成员，该科物种大部分是寄生性植物。这个科的名声不佳，因为寄生性植物能够大批杀死作物。该科的部分成员是完全寄生性植物，它们不含任何负责进行光合作用的叶绿素，所以无法自制养分。

小鼻花的种子扁平，呈棕色，由风力传播。当风吹动纸质杯状蒴果时，种子在蒴果中晃动，像拨浪鼓一样哗啦作响，这就是该物种英文名（意为"黄色拨浪鼓"）的来源。这种植物由熊蜂授粉。小鼻花容易种植，但播种前必须破皮处理。

科	冬青科
分布范围	原产欧洲和北非；在其他地区归化
生境	林地
传播机制	鸟类
备注	枸骨叶冬青和许多民间风俗联系紧密，而且自从中世纪起就和圣诞节联系在一起
濒危指标	未予评估

种子尺寸

长 ¼ in
(6 mm)

枸骨叶冬青
Ilex aquifolium
English Holly
L.

枸骨叶冬青是一种常见的欧洲本土常绿植物。它耐阴，大量生长在栎树和山毛榉林地中。这物种还是林区牧场的典型物种，例如英国的新森林地区（New Forest）。枸骨叶冬青是雌雄异株的，小小的白色雄花和雌花开在不同的树上。红色浆果对人类有毒，但对于鸟类是重要的冬季食物来源。在过去，成年枸骨叶冬青树会被平茬和截顶，这样萌生出的顶部新叶没有那么多刺，可用作家畜饲料。按照传统，冬青木用于制作一些小物件，例如拐杖。

枸骨叶冬青结红色浆果，每个果实有 4 粒种子。这些种子通常在第二年或第三年萌发，但是如果它们先穿过鸟的消化道，萌发速度会更快。在野外，该物种的结实数量有大小年之分，在大年会结大量种子。

相似物种

冬青属（*Ilex*）在全世界拥有超过 500 个物种，包括灌木、乔木和攀缘植物。美国冬青（*I. opaca*，英文通用名 American Holly）自然生长在美国中部和东部地区。它是美国唯一的冬青属植物，有亮晶晶的叶片和红色浆果，也和圣诞节有着紧密的联系。

实际尺寸

科	睡菜科
分布范围	欧洲和亚洲西南部
生境	池塘和缓慢流动的水
传播机制	水流和动物
备注	尽管英文名中有"睡莲"（Waterlily）一词，但该物种是荇菜属（*Nymphoides*）成员，并不属于睡莲属（*Nymphaea*）
濒危指标	无危

种子尺寸

直径 ¹⁄₁₆–¹⁄₈ in
(2–3 mm)

荇菜
Nymphoides peltata
Fringed Waterlily

(S.G.Gmel.) Kuntze

荇菜是一种水生植物。它有鲜绿色二裂浮水叶，叶片上方开放的黄色花高耸在水面之上，而植株的根状茎沉在水底。茎的内层以及花蕾都很好吃，而叶片难以下咽，更常用于治疗头痛。这种植物是利尿剂和清凉剂，所以还能用于治疗烧伤、发热、溃疡和肿胀。

相似物种

荇菜属（*Nymphoides*）的成员是水生植物，英文名来自睡莲属的睡莲，它们与该属植物有相似之处。荇菜属成员遍布全球，而且许多物种在作为观赏植物引入新的地区后如今被认为是入侵物种。在自然分布区之外荇菜还常见于北美洲，泛热带物种印度荇菜（*N. indica*，英文通用名 Water Snowflake）也是如此；这两个物种在北美洲都被认为是有害杂草。

实际尺寸

荇菜的种子小而多毛，棕色，生长在扁平的果实里。这些种子可以漂浮在水上，而且它们的毛让它们能够被动物传播得很远，这增加了该物种的入侵性。这个物种还可以利用土壤中的天然种子库进行繁殖。

科	菊科
分布范围	原产欧洲、亚洲和北美；已在其他地区归化
生境	草原和开阔地
传播机制	重力
备注	在美国，切诺基人曾经饮用千叶蓍茶，用以退烧和安眠
濒危指标	未予评估

种子尺寸

长 1/16 in
(2 mm)

609

千叶蓍
Achillea millefolium
Yarrow
L.

实际尺寸

千叶蓍是草原生境中的一种常见野花，生长在大多数土壤条件下。作为一种多年生植物，它有非常深的根，这有助于它与禾草物种竞争。花序顶部扁平，有10—20朵舌状花。在野外，它的花呈白色至黄白色，吸引多种昆虫，而花园品种有许多不同的颜色。有香味的羽状叶片可以用在沙拉里，而且这个物种还可入药和制作染料。

相似物种

蓍属（*Achillea*）有大约115个物种，其多样性中心位于欧洲和亚洲。该属的另一种常见花园植物是珠蓍（*A. ptarmica*，英文通用名 Sneezewort），一种广泛分布的欧洲植物，并且已在美国归化。它是一种药用植物，可以用干制叶片制作一种喷嚏粉——其英文名（意为"喷嚏草"）由此而来。

千叶蓍的果实是瘦果，或称连萼瘦果（cypselae）；每个果含有1粒种子。果实边缘有宽大的翅。种子无毛，形似微小的矛尖。它们形状扁平，棕色，边缘颜色较浅。种子很容易萌发，且光照有助于萌发。

科	菊科
分布范围	北美洲和萨哈林岛（库页岛）；存在于它被无意中引入的全球温带地区
生境	路缘、牧场以及荒地
传播机制	风力、水流和人类
备注	豚草植株通常结3000—4000粒种子，但有时一棵植株能够结出多达32000粒种子
濒危指标	未予评估

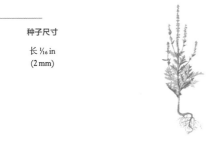

种子尺寸

长 1/16 in
(2 mm)

610

豚草
Ambrosia artemisiifolia
Common Ragweed

L.

●

实际尺寸

豚草的种子坚硬且木质化。它们通常由水流传播，而且能漂浮2个小时或更久。埋在土壤里的种子可以存活40年，但只会在受扰动的土地中萌发。

　　豚草是一年生草本杂草，茎叶多毛。它有入侵性，并且和几种商业作物，如甜菜（*Beta vulgaris*，英文通用名 Sugar Beet）、玉米（223页）和落花生（267页），开展激烈的竞争。该物种的种子常常和作物谷粒一起储存和运输，无意中被其他国家引入。在自然分布范围之外，它在意大利、俄罗斯以及中欧和东欧的危害最为严重。根据记录，它在这些地方的扩散速度高达每年67平方千米。种子还可以通过土壤的移动和农用机动车在当地的田野之间扩散。

相似物种

　　三裂叶豚草（*Ambrosia trifida*，英文通用名 Giant Ragweed）、多年生豚草（*A. psilostachya*，英文通用名 Perennial Ragweed）和二裂叶豚草（*A. bidentata*，英文通用名）都原产北美洲，并且有与豚草类似的强烈入侵性。它们都是农田、庄稼地里的大问题。三裂叶豚草、二裂叶豚草和豚草通过种子扩散，但多年生豚草主要通过根茎繁殖。各种豚草的花粉是引起人类花粉热的主要原因之一。

科	菊科
分布范围	广泛分布于亚洲、南北美洲部分地区；今已广泛归化
生境	生长在多种生境，包括荒地、路缘、干草原和森林边缘
传播机制	风力和动物
备注	栽培黄花蒿是东非农民的一项重要收入来源。抗疟疾药物青蒿素的人工合成可能会威胁他们的生计
濒危指标	未予评估

种子尺寸

长 1/32 in
(0.5 mm)

611

黄花蒿
Artemisia annua
Sweet Wormwood
L.

实际尺寸

黄花蒿是有香味的一年生草本植物，有小型黄色花序和似蕨类的叶片。在中国，它用于治疗发热已经有超过 2000 年的历史。如今，黄花蒿得到广泛的商业种植，用于生产精油和化合物青蒿素，这种化合物在 1972 年由中国科学家首次分离，用于生产抗疟疾药物。虽然如今可以使用基因工程酵母人工合成这种化合物，但这种方式还无法实现有经济价值的生产。黄花蒿广泛分布，并归化于包括美国东部在内的广大地区。

相似物种

蒿属（*Artemisia*）是一个大属，有超过 300 个物种，包括用在园艺、药物、香水以及食品工业中的其他著名植物。它们中有：龙蒿（*A. dracunculus*，英文通用名 Tarragon），一种烹饪用香草；中亚苦蒿（*A. absinthium*，英文通用名 Absinthe），用于生产酒精饮料苦艾酒；入药的北艾（*A. vulgaris*，英文通用名 Mugwort）；以及格拉纳蒿（*A. granatensis*，英文通用名 Royal Chamomile），它也广泛用作医药，而且由于它位于西班牙内华达山脉的自然生境中存在过度采集，如今它被列为濒危物种。

黄花蒿的果实是扁平的椭圆形黄棕色连萼瘦果，表面有光泽且布满沟槽，含有 1 粒种子。卵形种子呈米色，表面皱缩。和菊科的许多其他植物不同，黄花蒿的连萼瘦果没有刚毛，因此它并不特别适合由风力传播。

科	菊科
分布范围	热带美洲；广泛归化于热带地区
生境	农田、牧场、荒地、花园以及路缘
传播机制	动物（包括鸟类）、风力、水流，以及人类
备注	尽管是一种不受欢迎的杂草，但鬼针草有多种医药价值，被亚马逊地区的原住民部落用于治疗从头痛到肝炎的一系列疾病
濒危指标	未予评估

种子尺寸

长¼ in（7 mm），
不含刺

鬼针草
Bidens pilosa
Blackjack
L.

鬼针草如今广泛分布于热带地区，部分原因在于它有高效的种子传播机制。它还是一个非常高产的物种：一棵植株可以结数万粒有生活力的种子，而且成熟种子很容易萌发。在某些地区，鬼针草在一年之内可以生长三或四代。鬼针草对于许多重要作物，如甘蔗（*Saccharum* spp.）、玉米（223页）、咖啡（*Coffea* spp.；535页）、茶（527页）、棉花（454页）、马铃薯（568页）和大豆（278页）等都是危害严重的杂草。它在拉丁美洲和东非分布得最广泛，造成的麻烦也最大。

相似物种

属名 *Bidens*（来自拉丁语，意为"两齿"）指的是种子上两根突出的刺，这是该属成员的共同特征。原产中南美洲的鬼针草属物种还有两个——香鬼针草（*B. odorata*，英文通用名 Spanish Needle）和白花鬼针草（*B. alba*，英文通用名 Shepherd's Needle），但它们都不如鬼针草分布广泛，扩散能力也不如它。狼杷草（*B. tripartita*，英文通用名 Trifid Bur-marigold）分布在北半球，已知有抗菌、收敛、利尿、麻醉和镇静效果。

实际尺寸

鬼针草的种子呈黑色或深棕色，扁平，略带毛。种子一端有两根带钩的刚毛，称为芒。这些芒有助于种子附着在动物皮毛、衣服或者农业机械的表面上，很难被去除。种子在种子表面或者刚好位于表面之下时萌发，不过深埋于土壤之中的种子可以保持许多年的生活力。

科	菊科
分布范围	很可能原产南欧；如今广泛归化和栽培
生境	栽培用地和荒地
传播机制	人类
备注	古代的希腊、罗马、中东和印度文明都将它的花作为一种药草使用
濒危指标	未予评估

种子尺寸

长 ¼ in
(6 mm)

金盏菊
Calendula officinalis
Pot Marigold
L.

613

金盏菊是一种生长迅速的一年生或二年生观赏植物，叶片有香味，花似雏菊，呈鲜艳的橙色。它很可能原产南欧，但漫长的栽培历史让它的确切起源地难以确定。它在欧洲和全世界的其他温带地区广泛归化。叶片用在沙拉中，花也用来为沙拉增添风味和颜色。花还用来制作用于织物、食物和化妆品的黄色染料，以及用在皮肤乳霜中的金盏菊油。

相似物种

金盏菊属（*Calendula*）有大约 15 个物种。田金盏菊（*C. arvensisis*，英文通用名 Field Marigold）原产中欧和南欧，而且和金盏菊一样在全世界广泛归化。与之相反，原产西西里岛的海滨金盏菊（*C. maritima*，英文通用名 Sea Marigold）是极危物种。

金盏菊的果实较小，是爪形干瘦果，有一细喙。这些瘦果长在圆形果穗上，每个瘦果含有 1 粒种子。多刺的木质化种子呈浅棕色，形状变异很大。

实际尺寸

科	菊科
分布范围	西西里岛、希腊、阿尔巴尼亚、巴尔干半岛及土耳其；如今广泛归化
生境	草原和栽培用地
传播机制	重力和风力
备注	矢车菊通常与南茼蒿（*Glebionis segetum*）、麦仙翁（*Agrostemma githago*）和滨菊（*Leucanthemum vulgare*）种在一起，在花园里创造野花草甸
濒危指标	未予评估

种子尺寸

长 ¼ in
(6 mm)

矢车菊
Centaurea cyanus
Cornflower
L.

矢车菊有鲜艳的蓝色花，是用在野花混合种子中的一个很受欢迎的物种。茎和叶上覆盖着白毛。它原产地中海部分地区，如今在其他地方广泛归化，包括美国。该物种在青铜时代引入英国，但是和其他作物杂草一样，已经因为现代农业技术而变得非常稀有。它是最容易在花园里种植的一年生植物，因此是儿童参与园艺的热门选择。它有许多花色各异的花园品种，还有一些矮小和重瓣品种。

相似物种

矢车菊属（*Centaurea*）通常称为 cornflowers 和 knapweeds，是一个拥有大约 500 个物种的大属，如黑矢车菊（615 页）就是该属物种。虽然大多数物种是一年生或多年生草本，但少数物种会长成灌木状。生活在土耳其的矢车菊属物种尤其多。该属有超过 20 个成员在 IUCN 红色名录上列为受威胁的物种。

实际尺寸

矢车菊的果实是连萼瘦果，表面有细毛，还在一端长有一簇短刚毛，刚毛的长度是种子的一半。种子上的这簇刚毛生长在连萼瘦果里。形状独特的种子有梨子似的光泽，像一把小小的剃须刷。

科	菊科
分布范围	欧洲西部；广泛归化
生境	草原生境、草甸和牧场
传播机制	鸟类
备注	黑矢车菊在美国科罗拉多州和华盛顿州被列为有害杂草
濒危指标	未予评估

种子尺寸

长 ³⁄₁₆ in
(4 mm)

黑矢车菊
Centaurea nigra
Common Knapweed
L.

黑矢车菊是一种多年生草原花卉，为蜂类和蝴蝶提供重要的花蜜来源。它原产西欧，已经广泛引入世界其他地区。狭窄的叶片呈线形至披针形。花序似蓟属植物的花序，基部呈球形，覆盖着互相重叠的三角形棕色苞片。粉色或紫色花瓣可食用，可以用在沙拉里。种子穗吸引金翅雀和其他鸟类，因此这个物种是营造野花花园的一个非常受欢迎的选择。

相似物种

矢车菊属（*Centaurea*）通常称为 cornflowers 和 knapweeds，是一个拥有大约 500 个物种的大属，如矢车菊（614 页）就是该属物种。这些物种富含花蜜，对昆虫授粉者非常重要。另一个欧洲多年生物种大矢车菊（*C. scabiosa*，英文通用名 Greater Knapweed）有硕大的花序，并被收录在英国插画师西西莉·玛丽·巴克（Cicely Mary Barker）非常受欢迎的儿童绘本《花仙子全书》（*Book of Flower Fairies*；1927）中。

实际尺寸

黑矢车菊的果实是长着细毛的棕褐色连萼瘦果。它们有一簇数量众多的刚毛（在这张照片上已经除去），刚毛颜色发黑，长 0.5—1 毫米。

科	菊科
分布范围	美国阿肯色州、密苏里州、俄克拉何马州和得克萨斯州
生境	林间空地和北美草原
传播机制	鸟类
备注	属名 *Echinacea* 来自希腊语单词 *echinos*，意为"刺猬"，指的是花序中央的多刺"松果"
濒危指标	未予评估

种子尺寸

长 ³⁄₁₆ in
(5 mm)

616

奇异松果菊
Echinacea paradoxa
Yellow Coneflower
(J. B. S. Norton) Britt.

实际尺寸

奇异松果菊主要分布在密苏里州和阿肯色州奥扎克（Ozark）地区的林间空地和北美草原上。然而，该物种的大片天然草原生境已经被改造成了耕地，从而导致了它的衰退。它的根作药用，对根的采集也是对它的一个威胁。在阿肯色州和密苏里州，人们还对野生种群的种子进行商业规模的采集。该物种拥有硕大的似雏菊的花（花序），包括低垂的黄色花瓣（舌状花）和位于中央的硕大棕色"松果"。花序生长在高而坚硬的花茎上。枯死的花序常常被鸟类造访，它们会将种子吃掉。

相似物种

松果菊属（*Echinacea*）有9个物种，全都原产北美洲。奇异松果菊是该属唯一开黄色花而非紫色花的物种。松果菊有药用价值，而且已经成为在全世界都很受欢迎的花园植物。

奇异松果菊的果实呈棕褐色，有时长着深棕色条带。它们通常光滑无毛，只在一端长着长约1.2毫米的冠毛（刚毛）。种子呈浅棕色，外表木质化。它们呈四棱形，形状像花瓶。

科	菊科
分布范围	美国，从俄亥俄州向北至密歇根州，向西至艾奥瓦州，向南至路易斯安那州和佐治亚州
生境	北美草原、开阔林地及灌木丛
传播机制	风力，以及直接落向地面
备注	紫松果菊是一种非常重要的草药，为了满足全球需求，它在美国和加拿大的栽培规模越来越大
濒危指标	未予评估

紫松果菊
Echinacea purpurea
Purple Coneflower
(L.) Moench

种子尺寸

长 ³⁄₁₆ in
(5 mm)

617

实际尺寸

紫松果菊是一种粗糙多毛的草本多年生植物，原产北美东部和中部的草原和开阔林地。在欧洲人到来时，它就常被美洲原住民用作药物，等到 19 世纪初，它的使用已经扩散到殖民者中并传播到欧洲。德国科学家在 20 世纪 20 年代进行了一系列研究之后，它的流行程度大大增加。如今，该物种的提取物是增加免疫系统抵御感冒和流感能力的最常用的草药疗法之一。根的采集对它的天然种群造成了压力。

相似物种

松果菊属（*Echinacea*）有 9 个物种，在英文中统称 coneflowers（"松果花"），全都原产北美洲。它们是很受欢迎的花园植物，有几个物种因为生境丧失和过度采集而遭受威胁。例如，光滑松果菊（*E. laevigata*，英文通用名 Smooth Purple Coneflower）和田纳西松果菊（*E. tennesseensis*），英文通用名 Tennessee Coneflower）就受到生境丧失的威胁。金光菊属（*Rudbeckia*）是一个近缘属，也原产北美洲。

紫松果菊的果实是灰白色连萼瘦果，通常光滑无毛，只在顶端长有 1.2 毫米长的冠毛（刚毛）。种子呈四棱形，形状像花瓶。

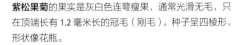

科	菊科
分布范围	南非；已在澳大利亚归化
生境	海滨生境
传播机制	风力
备注	勋章菊的另一个英文名是 Treasure Flower（意为"富贵花"）
濒危指标	未予评估

种子尺寸

长 ³⁄₁₆ in
(5 mm)

618

勋章菊
Gazania rigens
Gazania
(L.) Gaertn.

实际尺寸

勋章菊原产南非，是一种很受欢迎的菊科植物。它作为花园植物广泛栽培，已在澳大利亚归化。它是一种柔弱的多年生植物，茎在地面上伸展，叶片正面深绿色，背面丝白色。花序的舌状花呈鲜艳的橙色，基部呈黑白两色。中央的盘状小花为橙黄色。勋章菊有 3 个变种，其中之一只见于栽培。它有许多不同花色的杂交品种，包括黄色、橙色、古铜色和白色，舌状花的基部常常呈对比鲜明的颜色。花在夜晚合拢，阴雨天气可能只会半开。

相似物种

勋章菊属（*Gazania*）有大约 18 个物种。栽培中的其他物种包括'鲜红唐纳雀'赤褐勋章菊（*G. krebsiana* 'Scarlet Tanager'）、'科罗拉多金'线叶勋章菊（*G. linearis* 'Colorado Gold'）和海勋章菊（*G. maritima*），它们的英文名都是 Gazania①。由于生境丧失，暖地勋章菊（*G. thermalis*）在 IUCN 红色名录上列为极危物种。

勋章菊的果实是连萼瘦果，密生长毛。果实顶端的冠毛鳞片非常小，并被长毛掩盖。棕色种子大致呈卵圆形且细长。

---

① 译注：该英文名来自拉丁属名。

科	菊科
分布范围	埃塞俄比亚高地
生境	荒废地或沙漠栽培区域
传播机制	人类
备注	小葵子的种子是商用鸟食的传统成分
濒危指标	未予评估

小葵子
Guizotia abyssinica
Niger

(L.f.) Cass.

种子尺寸

长 ³⁄₁₆ in
(4–5 mm)

619

小葵子是小型直立草本植物，开黄色花。该物种在印度和埃塞俄比亚有栽培，既有商业规模的种植，也有当地人赖以维持生计的小规模种植。种子本身晒干后即可食用，也可以晒干后磨碎，制成调味品和面粉。还可以从种子里提取油脂——这种油脂用作其他烹饪用油的替代品，赋予食物一种坚果风味，或者用于生产肥皂、颜料和皮革保养用品。

相似物种

小葵子属于菊科（Asteraceae）这个大科，但它的属是一个相对较小的属，成员全部是非洲草本植物。小葵子属（*Guizotia*）是一个有杂草习性的属，因此它的物种在远离栽培地点，且受到扰动或者荒废的区域生长得很好。由于全球贸易，小葵子开始在远离非洲自然分布区的欧洲繁荣起来。

实际尺寸

小葵子的种子小而黑，有一层异常坚硬的外皮，因而可以储存一年而萌发率毫不降低。除了为鸟类提供重要的食物来源，种子还可以用来制作膏药，治疗风湿病和烧伤。按照传统，它们还可当肥料使用。

科	菊科
分布范围	美国和墨西哥
生境	许多不同生境中的开阔地
传播机制	鸟类和动物
备注	记录中最高的向日葵长到了 9 米以上的高度
濒危指标	未予评估

种子尺寸

长 ½ in
(12 mm)

620

向日葵
Helianthus annuus
Sunflower

L.

向日葵有硕大的雏菊状花，是一种很受欢迎的花园植物，还是农业作物。美洲原住民在数千年前开始栽培这个物种，并通过人工选择培育出了驯化向日葵，它有硕大的单生果序和富含油脂的膨大种子。如今，向日葵是全世界第四重要的油料作物。向日葵的种子还是重要的食物来源。野生向日葵有许多分枝和多个花序。这个物种的变异程度很高，而且可以和向日葵属（*Helianthus*）的其他几个成员杂交。

相似物种

向日葵属有 52 个物种，全都原产美洲，而且大部分物种只分布在美洲。几个野生物种曾参与现代向日葵作物育种项目，以提供抗霉病、锈病和其他病虫害等优良性状。据估计，这些物种每年为栽培向日葵（the cultivated sunflower）所创造的经济价值高达 3 亿美元。近缘物种菊芋（*H. tuberosus*，英文通用名 Jerusalem Artichoke）作为野生植物被美洲原住民食用，后来在欧洲被开发成了一种食用作物。

向日葵的"种子"其实是果实（连萼瘦果）。每个连萼瘦果的冠毛是 2 枚 2.5—3 毫米长的披针形鳞片和 1 枚更小的钝角鳞片（0.5—1 毫米）。向日葵的连萼瘦果在颜色上有相当大的变异。每个连萼瘦果有 1 粒扁平的乳白色种子。

实际尺寸

科	菊科
分布范围	据信原产埃及；如今全球各地都有栽培
生境	栽培用地
传播机制	人类
备注	属名 *Lactuca* 来自这种植物的乳白色汁液
濒危指标	未予评估

莴苣
Lactuca sativa
Lettuce
L.

种子尺寸

长 ³⁄₁₆ in
(4 mm)

621

实际尺寸

莴苣是一种一年生植物，螺旋状排列的叶片形成莲座丛。花黄色，簇生成松散的花序。这个物种的栽培历史非常久（最先种植它的是古埃及人），它的野生起源已无法确定。到公元 50 年时，已经有许多不同的类型得到描述，而且莴苣经常出现在中世纪著作中，包括几部本草志中。18 世纪中期得到描述的一些莴苣品种至今仍然可以在菜园中找到。莴苣最常用作沙拉蔬菜，但莴笋（Celtuce 或 Stalk Lettuce）是一个茎膨大的变种，可以生吃或者像石刁柏（157 页）一样烹饪食用。

相似物种

莴苣属（*Lactuca*）有至少 50 个物种，它们遍布世界各地，但主要分布在欧亚大陆温带地区。有 3 个被认为是莴苣野生近亲的物种——星古莴苣（*L. singularis*）、特兰塔莴苣（*L. tetrantha*）和沃森氏莴苣（*L. watsoniana*）——在 IUCN 红色名录上列为受威胁物种。

莴苣的种子实际上是连萼瘦果，每侧各有 5—7 道明显的细肋纹，还有一个喙部和一根白色冠毛。包括喙部在内，连萼瘦果全长 6—8 毫米，颜色不一，白色至棕色或黑色都有可能。果实外壳正下方有 2—3 层胚乳细胞。

科	菊科
分布范围	原产南美洲；如今已在非洲、欧洲南部、亚洲南部和澳大利亚归化
生境	栽培用地和荒地
传播机制	动物
备注	小巧的花在南美部分地区用作一种烹饪香草，在那里，人们通常用它的印加语名字 *huacatay* 称呼这种植物
濒危指标	未予评估

种子尺寸

长 ⅜ in
(9 mm)

622

印加孔雀草
Tagetes minuta
Mexican Marigold
L.

印加孔雀草是一种有强烈香味的一年生草本植物，茎可以长到 2 米高。花序由黄色小花构成，而浅绿色叶片是具柄的羽状复叶，细长的小叶边缘带锯齿。叶片下表面含有凹陷的油脂腺，破裂时会释放一种类似干草的香味，茎和苞片上也有腺体。该物种是用在杀虫剂和药物中的化学物质的重要来源，而根会分泌抑制花园杂草的化学物质。

相似物种

该属有超过 40 个物种，全都原产中南美洲，而且有 3 个物种的分布范围延伸至美国。万寿菊属（*Tagetes*）在英文中统称 marigolds，包括一些最常见且最受欢迎的花园一年生植物。开鲜艳橙色花的不同物种被广泛应用在墨西哥亡灵节庆典以及印度和泰国的仪式典礼上。

实际尺寸

印加孔雀草的种子小而坚硬，没有休眠期，寿命长达 7—8 个月。果实是黑色瘦果，细椭球形。每个瘦果都有由 1—2 根长达 3 毫米的刚毛构成的冠毛，以及 3—4 枚长达 1 毫米的鳞片。用筛子筛干燥果实，去壳后可获取种子。

科	五福花科
分布范围	欧洲和西亚
生境	温带和亚热带的森林、灌木丛林地、绿篱及荒地
传播机制	动物，包括鸟类
备注	1995 年，西洋接骨木浆果的汁液被用于治疗发生在巴拿马的一场流感暴发
濒危指标	未予评估

种子尺寸

长 ³⁄₁₆ in
(4 mm)

西洋接骨木
Sambucus nigra
Elder
L.

623

在分布范围之内，西洋接骨木和许多民间习俗有着密切的联系，有时会被认为能够保护人和动物，但也与巫术和魔鬼紧密相关。花和浆果用于制作各种香甜酒、葡萄酒、茶和蜜饯。西洋接骨木的花、浆果和叶片还有相当重要的药用价值。浆果富含铁和钙元素，以及维生素 A、C 和 B_6，还含有抗氧化剂。使用西洋接骨木浆果对抗感冒和流感病毒的做法受到临床研究的支持，而且人们还认为它们能够降低胆固醇水平，提振免疫系统。此外，有证据表明它们可以限制肿瘤生长。

相似物种

接骨木属（*Sambucus*）包括落叶灌木、小乔木和草本多年生植物，它们分布在北半球以及南美洲和澳大利亚。它们种植简单，是很受欢迎的花园植物。其变种和品种众多，有着多样的叶色、花色和果色。

西洋接骨木的种子生长在黑色浆果里，它们大团簇生，悬挂在植株上。每个浆果含有 3 粒扁桃形浅棕色种子。西洋接骨木浆果有一种酸味，通常用于制作葡萄酒和果冻。生浆果有小毒，在用作食品之前应先烹熟。

实际尺寸

科	忍冬科
分布范围	欧洲、西亚和北非
生境	草甸、草原和受扰动区域
传播机制	风力和鸟类
备注	博物学家查尔斯·达尔文曾认为起绒草可以通过叶片上的毛吸收氮元素
濒危指标	未予评估

种子尺寸

长 ³⁄₁₆ in
(4 mm)

624

起绒草
Dipsacus fullonum
Teasel
L.

实际尺寸

起绒草是一种独特且高大的二年生植物。硕大且易于辨认的花序呈卵形，由带刺的长苞片和微小的粉紫色小花构成。起绒草的花序常常被制成干花，用作插花材料。茎和叶多刺。花为蜂类和其他授粉者提供花蜜，种子是鸟类的食物。每棵植株结出大约3000粒种子。起绒草在18世纪引入美国，如今遍布美国各地，常常生长在路边和荒地。它还被引入南美洲、澳大利亚和新西兰。

相似物种

川续断属（*Dipsacus*）有大约15个物种，分布在欧洲、亚洲和非洲。拉毛果（*D. sativus*，英文通用名Fuller's Teasel）是一种栽培植物，传统上用于在纺织前梳理羊毛纤维。欧洲物种毛川续断（*D. pilosus*，英文通用名Small Teasel）开白色小花。来自喀麦隆的水仙川续断（*D. narcisseanus*）在IUCN红色名录上列为受威胁物种。

起绒草的果实是四棱形棕色瘦果，有纵向沟。种子细长且具沟。每棵植株在独特的花序中结大约3000粒种子，花序表面覆盖尖锐的刚毛。起绒草很容易播种繁殖，两年后开花。

科	忍冬科
分布范围	南欧和西亚
生境	干旱生境、荒地和海滨生境
传播机制	风力
备注	这种植物的另一个英文名是 Mournful Widow（"悲伤的寡妇"）
濒危指标	未予评估

种子尺寸

长 ¼ in
（7 mm）

紫盆花
Scabiosa atropurpurea
Sweet Scabious
L.

625

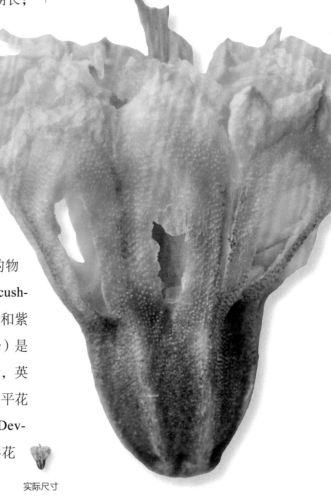

　　紫盆花是常见于种植的一年生花园植物，花期长；它是一种很受欢迎的插花材料。在野外，这个物种通常生长在白垩上。形状略平的长柄花序由许多淡紫色小花构成。多刺的种子穗也有装饰性。它有一系列花色不同的品种，其中一些接近黑色。叶片为椭圆形至抹刀形。属名 *Scabiosa* 来自拉丁语单词 *scabius*，意思是"痒"，指的是它的叶片被用来治疗皮肤问题。

相似物种

　　蓝盆花属（*Scabiosa*）有大约 20 个得到承认的物种。高加索蓝盆花（*S. caucasica*，英文通用名 Pincushion Flower）是另一种很受欢迎的花园植物，但是和紫盆花不同的是，它是多年生植物。蠳草属（*Knautia*）是一个开类似花朵的近缘属。田野蠳草（*K. arvensis*，英文通用名 Field Scabious）有由淡紫色小花构成的扁平花序。草地魔噬花（*Succisa pratensis*，英文通用名 Devil's-bit Scabious）也是一个近缘物种，浓密的圆形花序由花冠 4 裂的紫色小花构成。

实际尺寸

紫盆花的果实是瘦果，并呈非常独特的钟形。每个瘦果含有 1 粒种子，种子卵圆形，米色至浅棕色，一端有刺，而且刺从果实的一端伸出。瘦果表面有肋纹，多毛。

科	海桐科
分布范围	新西兰北岛
生境	海滨森林
传播机制	鸟类
备注	种子用于制作一种蓝色染料
濒危指标	未予评估

626

种子尺寸

长 3/16 in
(4 mm)

厚叶海桐
Pittosporum crassifolium
Karo
Banks & Sol. ex A. Cunn.

实际尺寸

厚叶海桐是一种常绿灌木或小乔木，开红色小花，是新西兰北岛的特有物种。它分布于海滨森林，如今已经被种植在世界各地，因为它对盐碱、风以及病虫害都有很高的耐性。然而，这个物种在它的自然分布范围之外造成了麻烦，因为它是一种优秀的定殖者，可以在艰难的环境下存活。因此，厚叶海桐在加利福尼亚州被认为是一种"栽培中的杂草"。种子历来都用于制作一种蓝色染料，而且会留下污渍，而木材现在用于镶嵌内饰。

相似物种

海桐属（*Pittosporum*）有110个成员，属名来自希腊语，意为"沥青－种子"，形容的是种子的黏稠质感。海桐属分布广泛，分布于大洋洲、亚洲和非洲。该属有26个成员在IUCN红色名录上列为受威胁物种。一些物种被认为具有入侵性，如波叶海桐（*P. undulatum*，英文通用名 Sweet Pittosporum），它正在对南非和亚速尔群岛上的本土植物产生不利影响。

海桐的种子包裹在木质化的果实中，并覆盖着一层黏稠的树脂。它的花由鸟类和昆虫授粉，但也可以自花授粉。种子呈黑色，由鸟类传播到很远的地方。老鼠会阻止这个物种的更新，因为它们会吃掉蓝色的果实并在这个过程中破坏种子。

科	海桐科
分布范围	原产澳大利亚东部；在自然分布范围之外有入侵性且栽培广泛
生境	热带至亚热带雨林
传播机制	鸟类
备注	在澳大利亚，该物种在其自然分布范围之外被认为是一种杂草
濒危指标	未予评估

反卷海桐
Pittosporum revolutum
Brisbane Laurel

Dryand. ex W. T. Aiton

种子尺寸

长 ¼ in
(7 mm)

627

尽管反卷海桐的自然分布区面积不大，但它已经伴随人工栽培而扩散到世界各地，因为它开形状独特的反卷白色花，作为一种观赏植物得到种植。如今它生长在其他5座大陆上，而且并不令人意外的是，在澳大利亚也扩散到了自然分布区之外。在非原生澳大利亚生境中，它被认为是对本土植被的威胁，因为它能够迅速占据空地。人们认为这个物种的扩张是森林火灾的减少所导致的，否则火灾本可以限制它的侵略性。

相似物种

海桐属（*Pittosporum*）是由开花灌木和乔木构成的属。该属的大部分物种都已超出它们的自然分布区，作为观赏植物栽培在世界各地。然而火脂海桐（*P. resiniferum*，英文通用名 Petroleum Nut）因其油脂而得到种植，这种油脂有作为生物燃料替代石油的潜力。

实际尺寸

反卷海桐有鲜艳的红色种子 —— 它们由鸟类传播，因此这个特征非常重要，鲜艳的颜色容易被鸟类看到。种子黏稠，所以有时会附着在经过的动物身上，形成另一种传播机制。它们生长在坚硬的圆形果实中，果实会开裂，露出最多30粒成熟的种子，此时果实从亮橙色变成棕色。

科	五加科
分布范围	美国东北部和中部，以及加拿大
生境	温带阔叶林和干草原
传播机制	动物，包括鸟类
备注	这种植物整株都有一股气味芬芳的辛辣味道
濒危指标	未予评估

种子尺寸

长 ⅟₁₆ in
(2mm)

628

实际尺寸

美洲楤木结直径约4毫米的紫色至红色浆果，其中含有这种植物的黄色小种子。果实可用于生产果冻，并被鸟类和其他小型哺乳动物食用，令种子能够被广泛传播。

美洲楤木
Aralia racemosa
American Spikenard

L.

美洲楤木最常用的部位是它的根，根部有一种独特的辛辣味道，常用来代替圆叶菝葜（128页）制作根汁汽水。和圆叶菝葜一样，它也可以用来制作补药，这种补药既是兴奋剂也是发汗剂，有助于治疗许多需要给身体解毒的病症。它的根还可以和植株的其他部位一起制成膏药，用于治疗风湿病和皮肤问题或者肿胀。

相似物种

美洲楤木和其他700个物种同属五加科（Araliaceae），该科许多物种有类似的烹饪用途。该科物种主要是灌木和小乔木，不过常春藤属（*Hedera*）还有一些常绿攀缘植物。

科	五加科
分布范围	美国东南部
生境	开阔林地、灌木丛及牧场
传播机制	动物，包括鸟类
备注	紫黑色浆果很受鸟类欢迎
濒危指标	未予评估

刺楤木
Aralia spinosa
Devil's Walking Stick
L.

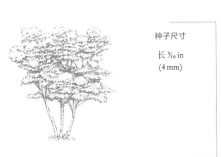

种子尺寸

长 ³⁄₁₆ in
(4 mm)

629

实际尺寸

刺楤木的树干和树枝布满非常尖锐的刺，它的叶也是如此，而且能够长到 1.2 米长、90 厘米宽。这种树在夏天开白花，花序宽达 30 厘米。刺楤木的根和果实有香味，被美洲的早期殖民者用在传统医药中。如今这个物种作为观赏植物种植，因为它有醒目的花序、多刺的叶和紫色浆果。刺楤木是先驱物种，这意味着它可以在裸露的土地上不费力地生长。然而，如果不加管控，它会形成浓密多刺的灌丛。

刺楤木的种子非常小，卵形，表面粗糙且布满小坑。种子必须保存在类似冬天的环境中 3—5 个月，以刺激萌发。这个过程称为层积，很多多年生植物经过储存的种子都需要经历这个过程才能萌发。

相似物种

楤木属（*Aralia*）的大部分物种分布在东南亚，只有少数分布在美洲。分布于日本、朝鲜半岛和中国的食用土当归（*A. cordata*，英文通用名 Udo）可以食用，因其嫩茎得到栽培，并被当作一道美味佳肴。辽东楤木（*A. elata*，英文通用名 Japanese Angelica Tree）作为观赏植物广泛栽培，不过和刺楤木一样，栽培者必须小心避开它尖锐的刺。

科	五加科
分布范围	欧洲；已在其他地区归化
生境	树林、绿篱、墙壁和多岩石地区
传播机制	鸟类
备注	常春藤自18世纪起就与圣诞节产生了联系
濒危指标	未予评估

种子尺寸

长 ¼ in
(6 mm)

630

常春藤
Hedera helix
Ivy
L.

实际尺寸

常春藤的浆果呈黄色至黑色。它们的直径可达9毫米，脂肪含量高。每个浆果含有最多5粒种子。每粒种子呈棕色，坚硬的种皮呈皱缩状。种子寿命短，不会在土壤中形成长期存活的天然种子库。

常春藤是一种常绿木本攀缘植物，在野外和栽培中都很常见。对于蜂类、蝴蝶和其他昆虫，花是非常重要的食物来源，而浆果为鸟类所食。常春藤原产欧洲，在18世纪初引入北美，如今被认为是极具入侵性的物种，威胁本土生态系统。常春藤有两种生长形态。年幼时，它有浅裂叶片和可以附着在任何表面上的气生根。成年形态没有气生根，但是会开花结果。

相似物种

常春藤属（*Hedera*）还有其他16个物种，它们也都是常绿攀缘植物。它们容易种植，可以在任何类型的土壤中繁茂生长。大西洋常春藤（*H. hibernica*，英文通用名 Atlantic Ivy）与常春藤相似，它原产从西班牙到斯堪的纳维亚半岛的欧洲大西洋海岸。加那利常春藤（*H. canariensis*，英文通用名 Canary Island Ivy）和革叶常春藤（*H. colchica*，英文通用名 Persian Ivy）是另外两个普遍栽培的物种。

科	五加科
分布范围	北美西海岸美国各州和加拿大各省，从阿拉斯加州至俄勒冈州以及密歇根州、阿尔伯塔省、不列颠哥伦比亚省和安大略省
生境	湿润温带林
传播机制	动物，包括鸟类
备注	在它的自然分布范围内的各个传统文化中，北美刺人参的浆果都被擦在头皮上，起到清除头虱和头皮屑的作用
濒危指标	未予评估

北美刺人参
Oplopanax horridus
Devil's Club
(Sm.) Miq.

种子尺寸

长 ³⁄₁₆ in
(5 mm)

631

北美刺人参的茎、叶柄甚至叶脉上都密布尖刺，这些刺可以长到 2.5 厘米长，会对皮肤造成强烈的刺激。在它的自然分布范围内，这个物种对于各原住民部落都有重要的药用和精神价值。根据记录，它曾被用来治疗一系列病症——主要是传染病如肺结核，以及缓解关节炎等疾病所造成的疼痛。研究表明，这个物种有抗真菌、抗病毒、抗细菌和抗分枝杆菌等效果。它还可以用作除臭剂。

相似物种

刺人参属（*Oplopanax*）还有另外两个灌木物种，它们同样长满了刺。日本刺人参（*Oplopanax japonicus*）原产日本，近来才被鉴定为一个不同于北美刺人参的物种。东北刺人参（*Oplopanax elatus*）分布于远东、朝鲜半岛和俄罗斯。这三个物种全都入药。刺人参属物种和人参（632 页）属于同一个科，后者因其药用功效而广为人知和使用。

实际尺寸

北美刺人参的种子在成熟时变成棕褐色。它们通常由鸟类和动物传播；熊在夏末食用大量浆果。研究表明，穿过动物和鸟的消化道不会对种子的萌发产生正面影响，这说明鸟类和动物为该物种传播种子的正面意义仅限于将种子移动到远离母株的地方。

科	五加科
分布范围	中国东北；朝鲜半岛；以及俄罗斯的哈巴罗夫斯克和滨海边疆区
生境	混交林和落叶林
传播机制	重力（种子直接落到地面上）和人类
备注	英文名 Ginseng 被认为来自"人参"一词在粤语中的发音，而人参之名是因为它的根系很像人形。属名 *Panax* 来自希腊语单词，意为"万灵药"
濒危指标	未予评估

种子尺寸
长 ¾₆ in
(5 mm)

632

人参
Panax ginseng
Ginseng
C. A. Mey.

实际尺寸

人参的种子呈肾形，白色至浅棕色。在栽培中，种子在秋天收获，播种前在湿润的沙子里储存一年或更久。这个层积过程为种子提供了萌发所需的休眠时间。

人参以其块根闻名，它的根在亚洲入药已有超过 5000 年的历史了。人参中的主要活性物质称为人参皂苷。并非记录中的所有医药用途都得到了临床研究的支持，但有证据表明人参皂苷能够增强大脑和免疫活动的功能，缓解和糖尿病相关的病痛，并有助于抵消癌症治疗产生的副作用。人参还被称为一种适应原（adaptogen），也就是说它可以提高人体应对身体和环境压力的能力。

相似物种

英文名 Ginseng 可以指数个有药效的五加科（Araliaceae）物种。西洋参（*Panax quinquefolius*，英文通用名 American Ginseng）是一个原产北美洲的物种，从 18 世纪开始出口到中国，用在传统药材中。由于过度采集，这个物种如今已经罕见于野外，这种植物的贸易也受到限制。刺五加（*Eleutherococcus senticosus*，英文通用名 Siberian Ginseng）虽然与人参和西洋参同属一科，却是一种非常不同的植物，含有不同的活性化学物质。它在亚洲的药用历史也有数百年之久。

科	伞形科
分布范围	阿尔及利亚、乍得、利比亚、摩洛哥、突尼斯和土耳其；广泛归化于其他地区
生境	栽培用地
传播机制	人类
备注	莳萝常被古希腊人和古罗马人使用
濒危指标	未予评估

莳萝
Anethum graveolens
Dill
L.

种子尺寸

长 ³/₁₆ in
(5 mm)

莳萝天然分布于西亚和非洲部分地区，长期以来同时用作烹饪香草和药材。在整个欧洲，莳萝水数百年来一直用于缓解婴儿的腹绞痛，而用莳萝制造的果酒经常被成人用于帮助消化。这个物种如今通常作为一种漂亮的花园草本植物种植，并且已经广泛归化于世界各地。莳萝可作为一年生或二年生植物种植，通常只有一根中空的茎，并长到大约 60 厘米高。它有似茴香的细裂叶片和排列成伞形花序的黄色花。

相似物种

莳萝属（*Anethum*）只有这一个物种。同属伞形科（Apiaceae）这个大科的其他食用香草包括茴芹（*Pimpinella anisum*，英文通用名 Aniseed）、葛缕子（*Carum carvi*，英文通用名 Caraway）、峨参（*Anthiscus cerefolium*，英文通用名 Chervil）、芫荽（634 页）、孜然芹（635 页）、茴香（638 页）和欧芹（*Petroselinum crispum*，英文通用名 Parsley）。伞形科还包括有毒植物，例如毒参（*Conium maculatum*，英文通用名 Hemlock）和毒芹（*Cicuta* spp.）。

实际尺寸

莳萝的种子很小，呈棕色。它们呈卵圆形，一端是平的，另一端是尖的，并有浅色纵向脊线。它们散发香味，有独特的微苦味道。味道刺激的种子用于为莳萝腌黄瓜和德国泡菜调味。

科	伞形科
分布范围	地中海东部和亚洲温带地区
生境	栽培用地
传播机制	人类
备注	多种不同的昆虫被芫荽吸引，为它的花授粉
濒危指标	未予评估

种子尺寸

直径 ³⁄₁₆ in
(4 mm)

634

芫荽（香菜）
Coriandrum sativum
Coriander

L.

实际尺寸

芫荽很可能起源于地中海东部地区。它是一年生植物，如今同时作为栽培植物和野草广泛分布。叶片和晒干的种子都是很受欢迎的烹饪香草，而且芫荽的药用历史也有数千年之久。气味强烈的叶片在形状上有变异，植株基部的叶裂片宽，生长在顶部花茎的叶裂片细长，形似羽毛。新鲜叶片是中国美食和其他亚洲食物的重要原料，还用在墨西哥的莎莎酱和鳄梨沙拉酱中。花呈白色至淡紫色，构成松散的伞形花序。

相似物种

芫荽属（*Coriandrum*）还有另外一个物种土耳其芫荽（*Coriandrum tordylium*），它野生于土耳其东南部和黎巴嫩，外表和芫荽非常相似。同属一科的还有其他可食香草，包括茴芹、葛缕子、峨参、孜然芹（635页）、茴香（638页）和欧芹。

芫荽有圆形果实（用于烹饪的所谓"种子"），新鲜时呈绿色，干燥后变成浅棕色。果实有喙和5条纵向脊线。它们可以分成两半（分果瓣），每一半都向内凹陷，并有两个较宽的纵向油细胞（油道），里面充满油脂。果实有芳香的味道，而且当它被压碎并释放出种子时，会产生一种独特的气味。

科	伞形科
分布范围	原产地范围不确定，但被认为起源于地中海地区东部或西亚；如今世界各地都有栽培
生境	在人造生境中栽培了数千年；最初起源的野生生境不确定
传播机制	人类
备注	孜然芹是全世界第二流行的香料，仅次于黑胡椒（胡椒［96 页］的果实）
濒危指标	未予评估

种子尺寸

长 ³⁄₁₆ in
(4.5 mm)

孜然芹
Cuminum cyminum
Cumin

L.

635

孜然芹的种子至少从公元前 2000 年起就被人类认识了，而且它们作为烹饪香料①使用的历史可以追溯到古典时代。孜然芹种子在古希腊和古罗马烹饪中很受欢迎，曾在埃及金字塔中被发现，还出现在《圣经》中。它们的标志性味道如今仍是印度、北非和中亚烹饪的重要部分；它们还被用在墨西哥菜肴中。孜然芹种子还因其药效而长期受到重视。在一些传统文化中，它们被用来治疗消化疾病，例如消化不良和腹泻。许多科学研究调查了孜然芹的疗效，包括它作为一种抗癌药物的潜力。

相似物种

目前认为孜然芹属（*Cuminum*）有 4 个物种，不过只有孜然芹得到人类的广泛使用，其他物种的信息非常稀少。白孜然芹（*C. setifolium*，英文通用名 White Cumin）分布于中东和中亚，长毛孜然芹（*C. borsczowii*）是中亚的特有物种，而苏丹孜然芹（*C. sudanense*）生长在苏丹。伞形科的其他香草和香料包括欧芹、莳萝（633 页）和葛缕子。

实际尺寸

孜然芹的种子呈椭圆形，黄棕色。每粒种子有 8 条纵向脊线，和油道交替出现。整粒种子和磨碎的种子都用于烹饪，有独特的温热芳香味道。孜然芹的种子还富含铁和抗氧化剂。

---

① 译注：孜然芹种子作为香料使用时简称孜然。

科	伞形科
分布范围	欧洲、北非及亚洲
生境	粗糙草地
传播机制	风和动物
备注	人们认为第一批橙色栽培胡萝卜的培育，是向17世纪荷兰国王奥兰治的威廉（William of Orange）的致敬
濒危指标	未予评估

种子尺寸

长 ¹⁄₁₆ in
(2 mm)

实际尺寸

野胡萝卜的果实是干燥扁平的卵形分果，直径2—4毫米，有多刺脊线。这些刺能附着在动物皮毛上，实现种子的传播。果实裂成两部分，每部分都含有1粒种子，种子在成熟时变成棕色。

野胡萝卜
Daucus carota
Wild Carrot
L.

　　人们认为野胡萝卜的栽培形态的主要起源中心是阿富汗。野胡萝卜是一个耐寒二年生物种，生长在欧洲，以及亚洲部分地区，喜欢粗糙牧场或受扰动土地中的贫瘠土壤。它有一条小而粗硬的白色根，气味像栽培胡萝卜，但是有一股苦味。这个物种的另一个英文名是Queen Anne's Lace（"安妮女王的蕾丝"），因为它们的伞形花序由像蕾丝的微小白色花构成，只在正中央有一朵红色的花。栽培胡萝卜是亚种胡萝卜（*Daucus carota* subsp. *sativus*）的品种；中国、俄罗斯和美国是这种根茎类蔬菜的主要生产国。

相似物种

　　胡萝卜属（*Daucus*）有超过20个物种，主要分布在北非和亚洲西南部。美国野胡萝卜（*D. pusillus*，英文通用名American Wild Carrot，有时称为Rattlesnake-weed）被美洲原住民食用，叶片用于治疗蛇咬。这个物种生活在美国的西南部各州。伞形科的其他食用植物包括欧防风（*Pastinaca sativa*，英文通用名Parsnip）、芹菜（*Apium graveolens*，英文通用名Celery）、茴香（638页）和其他各种重要的食用香草。

科	伞形科
分布范围	原产奥地利、巴尔干半岛、法国、瑞士、意大利和罗马尼亚
生境	开阔高山生境，例如海拔 1500—2000 米的草甸，主要是在石灰岩上
传播机制	风力和昆虫
备注	这个可爱的物种生活在法国和意大利的各个自然保护区，还出现在许多植物园里
濒危指标	近危

种子尺寸

长 ³⁄₁₆ in
(4 mm)

高山刺芹
Eryngium alpinum
Alpine Sea Holly

L.

637

高山刺芹是一种漂亮的莲座状多年生植物，在栽培中很受欢迎。它喜欢排水良好、不太肥沃的土壤，可以通过种子、分株或根插条繁殖。200—300 朵白色小花构成的花序被刺状蓝色苞片环绕。它们吸引多种多样的授粉昆虫。在野外，这个高山物种正在面临威胁，原因是农业生产方式的变化，以及滑雪等娱乐活动造成的生境破坏。园艺行业对植株和种子的采集也导致了种群的衰退，如今这个物种受到欧洲法律的保护。

高山刺芹的果实是分果，这和伞形科的其他植物是一样的。它们是干燥果，会裂成独立的两半，每一半含有 1 粒种子。种子在第二年春天萌发，通常是在靠近母株的地方。

相似物种

刺芹属（*Eryngium*）有大约 250 个物种，大多数分布在南美洲。丝兰叶刺芹（*E. yuccifolium*，英文通用名 Rattlesnake Master）是一个美国物种，拥有多刺的剑形叶片。它也普遍种植，原产高加索地区的硕大刺芹（*E. giganteum*，英文通用名 Miss Willmott's Ghost）同样如此。

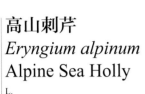

实际尺寸

科	伞形科
分布范围	欧洲和非洲的地中海地区，埃及、埃塞俄比亚，以及北高加索地区；今已广泛归化
生境	多种土壤类型上的路缘、河岸和栽培用地
传播机制	水流和动物；人类还通过农业生产无意中传播
备注	来自茴香的精油除了用作调味品，还用在肥皂、乳液和香水等清洁剂和美妆产品中
濒危指标	未予评估

种子尺寸

长 ³⁄₁₆ in
(5 mm)

茴香
Foeniculum vulgare
Fennel
Mill.

实际尺寸

茴香是一个地中海物种，如今已在全世界的许多地区归化。它在澳大利亚和美国被认为是入侵物种，并在加利福尼亚州造成尤其严重的问题。这种高大无毛的多年生植物有细裂羽状叶和扁平的黄色花序。茴香作为烹饪香草种植，并因其精油和医药功效而得到栽培，有芳香的味道和气味。叶片和种子都常用于为鱼类菜肴调味。'球茎茴香'（Florence Fennel）是一个起源于栽培的品种，叶基膨大并紧密重叠，作为蔬菜种植。茴香的某些种类有漂亮的青铜色或紫色叶片。

相似物种

茴香属（*Foeniculum*）仅此一个物种。同属伞形科这个大科的其他食用植物包括野胡萝卜（636页）、芹菜、欧防风，以及重要的烹饪香草如欧白芷（*Angelica archangelica*，英文通用名 Angelica）、茴芹、葛缕子、峨参、芫荽（634页）、孜然芹（635页）和欧芹。

茴香的果实是椭圆形且通常略弯曲的分果，含有 2 粒粽子。它呈浅绿色至黄棕色，成熟时裂成两个分果瓣，每个分果瓣有 5 条凸出脊线和脊线之间的 6 条宽油道。在每粒种子中，外种皮都与果壳合生。

科	伞形科
分布范围	格鲁吉亚和俄罗斯南部
生境	灌木丛林地
传播机制	风力、水流和人类
备注	巨型猪草在1817年引入英国皇家植物园邱园
濒危指标	未予评估

种子尺寸

长 ½ in
(12 mm)

巨型猪草
Heracleum mantegazzianum
Giant Hogweed
Sommier & Levier

639

实际尺寸

　　巨型猪草在欧洲最以入侵杂草的身份闻名，它在19世纪首次引入欧洲的花园，因其硕大且漂亮的白色花而得到种植。这种植物的汁液包含呋喃香豆素，保护它抵御真菌感染。当汁液接触到人类皮肤时，呋喃香豆素会导致植物日光性皮炎反应，皮肤暴露在阳光下就会产生灼伤和水泡，很有可能令皮肤受到永久性损伤。因此巨型猪草对欧洲道路边缘的入侵十分令人担忧。

巨型猪草有盘状卵圆形种子，颜色常常较浅，并有4条仿佛在向下流动的独特深色条纹。每棵植株结数万粒种子，种子由风在当地传播，或者借助水道系统或附着在人的鞋子上长途传播。这些传播方式，再加上这些种子在土壤里存活数年的能力，共同造就了该物种强大的入侵性。

相似物种

　　独活属（*Heracleum*）是一个草本属。该属还有许多其他值得一提的"猪草"（hogweeds），例如欧洲独活（*H. persicum*，英文通用名 Persian Hogweed）和欧亚独活（*H. sphondylium*，英文通用名 Common Hogweed）。该属的部分成员在英文中称为 cow parsnips（"牛欧防风"），注意不要与峨参属（*Anthriscus*）的 cow parsleys（"牛芹菜"）混淆，后者有相似的花但植株较矮。

附 录

Appendices

术语表

Accumbent 依伏状 子叶横卧，边缘折叠，并紧贴下胚轴。

Achene 瘦果 小而干燥的果实，不裂，含1粒种子。

Allelopathy 植化相克 某个植物物种产生的化学物质抑制其他植物生长或萌发的现象。

Alveolate 蜂窝状 拥有形似蜂窝的槽，或者空腔。

Apomictic 无融合生殖 植物在不授粉的情况下结出种子。

Areole 纹孔 仙人掌表面长刺的突起。

Aril 假种皮 肉质的且常常颜色鲜艳的种子覆盖物。

Awn 芒 刚毛或毛状结构，例如从颖片上长出的刚毛。

Axil（形容词 axillary）叶腋（腋生） 叶与茎相连的部位。

Berry 浆果 一种肉质果实，由一朵花发育而来，含有一粒至多粒种子。

Bipinnate 二回羽状的 羽状复叶的小叶本身也是羽状复叶。

Bract 苞片 小而似叶片的结构。

Bulbil 珠芽 小而似鳞茎的结构，常常生长在叶腋，可以发育成新的植株。

Calyx 花萼 萼片的合称，构成花的外轮。

Carpidium（复数 carpidia）种鳞 裸子植物球果的苞片状鳞片。

Caruncle 种阜 大戟科植物种子上的角状增生或油质体。

Caryopsis 颖果 与瘦果相似，但种皮与子房壁合生，例如禾本科植物的果。

Caudex（形容词 caudiciform）茎基 （壶形）植株的茎和根。在某些植物中，这个部位是膨大的。

Cauliflory 老茎开花 植株直接在树干或主茎上开花

结果。

Chaparral 浓密常绿阔叶树丛 美国加利福尼亚州和墨西哥下加利福尼亚州北部的生物群落区，特点是地中海气候、干旱和森林火灾。

CITES 濒危物种国际贸易公约 1975年生效的一项多边条约。

Cladode 叶状茎 形状扁平的茎，常常形似叶片，例如仙人掌的茎段。

Cladoptosis 落枝 经常性地或者面对压力时脱落树枝的现象。

Cotyledon 子叶 胚胎的叶，常常是种子萌发后最早出现的叶。双子叶植物有2枚子叶，而单子叶植物只有1枚。

Cypsela（复数 cypselae）连萼瘦果 含有1粒种子的干燥果实，像瘦果，但是由只有1个小室的下位子房发育而来，例如在菊科植物中。

Dehisce（形容词 dehiscent）开裂（开裂的） 种荚在成熟时猛然打开。

Dioecious 雌雄异株 在不同的植株上分别开雄花和雌花（见monoecious）。

Dormancy 休眠 对于种子，指的是它在萌发之前保持生活力的时期。对于植株，指的是生长停止的时期——通常是冬季或旱季。

Drip tip 滴水尖 让水迅速流走的叶片适应性特征。

Drupe 核果 果实类型，有薄外皮、肉质中层和坚硬的内层果核，其中有1粒种子。

Drupelet 小核果 小型核果，例如黑莓果序的各个部分。

Elaiosome 油质体 附着在种子上并富含油脂和营养的结构，吸引传播种子的蚂蚁。

Ellipsoid 椭球体 三维结构下的椭圆。

Endocarp 内果皮　果皮内层，常常构成包裹种子的坚硬层。

Endosperm 胚乳　储存在种子内，为植物胚胎提供营养的组织（见perisperm）。

Epicalyx 萼状总苞　在某些花的花萼外侧生长的轮状排列苞片。

Exocarp 外果皮　果皮外层，常常构成坚韧的保护外皮。

Follicle 蓇葖果　干燥果实，只有一个由单心皮构成的小室，小室内含有2粒或更多种子，成熟时沿一侧开裂。

Frugivore 食果动物　主要以果实为食的动物。

Fynbos 高山硬叶灌木群落　南非西开普省的生物群落区，特点是凉爽湿润的冬季和炎热干燥的夏季。

Glochidium（复数 glochidia）钩毛　末端呈钩状的刚毛或刺。

Glume 颖片　禾本科小花基部的苞片，位于外稃和内稃之下。

Haber-Bosch process 哈伯–博施法　一种人工固氮过程，生产氨肥的主要工业流程。

Haplocorm 鳞茎　膨大似球的茎基部。

Haustorium（复数 haustoria）吸器　寄生植物用于穿透寄主植物的变态根或变态茎。

Hilum 种脐　种子上的一道疤痕，这里是它曾经与子房壁相连的地方。

Hyperstigma 高柱头　接受花粉的部位位于柱头上方，例如在岛盘桂（434页）中。

Hypocotyl 下胚轴　植物胚胎的部位，位于子叶以下和胚根以上，发育成茎。

Hypogynium 下位苞　在某些植物中支撑子房的部位。

Indehiscent 不开裂的　形容成熟时不开裂的果实。

Interfertile 杂交可育　能够和其他物种杂交并产生后代。

Involucre 总苞　花序下方的轮生苞片。

IUCN Red List 国际自然保护联盟红色名录　国际自然保护联盟对全世界物种濒危指标的列表。红色名录的分类是：灭绝、野外灭绝、极危、濒危、易危、近危、无危、数据缺失和未予评估。"受威胁"物种是列为极危、濒危和易危的物种。

Lamella（复数 lamellae）薄片　薄层或板状结构。

Lemma 外稃　包围禾本科植物小花的两枚苞片中最低的一枚，位于颖片之上，内稃之下。

Lenticular 透镜状　凸透镜的形状。

Locule 小室　子房内的空腔。

Loment 节荚　豆科植物荚果的一种，收缩形成若干内含种子的独立空腔，成熟时脱落。

Mericarp 分果瓣　构成分果的部分，含有1粒种子。

Mesocarp 中果皮　果皮的中层，通常是果实的食用部位。

Microsporophyll 小孢子叶　裸子植物小孢子叶球中的退化叶，长有花粉囊。

Monoecious 雌雄同株　在相同植株上开雄花和雌花（见dioecious）。

Muskeg 泥炭沼泽地　北美洲的沼泽或泥沼。

Myrmecochory 蚁播　种子由蚂蚁传播。

Naturalization（形容词naturalized）归化（归化的）　非本土物种在野外建立能够自我维持的种群。

Nectary 蜜腺　花分泌花蜜的器官。

Neotropics 新热带区　生物地理区，包括中南美洲、墨西哥南部、佛罗里达，以及加勒比海地区。

644

Nut 坚果　单生干燥，含有1粒种子的果实。

Obovate 倒卵形　叶片或花器的形状，顶部较宽。

Obovoid 倒卵球形　卵形，基部较窄。

Palea 内稃　包围禾本科植物小花的两枚苞片中最上面的一枚，位于外稃之上。

Panicle 圆锥花序　一种有分叉的花序，基部最先开花。

Papillose 乳突状　拥有或形似乳突（小突起）。

Pappus (复数 pappi) 冠毛　瘦果的毛状或刚毛状簇生附属结构，有助于种子的传播。

Perianth 花被　萼片和花瓣的合称。

Pericarp 果皮　果实的成熟子房壁，包括外果皮、中果皮和内果皮。

Perisperm 外胚乳　某些种子里的营养储备，和胚乳分离。

Petiole 叶柄　支撑叶片的柄。

Phytophotodermatitis 植物日光性皮炎　某些植物所含光敏化学物质造成的皮肤反应。

Pneumatophore 呼吸根　生长在水淹环境下的某些乔木物种伸出水面的根。

Pseudocarp 假果　肉质部分不是由子房发育而来的果实，例如草莓。

Raceme (形容词 racemose) 总状花序（总状花序的）　一种不分枝花序，基部最先开花。

Radicle 胚根　胚胎的根，通常是种子萌发时最先长出的部位。

Recalcitrant 顽拗型　种子类型，无法在干燥或冷冻储存条件下存活。

Receptacle 花托　花茎顶端的膨大部分，能容纳花器官。

Reticulate 网状　呈网状图案。

Rhizome 根状茎　水平生长的地下茎。

Sarcotesta 浆果皮　肉质种皮。

Scarification 破皮　通过机械、化学或高温的方法削弱种皮，以促进萌发。

Schizocarp 分果　成熟时裂成2个或更多分果瓣的干燥果实。

Seedhead 种子穗　从花或花序发育而来的植物结种子的部位。

Septum 隔膜　将果实中的不同空腔分开的隔断结构

Silicle 短角果　长度不超过宽度两倍的干燥开裂果（见 silique）。

Silique 长角果　长度至少是宽度三倍的干燥开裂果（见silicle）。

Spadix 肉穗花序　一种花序类型，细小的花着生在肉穗上，被佛焰苞包围。

Spathe 佛焰苞　包围肉穗花序的硕大苞片。

Stolon 匍匐茎　茎状构造，通常沿着土壤表面生长，末端生长小植株。

Stratification 层积　对储存过的种子采用的处理方式，通过模仿自然环境下的温度和湿度打破休眠。

Subglobose 近球形　接近球形，但不是特别圆。

Syncarp 聚花果　由多个独立小果构成的合生果，每个小果都是由独立子房发育而来的，例如菠萝。

Taiga 北方针叶林　苔原以南的亚北极地区的生物群落区，特点是低温、适度的降水及针叶林。

Tepal 被片　在萼片和花瓣没有分别的花中，花的最外一轮。

Testa 外种皮　种子通常较硬的外皮。

Tundra 苔原　覆盖北方针叶林以北地区的生物群落区，低温、永久冻土层和短暂的生长季令这里无法生长树木。

Umbel 伞形花序　一种花序类型，所有小花都在位于中央的一点相连。

Utricle 胞果　膨胀的不裂果实，含有1粒种子。

Viability 生活力　种子在适宜条件下萌发的能力。

Viscin 槲寄生素　某些种子含有的黏稠物质

Vitta（复数vittae）油道　某些果实中含有油脂或树脂的管道状空腔

Xeric 旱生的　含有或者需要非常少的水分。

相关资源

图书和期刊

Fry, C., Seddon, S., and Vines, G.
The Last Great Plant Hunt:
The Story of Kew's Millennium Seed Bank.
KEW PUBLISHING, 2011.

Hanson, T.
The Triumph of Seeds: How Grains,
Nuts, Kernels, Pulses and Pips
Conquered the Plant Kingdom
and Shaped Human History.
BASIC BOOKS, 2015

Heywood, V. H. (编)
Flowering Plants of the World.
ANDROMEDA OXFORD LTD, 1978.

Kesseler, R. and Stuppy, W.
Seeds: Time Capsules of Life.
PAPADAKIS PUBLISHER & ROYAL BOTANIC GARDENS,
2004.

Marinelli, J. (主编)
Plant.
DORLING KINDERSLEY & ROYAL BOTANIC GARDENS,
KEW, 2004.

Musgrave, T. and Musgrave, W.
An Empire of Plants: People
and Plants that Changed the World.
CASSELL & CO., 2000.

Smith, P. P., Dickie, J., Linington,
S., Probert, R., *and* Way, M.
Making the case for plant diversity.
Seed Science Research 21, 1–4. (2011).

Stuppy, W. & Kesseler, R.
Fruit: Edible, Inedible, Incredible.
PAPADAKIS PUBLISHER & ROYAL BOTANIC GARDENS,
KEW, 2008.

Thompson,
P. Seeds, Sex and
Civilisation. How the Hidden Life
of Plants has Shaped our World.
THAMES & HUDSON, 2010.

有用的网站

国际植物园保育协会（Botanic Gardens Conservation International，简称 BGCI）
www.bgci.org
一家非营利组织，致力于在植物园中推进植物保护工作。

国际农业和生物科学中心 (Centre for Agriculture and Biosciences International，简称 CABI) www.cabi.org
一家总部位于英国的组织，编制《入侵物种百科全书》(Invasive Species Compendium，简称 ISC)。

濒危物种国际贸易公约（Convention on International Trade in Endangered Species of Wild Fauna and Flora，简称 CITES）www.cites.org
1975 年生效的一项多边条约，致力于保护濒危动植物。

国际农业研究磋商小组（Consultative Group for International Agricultural Research，简称 CGIAR）www.cgiar.org
全球性多边研究联盟，包括 15 个研究中心，致力于减少贫困、提高食品和营养安全，以及提升自然资源和生态系统服务。

野生动植物保护国际（Fauna & Flora International，简称 FFI）www.fauna-flora.org
总部位于英国的国际环保慈善组织，致力于保护全世界受威胁的物种和生态系统。

国际自然保护联盟（International Union for the Conservation of Nature，简称 IUCN）www.iucn.org
关于自然界现状以及确保自然资源可持续利用所需措施的全球性权威。又见：
www.plantconservationalliance.org
www.plants2020.org

存种交易所（Seed Savers Exchange，简称 SSE）www.seedsavers.org
非营利组织，总部位于艾奥瓦州的迪科拉（Decorah）附近，通过再生、分配和种子互换来保护传统植物品种。

斯瓦尔巴全球种子库（Svalbard Global Seed Vault）www.croptrust.org
全世界种类最多样的作物种子库，位于挪威的斯匹次卑尔根岛（Spitsbergen），建造目的是容纳多达 500 万个植物品种以保护植物多样性。

美国农业部（United States Department of Agriculture，简称 USDA）www.plants.usda.gov
自然资源保护局（Natural Resources Conservation Service）数据库，提供生活在美国本土及其领地的维管植物、苔藓、地钱、角苔和地衣的标准化信息。

可以按照属或物种查询的其他在线资源包括：
www.efloras.org，由密苏里植物园和哈佛大学植物标本馆主办，以及 www.pfaf.org（未来植物［Plants For a Future］），拥有食用、药用或其他用途的稀有且不同寻常的植物的数据库。

学术团体和植物园

密苏里植物园（Missouri Botanical Garden）
www.missouribotanicalgarden.org
美国最古老的植物园，1859 年建立于密苏里州的圣路易斯市，如今是美国的国家历史地标（National Historic Landmark），也是科研、环保、教育和园艺展示的中心。

千年种子库（Millennium Seed Bank）www.kew.org/millennium-seed
在 2000 年建立于英格兰苏塞克斯郡的韦克赫斯特宫植物园（Wakehurst Palace），是全世界规模最大、多样性最高的野生（非驯化）物种种子库。2010 年，它达成了保存 10% 全球植物物种的首个里程碑。

皇家植物园邱园（Royal Botanic Gardens Kew）www.kew.org
作为一家在国际上有重要影响力的植物学研究和教育机构，皇家植物园邱园在伦敦的邱园和英格兰苏塞克斯郡的韦克赫斯特宫各有一座植物园。邱园的种子信息数据库（Seed Information Database; data.kew.org/sid）是关于野生植物物种的种子的最全面的信息来源，包括萌发程序、种子习性、传播基质和其他种子数据。它的全球植物在线数据库（Plants of the World Online; powo.science.kew.org）包括植物名称、描述、分布和图像，是本书使用的多张分布图的基础。

英国皇家园艺学会（Royal Horticultural Society，简称 RHS）www.rhs.org.uk
1804 年成立于伦敦，如今是英国最大的慈善园艺学会，致力于鼓励和提高园艺所有分支的科研、技艺和实践。

学者名字中的缩写

在一种植物的拉丁学名后面附上其命名人的名字是植物学文献中常见的做法，而后者常常缩写。例如，很多物种都是由科学命名法之父卡尔·林奈首次描述的，他的名字通常缩写成 L.。下列缩写也会被使用：

ex 拉丁语，意为"来自"。例如，Smith ex Jones 指 Jones 是首次发表有效学名的人，同时又承认这个学名是更早的学者 Smith 首次命名的，但没有发表。

fils 拉丁语单词 *filius* 的缩写，意为"儿子"。用在父亲和儿子都是学者的情况，例如林奈和林奈的儿子，他们的名字都叫卡尔·林奈。在学名后缀中，林奈儿子的名字缩写成 L. f.。

英文通用名索引

648

拉丁学名索引

651

653

致 谢

种子获取

作者感谢黛博拉·沙阿－史密斯（Dr. Deborah Shah-Smith）花费数百个小时获取本书拍摄的种子。没有她的帮助，这本书很难面世。

图片版权

出版商感谢下列个人和组织慨然准许复制本书中的图片。我们已经作出了合理限度之内的所有努力来确定图片的版权，但是如果有任何无意的疏漏，我们表示歉意，而且如果被告知应在本书未来的重印或新版本中做任何更正，我们将不胜感激。

所有照片都由 **Neal Grundy**（© The Ivy Press）排列，下列除外：
123RF/Thanthima Limsakul 165。
Alamy/Wladimir Bulgar 12（上）/robertharding 18 /AfriPics.com 43 /Michele and Tom Grimm 44, 104 /Tamara Kulikova 112 /flowerphotos 241 /Garden World Images Ltd 263 /Frank Blackburn 329 /Alex 406 /Emilio Ereza 451。
Lionel Allorge 467（上）。
Mariana P. Beckman DPI-FDACS 172。
图片由密歇根大学的 **John Benedict** 和 **Selena Smith** 提供 178。
Wayne Bennett/www.forestflora.co.nz 73。
Roger Culos/CC-BY-SA 11（中）, 258（左）, 585。
数字植物图集项目（Digital Plant Atlas）。荷兰格罗宁根大学格罗宁根考古研究所和德国柏林德国考古研究所的联合项目（www.plantatlas.eu）119, 258（右）, 310, 384, 480, 568, 608。
Dover Publications 168, 185, 210, 222, 223, 436, 602, 635, 636（版画）。
Jakob Fahr 399。
FLPA/Steve Trewhella 294。
Robert Fosbury/www.flickr.com/photos/bob_81667/5439273401 177。
Getty Images/photos Lamontagne 24。
Robert J. Gibbons/GRIN 和 Charles Stirton 100（中）。
Lauren Gutierrez/CC BY-ND 2.0 282。
Tanya Harvey, 福尔克里克（Fall Creek）, 俄勒冈州, 美国 236。
Jose Hernandez, 收录于美国农业部 - 全国科学研究委员会植物数据库（USDA-NRCS PLANTS Database）198, 203, 326, 367, 385（蒴果）。
Steve Hurst, 收录于美国农业部 - 全国科学研究委员会植物数据库 58, 63, 88, 109, 117, 124, 128, 175, 192, 205, 216, 261, 268, 283, 287, 299, 309, 315, 365, 381, 388, 396, 413, 423, 456, 462, 534, 556, 639。
Jason J. Husveth 194。
iStock/Mizina 10 /GerhardSaueracker 47 /glashaut 173 /santhosh_varghese 101 /milehightraveler 434 /Icswart 445。
Karelj/CCO 166。
邱园 / 千年种子库 385（种子）。
LacCore TMI 网站 354。
图片由约翰逊总统夫人野生花卉中心（Lady Bird Johnson Wildflower Center）的 **Bruce Leander** 提供 199。
Bruno Matter, 瑞士 265。
Burrell E. Nelson, Charmaine Delmatier/Rocky Mountain Herbarium 232。
Alice Notten, 克斯滕伯斯国家植物公园（Kirstenbosch National Botanical Garden）85, 414。
Ruth Palsson 348。
图片由 **Mgr. Petr Pavelka**/www.palkowitschia.cz 提供 420。
David Pilling, www.pacificbulbsociety.org 137, 150。
plantillustrations.org 281, 282, 284, 286, 288, 287, 288, 291, 293, 295, 296, 297, 298, 308, 310, 311。
Solofo Rakotoarisoa 398。

Rasbak/CC BY-SA 3.0 296。
RBG/Jaime Plaza。
Roger Griffith 67（下）。
Ton Rulkens/CC BY-SA 2.0 158, 277。
Courtesy of **Alexey Sergeev** 587。
Shutterstock.com /HHelene 6（上）/Poznukhov Yuriy 6（下）/Alexander Piragis 7 /loskutnikov 8 /Surasak Saejal 9（上）/nednapa 9（下）/Santhosh Varghese 11（上）, 101 /Ethan Daniels 11（下）/RIRF Stock 14 /vvvita 15 /Wellford Tiller 16 /marko5 19 /kavram 20 /Fotokostic 21 /vseb 22 /Boddan Wankowicz 25 /Africa Studio 26 /Rich Carey 28 /Bildagentur Zoonar GmbH 29 /Hein Nouwens 39, 117, 124, 169, 185, 566 /Morphart Creation 41, 42, 48, 56, 128, 137, 152, 175, 223, 230, 240（和640）, 330, 447, 572, 621 /Olga Popova 82（下）/Flegere 87（下）/Valentyn Volkov 90, 94（下）/Natalia K 113（下）/Lotus Images 117（下）/DK Arts 125（上）/Madien 135, 601 /Louella 938 149 /Mykhailo Kalinskyi 13, 167, 171 /Dolphfyn 168/ ZIGROUP-CREATIONS 185（下）/Nata Alhontess 222（上）/Jiang Dongmei 248（下）/NinaM 257（下）/Tamara Kulikova 285（上）/Valentina Razumova 312（下）/Jiang Hongyan 317 / D. Kucharski K. Kucharska 318 /Maks Narodenko 334（下）/Richard Peterson 338 /a9photo 1, 339 /Tim UR 347 /Tanya_mtv 357 /Anamaria Mejia 378（下）/phadungsak sawasdee 390 /Iurii Kachkovskyi 405（下）/Mathias Rosenthal 428（下）/Iurii Kachkovskyi 436（下）, 438（下）/Winai Tepsuttinun 465 /SK Herb 467（下）/Take Photo 486 /Ikphotographers 516 /Luisa Puccini 520 /Valentyn Volkov 553。
Walter Siegmund/CC BY-SA 3.0 69（下）。
Tracey Slotta, 收录于美国农业部 - 全国科学研究委员会植物数据库 221, 302, 456, 586, 603。
Peter G. Smith/Larner Seeds 89。
Smithsonian Tropical Research Institute/Steven Paton 593。
Dr. Lena Struwe, 罗格斯大学（Rutgers University）281.
Ernesto Tega 35。
Tracy Vibert 275。
Wikimedia Commons 42, 74, 107, 127, 130, 144, 153, 160, 176, 181, 184, 202, 211, 218, 221, 225, 226, 236, 239, 259, 273, 274, 307, 320, 407, 456, 476, 495, 509, 524, 526, 529, 534, 559, 567, 568, 589, 591, 600, 603, 611, 615, 622, 633（版画和植物学绘画）。
Ian Young/www.srgc.net 138。
Alexey Zinovjev 和 **Irina Kadis**/Salicicola.com 193。
还要感谢生物多样性遗产图书馆（**Biodiversity Heritage Library**, www.biodiversitylibrary.org）提供版权共有的植物学插图和版画。
卷首卷尾使用的插图来自 43, 74, 110, 117, 142, 158, 162, 182, 187, 279, 308, 311, 379, 495, 501, 547, 556, 557, 568, 590, 621 和 630 页。

- ◎ 甲虫博物馆
- ◎ 蘑菇博物馆
- ◎ 贝壳博物馆
- ◎ 树叶博物馆
- ◎ 兰花博物馆
- ◎ 蛙类博物馆
- ◎ 病毒博物馆
- ◎ 毛虫博物馆
- ◎ 鸟卵博物馆
- ◎ 种子博物馆
- ◎ 蛇类博物馆